普通高等教育“十三五”规划教材

# 大学计算机应用基础

主　编　毛　庆

副主编　彭亚丽　于汪洋　裴　炤　孙增国

科 学 出 版 社

北　京

## 内 容 简 介

本书按照教育部高等院校非计算机专业计算机基础系列课程教学的基本要求编写，并结合师范类大学教育特点，添加了旨在提高学生师范技能的内容。本书内容主要包括：计算机基础知识、计算机系统、Windows 7 操作系统、文字处理软件 Word 2010、表格处理软件 Excel 2010、演示文稿制作软件 PowerPoint 2010 和 Internet 基础及应用。全书涵盖教育部考试中心指定的《全国计算机等级考试大纲》中一级 Microsoft Office 和 Microsoft Office 高级应用的基本内容。

本书既可作为普通高等院校非计算机专业计算机公共课的教材，也可作为全国计算机等级考试 Microsoft Office 科目的培训教材。

**图书在版编目(CIP)数据**

大学计算机应用基础/毛庆主编. —北京：科学出版社，2017.8
普通高等教育“十三五”规划教材

ISBN 978-7-03-053611-2

Ⅰ. ①大… Ⅱ. ①毛… Ⅲ. ①电子计算机-高等学校-教材 Ⅳ. ①TP3

中国版本图书馆 CIP 数据核字 (2017) 第 132596 号

责任编辑：李 萍 纪四稳 / 责任校对：桂伟利
责任印制：师艳茹 / 封面设计：铭轩堂

科学出版社 出版
北京东黄城根北街 16 号
邮政编码：100717
http://www.sciencep.com
三河市骏杰印刷有限公司 印刷
科学出版社发行 各地新华书店经销
*
2017 年 8 月第 一 版 开本：720 × 1000 1/16
2019 年 7 月第三次印刷 印张：26 1/2
字数：534 000

**定价：70.00 元**

(如有印装质量问题，我社负责调换)

# 前　言

《大学计算机应用基础》是计算机基础课程的通用教材，作为普通高等院校非计算机专业学生的必修课程内容，目的是培养学生的计算机应用技能、提高学生的信息化素养、锻炼学生的计算思维能力，为后续课程的学习打下坚实的基础。

本书针对学生计算机能力存在差异的现状，在理论和实际应用方面对内容进行了精心选取和编排，尽力满足学生需求，适合各专业对计算机基础知识的教学要求。通过本书的学习，学生可以对计算机系统有一个初步的认识和理解，并初步掌握办公软件的使用方法和技巧。

本书结合全国计算机等级考试需求，以 Windows 7 和 Microsoft Office 2010 为系统环境，在计算机基础理论知识的基础上，介绍 Windows 7 系统的功能和使用方法，帮助学生加深对操作系统的了解，掌握操作系统的使用方法，从而能够对计算机进行个人设置和使用。同时，本书结合实例，对 Microsoft Office 2010 软件中的文字处理软件、表格处理软件和演示文稿制作软件进行讲解，有利于学生结合实际，提高学生的动手操作能力。

本书编写分工如下：彭亚丽编写第 1 章和第 2 章，于汪洋编写第 3 章，裴炤编写第 4 章，毛庆编写第 5 章，孙增国编写第 6 章和第 7 章。全书由毛庆策划统筹，并审阅统稿。

在本书编写过程中，编者受到同行多类教材的启发，不仅得到了陕西师范大学及计算机科学学院领导的精心指导和大力支持，还得到了计算机科学学院计算机公共课全体老师的帮助，以及科学出版社的鼎力支持，在此深表感谢。

由于编者水平有限，书中难免存在不足之处，恳请广大读者批评指正。

编　者

2017 年 5 月

# 目　　录

# 第 1 章　计算机基础知识

## 1.1　计算机概述

计算机是一种能自动、高速、精确地进行信息处理的电子设备。自 1946 年诞生以来，计算机的发展极其迅速，得到了广泛应用，它使人们传统的工作、学习、日常生活甚至思维方式都发生了深刻变化。可以说，在人类发展史中，计算机的发明具有特别重要的意义。对于计算机本身来说，它既是科学技术和生产力发展的结果，又大大地促进了科学技术和生产力的发展。

### 1.1.1　计算机的发展

电子计算机诞生以来，无论在技术上还是在应用上都得到了非常迅速的发展，根据其所采用的电子器件不同可划分为以下四个阶段。

1. 第一代计算机(1946—1957 年)

1946 年，世界上第一台数字式电子计算机在美国费城的宾夕法尼亚大学研制成功，取名为 ENIAC，ENIAC 是电子数字积分计算机(electronic numerical integrator and computer)的英文缩写。ENIAC 通过不同部分之间的重新接线编程，还拥有并行计算能力，标志着人类进入电子计算机时代。

ENIAC 长 30.48m，宽 1m，占地面积 170m$^2$，拥有 30 个操作台，重达 30t，耗电量 150kW，造价 48 万美元，如图 1-1 所示。它使用了 18000 个电子管、70000 个电阻、10000 个电容、1500 个继电器和 6000 多个开关，每秒执行 5000 次加法或

图 1-1　ENIAC

400 次乘法运算，是继电器计算机的 1000 倍、手工计算的 20 万倍。虽然这是一台耗资巨大、功能不完善而且笨重的庞然大物，但它的出现却是科学技术发展史上的一个伟大创造，使人类社会从此进入了电子计算机时代。

采用电子管作为逻辑元件是第一代计算机的标志。第一代计算机的特点是：操作指令是为特定任务而编制的，每种机器的机器语言各不相同，功能受限，速度也慢；使用真空电子管和磁鼓存储数据。

2. 第二代计算机(1957—1964 年)

随着晶体管的发明，体积庞大的电子管用晶体管代替，电子设备的体积不断缩小。晶体管和磁芯存储器导致第二代计算机的产生。采用晶体管作为逻辑元件使第二代计算机体积小、速度快、功耗低、性能更稳定。图 1-2 为我国 1965 年发明的第一台晶体管计算机——DJS-5 机。由于第二代计算机采用晶体管逻辑元件和快速磁芯存储器，计算机速度从每秒几千次提高到几十万次，主存储器的存储量从几千字节提高到 10 万字节以上。第二代计算机还具有现代计算机的一些部件：打印机、磁带、磁盘、内存、操作系统等。在这一时期出现了更高级的通用商业语言(common business-oriented language，COBOL)和公式翻译 (formula translator，FORTRAN)等计算机语言，以单词、语句和数学公式代替了二进制机器码，使计算机编程更容易。

图 1-2　我国第一台晶体管计算机——DJS-5 机

3. 第三代计算机(1964—1971 年)

虽然晶体管相比电子管是一个明显的进步，但晶体管在运行时产生大量的热量，会损害计算机内部的易损坏部分。在 20 世纪 60 年代初期，发明了集成电路，引发了电路设计革命。集成电路是做在晶片上的一个完整的电子电路，这个晶片比手指甲还小，却包含了几千个晶体管元件。采用集成电路作为主要电子元器件是第三代计算机的标志。集成电路的使用使计算机变得更小，功耗更低，速度更快。图 1-3 是第三代计算机。

图 1-3　第三代计算机

随着计算机软件技术的进一步发展，操作系统的逐步成熟是第三代计算机的显著特点。多处理机、虚拟存储器系统以及面向用户的应用软件的发展，大大丰富了计算机的软件资源。

在第三代计算机时期，计算机语言也进入了“面向人类”的语言阶段，被称为“高级语言”。高级语言是一种接近于人们使用习惯的程序设计语言，它允许用英文编写解题的计算程序，程序中所使用的运算符号和运算公式，都与日常使用的数学公式相似。高级语言容易学习，通用性强，编写出的程序比较短，便于推广和交流，是一种很理想的程序设计语言。高级语言发展于 20 世纪 50 年代中叶到 70 年代，有些流行的高级语言已经被大多数计算机厂家采用，并固化在计算机的内存中，如 BASIC 语言(已有不少于 128 种流行的 BASIC 语言，当然其基本特征是相同的)。除了 BASIC 语言，还有 FORTRAN、COBOL、C、DL/I、PASCAL、ADA 等 250 多种高级语言。

4. 第四代计算机(1971 年至今)

20 世纪 70 年代出现了大规模和超大规模集成电路，大规模集成电路可以在一个芯片上容纳几百个元件。到了 20 世纪 80 年代，超大规模集成电路在芯片上容纳了几十万个元件，后来的特大规模集成电路将芯片数量扩充到百万级。图 1-4 为第四代计算机，即我国“天河一号”超级计算机。第四代计算机使用大规模集成电路和超大规模集成电路作为主要的电子器件，体积和价格不断下降，而功能和可靠性不断增强。

图 1-4 “天河一号”超级计算机

第四代计算机不但在各种性能上得到了大幅度的提高，同时对应的软件也越来越丰富，其应用涉及国民经济的各个领域，已经在办公自动化、数据库管理、图像识别、专家系统等众多领域中得到了广泛应用，大量进入家庭。

从 20 世纪 70 年代初开始，许多国家开始研制第五代智能计算机，第五代计算机应具有学习和掌握知识的机制，并能模拟人的感觉、行为和思维等，但至今还没有根本性的突破。

### 1.1.2 计算机的分类

计算机的种类有很多，可以根据不同的标准进行分类。

1. 按原理分类

按原理可把计算机分为数字计算机和模拟计算机两大类。

1) 数字计算机

数字计算机通过电信号的有无表示数，并利用算术和逻辑运算法则进行计算。它具有运算速度快、精度高、灵活性大和便于存储等优点，因此适合于科学计算、信息处理、实时控制和人工智能等应用。人们通常所用的计算机，一般都是指数字计算机。

2) 模拟计算机

模拟计算机通过电压的大小表示数，即通过电的物理变化过程进行数值计算。它的优点是速度快，适合解高阶的微分方程。它在模拟计算和控制系统中应用较多，但通用性不强，信息不易存储，且计算机的精度受设备的限制，因此不如数字计算机的应用普遍。

2. 按用途分类

按用途可把计算机分为专用计算机和通用计算机两大类。

1) 专用计算机

专用计算机是为了解决一些专门的问题而设计制造的，增强了某些特定的功能，而忽略了一些次要的功能，使其能够高速度、高效率地解决某些特定的问题。

2) 通用计算机

通用计算机是指各行业、各种工作环境都能使用的计算机，它不但能办公，还能做图形设计、制作网页动画、上网查询资料等。通用计算机适用性强，应用面广，但其运行效率、速度和经济性依据不同的应用对象会受到不同程度的影响。

3. 按规模分类

按规模可将计算机分为巨型机、小巨型机、大型机、小型机、工作站、个人计算机等。

1) 巨型机

巨型机也称为超级计算机，在所有计算机类型中其所占面积最大、价格最贵、功能最强、浮点运算速度最快。

20 世纪 50 年代中期的巨型机有 UNIVAC 公司的 LARC 机和 IBM 公司的 Stretch 机，它们分别采用了指令先行控制、多个运算单元、存储交叉访问、多道程序和分时系统等并行处理技术。60 年代的巨型机都配置有多台外围处理机，主机的中央处理器含有多个独立并行的处理单元。70 年代出现了现代巨型计算机，其指令执行速度已达每秒 5000 万次以上，或可获得每秒 2000 万次以上的浮点运算。80 年代以来，采用多处理机[多指令流多数据流(multiple instruction stream multiple data stream，MIMD)]结构、多向量阵列结构等技术的第三阶段的更高性能巨型机相继问世。例如，美国的 CRAY-XMP 和 CDCCYBER205，日本的 S810/10 和 20、VP/100 和 200、S×1 和 S×2 等巨型机，均采用将超高速门阵列芯片烧结到多层陶瓷片上的微组装工艺，主频有的高达 160MHz 以上，最高速度有的可达每秒 10 亿次浮点运算，主存储器容量为 400 万～3200 万字(每字 64 位)。

我国在巨型机上也取得了许多傲人的成绩，国防科学技术大学历经 5 年，终于在 1983 年 11 月成功研制了我国第一台命名为“银河”的亿次巨型电子计算机。1992 年 11 月，实现了从向量巨型机到处理并行巨型机的跨越，成为继美国、日本之后，第三个实现 10 亿次超级计算机的国家。1997 年 6 月 19 日，由国防科学技术大学研制的“银河-Ⅲ”并行巨型计算机在北京通过国家鉴定。该机采用分布式共享存储结构，面向大型科学与工程计算和大规模数据处理，基本字长 64 位，峰值性能为 130 亿次。该机有多项技术居国内领先地位，综合技术达到当前国际先进水平。“银河-Ⅲ”巨型机的研制成功，使我国在这个领域跨入了世界先进行列。2000 年由 1024 个 CPU(central processing unit，中央处理器)组成的“银河-Ⅳ”超级计算机问世，峰值性能达到每秒 1.0647 万亿次浮点运算，其各项指标均达到当时国际先进水平，它使我国高端计算机系统的研制水平再上一个新台阶。“银河”系列超级计算机如今广泛应用于天气预报、空气动力实验、工程物理、石油勘探、地震数据处理等领域，产生了巨大的经济效益和社会效益。国家气象中心将“银河”超级计算机用于中期数值天气预报系统，使我国成为世界上少数几个能发布 5～7 天中期数值天气预报的国家之一。

1993 年 10 月，曙光 1 号计算机研制成功，这是在李国杰院士的带领下，由国家智能计算机研究院开发中心自主研制的我国第一台对称式多处理器结构计算机，是我国 863 计划取得的一项重大成果，它标志着我国已经掌握了设计制造支持多线程机制的世界先进水平的并行计算机，缩短了我国在并行处理技术上与国外的差距，并由此闯出了一条中国的高性能计算机之路。1995 年 5 月，曙光 1000 大规模并行计算机系统诞生，其运行速度峰值达到每秒 25 亿次，在当时我国大规模科学工程计算中发挥了重大作用。2004 年 6 月，运算速度达每秒 11 万亿次的曙光 4000A 超级计算机研制成功，并落户上海超级计算中心。曙光 4000A 进入全球超级计算机前十名，从而使我国成为继美国和日本之后，第三个能研制 10 万亿次高性能计算机的国家。曙光 5000A 的第一套超大型系统于 2008 年 11 月落户上海超级计算中心，实现峰值速度每秒 230 万亿次。作为面向国民经济建设和社会发展重大需求的网格超级服务器，曙光 5000A 可以完成各种大规模科学工程计算和商务计算。曙光 5000A 使我国成为继美国之后第二个能制造和应用超百万亿次商用高性能计算机的国家，也表明我国生产、应用、维护高性能计算机的能力达到世界先进水平。2010 年，曙光“星云”高性能计算机系统是由曙光信息产业(北京)有限公司与中国科学院计算研究所、国家超级计算深圳中心联合承担的“十一五”863 计划的重大专项任务，是曙光 6000 的阶段性成果，如图 1-5 所示，其目标是满足未来云计算环境的需求。“星云”系统成为亚洲和中国首台、世界第三台实测双精度浮点计算超过千万亿次的超级计算机，在 2010 年第 35 届全球超级计算机 500 强排名中名列第二，打破了国外高性能计算机独占前三甲的历史，开启了我国高性能计算机的新纪元。

图 1-5　曙光“星云”高性能计算机

2013 年 6 月，由国防科学技术大学研制的“天河二号”超级计算机系统，以峰值计算速度每秒 5.49 亿亿次、持续计算速度每秒 3.39 亿亿次双精度浮点运算的优异性能位居榜首，成为全球最快的超级计算机，如图 1-6 所示。2013 年 11 月 18 日，国际 TOP500 组织公布了最新全球超级计算机 500 强排行榜榜单，国防科学技术大学研制的“天河二号”以比第二名美国的“泰坦”快近 1 倍的速度再度登上榜首。

图 1-6　“天河二号”超级计算机

目前，巨型机多用于战略武器(如核武器和反导弹武器)的设计、空间技术、石油勘探、中长期大范围天气预报以及社会模拟等领域。巨型机的研制水平、生产能力及其应用程度，已成为衡量一个国家经济实力与科技水平的重要标志。

2) 小巨型机

小巨型机是小型超级计算机，或称桌上型超级计算机，出现于 20 世纪 80 年代中期，具备巨型机的运算速度和部分功能，但只有小型机的体积和价格，分别约为巨型机的 1/100 和 1/10，可满足一些有较高应用需求的用户。

1989 年 11 月 17 日，我国第一台小巨型电子计算机——NS1000 小巨型机，由北京信通集团和北京大学计算机系合作研制成功。该小巨型机的最大特点在于突破了传统体系结构设计思想的束缚，能够把数学表达式作为一条指令直接进行处理，浮点运算速度达每秒 1000 万次，系统字长 32 位，可以应用于石油、地矿勘测、航空航天、科研、数学以及技术工程等领域。

3) 大型机

大型机又称大型计算机，包括国内常说的大、中型机。它的特点是大型、通用，内存可达 1GB 以上，整机运算速度高达 3000MIPS (million instructions per second，每秒处理的百万级的机器语言指令数)，即处理速度约每秒 30 亿次，具有很强的处理和管理能力。大型机主要用于大银行、大公司、规模较大的高校和科研院所。在计算机向网络迈进的时代，仍有大型机的生存空间。

20 世纪 80 年代以来，网络化和微型化日趋明显，传统的集中式处理模式越来越不能适应人们的需求。在这种情况下，传统的大型机和小型机都陷入了危机。为了应对危机，一些大型机和小型机改变了原先的一些功能和模式，加入以 C/S 模式为特点的服务器阵营，重新适应了人们的需求。在微型计算机、UNIX 服务器、集群技术、工作站的冲击下，不能适应这种变化的传统小型机已经淘汰，而 IBM 大型主机却凭着高可靠性、高可用性、高服务性而长盛不衰。

目前，大型主机在 MIPS 已经不及微型计算机，但是它的输入输出能力、非数值计算能力、稳定性、安全性是微型计算机望尘莫及的。

4) 小型机

小型机规模小，结构简单，可靠性高，设计试制周期短，成本较低，便于及时采用先进工艺，不需要经长期培训即可维护和使用，这对广大中小用户具有更大的吸引力。这类机器可靠性高，对运行环境要求低，易于操作且便于维护。

小型机应用范围广泛，如用在工业自动控制、大型分析仪器、测量仪器、医疗设备中的数据采集、分析计算等，也用作大型、巨型计算机系统的辅助机，并广泛应用于企业管理以及大学和研究所的科学计算等。

小型机的发展引人注目，特别是在体系结构上其采用精简指令集计算机(reduced instruction set computer，RISC) 技术，因此具有更高的性价比。在系统结构上，小型机也经常像大型计算机一样采用多处理器系统。

5) 工作站

工作站是一种以个人计算机和分布式网络计算为基础，主要面向专业应用领域，具备强大的数据运算与图形、图像处理能力，为满足工程设计、动画制作、科学研究、软件开发、金融管理、信息服务、模拟仿真等专业领域而设计开发的高性能计算机。

工作站是由计算机和相应的外部设备以及成套的应用软件包所组成的信息处理系统。它能够完成用户交给的特定任务，是推动计算机普及应用的有效方式。工作站应具备强大的数据处理能力，有直观的便于人机交换信息的用户接口，可以与计算机网络相连，在更大的范围内互通信息，共享资源。工作站在编程、计算、文件书写、存档、通信等各方面给专业工作者以综合的帮助。常见的工作站有计算机辅助设计工作站，办公自动化工作站、图像处理工作站等，不同任务的工作站有不同的硬件和软件配置。例如，一个小型计算机辅助设计工作站的典型硬件配置为：小型计算机(或高档的微型计算机)，带有功能键的显示终端、光笔、平面绘图仪、数字化仪、打印机等；软件配置为：操作系统，编译程序，相应的数据库和数据库管理系统，二维和三维绘图软件，以及成套的计算、分析软件包等。它可以完成用户提交的各种机械的、电气的设计任务。越来越多的计算机厂家在生产和销售各种工作站。

6) 个人计算机

个人计算机一词源自于 1981 年 IBM 公司的第一部桌上型计算机型号 PC (personal computer)，在此之前有 Apple Ⅱ 的个人用计算机。个人计算机以其设计先进(总是率先采用高性能微处理器)、软件丰富、功能齐全、价格便宜等优势而拥有广大的用户，因此大大推动了计算机的普及应用。个人计算机不需要共享其他计算机的处理、磁盘和打印机等资源也可以独立工作。今天，个人计算机一词则泛指桌上型计算机(微型计算机)，如图 1-7 所示。

1971 年，美国 Intel 公司成功地在一个芯片上实现了中央处理器的功能，制成了世界上第一片 4 位微处理器 (micro processing unit，MPU)，并由它组成了第一台微型计算机(微型机)MCS-4，由此揭开了微型计算机普及的序幕。

图 1-7　个人计算机

微型机从出现到现在只有四十多年，因其小、巧、轻、使用方便、价格便宜，其应用范围急剧扩展，例如，从太空中的航天器到家庭生活，从工厂的自动控制到办公自动化以及商业、服务业、农业等社会各个领域。个人计算机的出现使计算机真正成为大众化的信息处理工具。

当前，个人计算机已渗透到各行各业和千家万户，它既可以用于日常信息处理，也可以用于科学研究，并协助人类思考问题，使人类向信息化时代迈进了一大步。

### 1.1.3　计算机的特点

计算机是一种可以进行自动控制、具有记忆功能的现代化计算工具和信息处理工具。它有以下五个方面的特点。

1. 运算速度快

计算机的运算速度(又称处理速度)用 MIPS 来衡量。现代的计算机运算速度在几十 MIPS 以上，巨型计算机的速度可达到千万 MIPS。计算机如此高的运算速度是其他任何计算工具无法比拟的，它使过去需要几年甚至几十年才能完成的复杂运算任务，现在只需几天、几小时，甚至更短的时间就可完成，这正是计算机被广泛使用的主要原因之一。

2. 计算精度高

一般来说，现在的计算机有几十位有效数字，而且理论上还可以更高。因为数在计算机内部是用二进制数编码的，数的精度主要由这个数的二进制码的位数决定，所以可以通过增加数的二进制位数来提高精度，位数越多精度越高。

电子计算机的计算精度在理论上不受限制，一般的计算机均能达到 15 位有效数字，通过一定的技术手段，可以实现任何精度要求。著名数学家 William Shanks，为计算圆周率 π，曾经整整花了 15 年时间，才算到第 707 位。现在将这件事交给计算机做，几个小时内就可计算到 10 万位。

3. 存储容量大

计算机中有许多存储单元，用来记忆信息。内部记忆能力是电子计算机和其他计算工具的一个重要区别。由于计算机具有内部记忆信息的能力，在运算过程中就可以不必每次都从外部去取数据，而只需事先将数据输入内部存储单元中，运算时即可直接从存储单元中获得数据，从而大大提高运算速度。计算机存储器的容量可以做得很大，而且记忆力非常强。

计算机的存储器类似于人的大脑，可以“记忆”(存储)大量的数据和计算机程序而不会丢失，在计算的同时，还可把中间结果存储起来，供以后使用。

4. 具有逻辑判断能力

借助于逻辑运算，可以让计算机做出逻辑判断，分析命题是否成立，并可根据命题成立与否做出相应的对策。计算机在程序的执行过程中，会根据上一步的执行结果，运用逻辑判断方法自动确定下一步的执行命令。这种逻辑判断能力使得计算机不仅能解决数值计算问题，而且能解决非数值计算问题，如信息检索、图像识别等。

5. 具有自动控制能力

一般的机器是由人控制的，人给机器一个指令，机器就完成一个操作。计算机的操作也是受人控制的，但由于计算机具有内部存储能力，可以将指令事先输入计算机存储起来，在计算机开始工作以后，从存储单元中依次读取指令，用来控制计算机的操作，从而使人们可以不必干预计算机的工作，实现操作的自动化。这种工作方式称为程序控制方式。

### 1.1.4　计算机的应用

现在计算机的应用已渗透到社会各个领域，正在改变着人们传统的工作、学习和生活方式，推动着社会的发展，其主要应用领域如下。

1. 科学计算

科学计算即数值计算，是指利用计算机来完成科学研究和工程技术中提出的数学问题的计算。在现代科学技术工作中，科学计算问题是大量的和复杂的。利用计算机的高速计算、大存储容量和连续运算的能力，可以实现人工无法解决的各种科学计算问题。

2. 数据处理

数据处理是指对各种数据进行收集、存储、整理、分类、统计、加工、应用、传播等一系列活动的统称。据统计，80%以上的计算机主要用于数据处理，数据处理工作量大、面宽，决定了计算机应用的主导方向。

3. 辅助技术

计算机辅助技术包括计算机辅助设计、计算机辅助制造和计算机辅助教学等。

1) 计算机辅助设计

计算机辅助设计(computer aided design, CAD)是利用计算机系统辅助设计人员进行工程或产品设计，以实现最佳设计效果的一种技术。它已广泛地应用于飞机、汽车、机械、电子、建筑和轻工等领域。

2) 计算机辅助制造

计算机辅助制造(computer aided manufacturing, CAM)是利用计算机系统进行生产设备的管理、控制和操作的过程。

将CAD和CAM技术集成，实现设计生产自动化，这种技术被称为计算机集成制造系统(computer integrated manufacturing system，CIMS)，它的实现将真正做到无人化工厂(或车间)。

3) 计算机辅助教学

计算机辅助教学(computer aided instruction, CAI)是在计算机辅助下进行的各种教学活动，以对话方式与学生讨论教学内容、安排教学进程、进行教学训练的方法与技术。CAI为学生提供了一个良好的个人化学习环境，综合应用多媒体、超文本、人工智能和知识库等计算机技术，克服了传统教学方式单一、片面的缺点。它的使用能有效地缩短学习时间、提高教学质量和教学效率，实现最优化的教学目标。

4. 过程控制

过程控制或实时控制，是利用计算机及时采集检测数据，按最优值迅速地对控制对象进行自动调节或自动控制。采用计算机进行过程控制，不仅可以大大提高控制的自动化水平，而且可以提高控制的及时性和准确性，从而改善劳动条件、提高产品质量和合格率。因此，计算机过程控制已在机械、冶金、石油、化工、纺织、水电、航空航天等部门得到广泛的应用。

5. 人工智能

人工智能(artificial intelligence，AI)又称智能模拟，是计算机模拟人类的智能活动，如感知、判断、理解、学习、问题求解和图像识别等。现在人工智能的研究已取得不少成果，有些已开始走向实用阶段。

6. 网络应用

计算机技术与现代通信技术的结合构成了计算机网络。计算机网络的建立，不仅解决了一个单位、一个地区、一个国家中计算机与计算机之间的通信及各种软、硬件资源的共享，也大大促进了国际间的文字、图像、声音和视频等各类数据的传输与处理。

除此之外，计算机在电子商务、电子政务等应用领域也得到了快速的发展。

### 1.1.5　计算机的发展趋势

从第一台计算机产生至今的半个多世纪里，计算机的应用得到不断拓展，计算机类型不断分化，这就决定计算机的发展也朝不同的方向延伸。当今计算机技术正朝着微型化、巨型化、网络化、多媒体化和智能化五个方向发展。

1. 微型化

微型化是指体积微型化。20 世纪 70 年代以来，因为大规模和超大规模集成电路的飞速发展，微处理器芯片连续更新换代，微型计算机连年降价，加上丰富的软件和外部设备以及操作简单的特点，微型计算机渗透到如仪表、家用电器、导弹弹头等中、小型机无法进入的领地，所以 80 年代以来发展异常迅速，性能指标持续提高，而价格持续下降。当前微型机的标志是运算部件和控制部件集成在一起，今后将逐步发展到对存储器、通道处理机、高速运算部件、图形卡、声卡的集成，进一步将系统的软件固化，达到整个微型机系统的集成。

随着微电子技术的进一步发展，微型计算机将发展得更加迅速，其中笔记本型、掌上型等微型计算机必将以更优的性价比而受到人们的欢迎。

2. 巨型化

巨型化即功能巨型化，是指高速运算、大存储容量和强功能的巨型化，其运算能力一般在每秒百亿次以上，内存容量在几百兆字节以上。巨型计算机的发展集中体现了计算机科学技术的发展水平，推动了计算机系统结构、硬件和软件的理论与技术，计算数学以及计算机应用等多个科学分支的发展。

研制巨型机是现代科学技术，尤其是国防尖端技术发展的需要。核武器、反导弹武器、空间技术、大范围天气预报、石油勘探等都要求计算机有很高的速度和很大的容量，一般大型通用机远远不能满足要求。

3. 网络化

计算机网络是计算机技术发展中崛起的又一重要分支，是现代通信技术与计算机技术结合的产物。从单机走向联网，是计算机应用发展的必然结果。尤其进入 20 世纪 90 年代以来，随着 Internet 的飞速发展，计算机网络已广泛应用于政府、学校、企业、科研、家庭等领域，越来越多的人接触并了解到计算机网络的概念。计算机网络将不同地理位置上具有独立功能的不同计算机通过通信设备和传输介质互连起来，在通信软件的支持下，实现网络中的计算机之间共享资源、交换信息、协同工作。计算机网络的发展水平已成为衡量一个国家现代化程度的重要指标，在社会经济发展中发挥着极其重要的作用。

4. 多媒体化

多媒体化，即多媒体的普及应用化。多媒体化的目标是：无论在什么地方，只需要简单的设备，就能自由自在地以接近自然的交互方式收发所需要的各种媒体信息。多媒体技术的发展改变了计算机的应用领域，使计算机由办公室、实验室中的专用品变成了信息社会的普通工具，广泛应用于工业生产管理、学校教育、公共信息咨询、商业广告、军事指挥与训练，甚至家庭生活与娱乐等领域。

5. 智能化

智能化是指计算机的处理能力智能化，就是让计算机来模拟人的感觉、行为、思维过程的机理，使计算机具备“视觉”、“听觉”、“语言”、“行为”、“思维”、“逻辑推理”、“学习”和“证明”等能力，这也是第五代计算机要实现的目标。智能化的研究领域有很多，其中最有代表性的领域是专家系统和机器人。目前已研制出的机器人可以代替人从事危险环境的劳动。

展望未来，计算机的发展必然要经历很多新的突破。从目前的发展趋势来看，未来的计算机将是微电子技术、光学技术、超导技术和电子仿生技术相互结合的产物。20 世纪 90 年代中期，第一台超高速光子数字计算机由英国、法国、德国、意大利和比利时等国的 70 多名科学家和工程师合作研制成功，其运算速度比电子计算机快 1000 倍。在不久的将来，超导计算机、神经网络计算机、量子计算机等全新的计算机也将诞生，届时计算机将发展到一个更高、更先进的水平。

## 1.2　信息科学与信息技术

### 1.2.1　信息科学

信息科学是以信息为主要研究对象，以信息的运动规律和应用方法为主要研究内容，以计算机等技术为主要研究工具，以扩展人类的信息功能为主要目标的一门新兴的综合性学科。信息科学是由信息论、控制论、计算机科学、仿生学、系统工程与人工智能等学科互相渗透、互相结合而形成的。

1. 信息

世界充满信息(information)，信息的内容是千差万别的，有的是能看得见、摸得着的有形的客观事物，如物体的大小、人体的胖瘦、花卉的颜色等；有的则是看不见、摸不着的抽象的事物和概念，如天气的冷暖、价格的高低、味道的酸甜等。

信息普遍存在于自然界和人类社会活动中，它的表现形式远比物质和能量复杂，是对社会、自然界的事物运动状态、运动过程与规律的描述。

一般来说，信息是客观事物状态和特征的反映，是关于事物运动的状态和规律的表征，也是关于事物运动的知识。信息就是用符号、信号或消息所包含的内容来消除对客观事物认识的不确定性。

对于人类，五官生来就是为了感受信息的，它们所感受到的一切都是信息。然而，还有大量的信息是人们的五官不能直接感受的，现在人们正通过各种手段、发明各种设备来感知和发现它们。信息是人们由客观事物想到的，使人们能够认知客观事物的各种消息、情报、数字、信号、图像、语音等所包含的内容。

1) 信息的分类

信息有多种分类方法，其中一种是将信息分为宇宙信息、地球自然信息和人类社会信息。还可以从下面不同角度对信息进行分类。

(1) 按照信息的重要性程度可分为战略信息、战术信息和作业信息。

(2) 按照信息的应用领域可分为管理信息、社会信息、科技信息和军事信息。

(3) 按照信息的加工顺序可分为一次信息、二次信息和三次信息等。

(4) 按照信息的反映形式可分为数字信息、图像信息和声音信息等。

2) 信息的特征

一般来说，信息具有以下特征：

(1) 真伪性。信息有真伪之分，客观反映现实世界事物的程度代表信息的准确度。

(2) 普遍性和无限性。由于信息是事物的运动状态和规律的表征，所以信息的存在是普遍的；又由于信息具有知识的秉性，所以它对人类的生存和发展是至关重要的。信息普遍存在于自然界、人类社会和人的思维之中。信息在宇宙中是普遍存在的，同时，宇宙中的事物是无限多样的，其发展变化更是无限的，因此信息也是无限的。

(3) 可传递性和共享性。无论在空间上还是在时间上信息都具有传递性。信息在空间上的传递称为通信，信息在时间上的传递称为信息存储。信息的共享性表现在许多人都能使用同样的信息。

(4) 时效性和时滞性。信息在一定的时间内是有效信息，在此时间之外就是无效信息。而且任何信息从信源传播到信宿都需要经过一定的时间，都有时滞性。

(5) 有序性。信息的有序性即信息发生先后之间存在一定的关系，在时间上是连贯的、相关的和动态的。

(6) 可变换性。可变换性是指信息可以转换成不同的形态，也可以由不同的载体来存储。

信息一般有数据、文本、声音和图像等四种形态。

数据是一串符号序列，是对事实、概念或指令的一种特殊表达形式，如数值、文字、声音、图形、图像、视频等都是数据。数据是信息的载体，最常用的数据有数值型数据和字符型数据两种。例如，成绩、价格、工资、数量等是数值型数据，姓名、声音、图形等是字符型数据。在计算机中，数据均以二进制编码形式(0 和 1 组成的字符串)表示。信息和数据是两个相互联系、相互依存又相互区别的概念。数据是信息的表示形式，信息是数据所表达的含义。简单地说，数据是原料，信息是产品。例如，100km 是一项数据，但这一数据除了数字上的意义外，并不表示任何内容，而汽车已走了 100km 是对数据的解释，这就是信息。

2. 信息系统

信息系统是一个由人、计算机等组成的能进行信息采集、传递、存储、加工、维护和使用的系统，管理信息系统、决策支持系统、银行信息系统等都属于这个范畴。

信息系统是以提供信息服务为主要目的的数据密集型、人机交互的计算机应用系统。它是以加工处理信息为主的系统，对信息进行采集、传递、存储、加工、维护和使用，需要时能向有关人员提供有用的信息，其组成如图 1-8 所示。

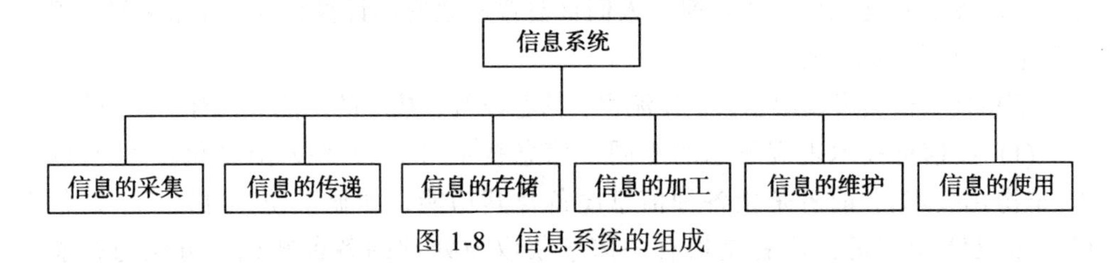


图 1-8　信息系统的组成

信息系统的基本工作模式为：输入数据，经过加工处理后输出各种信息，如图 1-9 所示。

一般信息系统具有数据采集与输入、数据存储、数据传输、数据加工处理和数据输出等功能。

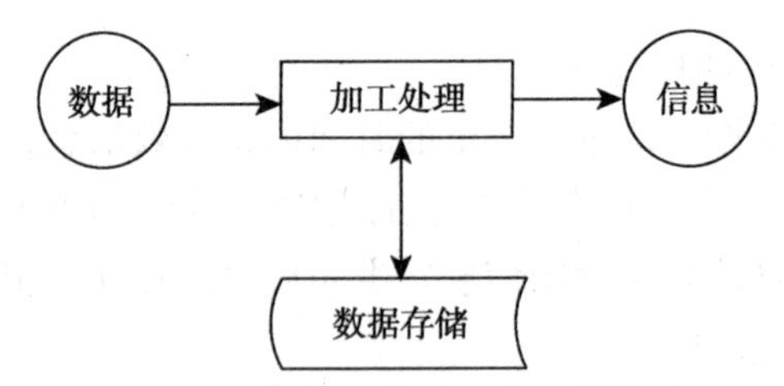


图 1-9　信息系统的基本工作模式

(1) 数据采集与输入：将分散在各处的数据进行收集并记录，整理成信息系统要求的格式和形式。

(2) 数据存储：管理中的大量数据需要一次存储、多次使用，并要求多个处理过程实现数据共享。

(3) 数据传输：包括计算机系统内和系统外的传输，实质是数据通信。

(4) 数据加工处理：输入的信息需要加工处理，计算机的加工范围包括数据的存取、查询、分类、排序、合并、计算，以及对一些管理模型的仿真、优化计算等。

(5) 数据输出：对加工后的数据，根据不同的需要，以不同的形式和格式进行输出。

### 1.2.2　信息技术

信息技术(information technology，IT)，是指主要用于管理和处理信息所采用的各种技术的总称。它主要是应用计算机科学和通信技术来设计、开发、安装和实施信息系统及应用软件，也常称为信息和通信技术，有时也称“现代信息技术”。

对于信息技术，人们从不同的角度会有不同的描述。通常，信息技术是指利用电子计算机和现代通信手段获取、传递、存储、处理、显示和分配信息的技术。

信息技术的应用包括计算机硬件和软件、网络和通信技术、应用软件开发工具等。自计算机和互联网产生以来，人们日益普遍地使用计算机来产生、处理、交换和传播各种形式的信息。

信息技术根据表现形态、工作流程、信息设备、技术的功能等具有不同的分类。

(1) 按信息技术表现形态的不同，信息技术可分为硬技术(物化技术)与软技术(非物化技术)。前者是指各种信息设备及其功能，如显微镜、电话机、通信卫星、多媒体计算机；后者是指有关信息获取与处理的各种知识、方法与技能，如语言文字技术、数据统计分析技术、规划决策技术、计算机软件技术等。

(2) 按信息技术工作流程中基本环节的不同，信息技术可分为信息获取技术、信息传递技术、信息存储技术、信息加工技术及信息标准化技术。信息获取技术包括信息的搜索、感知、接收、过滤等，如显微镜、望远镜、气象卫星、温度计、钟表、Internet 搜索器中的技术等。信息传递技术是指跨越空间共享信息的技术，又可分为不同类型，如单向传递与双向传递技术，单通道传递、多通道传递与广播传递技术。信息存储技术是指跨越时间保存信息的技术，如印刷术、照相术、录音术、录像术、缩微术、磁盘术、光盘术等。信息加工技术是对信息进行描述、分类、排序、转换、浓缩、扩充、创新等的技术，信息加工技术的发展已有两次突破：从人脑信息加工到使用机械设备(如算盘、标尺等)进行信息加工，再发展为使用电子计算机与网络进行信息加工。信息标准化技术是指使信息的获取、传递、存储、加工各环节有机衔接，以及提高信息交换共享能力的技术，如信息管理标准、字符编码标准、语言文字的规范化等。

(3) 按使用的信息设备不同，信息技术可分为电话技术、电报技术、广播技术、电视技术、复印技术、缩微技术、卫星技术、计算机技术、网络技术等。也有人从信息的传播模式，将信息技术分为传者信息处理技术、信息通道技术、受者信息处理技术、信息抗干扰技术等。

(4) 按技术的功能层次不同，信息技术可分为基础层次的信息技术(如新材料技术、新能源技术等)、支撑层次的信息技术(如机械技术、电子技术、激光技术、生物技术、空间技术等)、主体层次的信息技术(如感测技术、通信技术、计算机技术、控制技术等)、应用层次的信息技术(如文化教育、商业贸易、工农业生产、社会管理中用以提高效率和效益的各种自动化、智能化、信息化应用软件与设备等)。

## 1.3　信息的表示及存储

在计算机应用领域中经常使用信息和数据这两个概念，它们既有区别又紧密相关。信息通常是指人们所关心的事情的消息或知识。同一消息或知识，对不同的人、群体可能具有不同的意义，只有对接收者的行为或思想活动产生影响时，才能称为信息。信息可以脱离原物质而借助于载体传输；载体以某种特殊的变化和运动反映信息的内容，并使接收者可以感知。

信息载体上反映的信息内容，发送者(人或机器)以某种可识别的符号传送给接收者，这种可识别的符号称为数据。数据分为两类：一类是数值数据，能够对这类数据进行算术运算并得到明确的数值概念，如正数、负数、小数与整数等；另一类是文字、声音、图像等非数值数据。数据的效用在于反映信息的内容，并可被接收者识别，因此数据是信息的具体表现形式，信息是数据的含义。

信息处理包括信息收集、存储、加工、检索、传输等活动，每个活动都要面对各种类型的数据。信息和数据形影不离，信息处理的本质就是数据处理，主要目标是获取有用的信息。在不影响对问题理解的情况下，常把“信息”和“数据”这两个术语不加区别地使用。

### 1.3.1 信息存储单位

如前所述，在计算机内部，各种信息都是以二进制的形式出现的。因此，存储在计算机内的信息必然是以二进制编码形式存储的，而这些信息在计算机内的多少必须用某个计量单位表达，因此这里有必要介绍信息存储的单位。

在计算机中，信息的单位常采用位、字节、字、机器字长等几种。

1) 位

位(bit)是度量数据的最小单位，为一位二进制数。它是信息表示中的最小单位，称为“信息基本单位”。

2) 字节

一字节(byte，B)由 8 位二进制位组成(1B=8bit)。计算机在存储数据时，通常把 8 位二进制数看作一个存储单元或称为一字节。字节是信息存储中最常用的单位，是计算机中存储信息的“基本单位”。

计算机的存储器(无论是内存还是外存)通常都是以字节来表示它的容量的。常用的单位有：

(1) KB(千字节)，1KB=$2^{10}$B=1024B；

(2) MB(兆字节)，1MB=$2^{20}$B=1024KB；

(3) GB(吉字节)，1GB=$2^{30}$B=1024MB；

(4) TB(太字节)，1TB=$2^{40}$B=1024GB。

3) 字

字(word)是由若干字节组成的，并作为一个独立的信息单位处理。字又称计算机字，它的含义取决于机器的类型、字长以及使用者的要求，不同的计算机系统的字长是不同的，常用的固定字长有 8 位、16 位、32 位、64 位等。

4) 机器字长

在讨论信息单位时，还有一个与机器硬件指标有关的单位，即机器字长。机器字长一般是指参加运算的寄存器所存储的二进制数的位数，它代表了机器的精度。机器的功能设计决定了机器的字长。字长越长，存放数的范围越大，精度越高。大型机一般情况下用于数值计算，为保证足够的计算精度，需要较长的字长，如 64 位、128 位等。而小型机、微型机一般字长为 16 位、32 位等。例如，APPLE-Ⅱ微型机字长为 8 位，称为 8 位机；IBM-PC/XT 字长为 16 位，称为 16 位机；386/486 微型机字长为 32 位，称为 32 位机；586 则是 64 位机。

### 1.3.2　进位计数制

1. 进位计数制的基本概念

人类在日常生活中常用十进制来表示事物的量，即逢 10 进 1，实际上这并非天经地义的，只不过是人们的习惯而已，生活中也常常遇到其他进制，如六十进制 (每分钟为 60 秒，每小时 60 分钟，即逢 60 进 1)、十二进制 (计量单位“一打”)等。

在计算机领域，最常用的是二进制，这是因为计算机是由成千上万个电子元件(如电容、电感、三极管等)组成的，这些电子元件一般都是只有两种稳定的工作状态(如三极管的截止和导通)，用高和低两个电位表示“1”和“0”在物理上是最容易实现的。

二进制的书写一般比较长，而且容易出错。因此，除了二进制，为了便于书写，计算机中还常常用到八进制和十六进制。一般用户与计算机打交道并不直接使用二进制数，而是十进制数(或八进制、十六进制数)，然后由计算机自动转换为二进制数。但对于使用计算机的人员来说，了解不同进制数的特点及它们之间的转换是必要的。

2. 进位计数制的计数符号和三要素

1) 计数符号

每一种进制都有固定数目的计数符号。

十进制：10 个记数符号，即 0、1、2、…、9。

二进制：2 个记数符号，即 0 和 1。

八进制：8 个记数符号，即 0、1、2、…、7。

十六进制：16 个记数符号，即 0～9、A、B、C、D、E、F，其中 A～F 对应十进制的 10～15。

2) 进位计数制三要素

进位计数制的三要素是数位、基数和位权。

(1) 数位：是指数码在一个数中所处的位置，用 $\pm n$ 表示。

(2) 基数：是指在某种计数制中，每个数位上所能使用的数码的个数，用 $R$ 表示。对于 $R$ 进制数，它的最大数符为 $R-1$。例如，二进制数的最大数符是 1，八进制数的最大数符是 7；每个数符只能用一个字符来表示，而在十六进制中，值大于 9 的数符(即 10～15)分别用 A～F 这 6 个字母来表示。

(3) 位权：是指在某种计数制中，每个数位上数码所代表的数值的大小。例如，对于形式上一样的一个数 257，如果把它看成十进制数，则 2 表示 $2\times10^2$，5 表示 $5\times10^1$，7 表示 $7\times10^0$；如果把它看成八进制数，则 2 表示 $2\times8^2$，5 表示 $5\times8^1$，7 表示 $7\times8^0$；如果把它看成十六进制数，则 2 表示 $2\times16^2$，5 表示 $5\times16^1$，7 表示 $7\times16^0$。由此可见，对于各位上的数，几种进制是相同的。

3. 进位计数制的基本特点

进位计数制的基本特点如下：

(1) 逢 $R$ 进一。

(2) 采用位权表示。

**例 1.1** 十进制数 3058.72 可表示为

$$(3058.72)_{10}=3\times10^3+0\times10^2+5\times10^1+8\times10^0+7\times10^{-1}+2\times10^{-2}$$

**例 1.2** 二进制数 10111.01 可表示为

$$(10111.01)_2=1\times2^4+0\times2^3+1\times2^2+1\times2^1+1\times2^0+0\times2^{-1}+1\times2^{-2}$$

**例 1.3** 十六进制数 3AB.65 可表示为

$$(3AB.65)_{16}=3\times16^2+A\times16^1+B\times16^0+6\times16^{-1}+5\times16^{-2}$$

其中，A 代表 10，B 代表 11。

4. 数制的表示方法

(1) 后缀表示法：

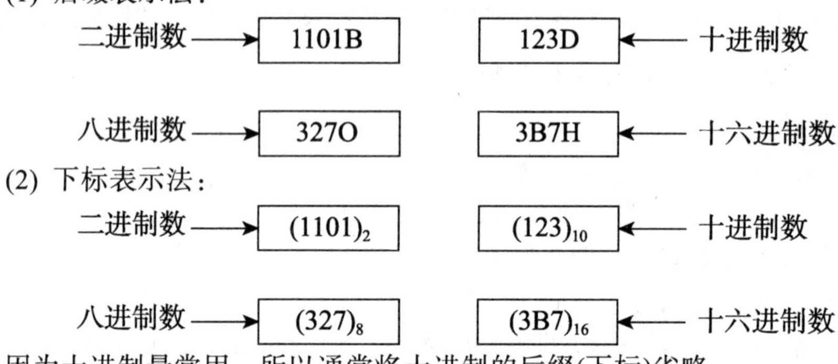


因为十进制最常用，所以通常将十进制的后缀(下标)省略。

5. 不同进位计数制之间的转换

日常生活中使用的是十进制，而在计算机内部，各种信息都是以二进制的形式表示的，但二进制数读写很不方便。由于八进制数、十六进制数与二进制数有简单直观的对应关系，在程序开发、调试及阅读机器内部代码时，人们经常使用八进制数或十六进制数来等价表示二进制数，所以要经常实现不同进位计数制之间的转换。

1) 将二进制数、八进制数、十六进制数转换为十进制数

将其他进制的数转化为十进制数，采用“按权展开，相加求和”的方法，即用多项式展开，然后逐项累加。

举例如下：

$$\begin{aligned}(1001.1)_2&=1\times2^3+0\times2^2+0\times2^1+1\times2^0+1\times2^{-1}\\&=8+1+0.5\\&=(9.5)_{10}\end{aligned}$$

$$(345.73)_8=3\times8^2+4\times8^1+5\times8^0+7\times8^{-1}+3\times8^{-2}$$

$$=192+32+5+0.875+0.046875$$
$$=(229.921875)_{10}$$
$$(A3B.E5)_{16}=10\times16^2+3\times16^1+11\times16^0+14\times16^{-1}+5\times16^{-2}$$
$$=2560+48+11+0.875+0.01953125$$
$$=(2619.89453125)_{10}$$

2) 将十进制数转换为二进制数、八进制数、十六进制数

将十进制数转换为基数为 $R$ 的等效表示时，可先将此数分成整数与小数两部分分别转换，再拼接起来即可实现。

十进制整数转换成 $R$ 进制的整数，可用十进制整数部分连续地除以 $R$，直到商为零为止，其余数即为 $R$ 进制的各位数码。此方法称为“除 $R$ 取余法”。

例如，将$(57)_{10}$转换为二进制数：

| 除数 | 被除数/商 | 余数 | |
|---|---|---|---|
| 2 | 57 | | |
| 2 | 28 | 1 | 低位 ↑ |
| 2 | 14 | 0 | |
| 2 | 7 | 0 | |
| 2 | 3 | 1 | |
| 2 | 1 | 1 | |
| | 0 | 1 | 高位 |

因此，$(57)_{10}=(111001)_2$。

类似地，将$(153)_{10}$转换为八进制数：

| 除数 | 被除数/商 | 余数 | |
|---|---|---|---|
| 8 | 153 | | |
| 8 | 19 | 1 | 低位 ↑ |
| 8 | 2 | 3 | |
| | 0 | 2 | 高位 |

因此，$(153)_{10}=(231)_8$。

将$(286)_{10}$转换为十六进制数：

| 除数 | 被除数/商 | 余数 | |
|---|---|---|---|
| 16 | 286 | | |
| 16 | 17 | E | 低位 ↑ |
| 16 | 1 | 1 | |
| | 0 | 1 | 高位 |

因此，$(286)_{10}=(11E)_{16}$。

十进制小数转换成 $R$ 进制小数时，可将小数部分连续地乘以 $R$，直到小数部分为 0 或达到所要求的精度为止(小数部分可能永不为零)，得到的整数即组成 $R$ 进制的小数部分，此法称为“乘 $R$ 取整法”。

例如，将$(0.3125)_{10}$转换成二进制数：

```
   0.3125                      整数
×       2 ........................ 0   │ 高位
   0.625
×       2 ........................ 1   │
   1.250
×       2 ........................ 0   │
   0.500
×       2 ........................ 1   ↓ 低位
   1.000
```

因此，$(0.3125)_{10}=(0.0101)_2$。

要注意的是，十进制小数通常不能准确地换算为等值的二进制小数(或其他 $R$ 进制小数)，因为存在换算误差。

例如，将$(0.5627)_{10}$转换成二进制数：

```
  0.5627                       整数
×      2 ......................... 1   │ 高位
  1.1254
×      2 ......................... 0   │
  0.2508
×      2 ......................... 0   │
  0.5016
×      2 ......................... 1   │
  1.0032
×      2 ......................... 0   ↓ 低位
  0.0064
```

此过程会不断进行下去(小数位达不到 0)，因此只能取到一定精度，如

$$(0.5627)_{10}\approx(0.10010)_2$$

若将十进制数 57.3125 转换成二进制数，则可分别进行整数部分和小数部分的转换，然后再拼在一起，如

$$(57.3125)_{10}=(111001.0101)_2$$

采用上述方法也可以将十进制小数转换为八进制或十六进制小数，但是这种方法计算比较复杂，通常是先把十进制数转换成二进制数，再将二进制数转换成八进制数或十六进制数。

3) 二进制数、八进制数、十六进制数的相互转换

因为 $2^3=8$，$2^4=16$，所以 3 位二进制数对应 1 位八进制数，4 位二进制数对应 1 位十六进制数。二进制数转换为八进制数和十六进制数比转换为十进制数容易得多，因此常用八进制数和十六进制数来表示二进制数，表 1-1 列出了它们之间的对

应关系。

表 1-1　二进制数、八进制数和十六进制数之间的对应关系

| 十进制数 | 二进制数 | 八进制数 | 十六进制数 | 十进制数 | 二进制数 | 八进制数 | 十六进制数 |
|---|---|---|---|---|---|---|---|
| 0 | 0000 | 0 | 0 | 8 | 1000 | 10 | 8 |
| 1 | 0001 | 1 | 1 | 9 | 1001 | 11 | 9 |
| 2 | 0010 | 2 | 2 | 10 | 1010 | 12 | A |
| 3 | 0011 | 3 | 3 | 11 | 1011 | 13 | B |
| 4 | 0100 | 4 | 4 | 12 | 1100 | 14 | C |
| 5 | 0101 | 5 | 5 | 13 | 1101 | 15 | D |
| 6 | 0110 | 6 | 6 | 14 | 1110 | 16 | E |
| 7 | 0111 | 7 | 7 | 15 | 1111 | 17 | F |

将二进制数以小数点为中心分别向两边分组，转换成八(或十六)进制数，每 3(或 4)位为一组，不够位数在两边加 0 补足，然后将每组二进制数化成八(或十六)进制数即可。

例如，将$(1011010.100)_2$转换成八进制数和十六进制数：

1011010.100=001 011 010.100
　　　　　　　1　3　2 . 4

因此，

$$(1011010.100)_2=(132.4)_8$$

1011010.100=0101 1010.1000
　　　　　　　5　　A . 8

因此，

$$(1011010.100)_2=(5A.8)_{16}$$

将十六进制数 F7.28 转换为二进制数：

F7.28=1111 0111.0010 1000

因此

$$(F7.28)_{16}=(1111\ 0111.00101)_2$$

将八进制数 25.63 转换为二进制数：

25.63=010 101.110 011

因此

$$(25.63)_8=(10101.110011)_2$$

对于十进制数与十六进制数或八进制数之间的转换，通过二进制数来进行转换也很方便，读者可以自己试一试。

### 1.3.3　二进制数的运算

1. 二进制与计算机

计算机内的数据以二进制数表示。数据可分为数值数据和非数值数据两大类，其中非数值数据又可分为数字符、字母、符号等文本数据和图形、图像、声音等非文本数据。在计算机中，所有类型的数据都转换为二进制代码形式加以存储和处理。等数据处理完毕后，再将二进制代码转换成数据的原有形式输出。

二进制数的基本特点是：可行性、简易性、逻辑性和可靠性。

计算机内的逻辑部件有高电位和低电位两种状态，这两种状态与二进制数制系统的“1”和“0”相对应。在计算机中，电位状态表示一个信息单元，那么 1 位二进制数可以表示两个信息单元。若使用 2 位二进制数，则可以表示 4 个信息单元；使用 3 位二进制数，可以表示 8 个信息单元。可以看出，二进制数的位数和可以表示的信息单元之间存在着幂次的关系。也就是说，当用 $n$ 位二进制数时，可表示的不同信息单元个数为 $2^n$。

2. 二进制数的算术运算

(1) 二进制加法。其运算规则如下：

0+0=0，0+1=1，1+0=1，1+1=(1)0(进位为 1)

**例 1.4**　完成下面 8 位二进制数的加法运算。

00001010+11010001=　　　　10010010+01010011=

**解**　竖式运算过程如下：

```
    00001010                10010010  ←— 被加数
  + 11010001              + 01010011  ←— 加数
  ----------                0010010   ←— 进位
    11011011              ----------
                            11100101  ←— 和数
```

(2) 二进制减法。其运算规则如下：

0−0=0，1−0=1，1−1=0，(1)0−1=1 (借位时借 1 当 2)

**例 1.5**　完成下面 8 位二进制数的减法运算。

11110010−11000000=　　　　10010010−01010011=

**解**　竖式运算过程如下：

```
    11110010                10010010  ←— 被减数
  - 11000000              - 01010011  ←— 减数
  ----------                1111111   ←— 借位
    00110010              ----------
                            00111111  ←— 差数
```

(3) 二进制乘法。其运算规则如下：

0×0=0，0×1=0，1×0=0，1×1=1

(4) 二进制除法。其运算规则如下：

0÷1=0，1÷1=1，0÷0 和 1÷0 均无意义

**例 1.6**　完成下面二进制数的乘法和除法运算。

1101×1010=　　　　10111011÷1011=

**解**　竖式运算过程如下：

```
     1101  ← 被乘数
    ×1010  ← 乘数
   --------
     0000 ┐
    1101  │
   0000   │ 部分积
  1101    ┘
  --------
 10000010  ← 乘积
```

```
              10001      ← 商
  1011 √ 10111011        ← 被除数
   ↑      1011
  除数    --------
             1011
             1011
             ----
                0        ← 余数
```

3. 二进制数的逻辑运算

逻辑运算是计算机运算的一个重要组成部分。计算机通过各种逻辑功能的电路，利用逻辑代数的规则进行各种逻辑判断，从而使计算机具有逻辑判断能力。

逻辑代数的奠基人是布尔，所以又称布尔代数。布尔代数利用符号来表达和演算事物内部的逻辑关系。在逻辑代数中，逻辑事件之间的逻辑关系用逻辑变量和逻辑运算来表示。逻辑代数中有三种基本的逻辑运算："与"、"或"和"非"。在计算机中，逻辑运算也以二进制数为基础，分别用"1"和"0"来代表逻辑变量的"真"值和"假"值。

在计算机中，二进制数的逻辑运算包括"与"、"或"、"非"和"异或"等，逻辑运算的基本特点是按位操作，即根据两操作数对应位的情况确定本位的输出，而与其他相邻位无关。

(1)"或"逻辑运算："或"逻辑又称逻辑加，运算符为"+"或"∨"。其运算规则如下：

0∨0=0，0∨1=1，1∨0=1，1∨1=1，即"见 1 为 1，全 0 为 0"

(2)"与"逻辑运算："与"逻辑又称逻辑乘，运算符为"×"或"∧"。其运算规则如下：

0∧0=0，0∧1=0，1∧0=0，1∧1=1，即"见 0 为 0，全 1 为 1"

**例 1.7**　求 8 位二进制数$(10100110)_2$和$(11100011)_2$的逻辑"与"和逻辑"或"。

**解**　逻辑运算只能按位操作，其竖式运算的方法如下：

```
   10100110        10100110
 ∨ 11100011      ∧ 11100011
 ----------      ----------
   11100111        10100010
```

所以

$$(10100110)_2 \vee (11100011)_2=(11100111)_2$$

$$(10100110)_2 \wedge (11100011)_2=(10100010)_2$$

(3)“非”逻辑运算：运算符为“～”。其运算规则为：非 0 则为 1，非 1 则为 0。

(4)“异或”逻辑运算：运算符为⊕。其运算规则为：参加运算的两位相同，则结果为 0，否则结果为 1。

**例 1.8**　设 $M=(10010101)_2$，$N=(00001111)_2$，求～$M$、～$N$ 和 $M \oplus N$。

**解**　由于 $M=(10010101)_2$，$N=(00001111)_2$，则有～$M=(01101010)_2$，～$N=(11110000)_2$。

因为

$$\begin{array}{r} 10010101 \\ \oplus\ 00001111 \\ \hline 10011010 \end{array}$$

所以

$$M \oplus N=(10011010)_2$$

### 1.3.4　数值数据的表示

1. 带符号数的表示

在计算机内部，数字和符号都用二进制码表示，两者合在一起构成数的机内表示形式，称为机器码，而它真正表示的数值称为这个机器码的真值。数的正、负是用 0 和 1 来表示的，一般将数的最高位作为符号位，用 0 表示正，用 1 表示负。例如，十进制数 54 的二进制数为 110110，在机器中用 8 位二进制数表示+54，其格式为

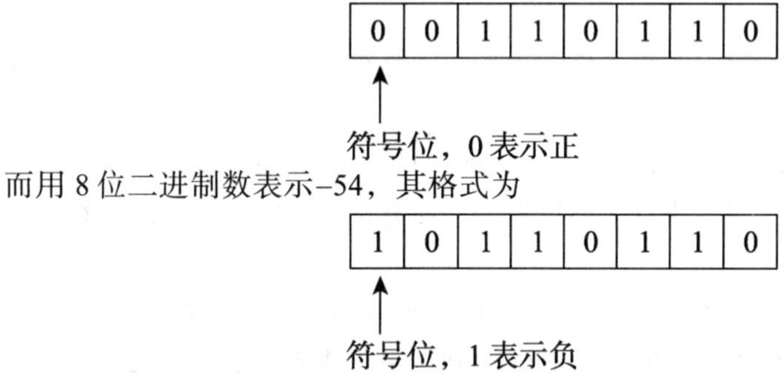


常用的机器码有原码、反码和补码三种。

1) 原码

原码：其最高位为符号位，0 表示正，1 表示负，其余位数表示该数的绝对值。通常用$[X]_{原}$表示 $X$ 的原码。

例如，$(19)_{10}=(10011)_2$，$(39)_{10}=(100111)_2$，那么用 8 位二进制数表示为

$$[+19]_{原}=00010011$$

$$[-39]_{原}=10100111$$

由于$[+0]_{原}=00000000$，$[-0]_{原}=10000000$，所以，在计算机中 0 的表示有+0 和–0 两种。

当机器数的位数是 8 时，原码的表示范围是[–127，127]。

2) 反码

反码：正数的反码与原码相同，负数的反码是把其原码除符号位外的各位按位取反(即 0 变为 1，1 变为 0)。通常用$[X]_{反}$表示 $X$ 的反码。例如：

$$[+44]_{反}=[+44]_{原}=00101100$$

由于$[-34]_{原}=10100010$，所以$[-34]_{反}=11011101$。

由于$[+0]_{反}=[+0]_{原}=00000000$，$[-0]_{原}=10000000$，$[-0]_{反}=11111111$，所以 0 的反码表示有两种。

当机器数的位数是 8 时，反码表示的范围是[–127，127]。

3) 补码

补码：正数的补码与原码相同，负数的补码是在其反码的最低有效位上加 1。通常用$[X]_{补}$表示 $X$ 的补码。例如：

$$[+12]_{补}=[+12]_{原}=00001100$$

由于$[-35]_{原}=10100011$，而$[-35]_{反}=11011100$，所以$[-35]_{补}=11011101$。

$[+0]_{补}=[+0]_{原}=00000000$，$[-0]_{反}=11111111$，规定$[-0]_{补}=00000000$(溢出部分忽略)，这样在用补码表示时，0 的表示方法就唯一了。

当机器数的位数是 8 时，补码表示的范围是[–128，127]。

2. 定点数和浮点数

计算机中运算的数有整数，也有小数，通常有两种约定：一种是规定小数点的位置固定不变，这时的机器数称为定点数；另一种是小数点的位置是可以浮动的，这时的机器数称为浮点数。

1) 定点数

用定点数表示的数据，小数点的位置是固定不变的。如果小数点位置固定在符号位之后，这时数据字就表示一个纯小数。

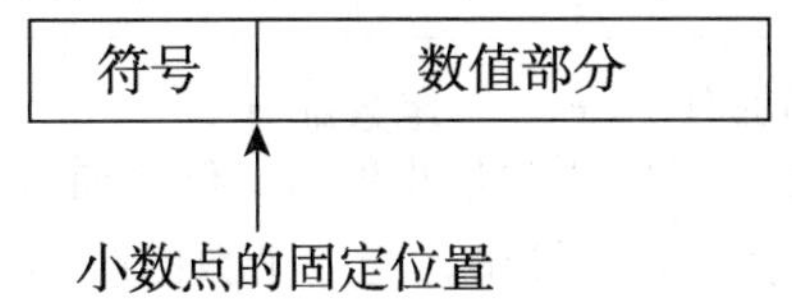


例如，用 8 位字长的定点数表示–0.125：

$$(-0.125)_{10}=(-0.001)_2$$

它在机器中的表示为

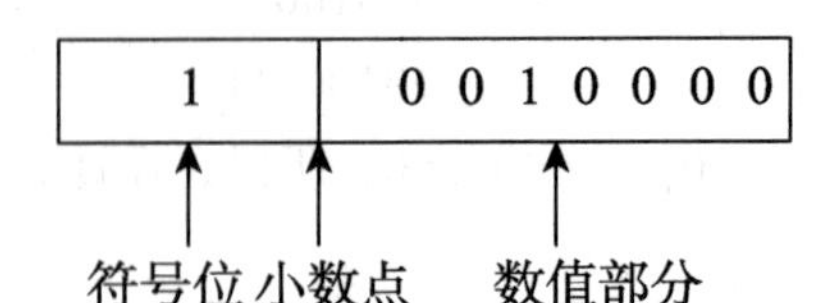


如果把小数点位置固定在数据字的最后，这时数据字就表示一个纯整数。

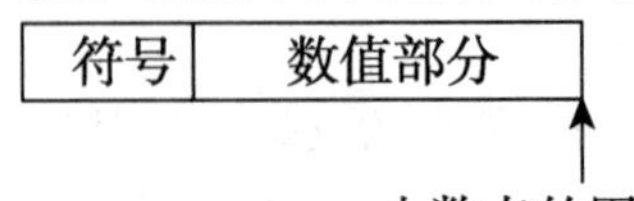


例如，用 8 位字长的定点数表示十进制数+27：

$$(+27)_{10}=(00011011)_2$$

它在机器中的表示为

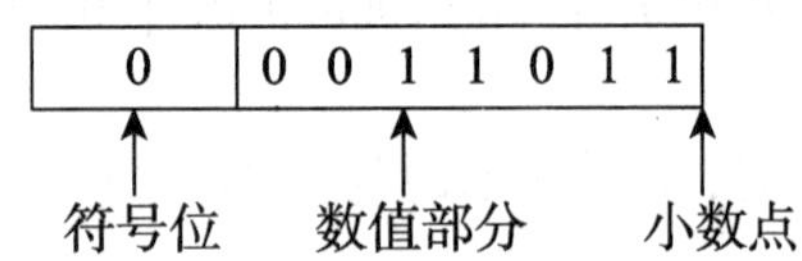


因定点数表示数据，所能表示的数值范围很有限，为了扩大定点数的表示范围，可以通过编程技术，采用多字节来表示一个定点数，如采用 4 字节或 8 字节等。

2) 浮点数

用浮点数的表示数据，小数点在数据中的位置是浮动的。在以数值计算为主要任务的计算机中，在同样字长的情况下，浮点数表示的数的范围比定点数大。

浮点数用于在计算机中近似表示任意某个实数。具体地说，这个实数由一个整数或定点数(即尾数)乘以某个基数(计算机中通常是 2)的整数次幂(称为阶码)得到，这种表示方法类似于基数为 10 的科学记数法。无论是阶码还是尾数都有符号数。设任意一个数 $N$，可以表示为 $N=2^{E}M$。其中，2 为基数，$E$ 为阶码，$M$ 为尾数。浮点数在机器中的表示方法如下：

| 阶码符号 | $E$ | 尾数符号 | $M$ |
|---|---|---|---|

阶码部分 • 尾数部分

例如，二进制数−110101101.01101 可以写成−0.11010110101101×2^1001^，这个数在机器中的格式为(阶码用 8 位表示，尾数用 24 位表示)：

| 0 | 0001001 | 1 | 110101101011010000000000 |
|---|---|---|---|

阶码部分 • 尾数部分

当浮点数的尾数为零或者阶码为最小值时，机器通常规定，把该数看做零，称为“机器零”。在浮点数表示和运算中，当一个数的阶码大于机器所能表示的最大码时，产生“上溢”。上溢时机器一般不再继续运算而转入“溢出”处理。当一个数的阶码小于机器所能代表的最小阶码时产生“下溢”，下溢时一般当做“机器零”来处理。

### 1.3.5　非数值数据的表示

1. BCD 编码

编码用按一定规则组合而成的若干位二进制码来表示数或字符。BCD 码是指用若干二进制数字表示十进制数。BCD 码不是一个二进制数，不能直接用于计算机内部的计算。BCD 码的转换方法是将要转换的十进制数的每一位用四位二进制数来表示，整数前及小数末尾的零不可省略。

例如：

$$(2586)_{10} = (\underset{2}{\underline{0010}}\,\underset{5}{\underline{0101}}\,\underset{8}{\underline{1000}}\,\underset{6}{\underline{0110}})\text{BCD}$$

2. ASCII 码

在计算机中使用 ASCII 码——美国标准信息交换代码来表示西文字符。ASCII 码使用 7 位二进制数码表示一个字符，用一字节来存放，其最高位为 0。可以表示 128 个不同的字符,其中前 32 个和最后一个通常是计算机系统专用的，代表一个不可见的控制字符。

数字字符 0～9 的 ASCII 码是连续的，为 30H～39H(H 代表十六进制数)；大写英文字母 A～Z 和小写英文字母 a～z 的 ASCII 码也是连续的,分别为 41H～5AH 和 61H～7AH。因此，在知道一个字母或数字的 ASCII 码后，很容易推算出其他字母和数字的编码。

例如，数字 0 的 ASCII 码为 0110000B(B 代表二进制)，等于十进制的 48，可以推算数字 5 的 ASCII 应该是十进制数 48 + 5，即 53；大写字母 A 的 ASCII 码为 1000001B，等于十进制数的 65，那么，大写字母 E 的 ASCII 码就应该为十进制数 65+4，即 69。表 1-2 给出了标准的 ASCII 码对照表。

3. 汉字输入码

汉字输入码，又称“外部码”，简称“外码”，是指用户从键盘上输入代表汉字的编码。根据所采用输入方法的不同，外码可分为数字编码(如区位码)、字形编码(如五笔字型)、字音编码(如各种拼音输入法)和音形码等几大类。例如，汉字“啊”采用五笔字型输入时编码为“kbsk”，用区位码方式输入时编码为“1601”，那么这里的“kbsk”和“1601”就称为外码。

**表 1-2　ASCII 码对照表**

| LSD | MSD | 0<br>000 | 1<br>001 | 2<br>010 | 3<br>011 | 4<br>100 | 5<br>101 | 6<br>110 | 7<br>111 |
|---|---|---|---|---|---|---|---|---|---|
| 0 | 0000 | NUL | DLE | SP | 0 | @ | P | 、 | p |
| 1 | 0001 | SOH | DC1 | ! | 1 | A | Q | a | q |
| 2 | 0010 | STX | DC2 | “ | 2 | B | R | b | r |
| 3 | 0011 | ETX | DC3 | # | 3 | C | S | c | s |
| 4 | 0100 | EOT | DC4 | $ | 4 | D | T | d | t |
| 5 | 0101 | ENQ | NK | % | 5 | E | U | e | u |
| 6 | 0110 | ACK | SYN | & | 6 | F | V | f | v |
| 7 | 0111 | BEL | ETB | ‘ | 7 | G | W | g | w |
| 8 | 1000 | BS | CAN | ( | 8 | H | X | h | x |
| 9 | 1001 | HT | EM | ) | 9 | I | Y | i | y |
| A | 1010 | LF | SUB | * | : | J | Z | j | z |
| B | 1011 | VT | ESC | + | ; | K | [ | k | { |
| C | 1100 | FF | FS | ` | < | L | \ | l | \| |
| D | 1101 | CR | GS | - | = | M | ] | m | } |
| E | 1110 | SO | RS | . | > | N | ↑ | n | ~ |
| F | 1111 | SI | VS | / | ? | O | ← | o | DEL |

区位码是一种最通用的汉字输入码。它是根据我国国家标准 GB 2312—1980《信息交换用汉字编码字符集》，将 6763 个汉字和一些常用的图形符号分为 94 个区，每区 94 个位的方法将它们定位在一张表上，成为区位码表。其中 1～9 区分布的是一些符号；16～55 区为一级字库，共 3755 个汉字，按音序排列；56～87 区为二级字库，共 3008 个汉字，按部首排列。

区位码表中，每个汉字或符号的区位码由两个字节组成，第一个字节为区码，第二个字节为位码，区码和位码分别用一个两位的十进制数来表示，这样区码和位码合起来就形成了一个区位码。例如，“啊”字位于 16 区第 01 位，则“啊”字的区位码为区码+位码，即 1601。

国家标准 GB 2312—1980 中的汉字代码除了十进制形式的区位码，还有一种十六进制形式的编码，称为国标码。国标码是在不同汉字信息系统间进行汉字交换时所使用的编码。需要注意的是，在数值上，区位码和国标码是不同的，国标码是在十进制区位码的基础上，其区码和位码分别加十进制数 32。

4. 汉字机内码

汉字机内码又称“机内码”，简称“内码”，由扩充 ASCII 码组成，是指计算机内部存储、处理、加工和传输汉字时所用的由 0 和 1 符号组成的代码。输入码被接受后就由汉字操作系统的“输入码转换模块”转换为机内码，与所采用的键盘输入法(汉字输入码)无关。

机内码是汉字最基本的编码，不管是什么汉字系统和汉字输入方法，输入的汉字外码到机器内部都要转换成机内码，才能被存储和进行各种处理。通常所说的内码是指国标内码，即 GB 内码。GB 内码用两字节来表示(即一个汉字要用两字节来表示)，每个字节的高位为 1，以确保 ASCII 码的西文与双字节表示的汉字之间的区别。

机内码与区位码的转换过程是：将十进制区位码的区码和位码部分首先分别转换成十六进制，再在其区码和位码部分分别加上十六进制数 A0 构成。

内码的形式也有多种，除 GB 内码外，还有 GBK、Big5、Unicode 等。无论采用何种外码输入，计算机均将其转换成内码形式加以存储、处理和传送。

5. 字形存储码和汉字字库

1) 字形存储码

字形存储码又称汉字字形码，是指存放在字库中的汉字字形点阵码。不同的字体和表达能力有不同的字库，如黑体、仿宋体、楷体等是不同的字体，点阵的点数越多时一个字的表达质量也越高，也就越美观。一般用于显示的字形码是 16×16 点阵的，每个汉字在字库中占 16×16/8 = 32 字节；一般用于打印的是 24×24 点阵字形，每个汉字占 24×24/8 = 72 字节；一个 48×48 点阵字形，每个汉字占 48×48/8 = 288 字节。

只有在中文操作系统环境下才能处理汉字，操作系统中有实现各种汉字代码间转换的模块，在不同场合下调用不同的转换模块工作。汉字以某种输入方案输入时，就由与该方案对应的输入转换模块将其变换为机内码存储起来。汉字运算是一种字符串运算，用机内码进行，从主存到外存的传送也使用机内码。在不同汉字系统间传输时，先要把机内码转换为传输码，然后通过接口送出，对方收到后再转换为它自己的机内码。输出时先把机内码转换为地址码，再根据地址在字库中找到字形存储码，然后根据输出设备的型号、特性及输出字形特性使用相应的转换模块把字形存储转换为字形输出码，把这个码送至输出设备输出。

2) 汉字字库

一个汉字的点阵字形信息又称该字的字形。字形又称字模(沿用铅字印刷中的名词)，两者在概念上没有严格的区分，常混为一谈。存放在存储器中的常用汉字和符号的字模的集合就是汉字字形库，又称汉字字模库，或称汉字点阵字库，简称汉字库。

汉字字库容量的大小取决于字模点阵的大小，常用的汉字点阵库情况如表 1-3 所示。

表 1-3　常用的汉字点阵库情况

| 类 型 | 点阵 | 每字所占字节数 | 字数 | 字库容量 |
|---|---|---|---|---|
| 简易型 | 16×16 | 32 | 8192 | 256KB |
| 普及型 | 24×24 | 72 | 8192 | 576KB |
| 提高型 | 32×32<br>48×48 | 128<br>288 | 8192<br>8192 | 1MB<br>2.25MB |
| 精密型 | 64×64<br>256×256 | 512<br>8192 | 8192<br>8192 | 4MB<br>64MB |

16×16 点阵用于显示和要求不高的打印输出。24×24 点阵汉字字形较美观，多为宋体字，字库容量较大，在要求较高时使用，如在高分辨率的显示器上用作显示字模，既可满足事务处理的打印，也可用于一般报刊、书籍的印刷。32×32 点阵汉字，可更好地体现字形风格，表现笔锋，字库更大，在使用激光打印机的印刷排版系统上采用。64×64 以上的点阵字(最高可达 720×720)，属于精密型汉字，表现力更强，字体更多，但字库十分庞大，所以只有在要求很高的书刊、报纸及广告等的出版工作中才使用。实际使用的字库文件，16×16 点阵的 CCLIB 文件大小为 237632 字节(232KB)，24×24 点阵的 CLIB24 文件大小为 607KB。

6. 汉字处理流程

汉字通过输入设备将外码送入计算机，再由汉字系统将其转换成内码存储、传送和处理，当需要输出时再由汉字系统调用字库中汉字的字形码得到结果，这个过程如图 1-10 所示。

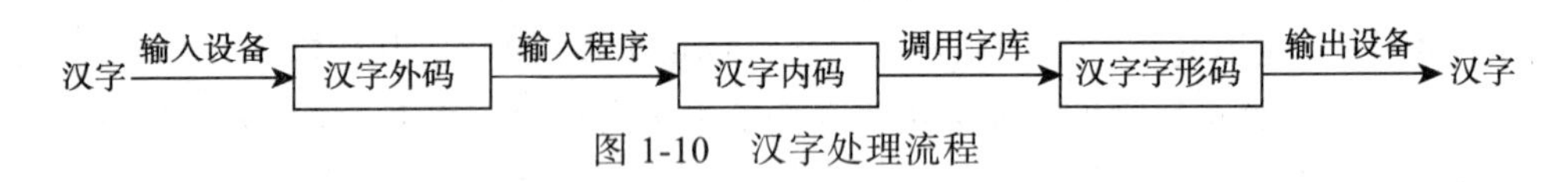


图 1-10　汉字处理流程

### 1.3.6　信息的内部表示与外部显示

人们周围的信息是多种多样的，如文字、数字、图像、声音以及各种仪器输出的电信号等。各种各样的信息都可以在计算机内存储和处理，而机内表示它们的方法只有一个，就是采用基于符号 0 和 1 的数字化信息编码。不同的信息需要采用不同的编码方案，如上面介绍的几种中西文编码。二进制数可看成数值信息的一种编码。

计算机的外部信息需要经某种转换变为二进制编码信息后，才能被计算机主机接收；同样，计算机内部信息也必须经转换后才能恢复信息的“本来面目”。这种转换通常是由计算机的输入和输出设备来实现的，有时还需要软件参与这种转换过程。

例如，人们最常使用的终端，就是人与计算机交换信息的外部设备，它主要用于在人和机器之间传递字符数据。当一个程序要求用户在终端上输入一个十进制数 10 时，这个数值信息传递给程序过程如下：

(1) 用户在键盘上先后按 1 和 0 两个键。

(2) 终端的编码电路依次接收到这两个键的状态变化，并先后产生对应于 1 和 0 的用 ASCII 码表示的字符数据(31H 和 30H)，然后送往主机。

(3) 主机的终端接口程序一方面将接收到的两个 ASCII 码回送给终端(这样，当用户输入 10 时，终端屏幕上就显示出 10)，另一方面将它们依次传给有关程序。

(4) 有关程序将这两个字符数据转换成相应十进制数的二进制表示(00001010)。

同样，当一个运算结果被送往终端显示时，首先要将数值信息转换为字符数据，即每一位数字都要转换成相应的 ASCII 码，然后由主机传到终端。终端再将这些 ASCII 码转换成相应的字符点阵信息，用来控制显示器的显示。

若要将图像、声音和其他形式的信息送入计算机，则要依靠一些专用的外部设备，如图形扫描仪、语音卡等。它们的功能是将不同的输入信息转换成二进制信息并存入计算机，然后由计算机(软件)做进一步的分析与处理。当然，处理这些信息要比处理字符信息复杂。

## 1.4　计算机系统安全

随着计算机应用的日趋深入与普及，计算机已在现代社会中占据十分重要的地位。计算机应用的社会化也带来了一系列新的问题，信息化社会面临着计算机系统安全问题的严重威胁。

计算机系统安全威胁多种多样，来自各个方面，主要是人为因素和自然因素。自然因素是一些意外事故，如服务器突然断电以及台风、洪水、地震等破坏计算机网络等，这些因素并不可怕。可怕的是人为因素，即人为地入侵与破坏。人为的因素主要来自计算机病毒和“黑客”。

### 1.4.1　计算机病毒

计算机病毒，是指编制或者在计算机程序中插入的破坏计算机功能或者毁坏数据，影响计算机使用，并能自我复制的一组计算机指令或者程序代码。它不仅破坏计算机系统的正常运行，而且还具有很强的传染性。由于计算机病毒对计算机系统安全所造成的危害越来越严重，消除和预防病毒已经成为计算机系统日常维护中非常重要的一项工作。

1. 计算机病毒的性质

“病毒”一词来源于生物学，它是一种能够侵入生物体并给生物体带来疾病的微生物，具有破坏性、扩散性和繁殖性等特征。与此相同，侵入计算机系统的病毒不仅破坏计算机系统的正常运行，毁坏系统数据，并能通过自我复制和数据共享的途径迅速进行传染。

2. 计算机病毒的来源

计算机病毒的产生不是偶然的，它是计算机犯罪的一种形式，有其一定的社会原因。病毒制造者的动机多种多样，有的源于恶作剧，有的源于蓄意破坏，也有的源于对软件产品的保护。例如，有的软件开发者在自己开发的软件产品中加入病毒程序，当有人对软件非法复制时，病毒就触发，以此对非法复制者进行报复。

3. 计算机病毒的特点

与正常程序相比，计算机病毒具有以下特点。

1) 传染性

计算机病毒不但本身具有破坏性，更严重的是具有传染性，一旦病毒被复制或产生变种，其速度之快令人难以预防。传染性是病毒的基本特征，在生物界，病毒通过传染从一个生物体扩散到另一个生物体。在适当的条件下，它可得到大量繁殖，并使被感染的生物体表现出病症甚至死亡。同样，计算机病毒也会通过各种渠道从已被感染的计算机扩散到未被感染的计算机，在某些情况下造成被感染的计算机工作失常甚至瘫痪。与生物病毒不同的是，计算机病毒是一段人为编制的计算机程序代码，这段程序代码一旦进入计算机并得以执行，它就会搜寻其他符合其传染条件的程序或存储介质，确定目标后再将自身代码插入其中，达到自我繁殖的目的。只要一台计算机染毒，如不及时处理，那么病毒会在这台计算机上迅速扩散。是否具有传染性是判别一个程序是否为计算机病毒的首要条件。

2) 破坏性

计算机病毒的破坏性因病毒的种类不同而差别很大。有的计算机病毒仅干扰软件的运行而不破坏该软件；有的恶性病毒甚至可以毁坏整个系统，使系统无法启动；有的可以毁掉部分数据或程序，使之无法恢复；有的无限制地侵占系统资源，使系统无法正常运行。总之，计算机病毒的破坏性表现为侵占系统资源，降低运行效率，使系统无法正常运行。

3) 隐蔽性

计算机病毒具有很强的隐蔽性，有的可以通过病毒软件检查出来，有的根本查不出来，有的时隐时现、变化无常，这类病毒处理起来通常很困难。

4) 寄生性

病毒程序一般不独立存在，而是寄生在磁盘系统区或文件中。侵入磁盘系统区的病毒称为系统病毒，其中较常见的是引导区病毒。寄生于文件中的病毒称为文件型病毒。

5) 潜伏性

有些病毒像定时炸弹一样，让它什么时间发作是预先设计好的。例如，黑色星期五病毒，不到预定时间一点都觉察不出来，等到条件具备时瞬间爆炸开来，对系统进行破坏。一个编制精巧的计算机病毒程序，进入系统之后一般不会马上发作，但一旦时机成熟，得到运行机会，就会四处繁殖、扩散，继续危害。潜伏性的另一种表现是指计算机病毒的内部往往有一种触发机制，不满足触发条件时，计算机病毒除了传染外不进行破坏。一旦触发条件得到满足，则执行破坏系统的操作。

6) 可触发性

病毒因某个事件或数值的出现，诱使病毒实施感染或进行攻击的特性称为可触发性。为了隐蔽自己，病毒必须潜伏，少做动作。如果完全不动，一直潜伏，病毒既不能感染也不能进行破坏，便失去了杀伤力。病毒既要隐蔽又要维持杀伤力，它必须具有可触发性。病毒的触发机制就是用来控制感染和破坏动作的频率的。病毒具有预定的触发条件，这些条件可能是时间、日期、文件类型或某些特定数据等。病毒运行时，触发机制检查预定条件是否满足，如果满足，启动感染或破坏动作，使病毒进行感染或攻击；如果不满足，则病毒继续潜伏。

4. 计算机病毒的类型

计算机病毒的种类繁多，从不同的角度可以划分为不同的类型。

1) 按病毒的触发条件分类

(1) 定时发作型病毒。这类病毒在自身内设置了查询系统时间的命令，当查询到系统时间后即将它和预先设置的数据相比较，如符合就调用相应的病毒表现或破坏模块，表现病毒症状或对系统进行破坏。

(2) 定数发作型病毒。这类病毒本身设有计数器，能对被病毒传染文件的个数或用户执行系统命令的个数进行计数，达到预定值时就调用相应的病毒表现或破坏模块，表现病毒症状或对系统进行破坏。

(3) 随机发作型病毒。这类病毒发作时具有随机性，没有一定的规律。

2) 按破坏的后果分类

(1) 良性病毒。这类病毒的目的只在于表现自己，大多数是恶作剧。病毒发作时往往占用大量 CPU 时间和内、外存等资源，降低运行速度，干扰用户工作，但它们不破坏系统的数据。一般不会使系统瘫痪，消除病毒后，系统就恢复正常。

(2) 恶性病毒。这类病毒的目的在于破坏。病毒发作时，破坏系统数据，甚至删除系统文件，重新格式化硬盘等，其造成的危害十分严重，即使消除了病毒，所造成的破坏也难以恢复。

3) 按攻击的机种分类

个人计算机结构简单，软、硬件的透明度高，其薄弱环节也广为人知，所以已发现的病毒绝大多数是攻击个人计算机及其网络的。也有少数病毒以工作站或小型机为主要攻击对象，如蠕虫程序就是一种小型机病毒。

### 5. 计算机病毒的防治

计算机病毒的防治包括计算机病毒的预防、检测和清除。计算机病毒的防治是系统安全管理和日常维护的一个重要方面。

1) 病毒的检测

发现病毒是清除病毒的前提，这里可能有两种情形：一种是在系统运行出现异常后，怀疑有病毒存在并对它检测；另一种是主动对磁盘或文件进行检查，或监控系统的运行过程，以便识别和发现病毒。检测的方法有人工检测和自动检测两种。

人工检测计算机是否感染病毒是保证系统安全必不可少的措施。利用某些实用工具软件(如 Norton 等)提供的有关功能，可以进行病毒的检测。这种方法的优点是可以检测出一切病毒(包括未知的病毒)，缺点是不易操作，容易出错，速度也比较慢。

自动检测是使用专用的病毒诊断软件来判断一个系统或磁盘是否感染病毒的方法，具有操作方法易于掌握、速度较快的优点，缺点是容易错报或漏报变种病毒和新病毒。

检测病毒最好的办法是人工检测和自动检测并用，自动检测在前，而后进行人工检测，相互补充，可收到较好的效果。

2) 病毒的清除

用软件清除病毒是较好的方法，有些反病毒软件可以查出或清除上千种病毒。目前比较流行的杀毒软件有金山毒霸、卡巴斯基、瑞星等。一般来说，能检测的病毒种类比能清除的种类要多，部分检测出来的病毒可能无法清除，此时需采取人工清除的方法。

软件杀毒方便实用，对使用人员的要求不高，其主要的缺点是实时性差和自身安全性差。

3) 病毒的预防

防重于治，鉴于新病毒的不断出现，检测和清除病毒的方法和工具总是落后一步，预防病毒就显得更加重要。

(1) 系统中重要数据要定期备份。

(2) 对新购买的软件必须进行病毒检查。

(3) 不在计算机上运行来历不明的软件或盗版软件。

(4) 对于重要科研项目所使用的计算机系统，要实行专机、专盘和专用。

发现计算机系统的任何异常现象，应及时采取检测措施。一旦发现病毒，应立即采取消毒措施，不得带病操作。

### 1.4.2 黑客

“黑客”就是在别人不知情的情况下进入他人的计算机系统，并控制计算机的人。黑客既不是伺机破坏的电子强盗，也不是行侠仗义的网络天使，黑客是进入计算机系统并获取系统信息及其工作方法的人。他们是精通计算机网络的高手，从事窃取情报、制造事端、散布病毒和破坏数据等犯罪活动。其主要的犯罪手段有数据欺骗、采用潜伏机制来执行非授权的功能和“后门”等。一个“黑客”闯入网络后，可以在计算机网络系统中引起连锁反应，使其运行的程序“崩溃”，存储的信息消失，情报信息紊乱，造成指挥、通信瘫痪、武器系统失灵或窃取军事、政治、经济情报。

计算机犯罪是不同于任何一种普通刑事犯罪的高科技犯罪，随着计算机应用的广泛和深入，其危害也日益加重。为此，我国政府已经制定了相关法律及法规来防范计算机犯罪。

# 第 2 章　计算机系统

现在，计算机已发展成由巨型机、大型机、中型机、小型机和微型机组成的一个庞大的家族，其中每个成员尽管在规模、性能、结构和应用等方面存在着很大差别，但是它们的基本组成结构是相同的。一个完整的计算机系统是由硬件系统和软件系统两大部分组成的，如图 2-1 所示。计算机运行一个程序，既需要一定的硬件设备，也需要一定的软件环境支持。硬件系统是构成计算机系统的各种物理设备的总称，是看得见、摸得着的固体，通常包括主机、输入输出设备、电源等，是计算机完成各种任务、功能的物质基础。软件系统是指在计算机硬件系统上运行的各种程序及文档的总和，是看不见、摸不着的东西，可以提高计算机的工作效率，扩大计算机的功能。硬件是计算机的实体，软件是计算机的灵魂，二者缺一不可。

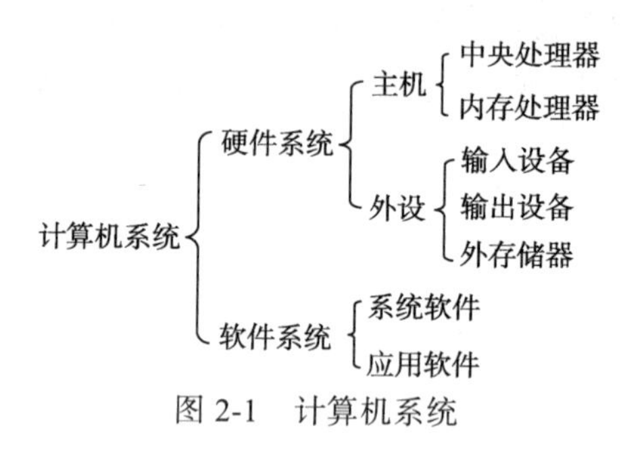


图 2-1　计算机系统

人们平时所说的计算机(俗称电脑)一般是指计算机的硬件系统。但是，从严格意义上说，计算机应包括硬件系统和软件系统，两者缺一不可。硬件系统是计算机应用的基础，它包括各种设备；而软件系统就是人们平常所说的程序，是一组有序的计算机指令，这些指令用来指挥计算机硬件系统进行工作。硬件系统往往是固定不变的，而计算机千变万化的功能则是通过软件实现的。

## 2.1　计算机的基本组成与工作原理

### 2.1.1　计算机的基本组成

计算机发展至今，尽管在规模、速度、性能、应用领域等方面存在着很大的差别，但其逻辑结构仍然沿袭着美籍匈牙利数学家冯·诺依曼的结构，采用“存储程序”工作原理。计算机硬件由五个部分组成：运算器、控制器、存储器、输入设备和输出设备。其基本结构如图 2-2 所示。

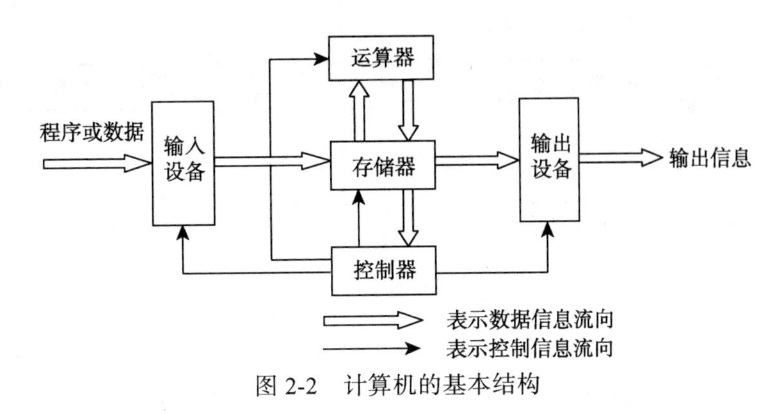


图 2-2　计算机的基本结构

(1) 运算器：是进行各种算术运算和逻辑运算的部件。

(2) 控制器：发布控制指令，指挥计算机各部件协调工作。

(3) 存储器：是存放数据和程序的记忆装置，分为内存储器和外存储器两种。

(4) 输入设备：用来接收操作者输入的原始数据、程序，并将其转变为计算机可处理的信号存入存储器。

(5) 输出设备：将计算机处理的信息和响应，以人们或其他机器所能接受的形式输出。

### 2.1.2　计算机基本工作原理

计算机的基本工作原理是存储程序和进行程序控制。预先把指挥计算机如何进行操作的指令序列(称为程序)和原始数据输入计算机内存中，每一条指令中明确规定了计算机从哪个地址取数，进行什么操作，然后送到什么地方去等步骤。计算机在运行时，首先从内存中取出第 1 条指令，通过控制器的译码器接受指令的要求；然后从存储器中取出数据进行指定的算术运算和逻辑操作等；最后按地址把结果送到内存中去。接下来，取出第 2 条指令，在控制器的指挥下完成规定操作，依此进行下去，直到遇到停止指令。

程序与数据存储方式相同。按照程序编排的顺序，一步一步地取出命令，自动地完成指令规定的操作是计算机最基本的工作原理。这一原理最初是由美籍匈牙利数学家冯·诺依曼于 1945 年提出来的，故称为冯·诺依曼原理。其主要思想如下：

(1) 计算机硬件由五个基本部分组成：运算器、控制器、存储器、输入设备和输出设备。

(2) 采用二进制。

(3) 存储程序的思想，即程序和数据一样，存放在存储器中。

这一原理确定了计算机的基本组成和工作方式,计算机工作原理如图 2-3 所示。

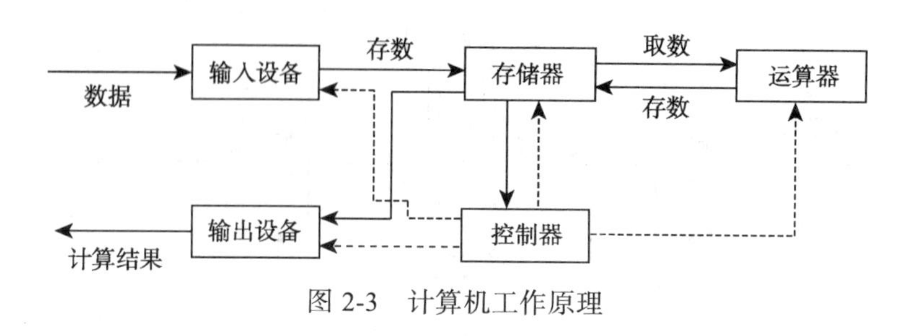


图 2-3　计算机工作原理

从图 2-3 可以看出，计算机中基本上有两股信息在流动。一种是数据，即各种原始数据、中间结果和程序等。原始数据和程序要由输入设备输入并经运算器存到存储器中，最后结果由运算器通过输出设备输出。在运行过程中，数据从存储器读入运算器进行运算，中间结果也要存入存储器中。人们用计算机自身具有的指令编写的指令序列即程序，也以数据的形式由存储器送入控制器，再由控制器向机器的各个部分发出相应的控制信号。图 2-3 中，实线表示数据和程序；虚线表示控制信息，它控制机器的各部件执行指令规定的各种操作。

## 2.2　计算机软件系统

计算机软件由程序和有关的文档组成。程序是指令序列的符号表示，文档是软件开发过程中建立的技术资料。程序是软件的主体，一般保存在存储介质如软盘、硬盘、光盘和磁带中，以便在计算机上使用。如果把计算机硬件看成计算机的躯体，那么计算机软件就是计算机系统的灵魂，没有软件支持的计算机是不能工作的。

计算机软件按用途分为系统软件和应用软件。

### 2.2.1　系统软件

系统软件负责管理、控制、维护、开发计算机的软硬件资源，用来扩大计算机的功能，提高计算机的工作效率，提供给用户一个便利的操作界面，也为应用软件提供资源环境。系统软件是计算机正常运转不可缺少的，一般由计算机生产厂家或专门的软件开发公司研制，出厂时写入只读存储器或存入磁盘供用户选购。任何用户都要用到系统软件，其他程序也要在系统软件支持下编写和运行。系统软件主要包括操作系统、计算机语言和语言处理程序、数据库系统、系统服务程序等。

1. 操作系统

操作系统是计算机中最重要的软件，是一个庞大的程序，控制所有在计算机上运行的程序并管理整个计算机资源。它的设计思想是充分利用计算机的资源，最大限度地发挥计算机系统各部分的作用。

1) 操作系统的概念

计算机系统是由硬件和软件组成的一个相当复杂的系统，它有着丰富的软件和硬件资源。为了合理地管理这些资源，并使各种资源得到充分利用，计算机系统中必须有一组专门的系统软件来对系统的各种资源进行管理，这种系统软件就是操作系统。

操作系统是一种系统软件，它管理计算机的一切硬件和软件资源，合理组织工作流程以使系统资源得到高效的利用，并为用户使用计算机创造良好的工作环境。操作系统是最重要且最基本的系统软件之一，是计算机系统的控制和管理中心，它有两个方面的功能：一方面是对系统进行管理；另一方面是为用户提供服务。操作系统是硬件的第一级扩充，它把人与硬件机器隔离开，用户使用计算机时，并不是直接操作硬件机器，而是通过操作系统控制和使用计算机。正是因为有了操作系统，用户才有可能在不了解计算机内部结构及原理的情况下，仍能自如地使用计算机。例如，当用户将信息存入磁盘时，也不必考虑到底放在磁盘的哪一段磁道上。用户要做的只是给出一个文件名，而具体的存储工作则完全由操作系统控制计算机来完成，以后，用户只要使用这个文件名就可方便地取出相应信息。如果没有操作系统，除非是计算机专家，那么普通用户很难完成这个工作。

2) 操作系统的主要功能

从资源管理的角度来看，操作系统是一组资源管理模块的集合，每个模块完成一种特定的功能。操作系统具有下面四大管理功能。

(1) 处理器管理。处理器管理的目的是让 CPU 有条不紊地工作。由于系统内一般都有多道程序存在，这些程序都要在 CPU 上执行，而在同一时刻，CPU 只能执行其中一个程序，故需要把 CPU 的时间合理地、动态地分配给各道程序，使 CPU 得到充分利用，同时使各道程序的需求也得到满足。需要强调的是，因为 CPU 是计算机系统中最重要的资源，所以操作系统的 CPU 管理也是操作系统中最重要的管理。

(2) 存储器管理。存储器管理是指操作系统对计算机系统内存的管理，目的是使用户合理地使用内存。其主要功能是：① 合理分配和及时回收内存，操作系统按一定策略给程序合理地分配内存空间，并及时回收不用的空间；② 对内存的保护，操作系统采取相应的管理措施来防止多道程序之间内存的相互干扰，尤其是严禁用户程序使用操作系统存储区；③ 扩充内存，操作系统采用覆盖、交换和虚拟等存储管理技术实现内存空间的扩充。

(3) 设备管理。设备管理是指对除 CPU 和内存以外所有外部设备的管理，使用户方便地使用设备，并保持设备并行地工作，同时，避免设备使用之间的相互干扰。

(4) 文件管理。为了给用户创造一个方便安全的信息使用环境，操作系统要对计算机系统中的文件进行管理，包括：①文件的结构及存取方法；②文件的目录机构及有关处理；③文件存储空间的管理；④文件的共享、保护、操作和使用。

3) 操作系统的分类

通常把操作系统分为如下几类。

(1) 单用户操作系统。单用户操作系统的基本特征是：在一个计算机系统内，一次只支持一个用户程序的运行，系统的全部资源都提供给该用户使用，用户对整个系统有绝对的控制权。它是针对一台机器、一个用户设计的操作系统。

(2) 批处理操作系统。批处理操作系统的基本特征是批量处理，它把提高系统的处理能力即作业的吞吐量作为主要设计目标，同时也兼顾作业的周转时间。周转时间是指从作业提交给系统到用户完成作业并取得计算结果的运转时间。批处理系统可分为单道批处理系统和多道批处理系统两大类。单道批处理系统较简单，类似于单用户操作系统。

(3) 分时操作系统。分时操作系统往往用于连接几十甚至上百个终端的系统，每个用户在自己的终端上控制其作业的运行，而处理机则按固定时间片轮流地为各个终端服务。这种系统的特点是对连接终端的轮流快速响应。在这种系统中，各终端用户可以独立地工作而互不干扰，宏观上每个终端好像独占处理机资源，而微观上则是各终端对处理机的分时共享。

分时操作系统侧重于实时性和交互性，一些比较典型的分时操作系统有 UNIX、XENIX、VAXVMS 等。

(4) 实时系统。实时系统大都具有专用性，种类多，而且用途各异。实时系统是很少需要人工干预的控制系统，它的一个基本特征是事件驱动设计，即当接收到某些外部信息后，由系统选择某一程序去执行，完成相应的实时任务。其目标是及时响应外部设备的请求，并在规定时间内完成有关处理。时间性强、响应快是这种系统的特点，所以实时系统多用于生产过程控制和事务处理。

(5) 网络操作系统。网络操作系统是指在计算机网络系统中，管理一台或多台主机的软硬件资源、支持网络通信、提供网络服务的软件集合。

(6) 分布式操作系统。分布式操作系统也是由多台计算机连接起来组成的计算机网络，系统中若干台计算机可以互相协作来完成一个共同的任务。

把一个计算问题分成若干个子计算，每个子计算可以分布在网络中的各台计算机上执行，并且使这些子计算能利用网络中特定的计算机的优势。这种用于管理分布式计算机系统中资源的操作系统称为分布式操作系统。

(7) 多媒体操作系统。近年来，计算机已不仅仅能处理文字信息，它还能处理图形、声音、图像等其他媒体信息。为了对这类信息和资源进行处理和管理，出现了一种多媒体操作系统。

操作系统仍在发展之中，一些新的系统正在出现，例如，称为 Linux 的类 UNIX 操作系统正在日益受到广泛关注。该操作系统功能强大、代码很小、源码公开、免费提供，越来越受欢迎。

4) 常用的操作系统

操作系统介于计算机与用户之间。小型机、中型机以及更高档次的计算机为充分发挥计算机的效率，多采用复杂的多用户多任务的分时操作系统，而微机上的操作系统则相对简单。但近年来微机硬件性能不断提高，微机上的操作系统逐步呈现多样化，功能也越来越强。以下是 IBM-PC 及其兼容机上常见的一些操作系统。

(1) DOS 操作系统。当 IBM 公司设计出 IBM-PC 时，Microsoft 公司为其设计了操作系统，随后 IBM 公司在此基础上开发了自己的 PC-DOS 操作系统，而 Microsoft 公司又开发出了自己的 MS-DOS 操作系统。这两个操作系统的功能完全相同，使用方法也相同，下面统称为 DOS 操作系统。为了适应新形势，DOS 发表了许多版本，从 1.0 一直到 8.0，但其设计思路没有发生根本性变化，仍是单用户单任务的操作系统。

(2) Windows 操作系统。1985 年，Windows 1.0 系统是由美国的 Microsoft 公司开发出来的一种图形用户界面操作系统，它采用图形的方式替代了 DOS 系统中复杂的命令行形式，使用户能轻松地操作计算机，大大提高了人机交互能力。Windows 1.0 基于 MS-DOS 操作系统，因此当时很多人认为 Windows 1.0 只是一个低劣的产品。1987 年，Microsoft 公司发布了 Windows 2.0，但这个版本依然没有获得用户认同。

1990 年 5 月 22 日，Windows 3.0 正式发布，由于其在界面、人性化、内存管理多方面的巨大改进，终于获得用户的认同。之后 Microsoft 公司趁热打铁，于 1995 年发布了 Windows 95，它是一个混合的 16 位/32 位 Windows 系统，其内核版本号为 4.0。Windows 95 第一次抛弃了对前一代 16 位的支持，同时要求 Intel 公司的 80386 处理器提供更高的处理能力。Windows 95 在市场上非常成功，在它发行的一两年内，已成为有史以来最成功的操作系统。

2001 年，Microsoft 公司发布了 Windows XP，它是一款视窗操作系统，内核版本号为 NT5.1。Windows XP 是基于 Windows 2000 代码的产品，同时拥有一个新的图形用户界面，引入了一个“基于人物”的用户界面，使工具条可以访问任务的具体细节，同时简化了 Windows 2000 的用户安全特性，整合了防火墙，确保了操作系统的安全。Microsoft 公司已在 2014 年 4 月 8 日取消了对 Windows XP 的技术支持。

2007 年，Microsoft 公司发布了 Windows Vista，它的内核版本号为 NT6.0，既是 Windows NT6.X 内核的第一种操作系统，也是 Microsoft 公司首款原生支持 64 位的个人操作系统。Vista 系统是推出时最安全可信的 Windows 操作系统，其安全功能可防止最新的威胁，如蠕虫、病毒和间谍软件。但 Vista 在发布之初，由于其过高的系统需求、不完善的优化和众多新功能导致的不适应引来大量的批评，市场反应冷淡，被认为是 Microsoft 公司历史上最失败的系统之一。

2009 年，Microsoft 公司发布了 Windows 7，即开始支持触控技术的 Windows 桌面操作系统，其内核版本号为 NT6.1。Windows 7 还具有超级任务栏，提升了界面的美观性和多任务切换的使用体验。通过开机时间的缩短、硬盘传输速度的提高等一系列性能改进，到 2012 年 9 月，Windows 7 已经超越 Windows XP，成为世界上使用率最高的操作系统。

(3) UNIX 操作系统。UNIX 操作系统是贝尔实验室于 1969 用 C 语言研制开发的多用户、多任务的分时操作系统。经过四十多年的发展，UNIX 操作系统已经成为目前国际上使用最广泛、影响最大的网络操作系统之一。从大型机、小型机到工作站甚至微型计算机都可以看到它的身影，很多操作系统都是它的变体，如惠普公司的 HP-UX、SUN 公司的 Solaris、IBM 公司的 AIX 等。UNIX 具有结构紧凑、功能强、效率高、使用方便和可移植性好等优点，尤其在网络功能方面，UNIX 表现稳定，网络性能好，负载吞吐量大，易于实现高级网络功能配置，是互联网中服务器的首选操作系统。但由于 UNIX 最初毕竟是为小型机设计的，相对于 DOS 它显得过于庞大，对硬件要求较高。现阶段的 UNIX 系统各版本之间兼容性不好，用户界面虽然有了相当大的改善，但与 Windows 等操作系统相比还有不小的差距，这些都限制了 UNIX 的进一步流行。

(4) Linux 操作系统。Linux 是由芬兰赫尔辛基大学的 L. B. Torvalds 在 1991 年首次编写的，它是一个开源的(免费)网络操作系统，用户可以免费获得其源代码，并能够随意对其进行修改。Linux 吸收了无数程序员的才华，不断壮大。此外，Linux 操作系统是一种 UNIX 系统，具有许多 UNIX 系统的功能和特点，但价格比 UNIX 系统低很多。

2. 计算机语言

用户用高级语言编写程序，这些程序与数据一起组成源程序送入计算机，然后由计算机将其翻译成机器语言，在计算机上运行后输出结果。这个过程要经过几种语言的处理，计算机语言通常分为以下几种。

(1) 机器语言。硬件直接提供的一套指令系统就是机器语言。因此，机器语言也就是由 0 和 1 按一定规则排列组成的指令集，它是计算机唯一能识别和执行的语言。机器语言程序就是机器指令代码序列，其优点是执行效率高、速度快，缺点是直观性差、可读性不强。机器语言是第一代语言。

(2) 汇编语言。要记住每台计算机的指令系统显然是不可能的，汇编语言为机器语言指令的操作性质安排了助记符号，用助记符来表示指令中的操作码和操作数的指令系统就是汇编语言，它比机器语言前进了一步，助记符比较容易记忆，可读性也好。但汇编语言仍是一种面向机器的语言，属于第二代语言。

与高级语言相比，用机器语言和汇编语言编写的程序节省内存，执行速度快，并且可以直接利用和实现计算机的全部功能，完成一般高级语言难以做到的工作。它们常用于编写系统软件、实时控制程序、经常使用的标准子程序、直接控制计算机的外部设备或端口数据输入/输出的程序，但编制程序的效率不高，难度较大，维护较困难，因此汇编语言属于低级语言。

(3) 高级语言。几十年来，人们又创造出了一种更接近于人类自然语言和数学语言的语言，称为高级语言，也就是算法语言，是第三代语言。高级语言的特点是与计算机的指令系统无关。它从根本上摆脱了语言对机器的依赖性，使之独立于机器，由面向机器改为面向过程，所以又称面向过程语言。目前，世界上有几百种高级计算机语言，常用的和流传较广的有几十种，它们的特点和适应范围也不相同，如 FORTRAN 用于科学计算，PASCAL 用于结构程序设计，C 语言用于系统软件设计等。

(4) 非过程语言，即第四代语言。使用这种语言，不必关心问题的解法和处理过程的描述，只要说明所要完成的任务和条件，指明输入数据及输出形式，就能得到所要的结果，而其他的工作都由系统来完成。因此，它比第三代语言具有更多的优越性。

如果说第三代语言要求人们告诉计算机怎么做，那么第四代语言只要求人们告诉计算机做什么。因此，第四代语言是面向目标(或对象)的语言，如 Visual C++、Java 语言等。Java 语言是面向网络的程序设计语言，具有面向对象、动态交互操作与控制、动画显示、多媒体支持、不受平台限制以及很强的安全性和可靠性等卓越优势，有着良好的前景。

(5) 智能性语言。即第五代语言，它除了具有第四代语言的基本特征，还具有一定的智能和许多新的功能。例如，PROLOG 语言为智能性语言，它广泛应用于抽象问题求解、数据逻辑、自然语言理解、专家系统和人工智能等许多领域。

3. 语言处理程序

(1) 源程序就是用汇编语言和各种高级语言各自规定使用的符号及语法规则，并按规定的规则编写的程序。

(2) 目标程序将计算机本身不能直接读懂的源程序翻译成相应的机器语言程序，称为“目标程序”。

计算机将源程序翻译成机器指令时，有编译方式和解释方式两种，其工作过程如图 2-4 所示。

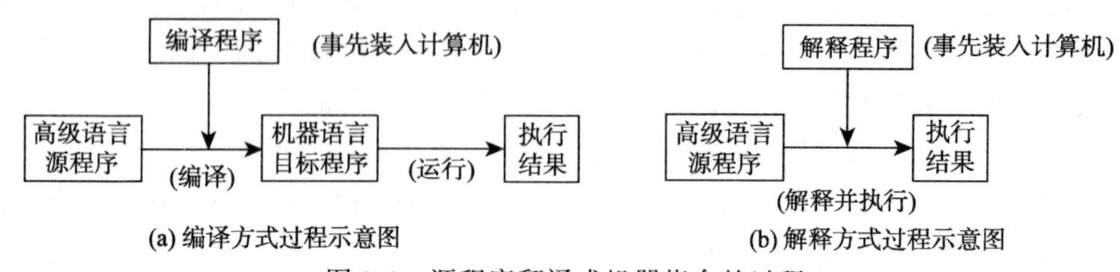


(a) 编译方式过程示意图　　(b) 解释方式过程示意图

图 2-4　源程序翻译成机器指令的过程

由图 2-4 可以看出，编译方式是把源程序用相应的编译程序翻译成相应的机器语言的目标程序，然后再通过连接装配程序，连接成可执行程序，再执行可执行程序后得到结果。在编译之后形成的程序称为“目标程序”，链接之后形成的程序称为“可执行程序”。目标程序和可执行程序都是以文件方式存放在磁盘上的，再次运行该程序，只需直接运行可执行程序，不必重新编译和链接。

解释方式是指将源程序输入计算机后，用该种语言的解释程序将其逐条解释，逐条执行，执行完只得到结果，而不保存解释后的机器代码，下次运行该程序时还要重新解释执行。

4. 数据库系统

数据库系统主要由数据库(DB)和数据库管理系统组成。常见的关系型数据库系统有 FoxPro、Access、SQL Server、Oracle 等。

5. 系统服务程序

系统服务程序又称“软件研制开发工具”、“支持软件”、“支撑软件”或“工具软件”，主要有编辑程序、调试程序、装配和连接程序、测试程序等。

### 2.2.2　应用软件

应用软件是指为用户解决某个实际问题而编制的程序和有关资料，可分为应用软件包和用户程序。应用软件包是指软件公司为解决带有通用性的问题精心研制的供用户选择的程序。用户程序是指为特定用户解决特定问题而开发的软件，面向特定的用户，如银行、邮电等行业，具有专用性。

通用的应用软件，如文字处理软件、表处理软件等，被各行各业的用户使用。文字处理软件的功能包括文字的录入、编辑、保存、排版、制表和打印等，WPS

和 Microsoft Word 是目前流行的文字处理软件。表处理软件则根据数据表自动制作图表，对数据进行管理和分析、制作、分类汇总报表等，Lotus 和 Microsoft Excel 是目前在微机上流行的表处理软件。

专用的应用软件，如财务管理系统、计算机辅助设计软件和本部门的应用数据库管理系统等。还有一类专业应用软件供软件人员使用，称为软件开发工具，又称支持软件，如计算机辅助软件工程(computer aided software Engineering，CASE)工具、Visual C++和 Visual Basic 等。CASE 工具中一般包括系统分析工具、系统设计工具、编码工具、测试工具和维护工具等；Visual C++和 Visual Basic 都是面向对象的软件开发工具。它们充分利用了图形用户界面和软件部件的使用，使人工编程量大大降低。在微型机上，Visual FoxPro 也常作为应用数据库系统的开发工具。

# 2.3　计算机硬件系统

计算机硬件系统是指构成计算机的一些看得见、摸得着的物理设备，它是计算机软件运行的基础。从计算机的外观看，它由主机、显示器、键盘和鼠标等几个部分组成。具体是由五大功能部件组成的，即运算器、控制器、存储器、输入设备和输出设备。这五大功能部件相互配合，协同工作。其中，运算器和控制器集成在一片或几片大规模或超大规模集成电路中，称为中央处理器。硬件系统采用总线结构，各个部件之间通过总线相连构成一个统一的整体，如图 2-5 所示。

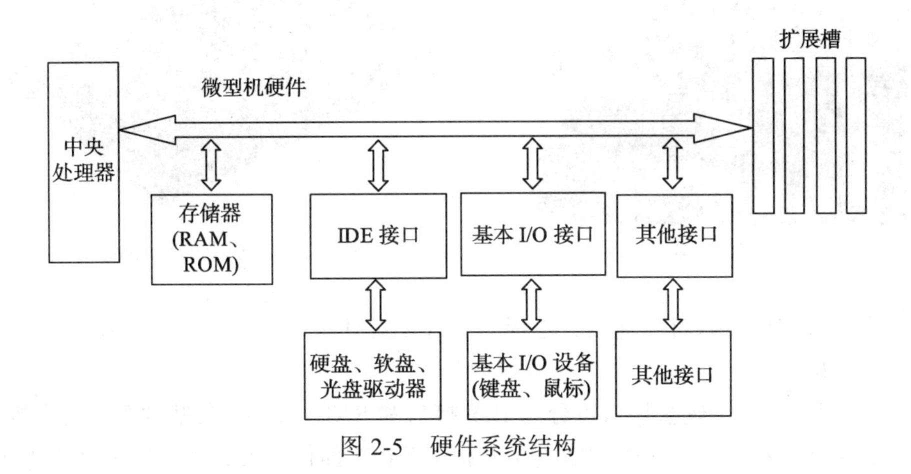


图 2-5　硬件系统结构

## 2.3.1　主板

主板又称主机板(mainboard)、系统板(systemboard)或母板(motherboard)，是安装在机箱内最基本的也是最重要的部件之一。主板上安装了组成计算机的主要电路系统，一般有微处理器插槽、内存储器(ROM、RAM)插槽、输入输出控制电路、扩展插槽、键盘接口、面板控制开关和与指示灯相连的插件等。打开主机箱后，可以看到位于机箱底部的一块大型矩形印刷电路板，它就是主板。

主板采用了开放式结构，大都有 6～15 个扩展插槽，供个人计算机外围设备的控制卡(适配器)插接。通过更换这些插卡，可以对微型机的相应子系统进行局部升级，使厂家和用户在配置机型方面有更大的灵活性。总之，主板在整个微型机系统中扮演着举足轻重的角色。可以说，主板的类型和档次决定着整个微型机系统的类型和档次，主板的性能影响着整个微机系统的性能。

主板结构分为 AT、Baby-AT、ATX、Micro ATX、LPX、NLX、Flex ATX、EATX、WATX 以及 BTX 等结构。其中，AT 和 Baby-AT 是多年前的老主板结构，已被淘汰；而 LPX、NLX、Flex ATX 则是 ATX 的变种，多见于国外的品牌机，国内尚不多见；EATX 和 WATX 则多用于服务器/工作站主板；ATX 是市场上最常见的主板结构，其扩展插槽较多，PCI 插槽数量为 4～6 个，大多数主板都采用此结构；Micro ATX 又称 Mini ATX，是 ATX 结构的简化版，就是人们常说的“小板”，其扩展插槽较少，PCI 插槽数量在 3 个或 3 个以下，多用于品牌机并配备小型机箱；而 BTX 则是 Intel 公司制定的最新一代主板结构，如图 2-6 所示。

图 2-6　BTX 结构主板

图 2-7　主板上的对外接口

为了和其他设备进行通信，主板上有许多对外接口，如图 2-7 所示，主要包括以下对外接口。

(1) 硬盘接口：硬盘接口可分为 IDE 接口和 SATA 接口。在型号老些的主板上，多集成两个 IDE 接口，通常 IDE 接口都位于 PCI 插槽下方，从空间上则垂直于内存插槽(也有横着的)。而新型主板上，IDE 接口大多缩减，甚至没有，以 SATA 接口代之。

(2) COM 接口(串口)：大多数主板都提供了两个 COM 接口，分别为 COM1 和

COM2，作用是连接串行鼠标和外置 Modem 等设备。

(3) PS/2 接口：PS/2 接口的功能比较单一，仅能用于连接键盘和鼠标。一般情况下，鼠标的接口为绿色、键盘的接口为紫色。PS/2 接口的传输速率比 COM 接口稍快一些，经过多年发展，绝大多数主板依然配备该接口，但支持该接口的鼠标和键盘越来越少，大部分外设厂商也不再推出基于该接口的外设产品，而更多的是推出 USB 接口的外设产品，但是由于该接口使用非常广泛，所以很多使用者即使在使用 USB，也更愿意通过 PS/2-USB 转接器插到 PS/2 上使用。同时，键盘和鼠标的寿命都比较长，所以接口使用效率极高，但在不久的将来，该接口被 USB 接口所完全取代的可能性极高。

(4) USB 接口：USB 接口是如今最为流行的接口，最多可以支持 127 个外设，并且可以独立供电，其应用非常广泛。USB 接口可以从主板上获得 500mA 的电流，支持热拔插，真正做到了即插即用。目前 USB2.0 标准最高传输速率可达 480Mbit/s。USB3.0 已经出现在主板中，并已开始普及。

(5) LPT 接口(并口)：一般用来连接打印机或扫描仪。

(6) MIDI 接口：声卡的 MIDI 接口和游戏杆接口是共用的。接口中的两个引脚用来传送 MIDI 信号，可连接各种 MIDI 设备，如电子键盘等，但市面上已很难找到基于该接口的产品。

(7) SATA 接口：串行高级技术附件(serial advanced technology attachment，SATA)是一种基于行业标准的串行硬件驱动器接口，是由 Intel、IBM、Dell、APT、Maxtor 和 Seagate 公司共同提出的硬盘接口规范。SATA 规范将硬盘的外部传输速率理论值提高到 150MB/s，从其发展计划来看，未来的 SATA 也将通过提升时钟频率来提高接口传输速率，使硬盘也可以超频。

### 2.3.2　中央处理器

中央处理器(central processing unit，CPU)由运算器和控制器组成分别由运算电路和控制电路实现，是任何计算机系统中必备的核心部件。

运算器是对数据进行加工处理的部件，它在控制器的作用下与内存交换数据，负责进行各类基本的算术运算、逻辑运算和其他操作。在运算器中含有暂时存放数据或结果的寄存器。运算器由算术逻辑单元(arithmetic logic unit，ALU)、累加器、状态寄存器和通用寄存器等组成。ALU 是用于完成加、减、乘、除等算术运算，与、或、非等逻辑运算以及移位、求补等操作的部件。

控制器是整个计算机系统的指挥中心，负责对指令进行分析，并根据指令的要求，有序地、有目的地向各个部件发出控制信号，使计算机的各部件协调一致地工作。控制器由指令指针寄存器、指令寄存器、控制逻辑电路和时钟控制电路等组成。

寄存器也是 CPU 的一个重要组成部分，是 CPU 内部的临时存储单元。寄存器既可以存放数据和地址，又可以存放控制信息或 CPU 工作的状态信息。

通常把具有多个 CPU 同时执行程序的计算机系统称为多处理机系统。依靠多个 CPU 同时并行地运行程序是实现超高速计算的一个重要方向，称为并行处理。

CPU 品质的高低，直接决定了一个计算机系统的档次。CPU 的性能主要体现在其运行程序的速度上，而影响运行速度的性能指标包括数据传送的位数(即字长)、CPU 的工作频率、Cache 容量、指令系统和逻辑结构等参数。

CPU 传送数据的位数是指计算机在同一时间能同时并行传送的二进制信息位数。人们常说的 16 位机、32 位机和 64 位机，是指该计算机中的 CPU 可以同时处理 16 位、32 位和 64 位的二进制数据。

主频又称时钟频率，单位是兆赫(MHz)或吉赫(GHz)，用来表示 CPU 的运算、处理数据的速度。通常，主频越高，CPU 处理数据的速度就越快。

CPU 的主频=外频×倍频系数。主频和实际的运算速度存在一定的关系，但并不是一个简单的线性关系。所以，CPU 的主频与 CPU 的实际运算能力没有直接关系，主频表示在 CPU 内数字脉冲信号振荡的速度。CPU 的运算速度还与 CPU 的流水线、总线等各方面的性能指标有关。

外频是 CPU 的基准频率，单位是 MHz。CPU 的外频决定着整块主板的运行速度。通俗地说，在台式机中，所说的超频，都是超 CPU 的外频(当然一般情况下，CPU 的倍频都是被锁住的)。但对于服务器 CPU，超频是绝对不允许的。

绝大部分计算机系统中外频与主板前端总线不是速度同步的，而外频与前端总线(front side bus，FSB)频率又很容易被混为一谈。

缓存大小也是 CPU 的重要指标之一，而且缓存的结构和大小对 CPU 速度的影响非常大，CPU 内缓存的运行频率极高，一般和处理器同频运作，工作效率远远大于系统内存和硬盘。实际工作时，CPU 往往需要重复读取同样的数据块，而缓存容量的增大，可以大幅度提升 CPU 内部读取数据的命中率，而不用再到内存或者硬盘上寻找数据，以此提高系统性能。但从 CPU 芯片面积和成本的因素来考虑，一般情况下缓存都很小。

1971 年 Intel 公司推出了世界上第一个微处理器 4004，它不但是第一个用于计算机的 4 位微处理器，而且是第一个个人有能力购买的计算机处理器。4004 含有 2300 个晶体管，功能有限，而且速度慢，市场反应不理想。

世界上第一个 CPU 是由 Intel 公司于 1971 年推出的 4004，至今经历了四十多年的发展，其处理信息的字长也经历了 4 位、8 位、16 位、32 位直到如今的 64 位，主频从最初的几兆赫到现在的几吉赫，集成度从几千个晶体管到几十亿个晶体管，并且还在不断提高。

Intel 公司作为全球最大的 CPU 生产商，其型号与性能的演进基本上代表了整个 CPU 行业的发展过程。表 2-1 给出了 Intel 公司系列 CPU 性能指标的演进，图 2-8 给出了其几款典型 CPU。

**表 2-1　Intel 公司系列 CPU 性能参数表**

| 推出年份 | 芯片型号 | 主频/MHz | 字长/bit | 晶体管数/万个 |
| --- | --- | --- | --- | --- |
| 1971 | 4004 | 0.74 | 4 | 0.23 |
| 1974 | 8080 | 2 | 8 | 0.6 |
| 1978 | 8086 | 4.77 | 16 | 2.9 |
| 1982 | 80286 | 6～25 | 16 | 13.4 |
| 1985 | 80386 | 12～40 | 32 | 27.5 |
| 1989 | 80486 | 25～100 | 32 | 125 |
| 1993 | Pentium | 60～200 | 32 | 310 |
| 1995 | PentiumPro | 66～233 | 32 | 550 |
| 1997 | PentiumⅡ | 233～450 | 32 | 750 |
| 1999 | PentiumⅢ | 1000 | 32 | 900 |
| 2000 | Pentium4 | 1300～2000 | 32 | 4200 |
| 2001 | Itanium | 733～1600 | 64 | 22000 |
| 2005 | PentiumD | 2000 | 64 | 23000 |
| 2006 | Core i2 | 2000 | 64 | 58000 |
| 2010 | Core i5 | 3000 | 64 | 95000 |
| 2012 | Ivy Bridge | 3100 | 64 | 186000 |
| 2013 | Haswell | 5000 | 64 | 400000 |

图 2-8　Intel 公司的典型 CPU

目前，除了 Intel 公司，生产 CPU 的著名公司还有 AMD、IBM、Cyrix 等，其中 AMD 大有赶超 Intel 之势。此外，国内有龙芯，目前最新的龙芯 2F 已经达到 Intel 中端 Pentium4 的水平。

### 2.3.3　存储器

在计算机系统中，存储器包括内存储器和外存储器。内存储器容量小、价格贵、断电后数据会丢失(指 RAM)，但存取速度快；外存储器的特点是容量大、价格低，但是存取速度慢，断电后数据不会丢失。内存储器用于存放立即要用的程序和数据；外存储器用于存放暂时不用的程序和数据。外存储器中的程序、数据只有调入内存中才能由 CPU 处理，处理的结果常存储于外存储器中。

1. 内存储器

在计算机中直接与 CPU 交换信息的存储器称为内存储器(或主存储器)，它是相对于外存储器的，简称内存，如图 2-9 所示。内存主要用于存放程序和数据(包括原始数据、中间数据和最后结果)，因此内存的质量好坏与容量大小会影响计算机的运行速度。内存是计算机中的主要部件，人们平常使用的程序，如 Windows 7 操作系统、打字软件、游戏等，一般都是安装在硬盘等外存上的，但仅此并不能使用其功能，必须把它们调入内存中运行，才能真正使用其功能。人们平时输入一段文字，或玩一个游戏，其实都是在内存中进行的。通常，内存分为只读存储器(read-only memory ROM)、随机读/写存储器(random access memory，RAM)和高速缓冲存储器(cache)三类。

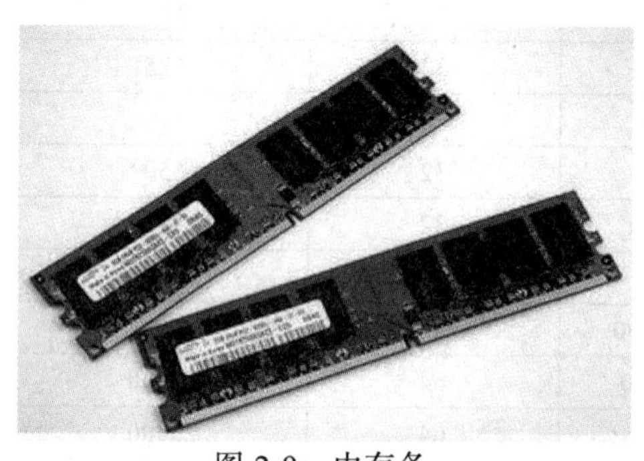

图 2-9　内存条

1) 只读存储器

只读存储器是只能读数据，而不能向其中写数据的存储器。ROM 中的内容是由厂家制造时用特殊方法写入的，或者要利用特殊的写入器才能写入。当计算机断电后，ROM 中的信息不会丢失。当计算机重新被加电后，其中的信息保持原样不变，仍可被读出。ROM 适宜存放计算机启动的引导程序、启动后的检测程序、系统最基本的输入输出程序、时钟控制程序以及计算机的系统配置和磁盘参数等重要信息，如存储 BIOS 参数的 CMOS 芯片。其特点是计算机断电后存储器中的数据仍然存在。

ROM 按写入方式划分，可分为掩模 ROM、可编程 ROM(PROM)、可擦 ROM(EPROM)和电可擦 ROM(EEPROM)等。

2) 随机读/写存储器

计算机工作的存储区，一切要执行的程序和数据都要先装入该存储器内。随机读/写的含义是指既能读数据，也可以向其中写数据。通常所说的 4GB 内存就是指 RAM。

RAM 有两大特点：一是存储器中的数据可以反复使用，只有向存储器写入新数据时存储器中的内容才被更新；二是存储器中的信息会随着计算机的断电自然消失，所以说 RAM 是计算机处理数据的临时存储区，要想使数据长期保存起来，必须将数据保存在外存储器中。

通常由几个 RAM 芯片组成一个内存条(图 2-9)，内存条可以很方便地插入主板的内存插槽内。内存条的容量有 16MB、32MB、64MB、128MB、256MB、512MB、1GB、2GB、4GB、8GB 等，其引脚有 30 线、72 线、168 线、184 线等标准。30 线已被淘汰，现在主流的内存是同步动态 RAM (SDRAM，168 线)和双倍数据传输率的同步动态 RAM (DDRDRAM，184 线)。速度更快的四倍数据传输率的静态 RAM (QDRSRAM) 在不久的将来也有可能成为主流内存。有些程序(如图像处理程序、三维动画程序、制图程序)要求的内存容量比较大，因此可以用多个内存条组合，以达到用户所需的内存容量，使程序能够顺利执行。

RAM 按信息存储方式划分，可分为静态 RAM(SRAM)和动态 RAM(DRAM)。静态 RAM 在静态触发器的基础上附加门控管构成，因此它是靠触发器的自保功能存储数据的。动态 RAM 的存储矩阵由动态 MOS 存储单元组成。动态 MOS 存储单元利用 MOS 管的栅极电容来存储信息，虽然栅极电容的容量很小，但还是会漏电，所以电荷保存的时间有限。为了避免存储信息的丢失，必须定时地给电容补充漏掉的电荷，该过程称为“刷新”，因此动态 RAM 内部要有刷新控制电路，其操作也比静态 RAM 复杂。尽管如此，由于动态 RAM 存储单元的结构能做得非常简单，所用元件少，功耗低，已成为大容量 RAM 的主流产品。

3) 高速缓冲存储器

在计算机工作过程中，主存储器存取速度一直比中央处理器操作速度慢得多，使中央处理器的高速处理能力不能充分发挥，整个计算机系统的工作效率受到影响。为了解决中央处理器和主存储器之间速度不匹配的问题，在中央处理器和主存储器之间设置了一级或两级高速缓冲存储器。高速缓冲存储器的容量一般只有主存储器的几百分之一，但它的存取速度能与中央处理器匹配。一级 Cache 被集成到 CPU 芯片内，容量较小；二级 Cache 固化在主板上，容量比一级 Cache 大一个数量级，价格也便宜。在计算机工作时，系统先将数据由外存读入 RAM 中，再由 RAM 读入 Cache 中，然后 CPU 直接从 Cache 中取数据进行操作。设置高速缓冲存储器就是为了解决 CPU 速度与 RAM 速度的不匹配问题。

内存主要有以下技术指标：

(1) 存储容量，即一根内存条可以容纳的二进制信息量，该指标直接制约系统的整体性能。目前内存通常有 512MB、1GB、2GB、4GB 等容量级别，其中 2GB 内存已成为当前家庭微型机的主流配置。

(2) 存取速度(存储周期)，即两次独立的存取操作之间所需的最短时间，又称存储周期，半导体存储器的存取周期一般为 60～100ns。

(3) 存储器的可靠性，存储器的可靠性用平均故障间隔时间来衡量，可以理解为两次故障之间的平均时间间隔。

(4) 性能价格比，性能主要包括存储器容量、存储周期和可靠性三项内容，性能价格比是一个综合性指标，对于不同的存储器有不同的要求。

2. 外存储器

在一个计算机系统中，除了内存储器，一般还有外存储器(也称为辅助存储器)。内存储器最突出的特点是存取速度快，但是容量小、价格贵、断电后数据会丢失(指 RAM)；外存储器的特点是容量大、价格低，但是存取速度慢，断电后数据不会丢失。内存储器用于存放立即要用的程序和数据；外存储器用于存放暂时不用的程序和数据。外存储器中的程序、数据只有调入内存中才能由 CPU 处理，处理的结果常存储于外存储器上，内存储器和外存储器之间常常频繁地交换信息。目前，常用的外存储器有硬盘、光盘、U 盘、SD 卡、磁带等几种。它们和内存相同，也是以字节为存储容量的基本单位。

1) 硬盘

软盘虽然有携带方便等优点，但其容量小、读写速度慢，无法存储数据量较大的数据或程序，而硬盘能够解决这些问题。硬盘一般是在铝合金圆盘上铺以磁性材料，从结构上分为固定式和移动式两种。固定式硬盘安装在主机箱内，其尺寸主要为 3.5in (1in=2.54cm)，其特点是把磁头、盘片和驱动器密封在一起，这种硬盘也称为温彻斯特盘，如图 2-10 所示。硬盘上每个存储面也划分为若干个磁道，每个磁道划分为若干个扇区。硬盘通常由多张盘片组成，也有多个磁头，每个存储面的同一磁道形成一个柱面。

通常情况下，硬盘安装在计算机的主机箱中，但现在已出现一种移动硬盘，如图 2-11 所示。这种移动硬盘通过 USB 接口与计算机连接，方便用户携带大容量的数据。

图 2-10　硬盘存储器

图 2-11　移动硬盘

硬盘的基本性能参数主要包括容量、转速、平均访问时间、传输速率、缓存等。

(1) 容量。作为计算机系统的数据存储器，容量是硬盘最主要的参数。硬盘容量的计算方法为：磁头数×柱面数×扇区数×每个扇区的字节数。

硬盘的容量以兆字节(MB)、吉字节(GB)或太字节(TB)为单位，而常见的换算式为：1TB=1024GB，1GB=1024MB，1MB=1024KB。但硬盘厂商通常使用的是 GB，也就是 1GB=1000MB，因此在 BIOS 中或在格式化硬盘时看到的容量会比厂家的标称值小。

目前硬盘的容量一般有 80GB、120GB、160GB、200GB、250GB、300GB、320GB、500GB、640GB 等。

(2) 转速。转速(rotational speed 或 spindle speed)，是硬盘内电机主轴的旋转速度，也就是硬盘盘片在一分钟内所能完成的最大转数。转速的快慢是硬盘档次的重要参数之一，它是决定硬盘内部传输率的关键因素之一，在很大程度上直接影响硬盘的速度。硬盘的转速越快，寻找文件的速度也就越快，相对的硬盘的传输速度也就得到了提高。硬盘转速以每分钟多少转来表示，单位为 RPM(revolutions per minute)。该值越大，内部传输率就越快，访问时间就越短，硬盘的整体性能也就越好。

硬盘的主轴马达带动盘片高速旋转，产生浮力使磁头飘浮在盘片上方。要将所要存取资料的扇区带到磁头下方，转速越快，则等待时间也就越短。因此，转速在很大程度上决定了硬盘的速度。

家用的普通硬盘的转速一般为 5400RPM 和 7200 RPM 等，高转速硬盘也是台式机用户的首选；而对于笔记本用户，则是以 4200 RPM 和 5400 RPM 为主。较高的转速可缩短硬盘的平均寻道时间和实际读写时间，但随着硬盘转速的不断提高也会带来温度升高、主轴马达磨损加大、工作噪声增大等负面影响。

(3) 平均访问时间。平均访问时间(average access time)是指磁头从起始位置到达目标磁道位置，并且从目标磁道上找到要读写的数据扇区所需的时间。

平均访问时间体现了硬盘的读写速度，它包括硬盘的寻道时间和等待时间，即平均访问时间=平均寻道时间+平均等待时间。

硬盘的平均寻道时间(average seek time)是指硬盘的磁头移动到盘面指定磁道所需的时间。这个时间越小越好，硬盘的平均寻道时间通常为 8～12ms。

硬盘的等待时间，又称潜伏期(latency)，是指磁头已处于要访问的磁道，等待所要访问的扇区旋转至磁头下方的时间。平均等待时间为盘片旋转一周所需的时间的一半，一般应在 4ms 以下。

(4) 传输速率。硬盘的数据传输速率(data transfer rate)是指硬盘读写数据的速度，单位为兆字节每秒(MB/s)。硬盘数据传输速率又包括内部传输速率和外部传输速率。

内部传输速率(internal transfer rate) 也称为持续传输率(sustained transfer rate)，它反映了硬盘缓冲区未用时的性能。内部传输速率主要依赖于硬盘的旋转速度。

外部传输速率(external transfer rate)也称为突发数据传输率(burst data transfer rate)或接口传输率，它标称的是系统总线与硬盘缓冲区之间的数据传输率，外部传输速率与硬盘接口类型和硬盘缓存的大小有关。

(5) 缓存。缓存(cache memory)是硬盘控制器上的一块内存芯片，具有极快的存取速度，它是硬盘内部存储和外界接口之间的缓冲器。由于硬盘的内部数据传输速度和外部传输速度不同，缓存在其中起到一个缓冲的作用。缓存的大小与速度是直接关系到硬盘的传输速度的重要因素，能够大幅度地提高硬盘整体性能。当硬盘存取零碎数据时需要不断地在硬盘与内存之间交换数据，有大缓存，则可以将那些零碎数据暂存在缓存中，减小外系统的负荷，也提高了数据的传输速度。

硬盘是计算机最主要的部件之一，因此要注意保养。

(1) 保持计算机工作环境清洁。硬盘以带有超精过滤纸的呼吸孔与外界相通，它可以在普通无净化装置的室内环境中使用，若在灰尘严重的环境下，会被吸附到PCBA(printed circuit board+assembly)的表面、主轴电机的内部以及堵塞呼吸过滤器，因此必须防尘。另外，环境潮湿、电压不稳定都可能导致硬盘损坏。

(2) 养成正确关机的习惯。硬盘在工作时突然关闭电源，可能会导致磁头与盘片猛烈摩擦而损坏硬盘，还会使磁头不能正确复位而造成硬盘的划伤。关机时一定要注意面板上的硬盘指示灯是否还在闪烁，只有当硬盘指示灯停止闪烁、硬盘结束读写后方可关机。

(3) 正确移动硬盘，注意防振。移动硬盘时最好等待关机十几秒硬盘完全停转后再进行。在开机时硬盘高速转动，轻轻的振动都可能使碟片与读写头相互摩擦而产生磁片坏轨或读写头毁损。所以，在开机的状态下，千万不要移动硬盘或机箱，最好等待关机十几秒硬盘完全停转后再移动主机或重新启动电源，以避免电源因瞬间突波对硬盘造成伤害。在硬盘的安装、拆卸过程中应多加小心，硬盘移动、运输时严禁磕碰，最好用泡沫或海绵包装保护一下，尽量减少振动。硬盘厂商提出的“抗撞能力”或“防振系统”等是指硬盘在未启动状态下的防振、抗撞能力，而非开机状态。

目前，主要的硬盘制造厂商有 Seagate、Western Digital、Hitachi、Toshiba、Samsung 等。

2) U 盘

U 盘又称闪盘、优盘，是一种可以直接插在通用串行总线(universal serial bus，USB)端口上进行读写的新一代外存储器，如图 2-12 所示。U 盘小巧便于携带、存储容量大、价格便宜、性能可靠。U 盘体积很小，仅大拇指般大小，重量极轻，一般在 15g 左右，特别适合随身携带。一般的 U 盘容量有 4GB、8GB、16GB、32GB、

64GB、128GB、256GB 等，价格上以最常见的 8GB 为例，仅 30～50 元左右就能买到，16GB 的 70 元左右。U 盘在存盘中无任何机械式装置，抗震性能极强。另外，闪存盘还具有防潮防磁、耐高低温等特性，安全可靠性很好。U 盘几乎不会让水或灰尘渗入，也不会被刮伤，而这些在旧式的携带式存储设备(如光盘、软盘片)等是严重的问题。而 U 盘所使用的固态存储设计让它们能够抵抗无意间的外力撞击。这些优点使得 U 盘应用非常广泛。

图 2-12　U 盘

1998—2000 年，包括中国朗科、以色列 M-Systems、新加坡 Trek 公司在内，有很多公司声称自己第一个发明了 U 盘。但是真正获得 U 盘基础性发明专利的却是中国朗科公司。2002 年 7 月，中国朗科公司“用于数据处理系统的快闪电子式外存储方法及其装置”(专利号：ZL99117225.6)获得国家知识产权局正式授权，该专利填补了中国计算机存储领域 20 年来发明专利的空白。2004 年 12 月 7 日，中国朗科公司获得美国国家专利局正式授权的闪存盘基础发明专利，美国专利号为 US6829672。这一专利权的获得，表明朗科公司才是 U 盘的全球第一个发明者。

大多数 U 盘支持 USB2.0 标准，目前最快的闪存盘已使用了四通道甚至更多通道，但是比起硬盘，USB2.0 提供的最大传输速率仍然差许多。相比之下，USB3.0 速度更快，可以击败普通机械硬盘，目前最高的传输速率约为 220Mbit/s。

目前，主要 U 盘制造商有朗科、Lexar、明基、纽曼、神州数码、方正、驱逐舰、LG、SanDisk、Kingston、爱国者、Sony、Toshiba 等。

3) 光盘

光盘是 20 世纪 70 年代发明的不同于完全磁性载体的光学存储介质，它是利用聚焦的氢离子激光束处理记录介质以存储和再生信息。常见的 CD、VCD 和 DVD 都属于光盘，如图 2-13 所示。光盘存储器使用激光进行读写，具有携带方便、存储容量大、信息保存时间长、读写速度快、不易受干扰等特点，是多媒体计算机的关键部件之一。

(a) 光驱动器

(b) 光盘

图 2-13　光驱动器和光盘

光盘根据是否可以写分成两类，一类是只读型光盘，其中包括 CD-Audio、CD-Video、CD-ROM、DVD-Audio、DVD-Video、DVD-ROM 等；另一类是可记录型光盘，包括 CD-R、CD-RW、DVD-R、DVD+R、DVD+RW、DVD-RAM、Double layer DVD+R 等。

4) SD 卡

SD 卡(secure digital memory card)是一种基于半导体闪存工艺的存储卡，其尺寸为 24mm×32mm×2.1mm，如图 2-14 所示。1999 年，由日本松下公司主导，Toshiba 和美国 SanDisk 公司参与研发而成 SD 卡。2000 年这几家公司发起成立了 SD 协会，吸引了包括 IBM、Microsoft、Motorola、NEC、Samsung 等大量厂商参加，在这些领导厂商的推动下，SD 卡已成为目前数码设备中应用最广泛的一种存储卡。SD 卡具有大容量、高性能、安全、易重新格式化等多种特点，所以有着广泛的应用领域。

图 2-14　SD 卡

目前，市场上主要 SD 卡品牌有 Toshiba、SanDisk、Sony、Lexar、Maxell、Panasonic、Transcend、Kingmax、PNY、Team、Samsung 和 Kingston 等。

### 2.3.4　输入输出设备

1. 输入设备

输入设备是指向计算机输入数据和信息的设备，是人或外部与计算机进行交互的一种装置，用于把原始数据和处理这些数的程序输入计算机中。计算机能够接收各种各样的数据，既可以是数值型的数据，也可以是各种非数值型的数据，如图形、图像、声音等都可以通过不同类型的输入设备输入计算机中，进行存储、处理和输出。计算机中常用的输入设备主要有键盘、鼠标、扫描仪、数码相机、麦克风、触摸屏、手写笔、条形码读入器等。

1) 键盘

键盘(keyboard)是最常见的计算机输入设备，它广泛应用于微型计算机和各种终端设备上，通过键盘可以将英文字母、数字、标点符号等输入计算机中，从而向计算机发出命令、输入数据，指挥计算机的工作。计算机的运行情况输出到显示器，操作者可以很方便地利用键盘和显示器与计算机对话，对程序进行修改、编辑，控制和观察计算机的运行。

键盘通过一根五芯电缆连接到主机的键盘插座内，其内部有专门的微处理器和控制电路，当操作者按下任一键时，键盘内部的控制电路产生一个代表这个键的二进制代码，然后将此代码送入主机内部，操作系统就知道用户按下了哪个键。

现在最常用的键盘是 104 键键盘，如图 2-15 所示，其布局按照不同的功能分为四个区：字符键区、功能键区、光标控制键区和小键盘区。键盘的左上边是功能键区，左边是字符键区，右边为小键盘区，中间为光标控制键区。

图 2-15　键盘

(1) 字符键区。字符键区最上面一排是 10 个数字键，中间是 26 个字母键，下面最长的键是空格键，此外还有一些符号键，如>、<、?、/、;等，使用时按下一个键，就输入一个字符(字母、数字或符号)。其中，Shift 键与数字键或符号键同时按下时，表示输入的是该键的上面一个字符；直接按字母键时，输入的是大写字母；Shift 键与字母键同时按下时，输入的是小写字母。CapsLock 键是英文字母大小写转换键。此外，还有一些键的功能如下：

- Enter，回车键或换行键。
- Ctrl，控制键，常与其他键或鼠标组合使用。
- Alt，变换键，常与其他键组合使用。
- Backspace，退回键，按一次，删除光标左边一个字符。
- Tab，制表键，按一次，光标跳到下一个制表位。

(2) 功能键区。键盘上最上面一行 F1～F12 的 12 个键为功能键，可用于输入某一串字符、某一条命令或调用某种功能。在不同的软件中，功能键的具体功能有所不同。

(3) 光标控制键区。光标控制键是在整个屏幕范围内进行光标移动或其他相关操作，主要有：

• ↑、↓、←、→，光标上移一行、光标下移一行、光标左移一列、光标右移一列。

• Home、End、PageUp、PageDown：光标移动键，它们的操作与具体软件定义有关。

• Delete：删除光标所在位置的字符。

• Insert：设置改写或插入状态。

(4) 小键盘区。小键盘区又称数字键区，这些键有两种功能，即编辑或输入数字，但在任何瞬间只有一种功能有效。当数字功能有效时，按这部分键可以输入数字。由于这部分键比较集中，所以输入大量数据时，使用这些数字键会更方便、快捷。当编辑功能有效时，按这部分键可以移动光标或插入、删除字符。←、↓、→、↑这 4 个键可以按箭头指示的方向移动光标；Home、End、PageUp、PageDown 这 4 个键也可以移动光标，但在不同的编辑器中它们的用法不一样；Delete 键可以删除字符，Insert 键可以插入/改写字符。用户可以用 NumLock 键在编辑和输入数字这两种功能之间进行转换。

2) 鼠标

鼠标(mouse)已经成为计算机必备的输入设备，鼠标的主要用途是用来定位光标或用来完成某种特定的操作，用户通过鼠标，可以方便、直观地操作计算机，代替通过键盘输入烦琐的指令，使计算机的操作更加简便。“鼠标”的标准称呼应该是“鼠标器”，英文名为“mouse”。

按照鼠标按键数目的不同，鼠标可分为两键鼠标、三键鼠标和四键鼠标。如图 2-16 所示为几种鼠标外观。

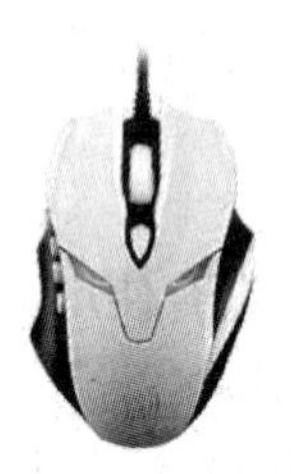

图 2-16　几种鼠标外观

按照接口类型不同，鼠标可分为串行鼠标、PS/2 鼠标、总线鼠标和 USB 鼠标(多为光电鼠标)四种。串行鼠标通过串行口与计算机相连，有 9 针接口和 25 针接口两种。PS/2 鼠标通过一个六针微型 DIN 接口与计算机相连，它与键盘的接口非常相似，使用时要注意区分；总线鼠标的接口在总线接口卡上；USB 鼠标通过一个 USB 接口，直接插在计算机的 USB 接口上。

按照工作原理及其内部结构的不同，鼠标可以分为机械鼠标、光机鼠标、光电鼠标和光学鼠标。

(1) 机械鼠标。机械鼠标通过光栅信号传感器产生的光电脉冲信号反映鼠标在垂直和水平方向的位移变化，再通过计算机程序的处理和转换来控制屏幕上光标箭头的移动。与原始鼠标相比，这种机械鼠标在可用性方面大有改善，反应灵敏度和精度也有所提升，制造成本低廉，成为第一种大范围流行的鼠标产品。但由于它采用纯机械结构，鼠标的 $X$ 轴和 $Y$ 轴以及小球经常附着一些灰尘等脏物，导致定位不准确，同进，电刷和译码轮容易磨损，影响了机械鼠标的使用寿命。在流行一段时间之后，它就被“光机鼠标”代替。

(2) 光机鼠标。为了克服纯机械鼠标精度不高、机械结构易磨损的弊端，罗技公司在 1983 年成功设计出第一款光学机械鼠标，简称“光机鼠标”。光机鼠标是在纯机械鼠标基础上进行改良，通过引入光学技术来提高鼠标的定位精度。光机鼠标在精度、可靠性、反应灵敏度方面都大大超过纯机械鼠标，并且成本低廉，在推出之后迅速风靡市场，迅速取代了纯机械鼠标。但是，光机鼠标也有其先天缺陷：底部的小球并不耐脏，在使用一段时间后，两个转轴就会因粘满污垢而影响光线通过，出现移动不灵敏、光标阻滞等问题。另外，随着使用时间的延长，光机鼠标的反应灵敏度和定位精度都会下降，耐用性不尽如人意。

(3) 光电鼠标。与光机鼠标发展的同一时代，出现了一种完全没有机械结构的数字化光电鼠标。光电鼠标没有传统的滚球、转轴等设计，其主要部件为两个发光二极管、感光芯片、控制芯片和一个带有网格的反射板(相当于专用的鼠标垫)。工作时光电鼠标必须在反射板上移动，$x$ 发光二极管和 $y$ 发光二极管会分别发射出光线照射在反射板上，接着光线会被反射板反射回去，经过镜头组件传递后照射在感光芯片上。感光芯片将光信号转变为对应的数字信号后将之送到定位芯片中专门处理，进而产生 $x$-$y$ 坐标偏移数据。

此种光电鼠标在精度指标上的确有所进步，但也有大量的缺陷。首先，光电鼠标必须依赖反射板，它的位置完全依据反射板中的网格纹理信息来形成；其次，光电鼠标使用非常不人性化，它的移动方向必须与反射板上的网格纹理相垂直；再次，光电鼠标的造价高昂。由于存在大量的弊端，这种光电鼠标并未得到流行，只是在少数专业作图场合中得到一定程度的应用，但随着光机鼠标的流行，这种光电鼠标很快被淘汰。

(4) 光学鼠标。光学鼠标是 Microsoft 公司设计的一款高级鼠标。它采用 IntelliEye 技术，在鼠标底部的小洞里有一个小型感光头，一个发射红外线的发光管正对着感光头，发光管向外每秒钟发射 1500 次，然后感光头就将这 1500 次的反射回馈给鼠标的定位系统，实现准确的定位。这种鼠标可在任何地方无限制地移动。

1999 年，Microsoft 公司推出一款名为“IntelliMouse Explorer”的第二代光电鼠标，这款鼠标所采用的是 Microsoft 公司与安捷伦公司合作开发的 IntelliEye 光学引擎，由于它借助光学技术，故称为“光学鼠标”。它既保留了光电鼠标的高精度、无机械结构等优点，又具有高可靠性和耐用性，并且使用过程中不用清洁也可保持良好的工作状态，在诞生之后迅速引起业界瞩目。2000 年，罗技公司也与安捷伦公司合作推出相关产品，而 Microsoft 公司在后来则进行独立的研发工作并在 2001 年末推出第二代 IntelliEye 光学引擎。这样，光学鼠标就形成以 Microsoft 公司和罗技公司为代表的两大阵营，安捷伦公司虽然也掌握光学引擎的核心技术，但它并未涉及鼠标产品的制造，而是向第三方鼠标制造商提供光学引擎产品，市面上非 Microsoft 公司和罗技公司的鼠标几乎都是使用安捷伦公司的技术。

3) 扫描仪

扫描仪是一种光、机、电一体化的高科技产品，它是将各种形式的图像信息输入计算机的重要工具，是继键盘和鼠标之后的第三代计算机输入设备，如图 2-17 所示。扫描仪具有比键盘和鼠标更强的功能，从最原始的图片、照片、胶片到各类文稿资料都可用扫描仪输入计算机中，进而实现对这些图像形式的信息的处理、管理、使用、存储、输出等，配合光学字符识别软件 (optic character recognize，OCR) 还能将扫描的文稿转换成计算机的文本形式。

图 2-17　扫描仪

扫描仪的工作原理如下：自然界的每一种物体都会吸收特定的光波，而没被吸收的光波就会反射出去。扫描仪就是利用上述原理完成对稿件的读取。扫描仪工作时发出的强光照射在稿件上，没有被吸收的光线将被反射到光学感应器上。光感应器接收到这些信号后，将这些信号传送到模数(A/D)转换器，模数转换器再将其转换成计算机能读取的信号，然后通过驱动程序转换成显示器上能看到的正确图像。

扫描仪的技术指标主要有分辨率、灰度级、色彩数、扫描速度、扫描幅面等。目前，市场上有多种品牌的扫描仪，其中以佳能、爱普生、中晶等较为出名。

4) 数码相机

数码相机又名数字式相机，英文全称 digital camera，简称 DC，如图 2-18 所示，它是一种集光学、机械、电子一体化的产品，集成了影像信息的转换、存储和传输等部件，具有数字化存取模式、与计算机交互处理和实时拍摄等特点。

图 2-18　数码相机

数码相机与传统照相机在胶卷上靠溴化银的化学变

化来记录图像的原理不同，数码相机的传感器是一种光感应式的电荷耦合器件(charge-coupled device，CCD)或互补金属氧化物半导体(complementary metal oxide semiconductor，CMOS)，其特点是光线通过时，能根据光线的不同转化为电子信号。光线通过镜头或者镜头组进入相机，通过数码相机成像元件转化为数字信号，数字信号通过影像运算芯片存储在存储设备中(通常是使用闪存)。数码相机最早出现在美国，20 多年前，美国曾利用它通过卫星向地面传送照片，后来数码摄影转为民用并不断拓展应用范围。

数码相机可以分为单反相机、微单相机、卡片相机、长焦相机等。目前，主要数码相机品牌有佳能、尼康、三星、松下、富士、明基等。

5) 麦克风

麦克风，学名为传声器，如图 2-19 所示，它是将声音信号转换为电信号的能量转换器件，由 Microphone 翻译而来，又称话筒、微音器。麦克风是由声音的振动传到麦克风的振膜上，推动里面的磁铁形成变化的电流，这样变化的电流送到后面的声音处理电路进行放大处理。

图 2-19　麦克风

20 世纪，麦克风由最初通过电阻转换声电发展为电感、电容式转换，大量新的麦克风技术逐渐发展起来，这其中包括铝带、动圈等麦克风，以及当前广泛使用的电容麦克风和驻极体麦克风。

6) 触摸屏

触摸屏(touch screen)又称“触控屏”、“触控面板”，如图 2-20 所示，是一种可接收触头等输入信号的感应式液晶显示装置。当按下屏幕上的图形按钮时，屏幕上的触觉反馈系统根据预先编制的程序驱动各种连接装置，可以取代鼠标和键盘，并借用液晶显示画面能够制造出生动的影音效果。触摸屏作为一种最新的计算机输入设备，是一种简单、方便、自然的一种人机交互方式。

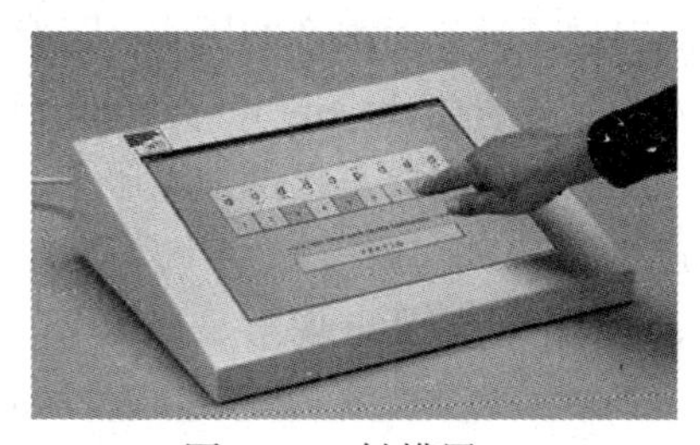

图 2-20　触摸屏

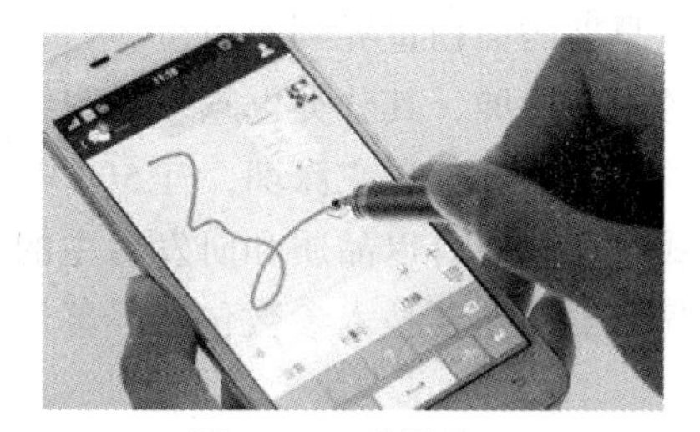

图 2-21　手写笔

7) 手写笔

手写笔的出现就是为了输入中文，使用者不需要再学习其他输入法就可以很轻松地输入中文，当然这还需要专门的手写识别软件。同时手写笔还具有鼠标的作用，可以代替鼠标操作 Windows，并可以作画，如图 2-21 所示。

8) 条形码读入器

条形码是一种用线条和线条之间的间隔按照一定规则表示数据的条形符号。条形码读入器用以扫描条形码，将光信号转变为电信号，经译码后输入计算机，如图 2-22 所示。条形码读入器具有准确、可靠、实用、输入速度快等优点，广泛用于商场、银行、医院等单位。

(a) 条形码

(b) 条形码读入器

图 2-22　条形码及其读入器

2. 输出设备

输出设备是计算机的终端设备，用于接收计算机数据的输出显示、打印、声音、控制外围设备操作等。也是把各种计算结果数据或信息以数字、字符、图像、声音等形式表示出来。常见的有显示器、打印机、绘图仪、影像输出系统、语音输出系统、磁记录设备等。

1) 显示器

显示器(display)通常也称为监视器，是计算机的标准输出设备，也是人机对话的主要工具之一，其作用是显示内容以及输出字符、数据或图形、表格等各种形式的结果。显示系统由显示适配器(又称显示卡)和监视器两部分组成。显示卡是监视器的控制电路和接口，它插在主机板上的扩展槽内，通过专用信号线与监视器相连。

从早期的黑白世界到彩色世界，显示器走过了漫长而艰辛的历程，随着显示器技术的不断发展，其分类也越来越明细。发光二极管(light emitting diode，LED)显示器的工厂主要分布在深圳，有 500 多家，其中 40%主要是提供加工服务，还有小作坊式生产，也有以品质和研发为主的生产企业。

显示器的主要技术参数包括屏幕尺寸、宽高比、点距、像素、分辨率、刷新频率等。

(1) 屏幕尺寸是指矩形屏幕的对角线长度，一般以 in 为单位，常用的有 15in、17in、19in 等显示器。

(2) 宽高比是指屏幕横向与纵向的比例，一般为 4∶3 和 16∶10。

(3) 点距是指屏幕上荧光点间的距离，它决定像素的大小以及屏幕能达到的最高显示分辨率。点距越小越好，现有的点距规格有 0.20mm、0.25mm、0.26mm、0.28 mm、0.31mm、0.39mm 等。

(4) 像素是指屏幕上能被独立控制其颜色和亮度的最小区域，即荧光点，是显示画面的最小组成单位。屏幕像素点的多少与屏幕尺寸和点距有关。

(5) 显示分辨率是指屏幕像素的点阵，通常写成水平点数×垂直点数的形式。分辨率越高屏幕越清晰。常用的分辨率有 640×480、800×600、1024×768、1024×1024、1600×1200 等，目前 1024×768 较普及。

(6) 灰度和颜色。灰度是指像素三基色亮度的差别，用二进制数进行编码，位数越多级数越高。颜色种类和灰度等级数量主要受显示器容量的限制。

(7) 刷新频率是指每分钟内屏幕画面更新的次数。刷新频率越高，画面闪烁越小。在设置显示器刷新频率时，不要超过显示器允许的最高频率，否则有可能烧坏显示器。刷新频率一般为 75Hz。

显示器件可分为阴极射线管(cathode ray tube，CRT)显示器、液晶显示器(liquid crystal display，LCD)、发光二极管(light emitting diode，LED)显示器、3D 显示器、等离子显示器(plasma display panel，PDP)等。由于 CRT 显示器功耗较大且有一定的辐射，所以已逐步被淘汰，而 LCD 已经成为主流，3D 显示器和等离子显示器是以后显示器的发展方向。CRT 显示器和 LCD 如图 2-23 所示。

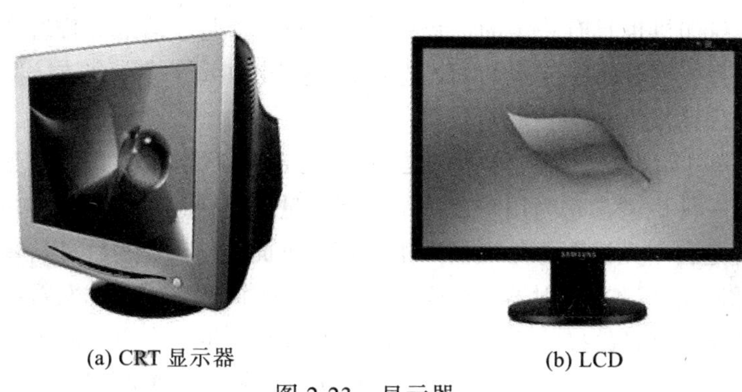

(a) CRT 显示器　　(b) LCD

图 2-23　显示器

2) 打印机

打印机(printer) 是计算机的输出设备之一，是将计算机的运算结果或中间结果以人所能识别的数字、字母、符号和图形等，依照规定的格式印在纸上的设备。打印机是由约翰•沃特和戴夫•唐纳德合作发明的。衡量打印机好坏的指标主要有打印分辨率、打印速度和噪声。

常见打印机有针式打印机、喷墨打印机和激光打印机，如图 2-24 所示，每类打印机又有单色(黑色)和彩色两种。

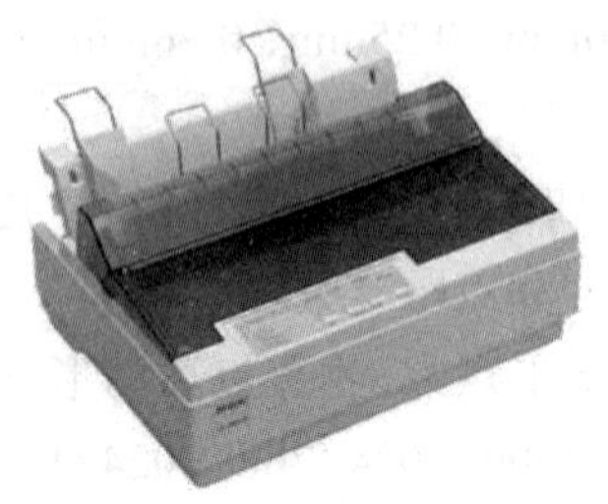
(a) 针式打印机

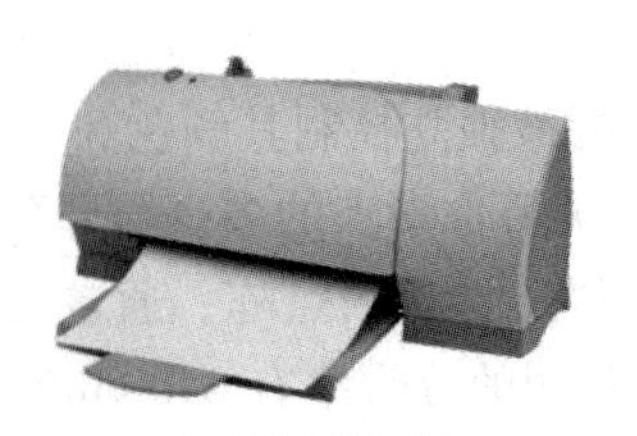
(b) 喷墨打印机

(c) 激光打印机

图 2-24　打印机

(1) 针式打印机。针式打印机以机械撞击方式输出，其在打印机历史的很长一段时间上曾经占据重要地位，从 9 针到 24 针，可以说针式打印机的历史贯穿于打印机发展史的始终。针式打印机之所以在很长的一段时间内能长时间流行不衰，这与它打印成本低和容易使用以及单据打印的特殊用途是分不开的。当然，它的打印质量低、工作噪声大使它无法适应高质量、高速度的商用打印需求，所以现在只有在银行、超市等用于票单打印的地方还可以看见它的踪迹。

(2) 喷墨打印机。喷墨打印机是将墨水通过精细的喷头喷到纸上，从而完成打印。与针式打印机相比，它具有分辨率高、噪声小、打印质量高等优点，因而占领了广大中低端市场。此外，喷墨打印机具有灵活的纸张处理能力，在打印介质的选择上，喷墨打印机也具有一定的优势：既可以打印信封、信纸等普通介质，还可以打印各种胶片、照片纸、光盘封面、卷纸、T 恤转印纸等特殊介质。但由于使用一次性喷头，因而成本较高，耗材较贵。

(3) 激光打印机。激光打印机则是 20 世纪 60 年代末发明、已经逐渐替代了喷墨打印机的一种机型，它为用户提供了更高质量、更快速、更低成本的打印方式。其打印原理是利用光栅图像处理器产生要打印页面的位图，然后将其转换为电信号等一系列脉冲送往激光发射器，在这一系列脉冲的控制下，激光发射器有规律地发射激光。同时，感光鼓接收反射光束。激光发射时产生一个点，激光不发射时就是空白，这样，在接收器上印出一行点。然后接收器转动一小段固定的距离继续重复上述操作。当纸张经过感光鼓时，鼓上的着色剂就转移到纸上，印成了页面的位图。最后纸张经过加热辊，着色剂加热熔化并固定在纸上，完成打印过程。整个打印过程准确、高效。虽然激光打印机的价格比喷墨打印机贵，但从单页的打印成本上讲，激光打印机则要便宜很多。

(4) 其他打印机。除了以上三种最为常见的打印机外，还有热转印打印机和大幅面打印机等几种应用于专业方面的打印机机型。热转印打印机是利用透明染料进行打印，可以打印出接近照片的连续色调图像，具有专业高质量的图像打印，一般用于专业图形输出。大幅面打印机的打印原理与喷墨打印机基本相同，但打印幅宽一般都能达到 24in (61cm)以上。它的主要用途一直集中在工程与建筑领域。

3) 绘图仪

绘图仪是一种能够自动绘制图形的设备，如图 2-25 所示。绘图仪在绘图软件的支持下可绘制各种管理图表和统计图、大地测量图、建筑设计图、电路布线图、机械图等复杂、精确的图形，是各种计算机辅助设计不可缺少的工具。

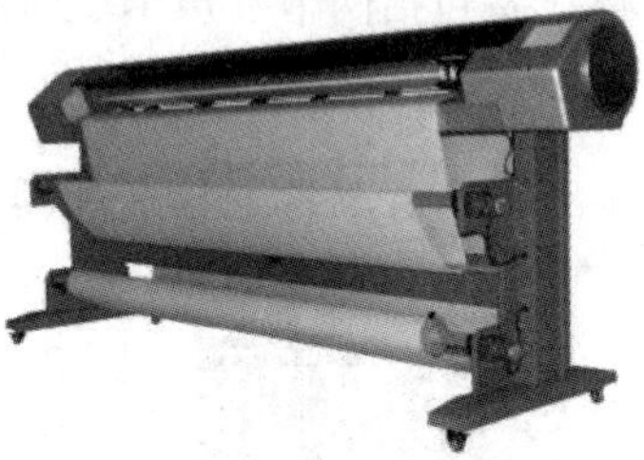

图 2-25　绘图仪

### 2.3.5　总线

总线是连接计算机中各个部件的一组物理信号线。总线在计算机的组成与发展过程中起着关键性的作用，因为总线不仅涉及各个部件之间的接口与信号交换规则，还涉及计算机扩展部件和增加各类设备时的基本约定。

在微型机中，总线是 CPU、内存储器、I/O 接口之间相互交换信息的通道，它包括三种类型的总线：数据总线、地址总线和控制总线。数据总线是 CPU 与内存储器、I/O 接口之间相互传送数据的通道；地址总线是 CPU 向内存储器和 I/O 接口传递地址信息的通道，它的宽度决定了微型机的直接寻址能力；控制总线是 CPU 与内存储器和 I/O 接口之间相互传递控制信号的通道。在计算机系统中，总线使各个部件协调地执行 CPU 发出的指令。CPU 相当于总指挥部，各类存储器提供具体的机内信息(程序与数据)，I/O 设备担任着计算机的“对外联络任务”(输入与输出信息)，而由总线去沟通所有部件之间的信息流。

### 2.3.6　机箱

机箱是计算机的外壳，从外观上分为卧式和立式两种。机箱一般包括外壳，用于固定软硬驱动器的支架，面板上必要的开关、指示灯和显示数码管等。配套的机箱内还有电源。

通常在主机箱的正面都有电源开关 Power 和 Reset 按钮，Reset 按钮用来重新启动计算机系统(有些机器没有 Reset 按钮)。在主机箱的正面都有一个或两个软盘驱动器的插口，用以安装软盘驱动器。此外，通常还有一个光盘驱动器插口。

在主机箱的背面配有电源插座，用来给主机及其他外部设备提供电源。一般的个人计算机都有一个并行接口和两个串行接口，并行接口用于连接打印机，串行接口用于连接鼠标、数字化仪等串行设备。另外，通常个人计算机还配有一排扩展卡插口，用来连接其他外部设备。

### 2.3.7 其他设备

在计算机硬件中，多媒体设备是用户日常工作、学习和娱乐过程中不可缺少的组成部分，只有配置了多媒体设备，用户才可以享受视、听的新感觉。常用的多媒体设备包括网卡、声卡、音箱光盘驱动器、DVD-ROM 等。

1. 网卡

网卡，又称通信适配器或网络适配器(network adapter)或网络接口卡 (network interface card，NIC)，是计算机与外界局域网的连接部件，如图 2-26 所示。目前，随着网络应用的不断拓展，网络已经成为公司局域网、教学网和家庭局域网的必备产品。

图 2-26　网卡

网卡是工作在数据链路层的网络组件，是局域网中连接计算机和传输介质的接口，不仅能实现与局域网传输介质之间的物理连接和电信号匹配，还涉及帧的发送与接收、帧的封装与拆封、介质访问控制、数据的编码与解码以及数据缓存的功能等。

2. 声卡

声卡是多媒体技术中最基本的组成部分，如图 2-27 所示。它从话筒中获取模拟声音信号，通过模数转换器(ADC)，将声波振幅信号采样转换成一串数字信号，存储到计算机中。重放时，这些数字信号送到数模转换器(DAC)，以同样的采样速度还原为模拟波形，放大后送到扬声器发声。

图 2-27　声卡

1984 年英国的 ADLIB AUDIO 公司生产了世界上第一块声卡，称为 ADLIB 魔奇音效卡，因此 ADLIB 公司是名副其实的“声卡之父”。新加坡创新公司董事长沈望傅先生发明了 Sound Blaster “声霸卡”，并把声卡引入个人计算机领域。当时的技术比较落后，该声卡的音质以现在水平来看效果极差，但无疑它的诞生，开创了计算机音频技术的先河。有的人认为，这是一个很好的开端，因为计算机终于可以“说话”了。但另有一些人认为，这只是一场闹剧，因为当时的声卡根本不能发出很真实的声音。Sound Blaster 16 是“真正”的第一张声卡，该声卡能较为完美地合成音频效果，具有划时代的意义。当今声卡朝着由 ISA 向 PCI 过渡、更为逼真的回放效果、高质量的 3D 音效、转向 USB 接口等四个方向发展变化。

3. 音箱

音箱是把音频电能转换成相应的声能，并把声能辐射到空间的设备。它是音响系统极其重要的组成部分，担负着把电信号转变成声信号的关键任务。根据是否带有放大电路，音箱分为有源音箱和无源音箱。由于有源音箱的音质和效果更好，所以有源音箱成为目前市场上的主流产品。

4. 光盘驱动器、DVD-ROM

光盘驱动器是读取光盘中数据的专门设备，光盘驱动器有一个数据传输速率的指标，称为倍速。1倍速的数据传输速率是150Kbit/s，24倍速(24×)CD-ROM的数据传输速率是24×150Kbit/s = 3.6MB/s。目前常见CD-ROM传输速率为40×、50×和56×。随着多媒体技术的发展，光盘驱动器已经成为计算机的基本配置。

DVD-ROM (digital versatile disc-read only memory)是CD-ROM的后继产品，如图2-28所示。DVD-ROM盘片的尺寸与CD-ROM盘片完全一致，不同之处是DVD-ROM采用较低的激光波长。DVD-ROM向下兼容，能读取目前的音频CD，CD-ROM和DVD-ROM。

图2-28　DVD-ROM

### 2.3.8　摩尔定律

摩尔定律有许多种定义，它们既相似，又不完全相同，归纳起来，主要有以下三种：

(1) 集成电路芯片上所集成的电路的数目，每隔18个月就翻一番。

(2) 微处理器的性能每隔18个月提高1倍。

(3) 用一美元所能买到的计算机性能，每隔18个月翻两番。

以上几种说法中，以第一种说法最为普遍，第二、三两种说法涉及价格因素，其实是一样的。三种说法虽然各有千秋，但在一点上是共同的，即“翻番”的周期都是18个月，至于“翻一番”(或两番)的是“集成电路芯片上所集成的电路数目”、“整个计算机的性能”，还是“一个美元所能买到的性能”，就有不同的看法。

需要特别指出的是，摩尔定律并非数学、物理定律，而是对发展趋势的一种分析预测，因此，无论是它的文字表述还是定量计算，都应当容许一定的宽裕度。从这个意义上看，摩尔的预言实在是相当准确而又难能可贵的，所以才会得到业界人士的公认，并产生巨大的反响。

摩尔定律的响亮名声，令许多人竞相仿效它的表达方式，从而派生、繁衍出多种版本的“摩尔定律”，其中如“摩尔第二定律”。摩尔定律提出30年来，集成电路芯片的性能得到了大幅度的提高；但另一方面，Intel 公司高层人士开始注意到芯片生产厂的成本也在相应提高。1995 年，Intel 公司董事会主席罗伯特 · 诺伊斯预见到摩尔定律将受到经济因素的制约。同年，摩尔在《经济学家》杂志上撰文写道："现在令我感到最为担心的是成本的增加，……这是另一条指数曲线。"这一说法称为"摩尔第二定律"。

"新摩尔定律"：近年来，国内 IT 专业媒体上又出现了"新摩尔定律"的提法，是指我国 Internet 联网主机数和上网用户人数的递增速度，大约每半年就翻一番，而且专家预言，这一趋势在未来若干年内仍将保持下去。

摩尔定律问世至今已近 40 年，人们不无惊奇地看到半导体芯片制造工艺水平以一种令人目眩的速度提高。目前，Intel 公司的微处理器芯片 Pentium4 的主频已高达 2GHz，2011 年则要推出含有 10 亿个晶体管、每秒可执行 1000 亿条指令的芯片。人们不禁要问：这种令人难以置信的发展速度会无止境地持续下去吗？不需要复杂的逻辑推理就可以知道：总有一天，芯片单位面积上可集成的元件数量会达到极限。问题只是这一极限是多少，以及何时达到这一极限。业界已有专家预计，芯片性能的增长速度将在今后几年趋缓，一般认为摩尔定律能再使用 10 年左右。

# 第 3 章　Windows 7 操作系统

## 3.1　概　　述

1946 年，计算机“ENIAC”在美国诞生，标志着“计算机时代”的到来。从那时至今，计算机经历了电子管时代、晶体管时代、集成电路时代和大规模集成电路时代。计算机在发展过程中具有体积越来越小、运算速度越来越快、性能越来越强的发展趋势。

美国的数学家、计算机学术先驱冯·诺依曼教授在计算机的发展中起到了至关重要的作用，他设计的计算机体系结构至今被人们所使用。因此，冯·诺依曼被世界公认为“计算机之父”，他设计的计算机系统结构称为“冯·诺依曼体系结构”。

冯·诺依曼体系结构的核心思想如下。

1) 数字计算机的数制应采用二进制

采用二进制作为计算机数值计算的基础，以 0、1 代表数值，而不采用人类常用的十进制计数方法，因为二进制使计算机容易实现数值的计算。

2) 计算机应该按照程序顺序执行

按程序或指令的顺序执行，即预先编好程序，然后交给计算机按照程序中预先定义好的顺序进行数值计算。

依据冯·诺依曼体系结构，将计算机系统分为硬件系统和软件系统。硬件系统是借助电、磁、光、机械等原理构成的各种物理部件的有机组合，是系统赖以工作的实体。软件系统是各种程序和文件，用于指挥全系统按指定的要求进行工作。

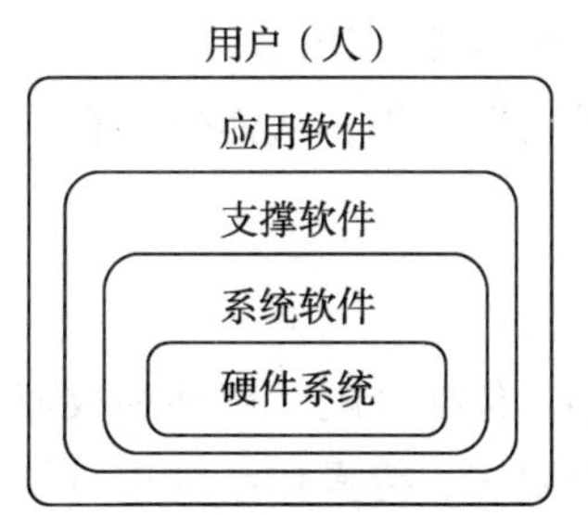

图 3-1　计算机系统的层次结构

计算机系统的内核是硬件系统，是进行信息处理的实际物理装置。最外层是使用计算机的人，即用户。人与硬件系统之间的接口界面是软件系统，它大致可分为系统软件、支撑软件和应用软件三层，计算机系统的层次结构如图 3-1 所示。

# 3.2 操 作 系 统

## 3.2.1 操作系统的概念

操作系统(operating system，OS)是管理和控制计算机硬件与软件资源的计算机程序，是直接运行在裸机上的最基本的系统软件，任何其他软件都必须在操作系统的支持下才能运行。操作系统为用户和计算机的接口，同时也是计算机硬件和其他软件的接口。操作系统的功能包括管理计算机系统的硬件、软件及数据资源，控制程序运行，改善人机界面，为其他应用软件提供支持等。

## 3.2.2 操作系统的功能

为了使计算机系统能协调、高效和可靠地工作，同时也为了给用户一种方便友好的使用计算机的环境，在计算机操作系统中，通常都设有处理器管理、存储器管理、设备管理、文件管理、作业管理等功能模块，它们相互配合，共同完成操作系统既定的全部职能。

### 1. 处理器管理

计算机系统中处理器是最宝贵的系统资源，处理器管理的目的是合理地保证多个作业能顺利完成并且尽量提高 CPU 的效率，使用户等待的时间最少。

### 2. 存储器管理

“你给程序再多内存，程序也会想尽办法耗光”，因此存储器管理主要是指针对内存储器的管理。其中包括：

(1) 内存分配，为应用程序分配内存。

(2) 存储保护，阻止用户程序的相互破坏和对系统的非法访问。

(3) 虚拟存储，采用相应的技术把外存储器当做内存来用，从而使内存空间得到扩充。

### 3. 设备管理

设备管理是指负责管理各类外围设备(简称外设)，包括分配、启动和故障处理等。主要任务是：当用户使用外部设备时，必须提出要求，待操作系统进行统一分配后方可使用。当用户的程序运行到要使用某外设时，由操作系统负责驱动外设。操作系统还具有处理外设中断请求的能力。

4. 文件管理

文件管理是指操作系统对信息资源的管理。在操作系统中，将负责存取管理信息的部分称为文件系统。文件是在逻辑上具有完整意义的一组相关信息的有序集合，每个文件都有一个文件名。文件管理支持文件的存储、检索和修改等操作以及文件的保护功能。操作系统一般都提供功能较强的文件系统，有的还提供数据库系统来实现信息的管理工作。

5. 作业管理

每个用户请求计算机系统完成的一个独立的操作称为作业。作业管理包括作业的输入和输出以及作业的调度与控制。

### 3.2.3　操作系统的分类

操作系统的类型也可以分为几种，如批处理系统、分时操作系统、实时操作系统、网络操作系统等。下面将简单地介绍它们各自的特点。

(1) 批处理系统。首先，用户提交完作业后并在获得结果之前不会再与操作系统进行数据交互，用户提交的作业由系统外存储存为后备作业；数据是成批处理的，有操作系统负责作业的自动完成；支持多道程序运行。

(2) 分时操作系统。首先交互性方面，用户可以对程序动态运行时对其加以控制；支持多个用户登录终端，并且每个用户共享 CPU 和其他系统资源。

(3) 实时操作系统。会有时钟管理，包括定时处理和延迟处理。实时性要求比较高，某些任务必须优先处理，而有些任务则会被延迟调度完成。

(4) 网络操作系统。网络操作系统主要有以下几种基本功能：

① 网络通信，负责源主机与目标主机之间数据的可靠通信，这是最基本的功能。

② 网络服务，系统支持一些电子邮件服务，文件传输、数据共享、设备共享等。

③ 资源管理，对网络中共享的资源进行管理，如设置权限以保证数据源的安全性。

④ 网络管理，主要任务是实现安全管理。例如，通过“存取控制”来确保数据的存取安全性，通过“容错性”来保障服务器故障时数据的安全性。

⑤ 支持交互操作，在客户/服务器模型的 LAN 环境下，多种客户机和主机不仅能与服务器进行数据连接通信，并且可以访问服务器的文件系统。

### 3.2.4　Windows 操作系统

1. Windows 操作系统简介

Windows 是 Microsoft 公司推出的一系列操作系统。1985 年，Windows 1.0 的问世，

是 Microsoft 公司第一次对个人计算机操作平台进行图形用户界面的尝试，此后不断完善，相继推出了 Windows 2.0、Windows 3.0 等基于 MS-DOS 操作系统的版本。

自 1995 年起，Microsoft 公司发行了 Windows 95、Windows 98、Windows ME 等 Windows 9X 系列的操作系统。Windows 9X 的系统基层主要程式是 16 位的 DOS 源代码，它是一种 16 位/32 位的混合源代码的准 32 位操作系统，因此不稳定，主要面向桌面计算机系列。

2000 年，Microsoft 公司发行了 NT 系列的 Windows 2000 操作系统。在 Windows 2000 的基础上，Microsoft 公司发布了 Windows XP 操作系统，拥有一个新的图形用户界面，整合了防火墙，用来确保长期以来一直困扰 Microsoft 公司的安全问题。

2007 年，Microsoft 公司正式推出 Windows Vista 操作系统，引入用户账户控制的新安全措施，并且引入了立体桌面、侧边栏等，使界面更加华丽。但其没有充分重视兼容性问题，且对系统资源的占用过大，它在推出后市场反响不佳。

为了挽回市场，2009 年 Microsoft 公司推出了新一代 Windows 7 系统，此版本集中了 Microsoft 公司多年来研发操作系统的经验和优势，克服了 Vista 的兼容性问题，并对硬件有着更广泛的支持。到 2012 年 9 月，Windows 7 的占有率已经超越 Windows XP，成为世界上占有率最高的操作系统。

2012 年，Microsoft 公司发布 Windows 8 操作系统。

2015 年 7 月，最新的操作系统 Windows 10 正式发布。

2. Windows 操作系统的特点和功能

Windows7 操作系统有如下特点。

(1) 更易用：Windows 7 做了许多方便用户的设计，如快速最大化、窗口半屏显示、跳跃列表、系统故障快速修复等，这些新功能令 Windows 7 成为最易用的 Windows 操作系统。

(2) 更个性：Windows 7 通过使用自定义主题、桌面背景、桌面幻灯片以及更多内容，可以让用户轻松地赋予计算机个性化风格。

(3) 更快速：Windows 7 大幅缩减了 Windows 的启动时间，据实测，在 2008 年的中低端配置下运行，系统加载时间一般不超过 20s，这与 Windows Vista 的 40 余秒相比，是一个很大的进步。

(4) 更简单：Windows 7 将会让搜索和使用信息更加简单，包括本地、网络和互联网搜索功能，直观的用户体验将更加高级。

(5) 更安全：Windows 7 包括改进安全防护措施，还会把数据保护和管理扩展到外围设备。

(6) 更低的成本：Windows 7 可以帮助企业优化它们的桌面基础设施，具有无缝操作系统、应用程序和数据移植功能。

(7) 更好的连接：Windows 7 进一步增强了移动工作能力，无论何时、何地、任何设备都能访问数据和应用程序，无线连接、管理和安全功能进一步扩展。

3. Windows 操作系统的配置

目前 Windows 7 已成为全球用户使用量最高的操作系统。以 Windows 7 为例，其最低配置如下。

(1) 处理器：1GHz 32 位或者 64 位处理器。

(2) 内存：32 位处理器 1GB，64 位处理器 2GB。

(3) 显卡：支持 DirectX 9 的显卡，128M 显存，这样才可以开启 Aero 效果。

(4) 硬盘空间：16G 以上。

(5) 显示器：要求分辨率在 1024 × 768 像素及以上(低于该分辨率则无法正常显示部分功能)，或可支持触摸技术的显示设备。

## 3.3　Windows 7 操作系统桌面操作

### 3.3.1　系统启动

在中文 Windows 7 操作系统安装完成后，第一次启动所看到的各种设置都是默认的。一般将 Windows 7 启动后的屏幕称为桌面，桌面包含桌面背景、桌面图标和任务栏。所有的操作都起始于桌面，打开的文件、文件夹和程序，都会显示在桌面上。图 3-2 是一个经典的桌面类型。

图 3-2　Windows 7 桌面

### 3.3.2 图标

图标是具有明确指代含义的计算机图形。一个图标是一个图形图像，同时也是一种标志，它代表了某一个程序和文件，图标是程序或文件的图形表示，当用户在计算机中安装了程序或建立了文件后，这些程序或文件会建立起一个图标来表示自己。单击或双击该图标，帮助用户执行命令和迅速地打开程序文件。

1. 图标的分类

系统类图标：由 Microsoft 公司开发 Windows 定义下来，专门用来代表特定的 Windows 文件和程序，如计算机、回收站等系统定义类图标。

程序类图标：各类软件公司开发软件时定义的，安装该软件后会生成的图标。例如，用户安装了一个著名的“迅雷”下载软件，迅雷会建立一个迅雷图标。

用户类图标：是前两类图标的变形，用户可以将系统图标或程序图标更换为自己喜欢的图标，而这类被更换的图标称为用户自定义类图标。

注意：很多系统类图标是不可更换的，而程序类图标通常可以更换。

2. 图标的操作

图标的操作大致可以分为双击、间隔单击、右击、拖拽四种操作方式。

(1) 双击：连续两次快速单击鼠标左按钮，可以直接打开图标对应的程序或文件。

(2) 间隔单击：先鼠标左键单击一次图标，然后间隔数秒后再单击一次，此时会发现图标下面的文字标题变成蓝底白字，用户此刻可以修改这些文字，所以间隔单击的目的就是对图标的名称进行修改。

(3) 右击：一般是程序的特定功能菜单操作，当鼠标右键单击图标后会看到一个菜单，在这个弹出菜单中用户可以选择相关操作。右击图标时，不同图标程序呈现的菜单会有所不同，功能随图标相关联程序的不同，菜单也随之不同。

(4) 拖拽：将图标从一个位置拖动到另一个位置，操作方法就是先将要拖动的图标上按下鼠标左键不放，然后移动鼠标，此时发现图标呈虚影状随鼠标一起移动，当移动到满意的位置后放开鼠标，图标将停留在这个位置上。

3. 图标的排列

考虑到桌面图标过多，桌面凌乱的情况，Windows 7 提供了图标的排列功能。通过以下三步，可以实现桌面图标的排列。

(1) 在桌面的空白区域鼠标右击出现菜单。

(2) 单击菜单中的“排序方式”选项。

(3) 选取要排列的方式，随后就会看到排列后的效果。

提示：Windows 7 提供了四种排列方式(名称、大小、修改日期、项目类型)，用户可以根据自己的需要进行选择。

4. 快捷方式

Windows 为了方便用户从繁多的 Windows 文件中快速查找到程序或文件并执行，系统定义了一种快捷方式执行图标，简称快捷方式。它的最大标志是图标左下角有一个箭头标志，如 360 安全浏览器的快捷方式图标。

快捷方式的应用，保证了无论图标相关联的程序安装在计算机的任意目录下，都可以执行与该图标相关联的程序。

快捷方式的创建有下面三种方法。

(1) 安装程序时自动创建快捷方式。

(2) 右键单击目标程序或文件，在弹出的菜单中选择“创建快捷方式”。

(3) 右键单击目标程序或文件，在弹出的菜单中选择“发送到”，在弹出的二级菜单中选择“桌面快捷方式”。

### 3.3.3　任务栏

在 Windows 中，任务栏是指位于桌面下方的小长条，如图 3-3 所示，默认情况下 Windows 7 任务栏采用大图标，玻璃效果。任务栏中包含“开始”按钮、快速启动区、应用程序区、通知区、时钟和“显示桌面”按钮。

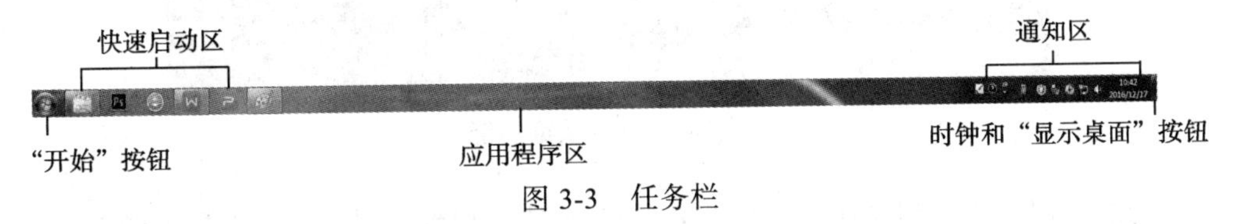


图 3-3　任务栏

1. 任务栏的功能

(1) “开始”按钮。有关该按钮的介绍详见 3.4.4 小节。

(2) 快速启动区。通过鼠标单击程序图标启动程序，方便用户打开常用程序。Windows 7 采用锁定与解锁的方式设置快速启动程序。

① 锁定：鼠标右键单击目标程序图标，选择“锁定到任务栏”，也可以将程序拖动到任务栏中。

② 解锁：鼠标右键单击目标程序图标，选择“将此程序从任务栏解锁”。

(3) 应用程序区是系统进行多任务工作时的主要区域之一，它可以存放大部分正在运行的程序窗口。

(4) 通知区。存放音量、网络和操作中心等一系列小图标，以及一些正在运行的程序图标，如 360 安全卫士图标。

(5) 时钟。时钟显示出当前的时间。若要了解当前的日期，将鼠标光标移动到时钟上，即可显示出当前的日期。鼠标左键单击时钟则可显示详细日历。

(6) “显示桌面”按钮。该按钮在任务栏的最右边单独的一块区域。使用 Windows 7 Aero Peek 预览桌面功能，当将鼠标停留在该按钮上时，所有打开的窗口都会透明化，这样可以快捷地浏览桌面内容，鼠标移开，窗口则恢复原状。单击该按钮则会最小化所有窗口，并切换到桌面。

Windows 7 任务栏新增加了窗口预览功能，将鼠标停靠在任务栏程序图标上，可以方便预览已打开程序或者文件的窗口内容，在 Aero Peek 效果下，会让选定的窗口正常显示，其他窗口则变成透明的，如图 3-4 所示。

图 3-4　窗口预览功能

Jump List(跳转列表)功能在 Windows 7 系统中得到加强。它可以显示最近使用的项目列表，能帮助用户迅速地访问历史记录。在 Windows 7 中，鼠标右键单击任务栏中的程序图标，即可显示跳转列表。在该列表中列出了多个最近使用过的文件，选择任意文件即可打开该文件。如果右键单击 360 浏览器图标，则最近访问过的网页链接就会显示出来。如果右键单击资源管理器图标，则会列出最近打开的文件夹。如果用户想让某些文件一直留在列表中，单击其右边的“小图钉”，则可以把它固定在列表中，方便以后重复打开。图 3-5 显示了资源管理器的跳转列表。

2. 任务栏的设置

在 Windows 7 中，鼠标右键单击任务栏空白处，单击“属性”按钮，在弹出的对话框中可以对任务栏进行设置，如图 3-6 所示。

(1) 锁定任务栏：选中任务栏锁定，可以固定任务栏的位置与宽度。

图 3-5　资源管理器的跳转列表

(2) 自动隐藏任务栏：当鼠标离开任务栏所在位置时，任务栏自动隐藏。

(3) 使用小图标：控制快速启动区及应用程序区中程序图标的大小。

(4) 屏幕上的任务栏位置：控制任务栏在屏幕中的位置(左侧、右侧、顶部、底部)。

(5) 任务栏按钮：控制程序图标的显示方式(始终合并、隐藏标签，当任务栏被占满时合并，从不合并)。

(6) 通知区域：自定义通知区域中出现的图标和通知。

(7) 使用 Aero Peek 预览桌面：控制 Aero Peek 预览桌面功能的开关。

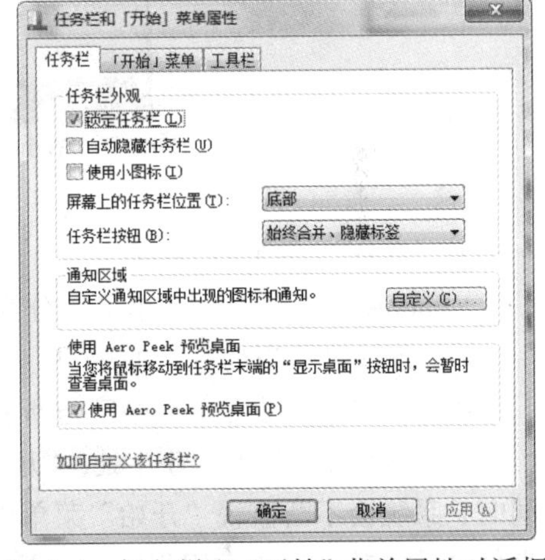


图 3-6　任务栏和“开始”菜单属性对话框

### 3.3.4 “开始”菜单

“开始”菜单中存放可以修改系统设置的绝大多数命令，而且还可以使用安装到当前系统里面的所有程序。“开始”菜单与“开始”按钮是 Windows 系列操作系统图形用户界面的基本部分，可以称为操作系统的中央控制区域。在默认状态下，“开始”按钮位于屏幕的左下方，“开始”按钮是一颗圆形 Windows 标志。

单击“开始”按钮 (按快捷键 Ctrl+Esc 或按 Windows 键 )即可打开或关闭开始菜单。“开始”菜单如图 3-7 所示(注：“开始”菜单中所显示的菜单命令与 Windows 7 操作系统各安装版本的具体设置以及用户的设置有关，因此用户所见到的“开始”菜单与这里所显示的菜单可能不同)。

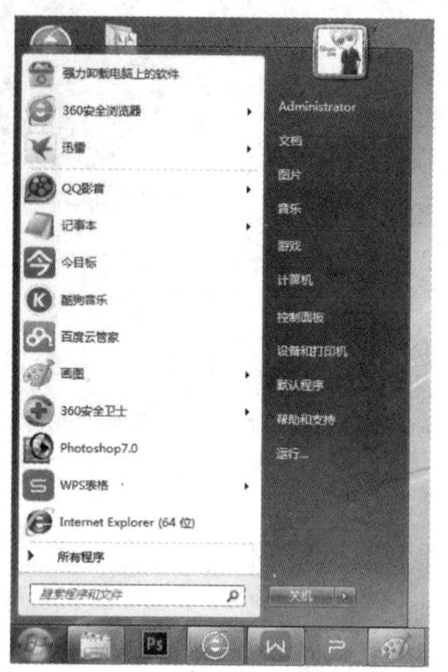

图 3-7　Windows 7 的“开始”菜单

1.“开始”菜单的构成

Windows 7“开始”菜单可以分为下列五部分。

(1) 顶部显示当前登录的用户，一般默认为管理员账号登录。

(2) 中部左侧是常用程序区与所有程序。

鼠标放置于“所有程序”处，“开始”菜单显示所有在计算机中安装的应用程序。同时，系统会不断监视“开始”菜单中各个应用程序的使用情况，按照使用频率的高低自动将其排列在常用程序区，用户可以通过单击操作，快速启动某个经常运行的应用程序。

通过鼠标右键单击程序图标，在弹出的菜单中通过“附到开始菜单”、“从开始菜单解锁”和“从列表中删除”可达到对常用程序区中应用程序图标的锁定、解锁、删除操作。

(3) 中部右侧为系统工具，如“文档”、“图片”、“音乐”、“计算机”、“控制面板”等。

① Administrator：打开用户个人文件夹。

② 文档、图片、音乐：打开库中的文档、图片、音乐资源。

③ 游戏：打开系统自带游戏。

④ 计算机：弹出计算机中包含的各个分类盘。单击盘符后，即可启动该磁盘。

⑤ 控制面板：包含设置计算机的各项系统配置。

⑥ 设备和打印机：设置打印机或设备相关方面的程序。

⑦ 默认程序：打开计算机默认的程序，自身也可修改默认程序。

⑧ 帮助和支持：为用户提供帮助信息，其中有丰富的资料，可方便用户随时查阅。

(4) 左下部是“搜索程序和文件”搜索框。在搜索框中输入搜索关键字后，“开始”菜单会改变，显示找到的结果，并优先显示最频繁打开的程序，单击找到的项目，可以打开相应的项目。

(5) 右下部是“关机”按钮。使用该命令，可退出 Windows 7 系统，关闭计算机，当鼠标指向后方箭头时，会出现切换用户、注销、锁定、重新启动、睡眠选项。

2. “开始”菜单的设置

Windows 7 系统为用户提供了人性化的服务，用户可以通过设置“开始”菜单的属性，达到个性化“开始”菜单的要求。鼠标右键单击“开始”按钮，在弹出的菜单中选择属性按钮，出现“开始”菜单属性对话框，如图 3-8 所示。

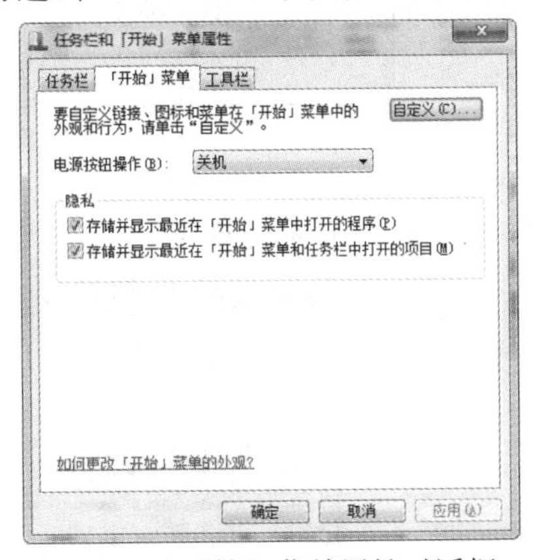

图 3-8　“开始”菜单属性对话框

(1) 电源按钮操作：设置电源按钮的默认显示选项。

(2) 存储并显示最近在“开始”菜单中打开的程序：控制常用程序区中程序图标的显示情况。

(3) 存储并显示最近在“开始”菜单和任务栏中打开的项目：控制最近打开的程序或文件在“开始”菜单和状态栏中的显示情况。

(4) 自定义：自定义“开始”菜单上的链接、图标以及菜单的外观和行为。

### 3.3.5　控制面板

控制面板是 Windows 图形用户界面的一部分，其允许用户查看并操作基本的系统设置和控制，也是用户接触较多的系统界面。通过“开始”菜单可以打开控制面板。

1. 控制面板的查看方式

Windows 7 控制面板默认查看方式为“类别”模式。单击控制面板右上角查看方式旁的下拉箭头，显示查看方式菜单，从中可选择“大图标”、“小图标”的方式查看。控制面板中，以大小图标查看时，可以显示所有控制面板项，如图 3-9 所示。

图 3-9 “控制面板”窗口

## 2. 查看系统设备

在图 3-9 所示的“控制面板”窗口中单击“系统和安全”图标，再单击“系统”，则弹出“系统”窗口，如图 3-10 所示。

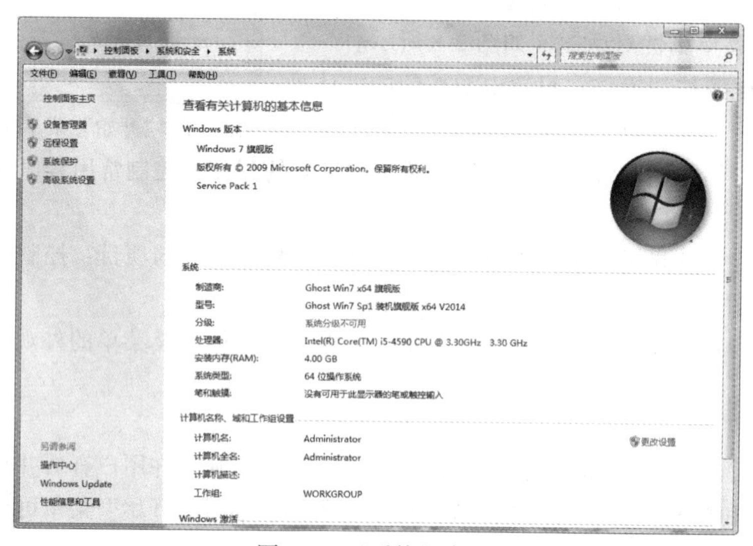


图 3-10 “系统”窗口

(1) 查看计算机基本情况：在“系统”窗口中，列出了计算机中安装的操作系统、CPU 的有关信息、更改计算机名。

(2) 查看系统设备：在左侧对话框中单击“设备管理器”按钮，系统弹出“设备管理器”窗口，如图 3-11 所示。该窗口中，用户可以看到所有已经安装在系统中的硬件设备。

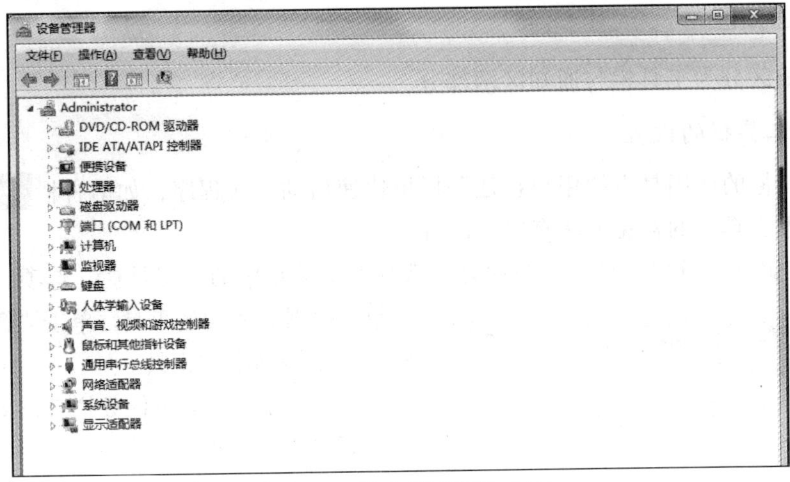


图 3-11　“设备管理器”窗口

3. 卸载程序

当用户需要在 Windows 7 中卸载或更改应用程序时，可以使用“控制面板”的“程序”下的“程序和功能”来完成。

在图 3-12 中的列表框中，右键单击选中要卸载的程序，选择“卸载/更改”，会执行相应操作(注意：部分程序只有卸载选项)。

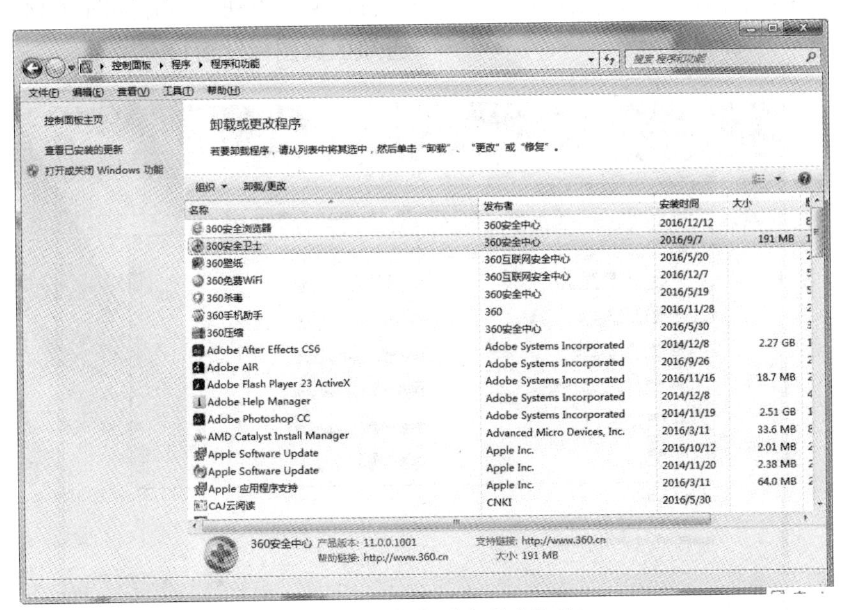


图 3-12　“卸载或更改程序”窗口

### 3.3.6　通知区

通知区分为工具栏与通知区两部分。

1. 工具栏的设置

工具栏的作用是方便用户在任务栏里快速启动一些程序，如语言栏。设置工具栏的常见方法有以下两种：

(1) 鼠标右键单击任务栏空白处，选择右键菜单中的“工具栏”选项，出现子菜单，根据需要勾选工具。单击“新建工具栏”可以添加新的工具。

(2) 鼠标右键单击任务栏空白处，选择右键菜单中的“属性”选项，在弹出的“任务栏和开始菜单属性”对话框中选中“工具栏”选项卡，设置工具栏，如图 3-13 所示。

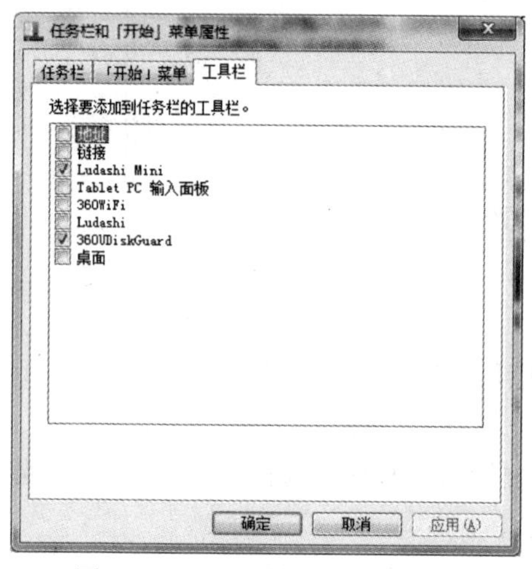


图 3-13　“工具栏”设置对话框

2. 通知区的设置

通知区的设置方法如下：

(1) 打开“任务栏和开始菜单属性”对话框(或通过控制面板，打开“外观和个性化”中的“任务栏和开始菜单”选项)，单击“自定义”按钮，打开如图 3-14 所示的“通知区域图标”窗口。

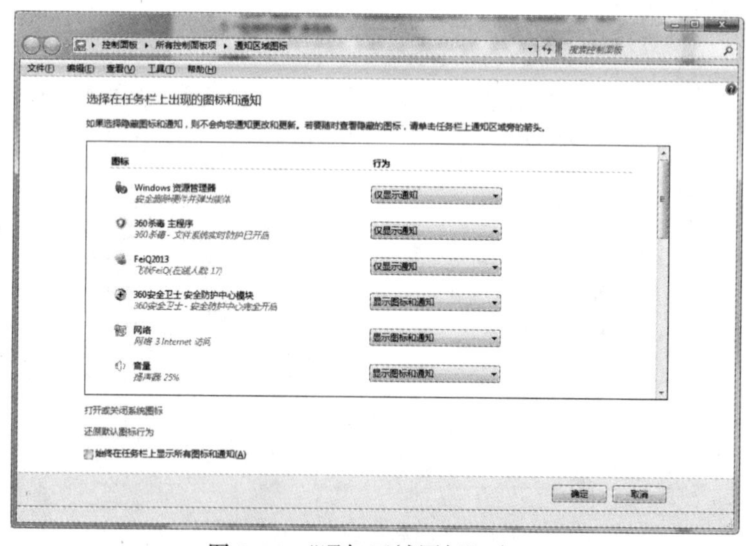


图 3-14　“通知区域图标”窗口

(2) 取消选中“始终在任务栏上显示所有图标和通知”，对程序图标、系统图标和通知进行设置。

(3) 单击“确定”按钮，查看效果。

### 3.3.7　输入法

在中文 Windows 7 中提供了多种汉字输入法，每个打开的窗口可以定义不同的汉字输入法。用户也可以根据自己的需要安装输入法程序。

1. 输入法的添加与删除

添加输入法的步骤：

(1) 鼠标右键单键输入法图标，选择“设置”按钮(或打开控制面板，选择“时钟、语言和区域”。在“区域和语言”中选择“更改键盘或其他输入法”，单击“更改键盘”)，打开如图 3-15 所示的“文本服务和输入语言”对话框。

(2) 单击“添加”按钮，进入“添加输入语言”对话框。选择需要添加的语言，确定。

(3) 回到“文本服务和输入语言”对话框，单击“确定”按钮即可。

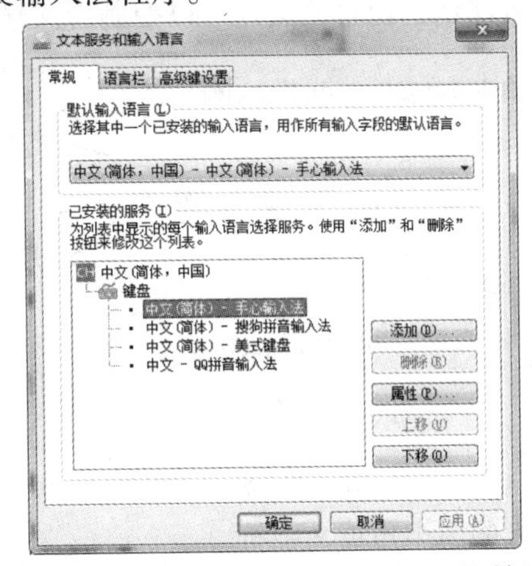


图 3-15　“文本服务和输入语言”对话框

删除输入法的步骤与添加类似，在“文本服务和输入语言”对话框中选中目标输入法，单击“删除”按钮后确定即可。

2. 输入法的切换

使用鼠标与键盘，均可对输入法进行切换。

1) 使用鼠标进行输入法的切换

单击任务栏上的输入法图标，出现如图 3-16 所示的菜单，其中列出了可选的输入法名称，单击需要的输入法名称即可。

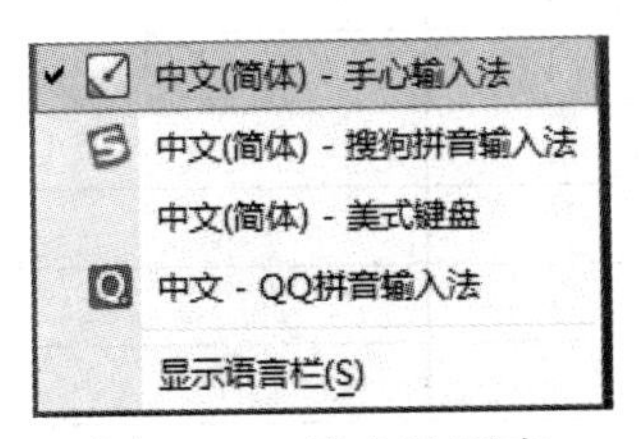


图 3-16　输入法列表

2) 使用键盘进行输入法的切换

(1) 按 Ctrl+Shift 组合键实现按顺序依次切换输入法。

(2) 按 Ctrl+空格组合键实现切换到使用的输入法。

(3) 按 Alt+Shift 组合键实现语种间的切换。

3. 输入法的打开与隐藏

打开“文本服务和输入语言”对话框，在“语言栏”选项卡中设置语言栏位置及状态：

(1) 悬浮于桌面上。

(2) 停靠于任务栏。

(3) 隐藏。

4. 中文输入法状态窗口

当选定了一种中文输入法后，显示如图 3-17 所示的输入法状态窗口。通过输入法状态窗口的按钮可以控制中文输入法的切换。

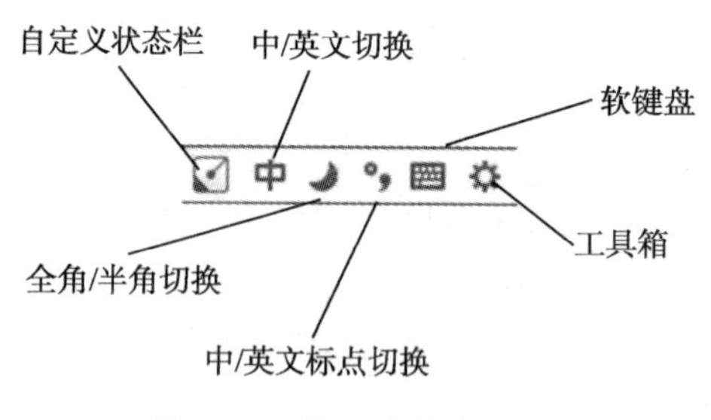


图 3-17　输入法状态窗口

(1) 自定义状态栏。单击“自定义状态栏”按钮，设置输入法状态栏的图标与颜色。

(2) 中/英文切换。单击“中/英文切换”按钮(快捷键 Shift)可以在中文和英文输入之间进行切换。

(3) 全角/半角切换。单击“全角/半角切换”按钮(快捷键 Shift+空格键)，可切换全角、半角输入状态。全角状态下从键盘输入的为全角字符，半角状态下从键盘输入的为半角英文字符。

(4) 中/英文标点切换。单击“中/英文标点切换”按钮(快捷键 Ctrl+.)，可切换中文、英文标点符号输入。中文标点状态下，可将从键盘输入的符号转换为中文标点，其对应关系如表 3-1 所示。

**表 3-1　键盘符号与中文标点的对应关系**

| 名称 | 标点 | 键盘的对应键 | 名称 | 标点 | 键盘的对应键 |
|---|---|---|---|---|---|
| 顿号 | 、 | \ | 分号 | ； | ; |
| 双引号 | “” | " | 冒号 | ： | : |
| 感叹号 | ！ | ! | 逗号 | ， | , |
| 间隔号 | · | @ | 问号 | ？ | ? |
| 破折号 | —— | _ | 句号 | 。 | . |
| 省略号 | …… | ^ | 左括号 | （ | ( |
| 左书名号 | 《 | < | 右括号 | ） | ) |
| 右书名号 | 》 | > | 连接号 | — | & |
| 单引号 | ‘’ | ' | 人民币符号 | ￥ | $ |

(5) 软键盘。大部分输入法都提供了 13 种软键盘，鼠标右键单击图 3-17 中的软键盘按钮，在弹出的右键菜单中选择“软键盘”，屏幕上就会显示所有软键盘类

型，如图 3-18 所示。

从该菜单中选择一种键盘后，相应的软键盘就会显示在屏幕上，如选择“PC 键盘”软键盘，弹出的软键盘如图 3-19 所示。

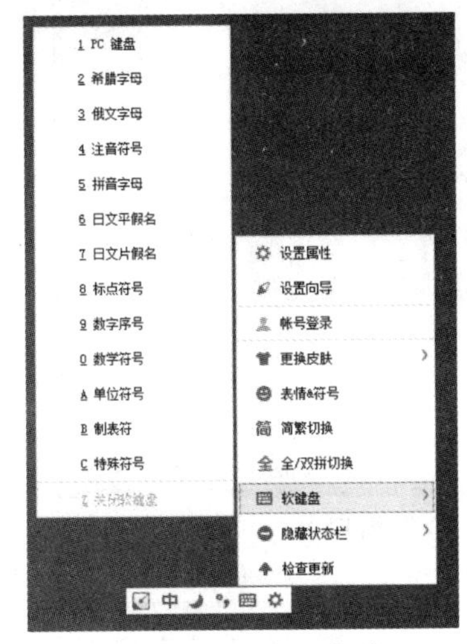


图 3-18　软键盘菜单

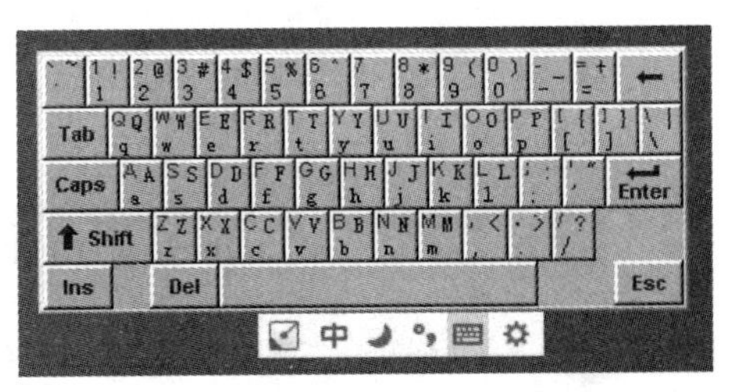


图 3-19　“PC 键盘”软键盘

用鼠标单击软键盘上的按键，所对应的字符就会出现在文档中。使用完软键盘后，单击图 3-17 中的“软键盘”按钮即可关闭软键盘。

(6) 工具箱。单击“工具箱”按钮可以对输入法的各种功能进行设置。

### 3.3.8　网络设置

网络连接分为有线连接与无线连接两种模式。在 Windows 7 中，将网络连接的图标放置于通知区。其图标样式为有线连接或无线连接。

#### 1. 进入网络配置窗口的方法

进入网络配置窗口的常用方法有以下两种：

(1) 鼠标单击通知区网络连接图标，在弹出的菜单中单击“打开网络和共享中心”，进入如图 3-20 所示的配置窗口。

(2) 打开控制面板，依次选择“网络和 Internet—网络和共享中心”，进入配置窗口。

#### 2. IP 地址设置

如图 3-21 所示，IP 地址的设置步骤如下：

(1) 单击“本地连接”选项，弹出“本地连接状态”对话框。

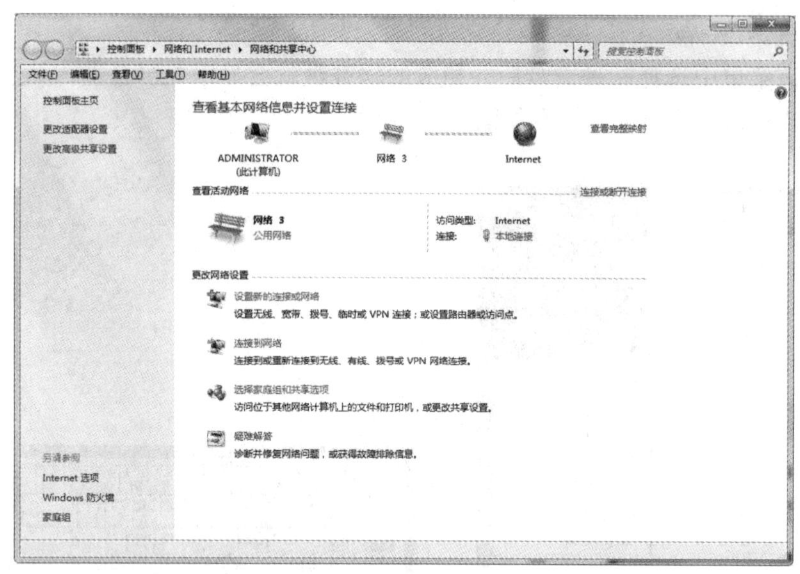


图 3-20 “网络和共享中心”窗口

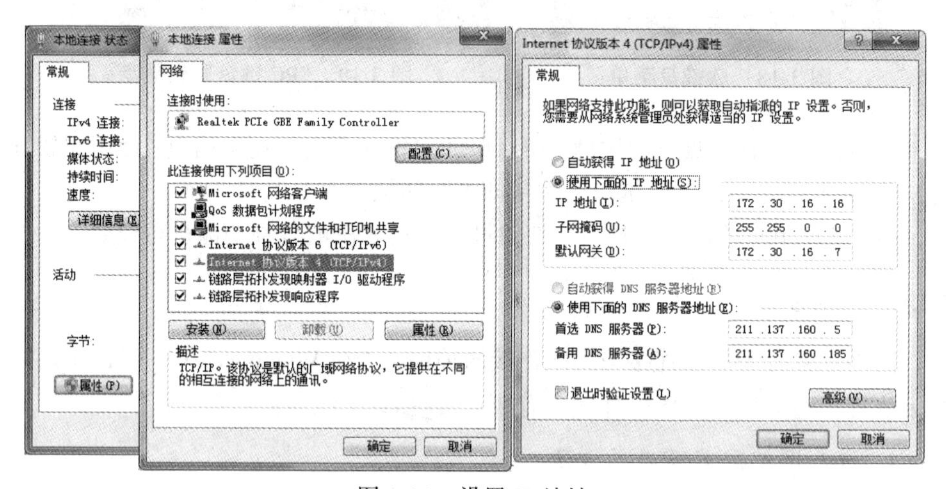


图 3-21 设置 IP 地址

(2) 单击“属性”按钮，弹出“本地连接属性”对话框。

(3) 选择“Internet 协议版本 4(TCP/IPv4)”，单击“属性”按钮。

(4) 进入 IP 地址设置对话框，选择自动获得 IP 地址或手动设置。

(5) 完成后单击“确定”键返回上一菜单，并查看网络连接情况。

### 3. 设置新的连接或网络

如果用户需要设置网络连接，打开“网络和共享中心”，选择“设置连接或网络”。在弹出的对话框中选择“连接到 Internet”，之后按照 Windows 7 系统提示完成网络设置，如图 3-22 所示。

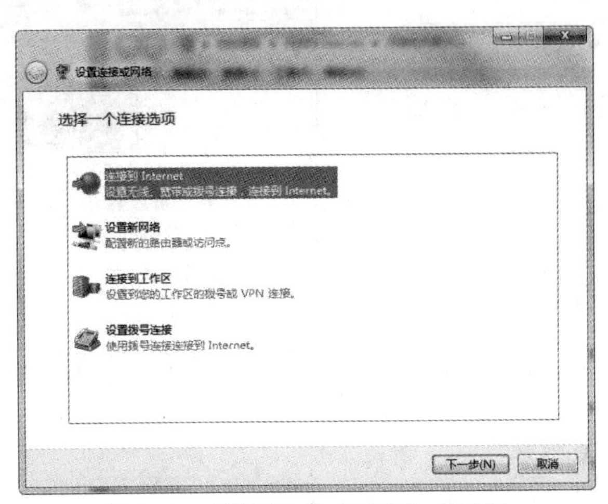


图 3-22　“设置连接或网络”对话框

4. Windows 网络诊断

当网络连接出现异常时，网络连接图标会出现黄色叹号提醒用户注意。打开“网络和共享中心”，单击网络 ，弹出“Windows 网络诊断”对话框，系统自动为用户诊断网络连接问题，如图 3-23 所示。

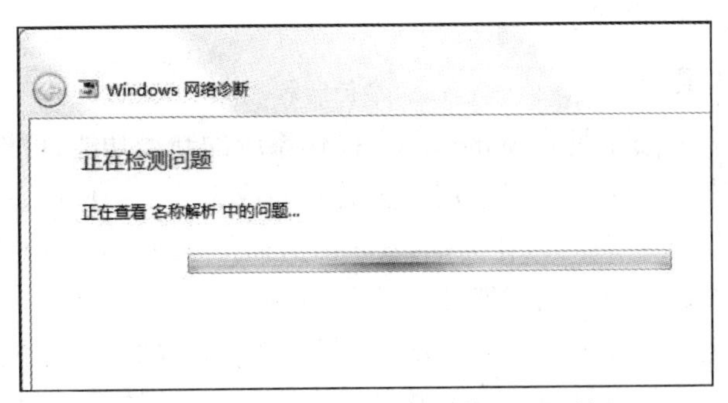


图 3-23　“Windows 网络诊断”对话框

### 3.3.9　桌面外观设置

Windows 7 系统对桌面外观设置进行了优化，鼠标右键单击桌面空白处，在右键菜单中可通过“屏幕分辨率”、“小工具”、“个性化”等选项，直接打开设置窗口进行设置，如图 3-24 所示。用户也可以单击控制面板中的“外观和个性化”选项，进行设置。

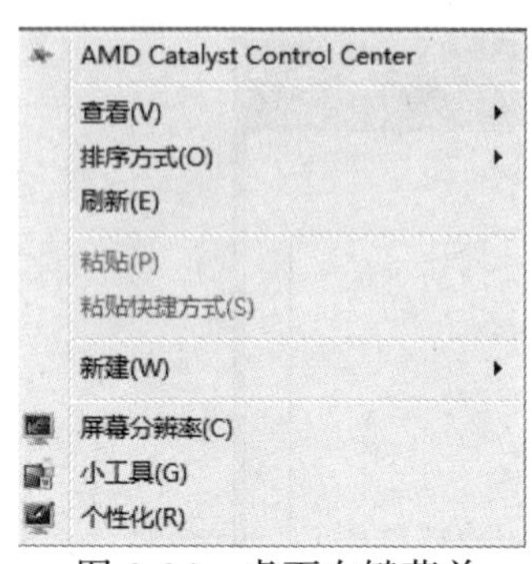


图 3-24　桌面右键菜单

图 3-25　“屏幕分辨率”窗口

1. 屏幕分辨率调整

屏幕分辨率就是屏幕上显示的像素个数，分辨率 1920×1080 的意思是水平方向含有像素数为 1920 个，垂直方向像素数为 1080 个。屏幕尺寸一样的情况下，分辨率越高，显示效果就越精细和细腻。

(1) 通过右键菜单或控制面板，进入如图 3-25 所示的“屏幕分辨率”窗口。

(2) 在“分辨率”下拉选项中选择适当的分辨率数值，一般选择系统推荐数值。

(3) 单击“应用”可以观看效果，单击“保留更改”可以确认更改，单击“还原”则会回到之前的设定。

2. 桌面小工具添加

Windows 7 桌面小工具是 Windows 7 操作系统的新增功能，可以方便用户使用。Windows 7 一些桌面小工具可以让用户查看时间或天气，一些可以了解计算机的情况(如 CPU 仪表盘)，一些可以作为摆设(如招财猫)。某些小工具是联网时才能使用的(如天气)，某些是不用联网就能使用的(如时钟)。

(1) 通过右键菜单或控制面板，进入如图 3-26 所示的“桌面小工具”设置窗口。

(2) 在“小工具”窗口中，双击或鼠标拖拽小工具图标，将小工具放到桌面。

3. 桌面个性化设置

Windows 7 系统个性化设置主要包括主题设置、桌面图标设置、鼠标指针设置、账户图片设置。

(1) 通过右键菜单或控制面板，进入如图 3-27 所示的“个性化”设置窗口。

(2) 用户可选择系统内置个性化主题，也可以通过桌面背景、窗口颜色、声音、屏幕保护程序、更改桌面图标、更改鼠标指针和更改账户图片等功能，自行设置个性化主题。用户也可以通过网络下载、安装和使用更多个性化主题。

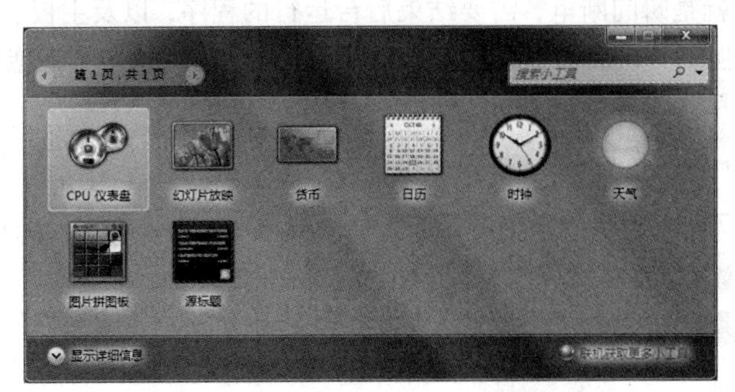


图 3-26　“桌面小工具”设置窗口

图 3-27　“个性化”窗口

### 3.3.10　退出系统

1. 正常关机

正常关机又称安全关机，单击“开始”按钮，选择“关机”命令，如图 3-28 所示，系统会把正常运行的程序结束，并把正在高速旋转工作的部件停下，需要存储和写入的进行写入，最后断电，完成关机。

图 3-28　Windows 7 正常关机

2. 强制关机

强制关机就是瞬间断电，需要结束后台运行的程序，以及主板、处理器等硬件的运作，频繁强制关机会给计算机硬件造成很大的伤害，会损害硬盘导致数据丢失等，因此应该尽量避免强制关机。

3. 其他命令

Windows 7 除“关机”命令以外，还有其他命名，以方便用户使用。单击“关机”命令后的▶图标，展开“关机”列表，如图 3-29 所示。

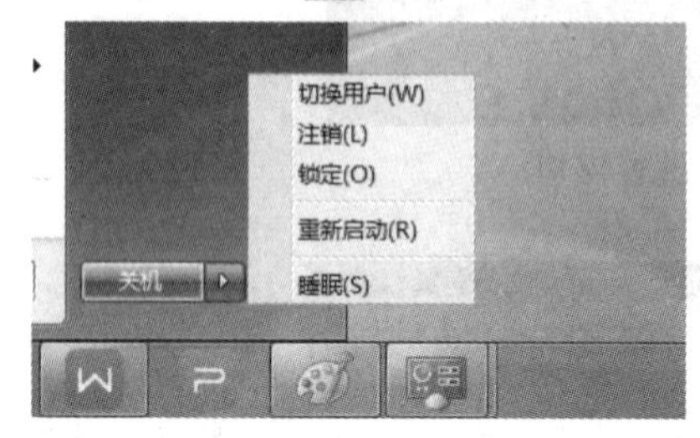


图 3-29 “关机”列表

(1) 切换用户：当多名用户使用一台计算机时，单击“切换用户”，可以切换到其他用户窗口。

(2) 注销：单击“注销”，此时将保存用户的工作和设置并关闭所有运行的程序及桌面窗口，然后让用户重新登录。

(3) 锁定：当用户要暂时离开计算机而又不想让别人对系统进行操作时，可以使用“锁定”功能。

(4) 重新启动：系统出现问题，有时需要重新启动计算机以消除故障，系统将所有未保存的内容存盘，并保存系统设置，然后重新启动计算机。

(5) 睡眠：睡眠模式是为省电而设计的。单击“睡眠”，系统将当前用户正在进行的工作暂时存储到硬盘并注销，将计算机转入省电模式(关闭显示器、硬盘、主板大部分电源，只保留内存及 CPU 低供电)。

# 3.4 Windows 7 操作系统窗口操作

## 3.4.1 启动程序

以 Windows 7 中的“记事本”应用程序的启动为例，启动程序的常见方法有以下三种，其余任何一个程序均可按照此方法启动。

(1) 直接启动：双击桌面上或文件夹中应用程序(如“记事本”)的图标。

(2) 从“开始”菜单启动：

① 打开“开始”菜单。

② 将鼠标移到“所有程序”选项上，使其高亮显示，这时出现子菜单，鼠标单击“附件”，屏幕上出现下一级子菜单。

③ 将鼠标箭头移到“记事本”上，单击鼠标左键(或鼠标右键“打开”)，便启动

了“记事本”程序，屏幕上出现如图 3-30 所示的“记事本”工作窗口。“记事本”图标也随之出现在任务栏中。

图 3-30 “记事本”工作窗口

(3) 从搜索栏启动：

① 单击“开始”按钮。

② 在“搜索程序和文件”中输入应用程序名，会出现要找的应用程序名，双击即可打开相应程序。

### 3.4.2 窗口的操作

在 Windows 中所有的程序都是运行在一个框内，在这个方框内集成了诸多元素，而这些元素则根据各自的功能又被赋予不同的名字，这个集成诸多元素的方框就是窗口。窗口具有通用性，大多数窗口的基本元素都是相同的。

1. 窗口的组成

在 Windows 7 中每个应用程序都有一个窗口，Windows 7 是一个多窗口的系统，它是一个可以同时运行多道程序的集成化环境。

以图 3-31“计算机”窗口为例，窗口中包含如下内容。

(1) 标题栏：位于窗口的顶部，单独占一行，用于显示应用程序或文档名。

(2) 前进、后退按钮：使用户的操作更便捷，类似于浏览器中的设置。同时其右侧向下箭头分别给出浏览的历史记录或可能的前进方向。

(3) 地址栏：用于显示当前浏览位置的详细路径信息。Windows 7 的地址栏提供按钮功能，用户单击 ▶按钮，弹出一个下拉菜单，里面列出了该文件夹下一级的文件夹，在菜单中选择相应的路径便可以跳转到对应的文件夹。

(4) 搜索栏：Windows 7 窗口右上角的搜索栏与“开始”菜单中的“搜索程序和文件”搜索框的作用和用法相同，都具有动态搜索功能，当输入一部分关键字时，搜索就已经开始了。用户可根据实际情况添加“修改时间”、“大小”等筛选条件更快速地搜索程序或文件。

(5) 菜单栏：由多个菜单构成，每个菜单都包含一系列功能相似的菜单命令，通过这些菜单命令，用户可完成各种操作。对于不同的应用程序，其菜单栏的内容是不同的。默认状态下，Windows 7 菜单栏为隐藏状态，单击工具栏中的“组织”按钮，选择“布局”，勾选“菜单栏”即可显示。

(6) 工具栏：位于菜单栏下方，存放着常用的工具命令按钮，用户可以通过工具栏快速地对程序、文件或文件夹进行操作。

(7) 导航窗格：位于窗口左侧的位置，采用树状结构文件夹列表布局，一般分为收藏夹、库、计算机、网络四个大类。用户可以通过导航窗格快速定位目标文件夹。

(8) 工作区：显示窗口中的操作对象和操作结果。

(9) 预览窗格：位于窗口右侧的位置，用户可以在不打开文件的情况下直接预览文件内容。

(10) 细节窗格：显示当前用户选定对象的详细信息。

(11) 状态栏：显示当前窗口的相关信息和被选中对象的状态信息。

(12) 最小化按钮：单击最小化按钮，窗口缩小为任务栏中的一个图标按钮。

(13) 最大化按钮/还原按钮：单击最大化按钮，可使窗口充满整个桌面，此时最大化按钮变为还原按钮；单击还原按钮，窗口还原为最大化前的大小。

(14) 关闭按钮：单击此按钮，关闭窗口。

(15) 边框：鼠标放置于边框处，执行拖拽操作，可改变窗口的大小。

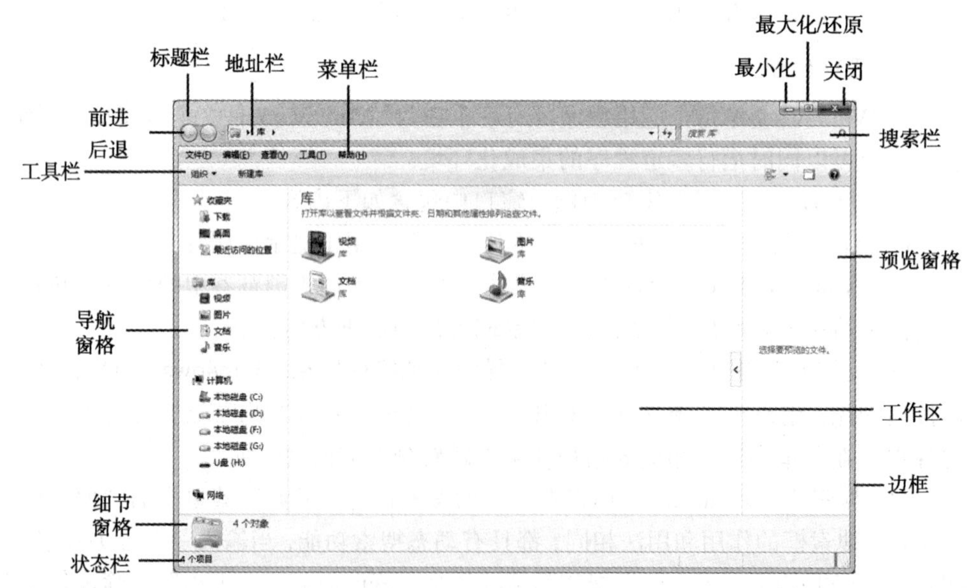


图 3-31　“计算机”窗口

2. 窗口的基本操作

计算机的应用大部分时间是对窗口的操作，灵活掌握窗口的各项基本操作，对用户的使用会产生极大的帮助。

1) 活动窗口

虽然 Windows 7 可以同时运行多个窗口，但每次只能选中一个窗口进行操作，这个正在进行操作的窗口就是活动窗口，其他窗口则为非活动窗口。

一般情况下，若在桌面上同时打开多个窗口，则活动窗口总是排列在最前，其标题栏及任务栏上的图标高亮显示，光标的插入点在窗口中闪烁，如图 3-32 所示。

注意：有些程序可以设置其运行窗口总是在最前排显示，如 QQ 影音。

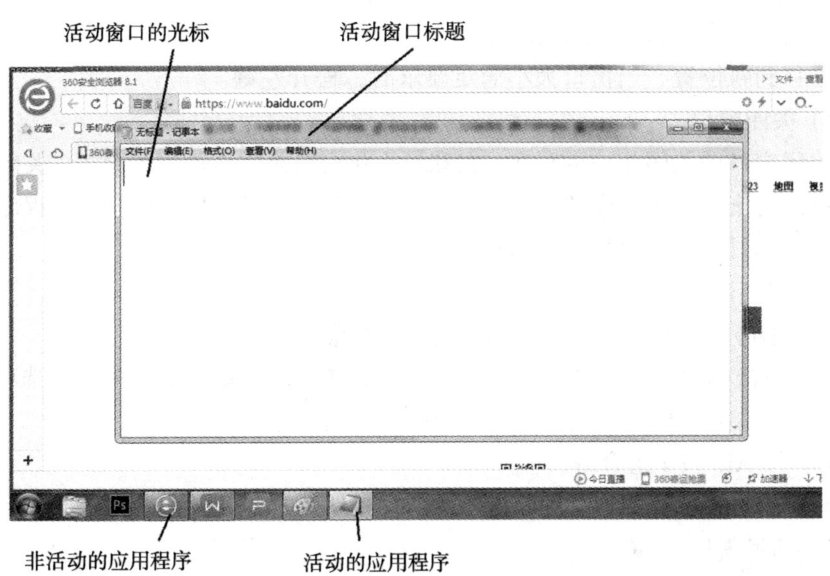


图 3-32　活动窗口的特征

2) 窗口最小化

单击窗口右上角的“最小化”按钮，或右击标题栏选中的“最小化”按钮，可使窗口最小化。

3) 窗口最大化

当窗口不处于最大化状态时，单击窗口右上角的“最大化”按钮、双击标题栏或右击标题栏选中“最大化”按钮，可使窗口最大化。

4) 移动窗口

可以利用鼠标或键盘进行窗口的移动。

(1) 利用鼠标：鼠标左键按住标题栏不放，移动鼠标，将窗口拖动到新的位置后松开左键，即可完成窗口的移动。

(2) 利用键盘：当右击标题栏选中“移动”按钮后，通过键盘方向键对窗口进行移动，按回车键完成移动。当窗口处于最大化时，不能用键盘移动窗口。

5) 改变窗口尺寸

当窗口未处于最大化状态时，其形状都是可以改变的。改变窗口尺寸有以下两种方法。

(1) 单一边框改变：将鼠标指针置于一条边框线上，当指针变成一个双向箭头时，按住左键不放，拖动双向箭头来移动窗口的边框至新位置，当窗口尺寸满足要求时，松开左键。

(2) 移动窗口角：矩形窗口的四个角称为窗口角。将鼠标指针置于窗口角处，指针会变成一个倾斜 45° 的双向箭头，按住左键不放，拖动双向箭头将该角连同两条边框移到新位置，当窗口大小满足要求时，松开左键。

6) 关闭窗口

关闭窗口即关闭相应的程序，它和最小化窗口是完全不同的意思。关闭应用程序窗口是终止该应用程序的运行，将程序从内存中清除；最小化窗口后程序仍在内存中运行，只是从前台变为后台运行。

关闭窗口的常用方法有以下几种：

(1) 单击窗口右上角的“关闭”按钮 X 。

(2) 右击标题栏选择“关闭”按钮，或选择控制菜单中的“关闭”选项。

(3) 单击菜单栏中“文件”菜单中的“退出”选项。

(4) 按 Alt + F4 组合键。

(5) 右键单击工具栏中目标程序的图标按钮，选择“关闭窗口”。

7) 切换窗口

当桌面上打开多个窗口时，可以采用以下方法切换窗口。

(1) 单击应用程序窗口。当要切换的应用程序窗口是可见的时，只需用鼠标单击窗口露出的任意地方，此窗口便变为活动窗口。

(2) 使用任务栏切换窗口。将鼠标指针移至任务栏中目标程序图标上，在该图标的上方会显示与该程序相关的所有打开的窗口的预览缩略图，单击需要打开的缩略图，即可切换至该窗口。

(3) 用 Alt+Tab 组合键切换。按下 Alt + Tab 组合键，切换面板中会显示当前所有打开窗口以及桌面的缩略图，并且除了当前选定的窗口外，其余窗口都呈现透明状态；按住 Alt 键不放，反复按 Tab 键就可以在现有窗口缩略图中切换。

(4) Windows 键+Tab 键的 3D 切换。Windows 7 新增了 Aero Peek 功能，按下 Windows 键 + Tab 键，可以体验 3D 切换效果。按住 Windows 键不放，再按

Tab 键就可以在各个窗口中自由切换。图 3-33 为窗口 3D 切换效果。

8) 排列窗口

当桌面运行窗口过多时，用户可根据 Windows 系统提供的窗口排列功能管理窗口。

右键单击“任务栏”空白处，在弹出的快捷菜单中有“层叠窗口”、“堆叠显示窗口”和“并排显示窗口”三种窗口排列模式供用户选择，如图 3-34 所示。

图 3-33　窗口 3D 切换效果

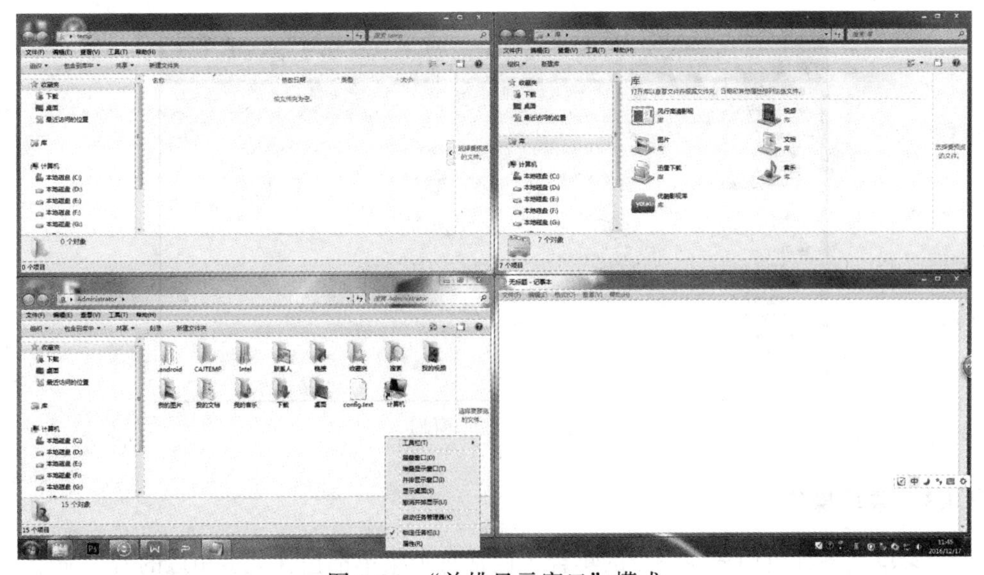

图 3-34　“并排显示窗口”模式

3. Windows 7 窗口的特殊操作

1) 半屏显示

在 Windows 7 中，用户如需要进行复制、校对工作时，只需拖动窗口标题栏，向桌面左侧移动，当窗口大部分退出桌面范围时，系统会自动将窗口放大至半屏大小，置于左侧。桌面能同时容纳两个半屏显示窗口，以方便两个窗口进行对照。若想恢复原来大小，只需拖动窗口离开桌面边缘即可。

2) 全屏显示

只需拖动窗口，使标题栏与桌面顶部接触，即可完成窗口的全屏显示。若想恢复原来大小，只需拖动标题栏离开桌面顶部即可。

3) 窗口摇一摇

当桌面窗口过多时，鼠标选中一个窗口，轻轻晃动，其他窗口立刻最小化。再晃一下，消失的窗口又会出现在原来的位置。

4. 库

库是 Windows 7 的一个新特性，就是专用的虚拟视图。用户可以将需要的文件和文件夹集中到库里，就如同网页收藏夹一样，只需要单击库中的连接，就能快速打开添加到库中的文件夹，而不管它们原来深藏在本地计算机或局域网中的任何位置。另外，库中内容都会随着原始文件夹的变化而自动更新。一般系统分为视频、图片、文档、音乐四个库。用户也可以增加新库，如迅雷下载、优酷影视库等，如图 3-35 所示。

图 3-35　库窗口

### 3.4.3　菜单操作

菜单是各种应用程序命令的集合，通常每个菜单都包含类型相近的若干命令。Windows 菜单分为下面两类。

(1) 窗口菜单：主要用来放在某个窗口上。

(2) 弹出菜单：鼠标右键单击时显示的菜单或作为子菜单添加到窗口菜单中。

以“记事本”窗口为例，菜单栏为“窗口菜单”，单击任意菜单按钮，出现“弹出菜单”，如图 3-36 所示。

1. 认识菜单命令

在菜单中，有些命令在某些时候可用，有些命令包含快捷键，有些命令还有级联的子命令，下面分别对这些命令进行介绍。

(1) Windows 7 用户可使用鼠标对菜单进行操作，当鼠标选中某个命令时，默认设置下该命令会以蓝色透明状态显示。

(2) 可用命令：菜单中可选用的命令以黑色字符显示，不可选用的命令以灰色字符显示。命令不可选用是因为不需要或无法执行这些命令，单击灰色字符命令没有反应。

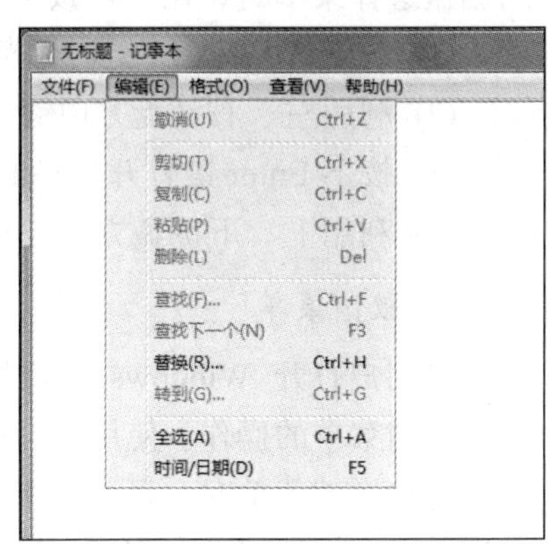


图 3-36 “记事本”的菜单命令

(3) 快捷键：有些命令的右边有快捷键，用户通过这些快捷键，可以直接执行相应的菜单命令。通常相同意义的操作命令在不同窗口中具有相同的快捷键，因此熟练使用快捷键，将有助于用户简化操作步骤。

(4) 带下划线字母命令：每条命令都有一个带下划线的字符，用括号括起来，当打开菜单后可以在键盘上敲击相应字母来选择该命令。

(5) 设置命令：如果命令的后面有省略号“…”，表示选择此命令后，将弹出一个对话框或者一个设置向导。这种形式的命令表示可以完成一些设置或者更多的操作。

(6) 复选框：当选择某个命令后，该命令的左边出现一个复选标记“√”，表示此命令正在发挥作用；再次选择该命令，则“√”标记会消失，表示该命令不起作用。

(7) 单选按钮：有些菜单命令中，有一组命令。每次只能有一个命令被选中，当前选中的命令左边出现一个单选标记“· ”。选择该组的其他命令，标记“· ”将出现在新选中命令的左边，原来选中命令的标记“· ”消失。

(8) 级联菜单：如果命令的右边有一个向右的箭头▶，则光标指向此命令后，会弹出一个级联菜单，级联菜单通常给出某一类选项或命令，有时是一组应用程序。

(9) 快捷菜单：在 Windows 中，在桌面的任何对象上右键单击鼠标，将会弹出一个快捷菜单，该菜单提供对该对象的各种操作功能。使用快捷菜单可对某些功能进行快速操作。

#### 2. 选择菜单

使用鼠标选择 Windows 窗口的菜单时，只需单击菜单栏上的菜单项区域，即可打开该菜单。将鼠标指针移动至所需的命令处单击，即可执行所选的命令。在使用键盘选择菜单时，用户可按下列步骤进行操作。

(1) 按下 Alt 或 F10 键时，菜单栏的第一个菜单项被选中。

(2) 利用左、右键盘方向键选择需要的菜单项。

(3) 按下 Enter 键打开选择的菜单项。

(4) 利用上、下键盘方向键选择其中的命令，按下 Enter 键即可执行该命令。

#### 3. 撤销菜单

在用户打开 Windows 窗口的菜单之后，如果不进行菜单命令的操作，用户可选择撤销菜单的操作。使用鼠标单击菜单外的任何地方，即可撤销菜单的选择。而使用键盘撤销菜单时，可以按下 Alt 或 F10 键返回文档编辑窗口，或连续按下 Esc 键逐渐退回上级菜单，直到返回文档编辑窗口。

#### 4. 打开控制菜单

应用程序的控制菜单位于窗口的左上角，可以用来控制窗口的大小和位置，以及关闭应用程序窗口。用户可以用鼠标单击控制菜单图标，打开控制菜单；也可以按 Alt+空格组合键打开窗口的控制菜单。

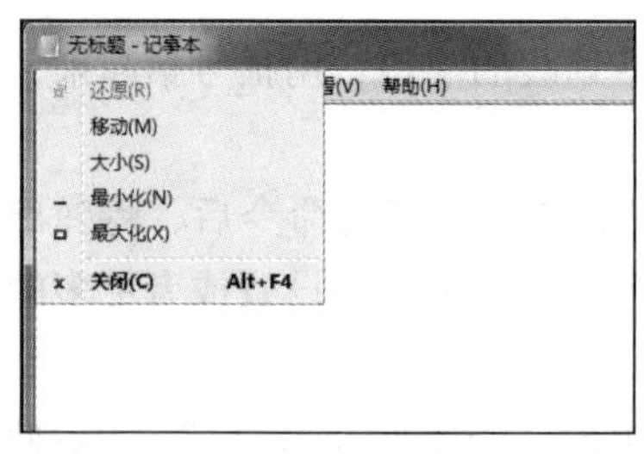


图 3-37　控制菜单

控制菜单(图 3-37)一般包含以下命令。

(1) 还原：窗口被扩大或缩小之后，将窗口恢复为原来的大小。

(2) 移动：将窗口移动到桌面的其他地方。

(3) 大小：改变窗口大小。

(4) 最小化：将窗口最小化。

(5) 最大化：将窗口最大化。

(6) 关闭：关闭窗口，退出运行的应用程序(双击控制菜单也可实现关闭功能)。

单击控制菜单外的区域，可取消控制菜单(但窗口不关闭)。

### 3.4.4 工具栏操作

工具栏可以帮助用户用按钮来使用命令。在如图 3-38 所示窗口中，只要单击工具栏中的一个按钮，就会执行相应命令。

### 3.4.5 对话框操作

对话框与窗口很相似，但对话框不能改变大小，而窗口一般都可以进行最大化和最小化等操作。一般而言，当屏幕显示一个对话框时，对程序窗口的其他操作将不起作用，直到该对话框关闭为止。图 3-39 为“打开”文件对话框。

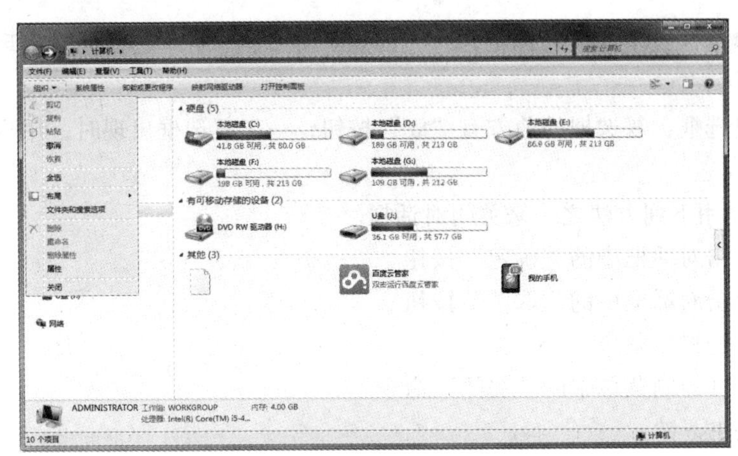

图 3-38　工具栏

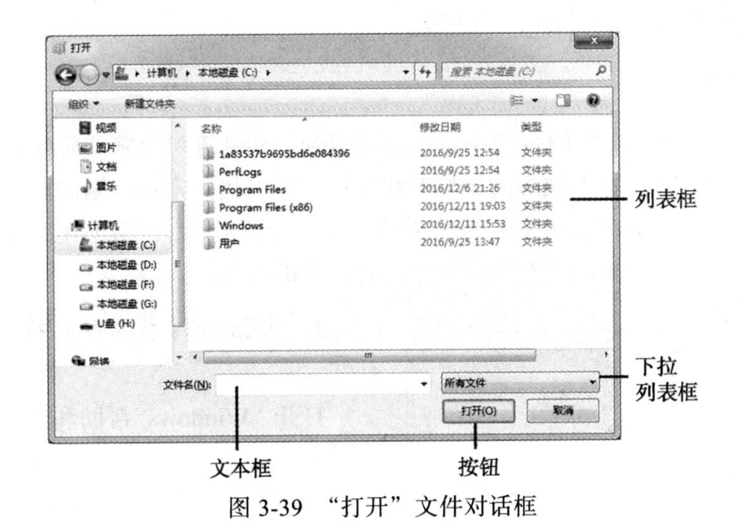


图 3-39　“打开”文件对话框

一般情况下，对话框中包含各种各样的选项。

(1) 选项卡：选项卡多用于对一些比较复杂的对话框进行分页，实现页面的切换操作。

(2) 文本框：文本框可以让用户输入和修改文本信息。

(3) 按钮：按钮在对话框中用于执行某项命令，单击按钮可实现某项功能。

(4) 列表框：列表框显示一组可用的选项，如果列表框不能列出全部选项，那么可以使用滚动条来滚动显示。

(5) 下拉列表框：通过下拉箭头打开下拉列表框，其中显示可用选项。

(6) 数值框：数值框用于提供用户输入数字的矩形框，还可以通过箭头增加和减少数值。

(7) 单选框：单选框的标记为一个圆点“·”，一组单选框同时出现，用户只能选择其中一个。

(8) 复选框：复选框的前方有“√”按钮，一组复选框出现时，用户可以选择任意多个。

可以使用下列方法之一来关闭对话框。

(1) 单击对话框中的“确定”按钮。

(2) 单击对话框中的“取消”按钮。

(3) 双击控制菜单。

(4) 选择控制菜单中的“关闭”命令。

(5) 按 Esc 键。

(6) 按 Alt + F4 组合键。

(7) 单击右上角的关闭按钮 X。

### 3.4.6 帮助和支持

在使用 Windows 7 的过程中，经常会遇到一些计算机故障或疑难问题，使用 Windows 7 系统内置的“Windows 帮助和支持”可以找到常见问题的解决方法。该帮助系统提供了比较丰富的疑难解答说明与操作步骤提示，以帮助用户解决所遇到的计算机问题。

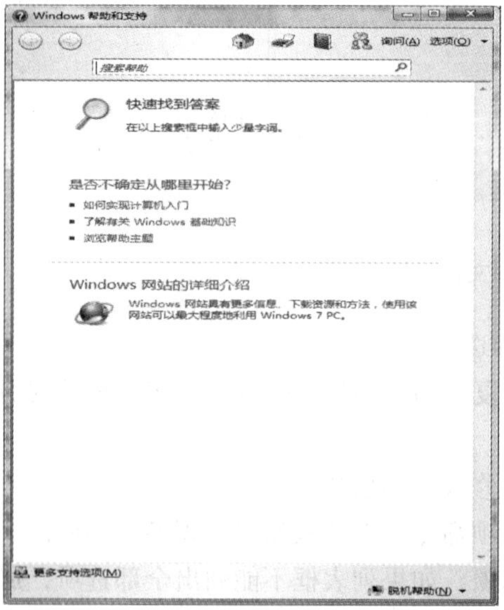

1. “Windows 帮助和支持”窗口的打开

打开“Windows 帮助和支持”窗口的常用方法如下：

(1) 打开“开始”菜单，选择“帮助与支持”按钮，打开“Windows 帮助与支持”窗口。

(2) 按 Windows +F1 组合键，快速打开“Windows 帮助和支持”窗口，如图 3-40 所示。

图 3-40 “Windows 帮助和支持”窗口

2. 程序内的“帮助和支持”

打开程序内的“帮助和支持”的常用

方法：

(1) 用鼠标单击应用程序窗口中的图标，可以打开应用程序帮助系统。

(2) 选择目标程序窗口，按 F1 键快速打开应用程序帮助系统。

例如，当打开“写字板”窗口时，按 F1 键，显示的帮助主题将是“画图”帮助，如图 3-41 所示。

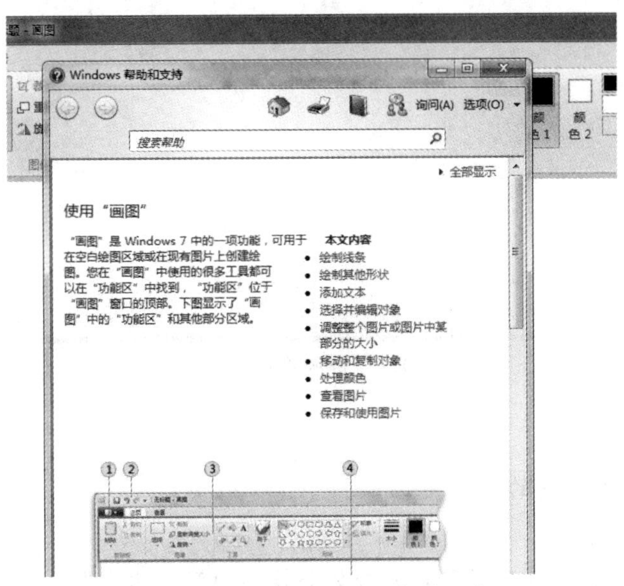


图 3-41　“画图”软件的“帮助”窗口

# 3.5　Windows 7 操作系统文件操作

## 3.5.1　资源管理器

Windows 7 资源管理器是 Windows 7 系统提供的资源管理工具，可以用它查看本台计算机的所有资源。特别是它提供的树形文件系统结构，使用户能更清楚、更直观地认识计算机中的文件和文件夹，如图 3-42 所示。

打开资源管理器的常用方法有以下几种：

(1) 用鼠标右键单击“开始”按钮，单击“打开 Windows 资源管理器”，即可打开 Windows 7 资源管理器。

(2) 单击系统默认“开始”按钮右侧文件夹样式图标，打开 Windows 7 资源管理器。

(3) 双击 Windows 7 桌面“计算机”图标，打开 Windows 7 资源管理器。

(4) 用 Windows + E 组合键打开 Windows 7 资源管理器。

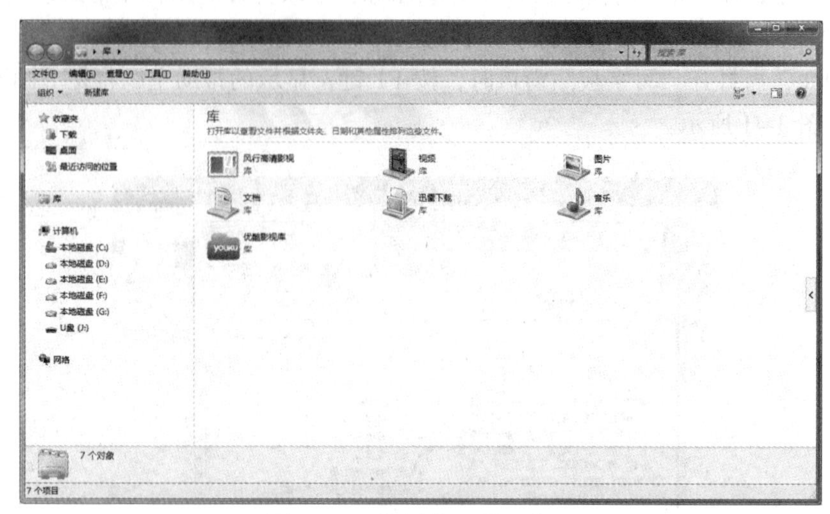


图 3-42 “资源管理器”窗口

### 3.5.2 文件和文件夹

1. 文件和文件夹的概念

1) 文件的概念

文件是计算机以实现某种功能或某个软件的部分功能为目的而定义的一个最小组织单位。计算机中的所有程序和数据都是以文件的形式存放在外存储器上的。

文件有很多种，可以是文档、程序、快捷方式和设备。文件以图标和文件名来标识，每个文件都对应一个图标，都必须有也只能有一个文件名。通过文件名可以识别这个文件是哪种类型，特定的文件都会有特定的图标，也只有安装了相应的软件，才能正确显示这个文件的图标。

2) 文件夹的概念

文件夹是用来协助用户管理计算机的一组相关文件的集合，可以存放文件和子文件夹。每一个文件夹对应一块磁盘空间，它提供了指向对应空间的地址，它没有扩展名，也不像文件一样用扩展名来标识。但它有几种类型，如文档、图片、相册、音乐等。

每个磁盘都有一个根文件夹(如 D:\)，是在磁盘格式化时建立的，而其他一般的文件夹则是由用户按需要建立的。

注意：在 Windows 7 中，不在同一文件夹下的文件或子文件夹可以同名，但是同一文件夹下不允许有相同的文件名和子文件夹名。

2. 文件和文件夹的命名

文件名是文件(夹)最显著的特征，通过它用户可以找到想要的文件(夹)，并区分不同类型的文件。每个文件的命名规则都是相同的，由主文件名和扩展名两部分组成，在主文件名和扩展名中间用“.”隔开。主文件名不能省略，但扩展名可以省略。文件夹通常没有扩展名。

(1) 文件名和文件夹名的命名规则(即主文件名的命名规则)如下：

① 文件名和文件夹名最多可使用 255 个字符，如果使用中文字符则不能超过 127 个汉字。

② 文件名和文件夹名不能使用以下字符：斜线 / 、反斜线 \、竖线 |、问号 ?、星号 *、双引号 “”、小于号 <、大于号 >、冒号 ：。

③ 文件名和文件夹名不区分英文字母大小写。

④ 文件名和文件夹名可以使用多分隔符，也可以使用空格。

⑤ 文件名和文件夹名的命名可以含有特殊意义，便于整理、记忆。例如，存放音乐的文件夹，可以命名为“yinyue”等。

(2) 扩展名。文件扩展名通常由 3～4 个英文字母组成，大多数扩展名其实就是相关英文单词的缩写，用来标明此文件属于哪种类型。大多数情况下用户都不需要自己去添加文件的扩展名，系统会自动识别并添加，常见的扩展名及其对应的文件类型如表 3-2 所示。

**表 3-2　常见的扩展名及其对应的文件类型**

| 扩展名 | 文档类型 | 扩展名 | 文档类型 |
|---|---|---|---|
| docx | Word 文档 | exe | 可执行程序文件 |
| xlsx | Excel 表格 | jpg | 图形文件 |
| pptx | PowerPoint 演示文稿 | bmp | 位图文件 |
| txt | 文本文件 | mp3 | 音频文件 |
| rar | 压缩文件 | mp4 | 视频文件 |
| zip | 压缩文件 | dat | 数据文件 |
| htm | 网页文件 | com | 可执行程序文件 |

(3) 通配符。当查找文件或文件夹时，可以使用通配符代替一个或多个真正的字符。

① 通配符“*”表示 0 个或多个字符。例如，ab*.txt 表示以 ab 开头的所有扩展名为“txt”的文件。

② 通配符“?”表示一个任意字符。

### 3.5.3　文件(夹)的选定

在 Windows 7 中，要对某个或多个文件或文件夹进行操作时，首先要选定文件或文件夹。下面为选定文件(夹)的几种常用方法：

(1) 单击该文件或文件夹，即可完成选定。

(2) 选定多个连续的文件或文件夹。

① 先单击要选定的第一个文件或文件夹，再按住 Shift 键，并单击要选定的最后一个文件或文件夹。

② 在文件或文件夹旁单击鼠标不松，拖动指针会出现半透明蓝色框，释放鼠标将选定框中的所有文件和文件夹。

(3) 按住 Ctrl 键，然后逐个单击要选定的文件或文件夹，即可选定不连续的文件或文件夹。

(4) 选定全部文件或文件夹。

① 通过 Ctrl+A 组合键选定当前文件夹中全部文件或文件夹。

② 通过拖动半透明选框，覆盖所有文件或文件夹。

(5) 取消选定。

① 在选定的多个文件或文件夹中取消个别文件或文件夹，先按住 Ctrl 键，单击要取消的文件或文件夹。

② 若取消全部文件或文件夹，在非文件名的空白区单击即可。

### 3.5.4　文件(夹)的建立、删除和更名

文件或文件夹的创建、删除、更名和移动等基础操作都可以在桌面或上级文件夹窗口中完成，其操作方法基本相同。

1. 新建文件(夹)

在 Windows 7 中文版中，有许多方法可以新建文件夹(图 3-43)。

(1) 弹出菜单创建法：

① 在桌面或“资源管理器”窗口空白处单击右键，弹出快捷菜单。

② 选择“新建”命令，单击“文件夹”命令。

③ 输入新文件夹的名字，按回车键确定。

(2) 快捷键创建法：

① 打开要建立新文件夹的窗口。

② 键入 Ctrl+Shift+N 组合键。

③ 键入新文件夹的名字，按回车键确定。

(3)“菜单栏”创建法：

① 找到“菜单栏”中的“文件”菜单。

② 选择“文件”下拉菜单中的“新建”命令，选择“文件夹”。

③ 输入文件夹名，按回车键确定。

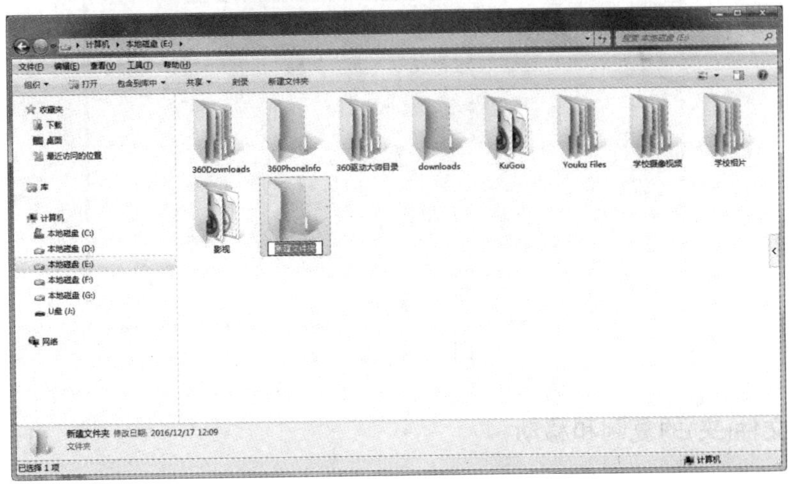


图 3-43　新建文件夹

2. 删除文件(夹)

Windows 7 中删除文件夹将同时删除其内部所有文件与子文件夹。删除文件或文件夹的几种方法如下：

(1) 选定要删除的文件或文件夹，然后按 Delete 键，单击“是”按钮即可删除。

(2) 用鼠标将要删除的文件或文件夹拖放到桌面上的“回收站”图标上。

(3) 在要删除的文件或文件夹上右键单击弹出快捷菜单，选择其中的“删除”命令。

(4) 选定需要删除的文件或文件夹，然后选择“组织”或“文件”中的“删除”命令。

3. 重命名文件(夹)

改变文件名或文件夹名的过程称为重命名，重命名的方法有以下几种：

(1) 先选定要更名的文件或文件夹，使其呈反蓝选中状态，再次单击该文件或文件夹的名字，进入编辑状态。在方框中输入新的文件或文件夹名，如图 3-44 所示。最后单击方框以外任意位置，或按回车键。

(2) 选定需要更名的文件或文件夹，单击鼠标右键，在弹出的菜单中选中“重命名”命令，输入新名字，按回车键确定。

(3) 选定需要更名的文件或文件夹，选择“组织”或“文件”菜单中的“重命名”命令，选定的名字上出现一个方框，在方框中输入新的名字，按回车键确定。

(4) 选定要更名的文件或文件夹，按 F2 键，输入新名字，按回车键确定。

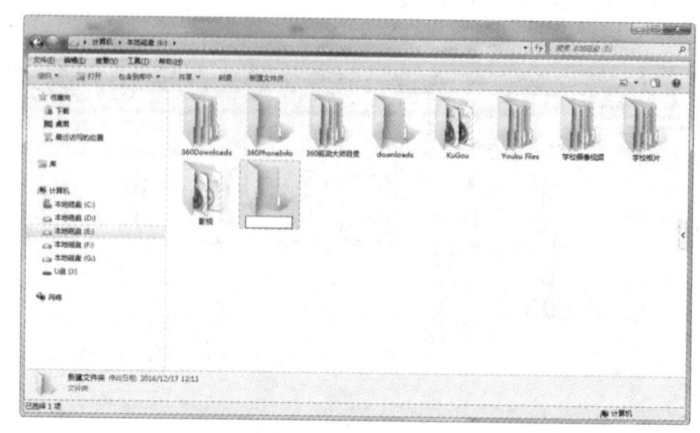


图 3-44　重命名

### 3.5.5　文件(夹)的复制和移动

Windows 7 使用中，用户经常对文件或文件夹进行复制和移动操作。下面介绍几种复制和移动文件或文件夹的方法。

1. 复制文件或文件夹

(1) 选定要复制的文件或文件夹，按住鼠标左键拖动文件或文件夹到目标位置，松开鼠标即可完成复制。注意：文件或文件夹与目标位置不能处于同一磁盘分区。

(2) 选定要复制的文件或文件夹，按住 Ctrl 键，同时鼠标拖动文件或文件夹到目标位置，松开鼠标即可完成复制。

(3) 选定要复制的文件或文件夹，鼠标右键拖动文件或文件夹到目标位置，松开鼠标选择“复制到当前位置”即可完成复制。

(4) 选定要复制的文件或文件夹，按 Ctrl+C 组合键，在目标位置按 Ctrl+V 组合键，即可完成复制。

(5) 选定要复制的文件或文件夹，鼠标右键单击出现弹出菜单，选择“复制”命令，在目标位置空白处右键单击，在弹出菜单中选择“粘贴”命名，即可完成复制。

(6) 选定要复制的文件或文件夹，鼠标右键单击出现弹出菜单，在“发送到”命令中选择目标位置单击即可完成复制。此功能常用于向移动磁盘中复制文件或文件夹。

2. 移动文件或文件夹

(1) 选定要移动的文件或文件夹，按住鼠标左键拖动文件或文件夹到目标位置，松开鼠标即可完成移动。注意：此方法与复制正好相反，只能移动在同一个磁盘分区里的文件或文件夹。

(2) 选定要移动的文件或文件夹，按住 Shift 键，同时鼠标拖动文件或文件夹到目标位置，松开鼠标即可完成移动。

(3) 选定要移动的文件或文件夹，鼠标右键拖动文件或文件夹到目标位置，松开鼠标选择“移动到当前位置”即可完成移动。

(4) 选定要移动的文件或文件夹，按 Ctrl+X 组合键，在目标位置按 Ctrl+V 组合键，即可完成移动。

(5) 选定要移动的文件或文件夹，鼠标右键单击出现弹出菜单，选择“剪切”命令，在目标位置空白处右键单击，在弹出菜单中选择“粘贴”命名，即可完成移动。

3. 撤销和恢复功能

Windows 7 为用户提供了撤销和恢复服务，在执行了文件的重命名、删除、复制、移动等操作之后，如果发现操作失误，可以单击“组织”按钮中的“撤销”命令或选择“编辑”菜单中的“撤销”命令取消错误操作。

当用户使用“撤销”命令后，“恢复”命令自动转为可用状态。用户可以单击“组织”按钮中的“恢复”命令或选择“编辑”菜单中的“恢复”命令恢复操作。

“撤销”命令的快捷键为 Ctrl+Z，“恢复”命令的快捷键为 Ctrl+Y。

### 3.5.6　文件(夹)的查找

随着用户的使用，计算机中存储的文件和文件夹会越来越多，即使将文件按不同的文件夹分门别类地保存，查找时也会对用户带来一定的不便。这时，可以使用 Windows 7 提供的搜索命令。

用户要查找一个文件或文件夹可采用以下几种方法：

(1) 通过“开始”菜单的“搜索程序和文件”进行查找。

(2) 在窗口的搜索栏中进行查找。

(3) 利用 Windows 7 提供的“键盘选择”功能。鼠标选中工作区，用户可以快速键入目标文件或文件夹的开头几个字符，系统会迅速定位与字符相匹配的第一个文件或文件夹。

### 3.5.7　文件(夹)的查看与排列

如果用户对文件或文件夹的图标大小、列表方式等感到不满意，Windows 7 还提供了“查看”菜单用于更改。

### 1. 文件或文件夹图标的显示方式

打开“菜单栏”中的“查看”菜单或右键单击窗口空白位置，在弹出的菜单中选择“查看”命令。Windows 7 提供了“超大图标”、“大图标”、“中等图标”、“小图标”、“列表”、“详细信息”、“平铺”和“内容”八种模式显示文件和文件夹。同一时间内，用户只能从这几个选项中选择其中一个。图 3-45 为“大图标”显示方式。

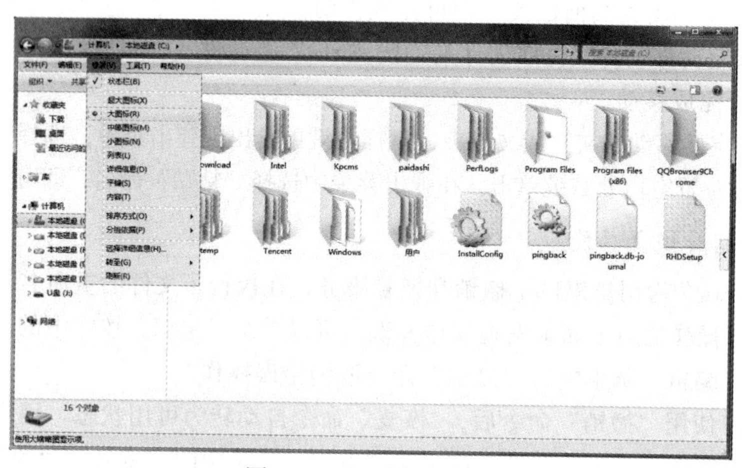


图 3-45　显示方式命令

### 2. 文件或文件夹图标的排序方法

打开“菜单栏”中“查看”菜单或右键单击窗口空白位置，在弹出的菜单中选择“排序方式”命令。Windows 7 提供了按“名称”、按“修改日期”、按“类型”和按“大小”四种排序方式。使用方法与“查看”命令相同，同时，用户还可以选择“递增”或“递减”命令，如图 3-46 所示。

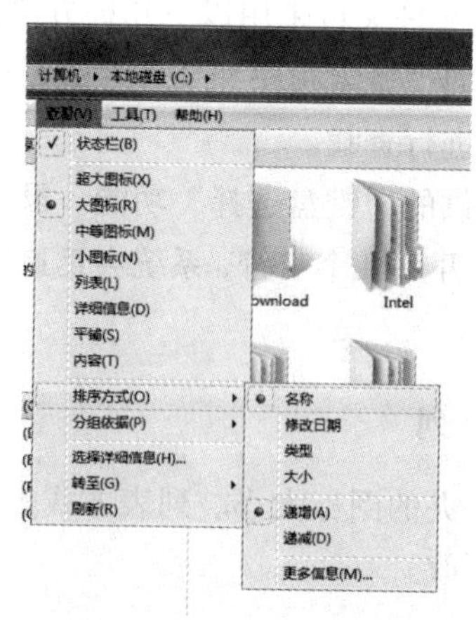


图 3-46　排序方式命令

### 3.5.8　文件(夹)的高级设置

用户在使用过程中可能需要对文件或文件夹进行一些特殊操作。这时，可以通过“菜单栏”打开“工具”菜单，单击“文件夹选项”，在弹出的对话框中对文件或文件夹进行设置。图 3-47 为“文件夹选项”对话框的“查看”选项卡。

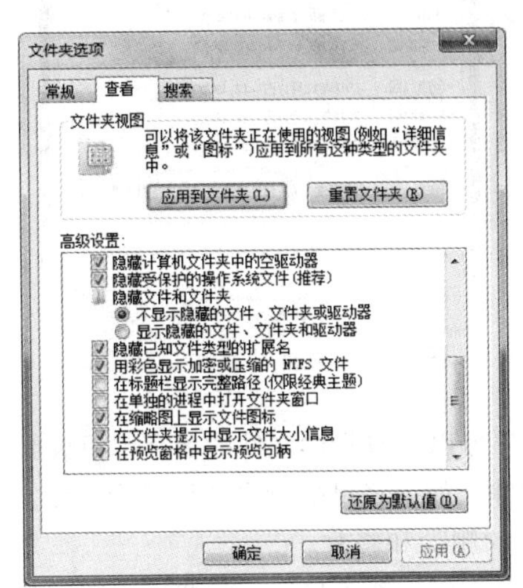


图 3-47　“文件夹选项”对话框的“查看”选项卡

1. 显示文件或文件夹

在计算机中，有些系统文件或用户特意设置的文件或文件夹处于隐藏状态。若希望显示隐藏的文件，可选中“文件夹选项”中的“查看”选项卡，在“高级设置”中选择“显示隐藏的文件、文件夹和驱动器”选项，将显示文件夹中所有的文件。

2. 显示文件的扩展名

默认情况下，系统会隐藏某些文件的扩展名，如 Hero.mp3 显示为 Hero。如果要把这些文件的扩展名显示出来，则在“高级设置”中取消勾选“隐藏已知文件类型的扩展名”即可。

### 3.5.9　文件(夹)属性

鼠标右键单击文件或文件夹，在弹出的菜单中选择“属性”命令，会出现如图 3-48 所示的对话框。

用户可以在“属性”对话框中查看该文件或文件夹的各种属性，如“文件类型”“大小”“位置”等。在对话框底部针对文件属性有两个复选框，即只读与隐藏，还可选择“高级”按钮来修改相应的文件属性。

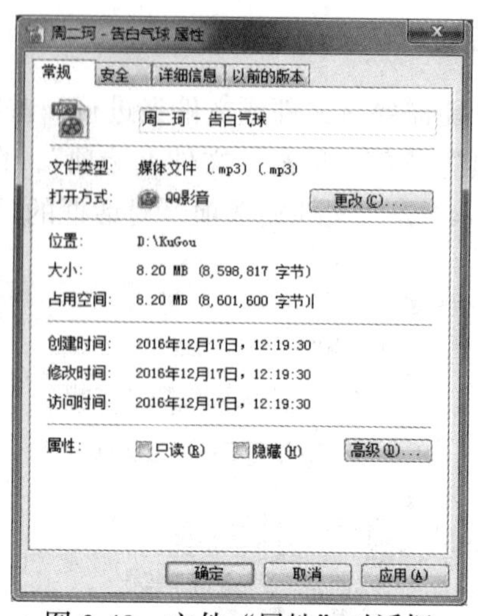


图 3-48　文件“属性”对话框

(1) 只读文件。用户可以查看只读文件的名字，只读文件能被应用，也能被复制，但不能被修改和删除。如果将可执行文件设置为只读文件，不会影响它的正常执行，但可以避免意外的删除和修改。

(2) 隐藏文件。隐藏文件一般不显示，除非用户知道隐藏文件的名字，否则看不到也无法使用隐藏文件。

### 3.5.10　文件的打印

计算机连接打印机后，就具备了文件打印功能。打开该文件，单击“菜单栏”中的“文件”菜单，选择“打印”命令，进入打印对话框。用户可以在对话框中进行参数设置，设置完成后单击“确定”按钮即可。Windows 7 中，并不是所有格式的文件都可执行打印命令。鼠标右键单击目标文件，在弹出的菜单中出现“打印”命令，才可以对该文件进行打印。

### 3.5.11　回收站

#### 1. 回收站的概念

回收站是一个特殊的文件夹，默认在每个硬盘分区根目录下的 RECYCLER 文件夹中，而且是隐藏的。当用户将文件删除并移到回收站后，实质上就是把它放到了这个文件夹中，仍然占用磁盘的空间。只有在回收站里删除它或清空回收站才能真正地删除该文件，为计算机获得更多的磁盘空间。“回收站”窗口如图 3-49 所示。

图 3-49　“回收站”窗口

2. 恢复删除的文件

恢复删除的文件有以下方法：

(1) 选中要恢复的文件，单击“文件”菜单中的“还原”命令，即可恢复文件。

(2) 选中要恢复的文件，鼠标右键单击，在弹出的菜单中选择“还原”命令。

(3) 选中要恢复的文件，单击工具栏中的“还原此项目”按钮。

(4) 单击工具栏中的“还原所有项目”按钮，恢复所有文件。

3. 真正删除文件

在回收站中真正删除文件的方法如下：

(1) 选中要删除的文件，单击“文件”菜单中的“删除”命令，即可删除文件。

(2) 选中要删除的文件，鼠标右键单击，在弹出的菜单中选择“删除”命令。

(3) 选中要删除的文件，单击工具栏中的“组织”按钮，在弹出的菜单中选择“删除”。

(4) 选中要删除的文件，按 Delete 键删除文件。

(5) 单击工具栏中的“清空回收站”按钮，删除所有文件。

4. 回收站的属性

鼠标右键单击桌面上的“回收站”图标，在弹出的菜单中选择“属性”命令，可以修改回收站属性。图 3-50 是“回收站 属性”对话框的“常规”选项卡。

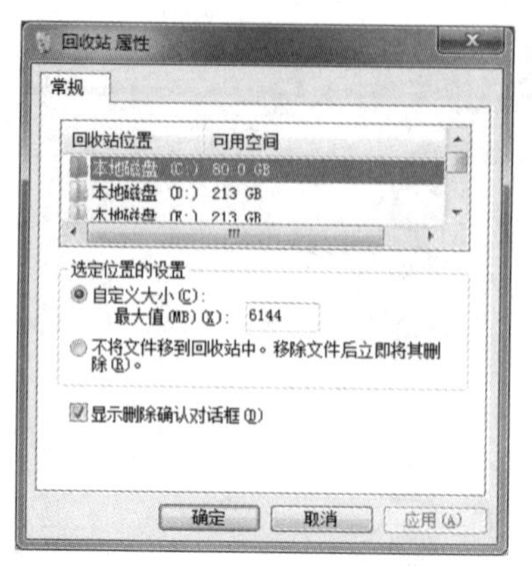


图 3-50 “回收站 属性”对话框

如图 3-50 所示，“回收站 属性”对话框中有以下选项：

(1) 回收站位置，即回收站存储空间放置在哪个磁盘空间中。

(2) 自定义大小，即回收站存储空间的大小。在系统默认情况下，回收站最大占用该硬盘空间的10%，用户也可以自行修改。

(3) 不将文件移到回收站中，选择该选项将忽略回收站，这时删除文件就是彻底删除。

(4) 显示删除确认对话框，不选定该框，当删除文件时 Windows 将不会显示删除确认对话框。

## 3.6 Windows 7 操作系统实用工具

Windows 7 为用户提供了一系列应用程序和实用工具，包括画图、记事本、写字板、计算器、录音机、入门功能等。使用这些实用的系统工具，可以完成许多常见的日常事务。

### 3.6.1 画图

使用“画图”程序可以绘制简单的图像，也可以修改现有图片。Windows 7 中的“画图”程序与以前版本的“画图”相比有较大的改进，所有的工具都被集中到“功能区”中，而且可以方便地对各种对象进行修改，使用起来更加方便。

打开“开始”菜单，依次选择“所有程序”、“附件”和“画图”命令，即可启动画图工具，自动创建一个名为“无标题”的图像文件，如图 3-51 所示。

图 3-51 “画图”窗口

### 3.6.2　记事本

记事本是 Windows 系统自带的一种基本的文本编辑程序，通常用于查看与编辑文本文件。文本文件是一种常用的文件类型，其扩展名为.txt。

打开“开始”菜单，依次选择“所有程序”、“附件”和“记事本”命令，即可启动记事本。

### 3.6.3　写字板

写字板是 Windows 7 中自带的一款文本编辑程序，比记事本功能更加全面和实用，支持的文件格式除了文本文件之外，还包括富文本格式(扩展名为.rtf)和图像文件。在写字板中还可以链接或嵌入其他对象，如图像或其他文档。

打开“开始”菜单，依次选择“所有程序”、“附件”和“写字板”命令，即可启动图 3-52 所示的写字板。

图 3-52　“写字板”窗口

### 3.6.4　计算器

计算器是非常常用也是非常实用的一种工具，Windows 7 中计算器更是必不可少。

打开“开始”菜单，依次选择“所有程序”、“附件”和“计算器”命令，即可启动如图 3-53 所示的计算器。

图 3-53　“计算器”窗口

### 3.6.5　录音机

“录音机”程序用于从传声器等设备将声音录制为数字音频文件。录制之前，需要先正确地连接音频输入设备。例如，如果选择使用麦克风作为音频输入设备，则首先要将麦克风插入计算机声卡的红色录音插孔中。

打开“开始”菜单，依次选择“所有程序”、“附件”和“录音机”命令，即可启动如图 3-54 所示的录音机。

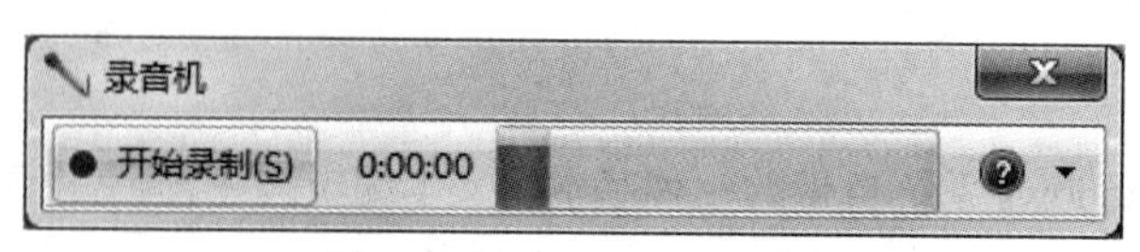


图 3-54　“录音机”界面

### 3.6.6　入门功能

Windows 7 为用户提供了“入门”功能，其中包含一系列用户在设置计算机时可能希望执行的任务。

打开“开始”菜单，依次选择“所有程序”、“附件”和“入门”命令，即可启动入门功能(图 3-55)。

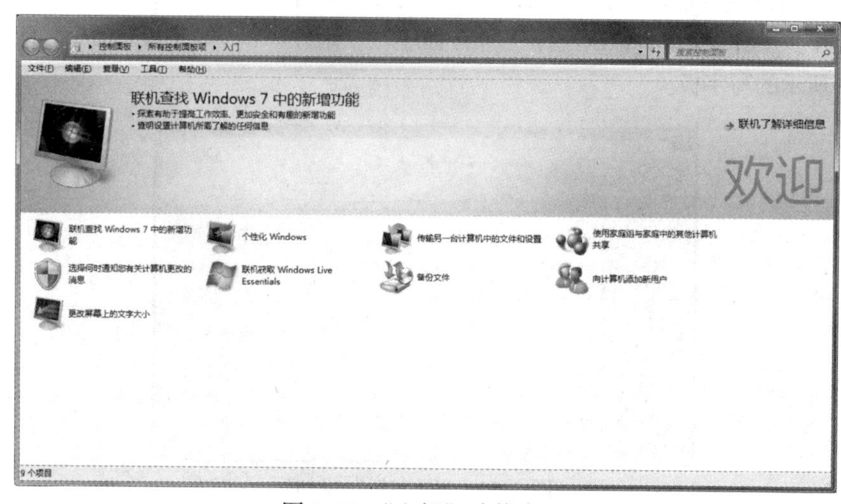


图 3-55　“入门”功能窗口

### 3.6.7　系统工具

打开“开始”菜单，依次选择“所有程序”、“附件”和“系统工具”命令，其中包含“磁盘清理”、“磁盘碎片整理程序”、“系统还原”和“资源监视器”等查看或修改系统的工具。

1. 磁盘清理

磁盘清理可以清除不用的文件，使计算机运行速度变快。如图 3-56 所示，其使用方法如下：

(1) 打开“磁盘清理”程序，选择需要清理的磁盘。

(2) 计算机自动计算磁盘中文件的类型并分类，列出其所占空间大小。

(3) 选择清理的文件类型并进行确认。

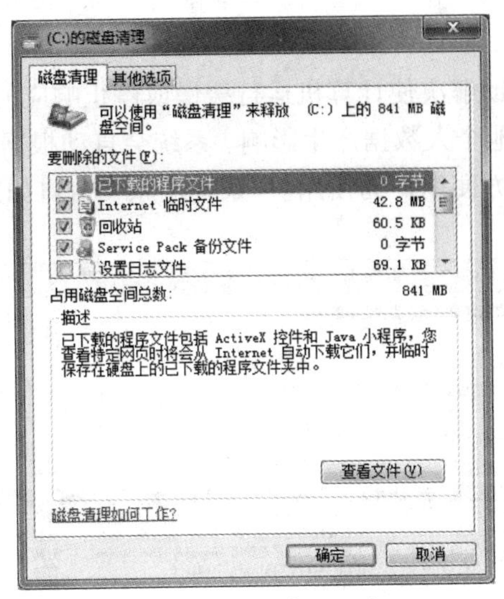


图 3-56　“磁盘清理”窗口

## 2. 磁盘碎片整理程序

整理磁盘碎片，提高计算机运行速度。如图 3-57 所示，其使用方法如下：

(1) 打开“磁盘碎片整理程序”，单击“分析磁盘”按钮，确定磁盘是否需要清理。

(2) 如果需要清理，单击“磁盘碎片整理”按钮开始整理。

(3) 用户可以通过“配置计划”功能设置磁盘碎片自动整理的时间和频率等。

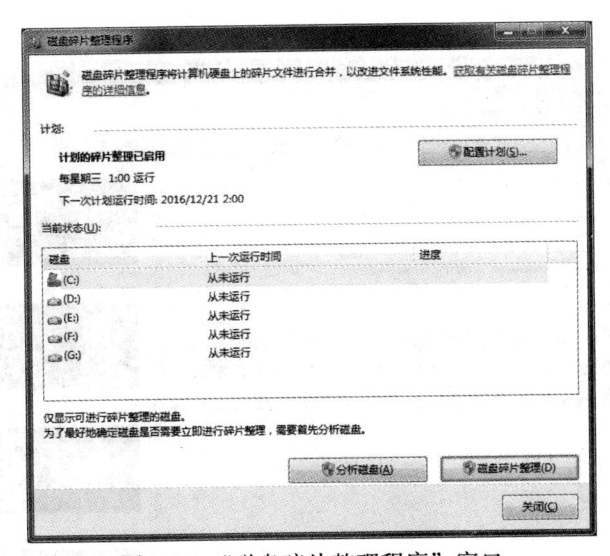


图 3-57　“磁盘碎片整理程序”窗口

3. 系统还原

系统还原可以帮助解决使计算机运行缓慢或停止响应的问题。系统还原不会对任何文档、图片或其他个人数据产生影响。系统会自动根据用户对系统和应用程序的更改创建还原点，方便用户的使用。“系统还原”窗口如图 3-58 所示。

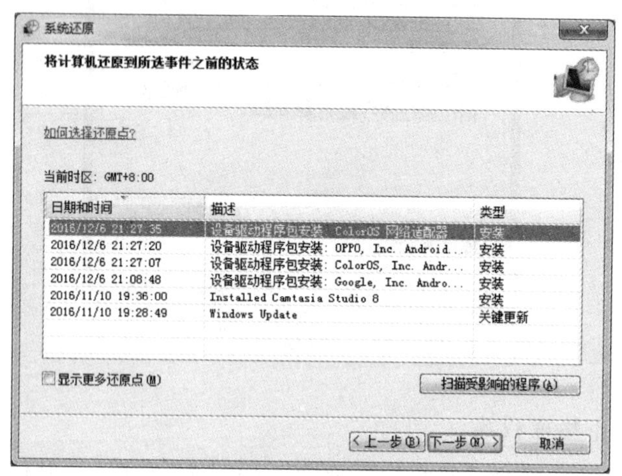


图 3-58 “系统还原”窗口

4. 资源监视器

资源监视器可以监控 CPU、内存和磁盘的使用率以及网络的运行情况，如图 3-59 所示。

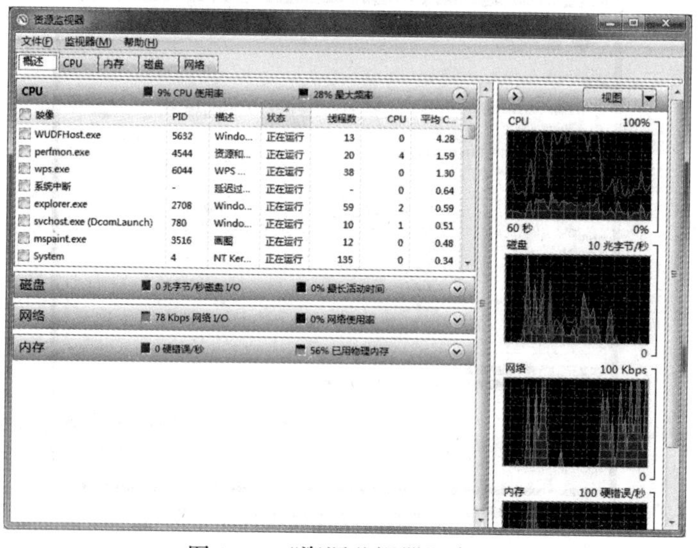


图 3-59 “资源监视器”窗口

### 3.6.8　Windows Media Player

Windows Media Player 是 Windows 7 自带的媒体播放器，它是一款全功能的多媒体播放和管理软件，包括媒体文件的管理、音频文件的播放、CD 和 DVD 的回放以及 Internet 媒体播放等，如图 3-60 所示。打开“开始”菜单，选择“所有程序”“Windows Media Player”命令，即可启动 Windows 媒体播放器。

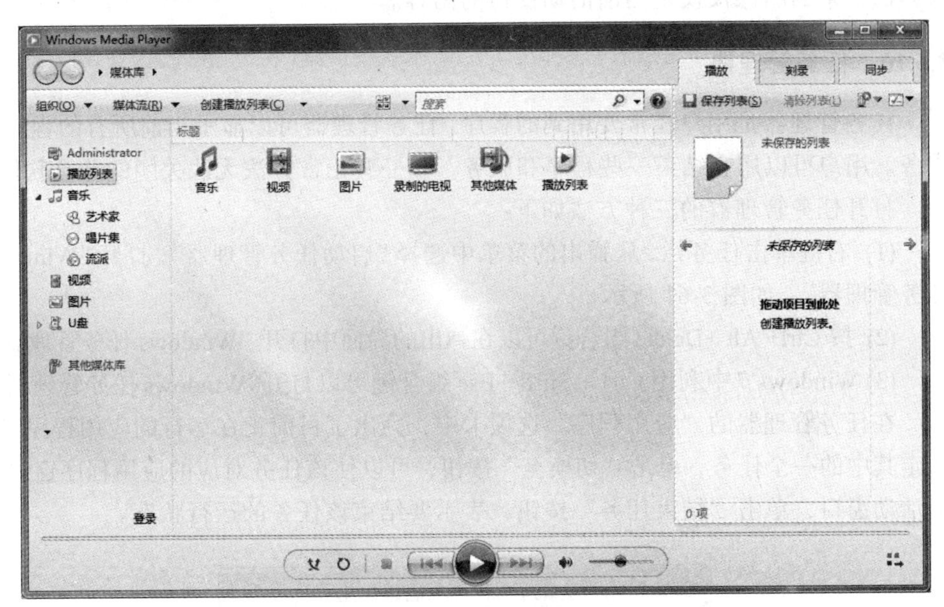


图 3-60　“Windows Media Player”窗口

### 3.6.9　剪贴板

1. 剪贴板的使用

剪贴板是内存中的一块区域，是 Windows 内置的一个非常有用的小工具，通过剪贴板，信息可以在各种不同的程序之间传递分享。通过对文件的“复制”“剪切”操作，数据会传输到剪贴板中。但剪贴板只能保留一份数据，每当新的数据传入，旧的数据便会被覆盖。

Windows 在复制文件时，可以复制一个超过 1GB 的文件，原来剪贴板中存放的只是文件的信息而已，并非整个文件本身；只有在复制小文件，如文本和图片等时，剪贴板中存放的才是源数据本身。所以粘贴前删除原文件，粘贴操作将不能进行。

剪贴板存放的信息量较大时，将严重影响系统运行的速度，必要时可以采用复制一个字符来更新系统剪贴板里的信息。

2. 屏幕截图

Print Screen 键是一个拷屏键，按下 Print Screen 键，当前屏幕上显示的内容将会被全部抓下来。通过 Print Screen 键可以迅速抓取当前屏幕内容，然后粘贴到“画图”之类的图像处理程序中，即可进行后期的处理。

当只想截取窗口时，可以在按住 Alt 键的同时按下 Print Screen 进行屏幕抓图，这样抓下来的图像仅仅是当前活动窗口的内容。

### 3.6.10 任务管理器

任务管理器是用户经常要用到的程序，任务管理器可以显示当前所有的程序和服务。用户可以用它结束一些程序和服务，如一些正常方法无法关闭的恶意软件。

打开任务管理器的三种方法如下：

(1) 右键单击任务栏，从弹出的菜单中选择“启动任务管理器”，打开“Windows 任务管理器”，如图 3-61 所示。

(2) 按 Ctrl+ Alt +Delete 组合键可以在弹出的界面中打开“Windows 任务管理器”。

(3) Windows 7 中利用 Ctrl + Shift +Esc 组合键可以打开“Windows 任务管理器”。

在任务管理器的“应用程序”选项卡中，列出了目前正在运行的应用程序名，选定其中的一个任务，单击“切换至”按钮，可以使该任务对应的应用程序窗口成为活动窗口，单击“结束任务”按钮，表示要结束该任务的运行状态。

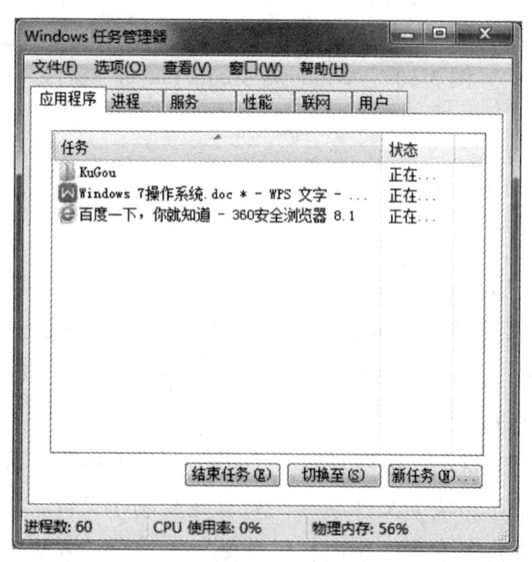


图 3-61 “Windows 任务管理器”窗口

# 第 4 章　文字处理软件 Word 2010

## 4.1　Word 2010 简介

### 4.1.1　Word 2010 的启动和退出

1. Word 2010 的启动

(1) 从开始菜单启动。用户在完成 Microsoft Office 的安装后，安装程序会将快捷方式添加至开始菜单，用户单击“开始”按钮，选择“所有程序”→Microsoft Office →Microsoft Office Word 2010 选项，即可启动 Word 2010。

(2) 通过 Word 快捷图标启动。如果在桌面有 Word 快捷图标，则双击该图标即可启动 Word 2010；如果在任务栏中有 Word 快捷图标，则单击图标即可启动 Word 2010。

(3) 通过打开已存在的 Word 文档文件启动。打开 Windows 资源管理器，找到已有的 Word 文档文件，双击即可打开该文件并启动 Word 2010。

2. Word 2010 的退出

(1) 选择“文件”菜单，单击“退出”选项。

(2) 单击 Word 2010 窗口最右上角的“关闭”按钮。

(3) 双击 Word 2010 窗口最左上角的“控制菜单”图标。

(4) 使用 Alt+F4 组合键关闭。

### 4.1.2　Word 2010 界面简介

Word 2010 启动后即可进入 Word 2010 工作界面，如图 4-1 所示。从图中可以看出，Word 2010 改变了传统的工具栏和菜单栏，将其设计为新的功能区，对不同的命令进行了分组，划分到各个选项卡中。可以看到，Word 2010 的主窗口包括标题栏、快速访问工具栏、选项卡、功能区、状态栏等。

下面具体介绍 Word 2010 的主界面。

1. 标题栏

标题栏位于主窗口最上方。应用程序图标位于最左侧，它也是控制菜单按钮，单击可打开控制菜单，用于控制 Word 窗口的移动、改变大小和关闭等操作。应用程序图标右侧是快速访问工具栏。文档标题位于标题栏的中央，显示当前打开的文档的名称，如果是新建的未命名文档，则自动以“文档 X”为文档命名，X 为数字。程序名称紧接文档标题，显示当前打开的应用程序的名称。最右边是窗口控制按钮，从左至右依次是“最小化”、“最大化/还原”和“关闭”按钮。

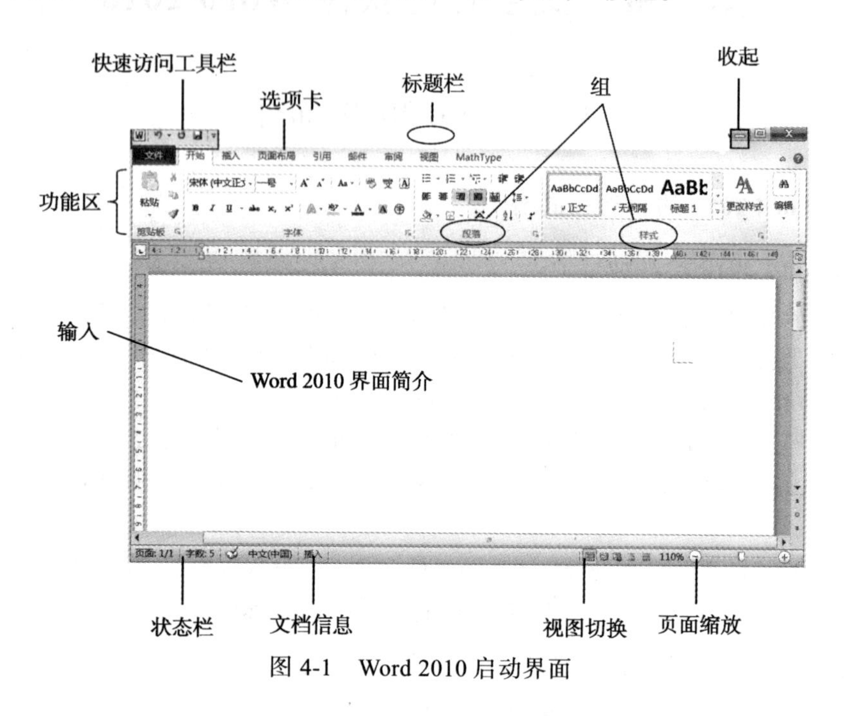


图 4-1　Word 2010 启动界面

2. 快速访问工具栏

快速访问工具栏一般位于 Word 界面的左上角，在应用程序图标右侧。其位置可以改变：通过单击快速访问工具栏的下拉菜单按钮，选择“在功能区下方显示”，快速访问工具栏位置将会改变至功能区下方。快速访问工具栏默认包括“保存”、“撤销”和“重复”命令，用户也可根据需要，自行添加其他常用命令。在添加其他常用命令时，单击快速访问工具栏中的下拉菜单按钮，选择“其他命令”，界面弹出“Word 选项”对话框，用户从左侧常用命令的列表中，选中需要添加的命令，然后单击中间的“添加”按钮，用户所选中的命令将会被添加至右侧窗口。与之相同，用户可以通过中间的“删除”按钮删除不需要的命令。右侧窗口右边的两个标识上下的按钮，用于调整图标在快速访问工具栏中的次序。快速访问工具栏的自定义过程如图 4-2 所示。

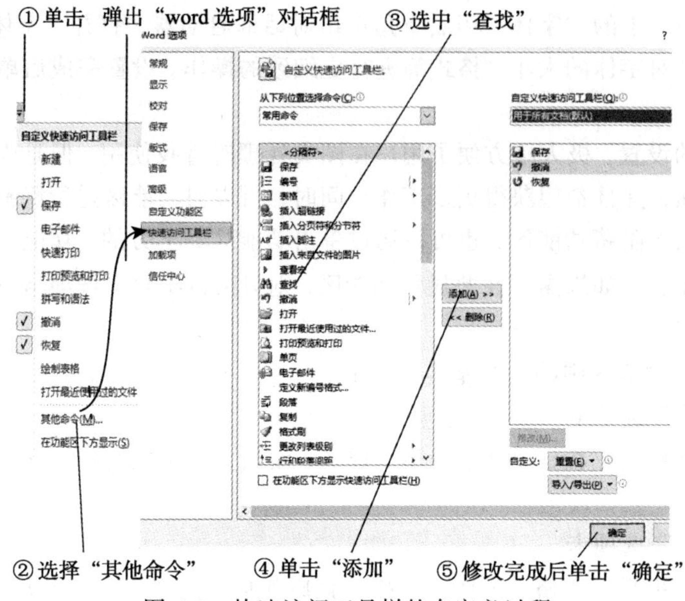


图 4-2　快速访问工具栏的自定义过程

3. 功能区

Word 2010 将传统的菜单栏和工具栏改为横跨窗口顶部的功能区，新的功能区由命令、组、选项卡组成。Word 2010 包含七个基本选项卡，每一个选项卡内都包含若干个组，每个组中都集中地包含了常用的按钮。当组中的按钮无法满足用户更多的需求时，用户可以通过单击某些组右下角的小箭头按钮，打开更完善的对话框，进行更细微的操作。这个箭头按钮称为“对话框启动器”。如图 4-3 所示，在

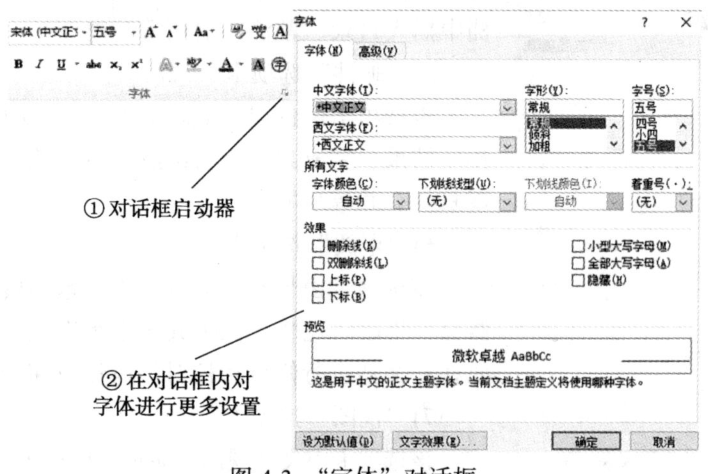


图 4-3　“字体”对话框

“开始”选项卡下的“字体”组右下角单击对话框启动器，打开“字体”对话框，在对话框内可对字体的大小、格式等进行更细致的操作。设置完成后单击“确认”保存设置。

功能区的设置，极大地方便了用户在图文处理时查找使用。但是当用户暂时不使用功能选项，并且希望获得更多工作空间时，可以对功能区进行隐藏。用户可以通过双击选项卡隐藏功能区；也可以通过单击功能区右上方的“功能区最小化”按钮隐藏功能区。如果需要在此显示功能区，则只需再次双击选项卡或单击“展开功能区”按钮。

下面介绍功能区中的七个基本选项卡。

1)“开始”选项卡

该选项卡由剪贴板、字体、段落、样式、编辑共 5 个组组成，涵盖了图文编辑的常用功能。

2)“插入”选项卡

该选项卡由页、表格、插图、链接、页眉和页脚、文本、符号共 7 个组组成。“插入”选项卡主要在用户插入某一对象时使用。

图 4-4　自定义状态栏

3)“页面布局”选项卡

该选项卡由主题、页面设置、稿纸、页面背景、段落、排列共 6 个组组成。该选项卡主要用来对页面的布局进行设置。

4)“引用”选项卡

该选项卡由目录、脚注、引文与书目、题注、索引、引文目录共 6 个组组成。该选项卡主要用于向文档中插入目录、题注、引用等功能。

5)“邮件”选项卡

该选项卡由创建、开始邮件合并、编写和插入域、预览结果、完成共 5 个组组成。该选项卡主要用于实现邮件合并等功能。

6)“审阅”选项卡

该选项卡由校对、语言、中文繁简转换、批注、修订、更改、比较、保护共 8 个组组成。该选项卡主要在对文档进行修订和校对等操作时使用。

7)“视图”选项卡

该选项卡由文档视图、显示、显示比例、窗口、宏共 5 个组组成。该选项卡主要在设置窗口视图时使用。

4. 状态栏

状态栏处于 Word 2010 界面底端，主要为用户提供关于当前文档的信息，包括页码、字数、语言、显示比例等。用户也可根据自己的需求决定状态栏所需显示的信息，如图 4-4 所示，用户右键单击该栏，弹出自定义界面，用户可根据自身需求选择需要在状态栏显示的信息。

### 4.1.3　Word 2010 视图方式

Word 2010 为用户提供了五种显示文档的视图方式，以满足用户在不同状态下的编辑需要。视图的正确使用可以节省图文处理的时间，提高效率。Word 2010 提供了两种切换不同视图的方法。

视图切换方法一：单击状态栏右侧的“视图切换”按钮进行视图切换，如图 4-5 所示。

视图切换方法二：选择“视图”选项卡，从“文档视图”组中选择需要的视图方式，如图 4-6 所示。

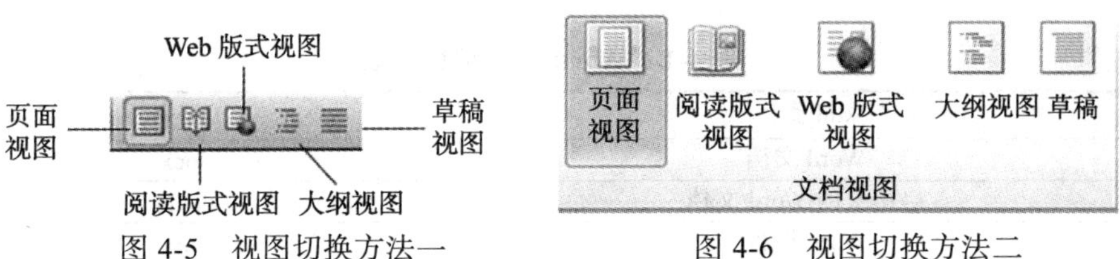


图 4-5　视图切换方法一　　　　图 4-6　视图切换方法二

下面将对五种视图进行简单介绍。

1. 页面视图

页面视图是 Word 2010 的默认视图。在页面视图下，用户可以对文档进行录入、编辑和排版工作，排版效果也可以在页面中直观地看到。页面视图是一种最接近打印效果的视图。

2. 阅读版式视图

该视图以全屏方式显示，页面分为两屏，顶端的功能区被工具栏取代，主要用于阅读文档。在该视图下，用户无法对文档内容进行编辑，但可以查看文档中的注释。工具栏中的“工具”为用户提供多种阅读工具来辅助阅读。用户可以通过单击右上角的“关闭”按钮或按 Esc 键退出阅读版式视图。

3. Web 版式视图

Web 版式视图主要在 Word 编排网页时使用，该视图模拟了 Web 浏览器的显示效果，用户可以通过该视图直观地看到文档在网站发布时的外观，在该视图下，文档中的内容会自动换行来适应网页窗口的大小。

4. 大纲视图

大纲视图主要用于显示和调整文档的结构。在大纲视图下，会有大纲工具栏，可以通过工具栏对文档内的文本级别进行调整。

5. 草稿视图

草稿视图适用于文档排版只保存在计算机中而不用于打印的文档。该视图是旧版 Word 的普通视图，可以完成文本的录入、编辑和简单的排版，但打印输出的排版效果可能与预想不同。

### 4.1.4 Word 2010 的文件格式

.docx 文件格式使用了 xml 和 zip 技术。相比旧版本的.doc 格式，新的格式更容易在各个平台被解析。而且，在实践中，新格式下文件的体积也变得更小，更轻便，功能限制更少。Word 文件常见扩展名如表 4-1 所示。

**表 4-1　Word 文件常见扩展名**

| xml 类型 | 扩展名 |
| --- | --- |
| Word 文档 | .docx |
| 启用宏的 Word 文档 | .docm |
| Word 模板 | .dotx |
| 启用宏的 Word 模板 | .dotm |

### 4.1.5 Word 2010 的新特性

Word 2010 在原先的版本之上又新增了许多功能，很大程度地提高了用户的工作效率。本小节将对 Word 2010 的新特性进行介绍。

1. 后台视图

Word 2010 增加了后台视图，用户可以通过选择“文件”选项卡跳转至后台视图，还可以在后台视图中对文档及相关信息进行管理。后台视图包含对文档进行操作的常用命令，还有对 Word 进行设置的“选项”按钮和“退出”按钮。用户可以通过按 Esc 键，或者选择“开始”选项卡返回 Word 主界面，如图 4-7 所示。

2. 增强的屏幕提示

当用户将鼠标移至某按钮时，会出现关于该按钮的名称、功能、快捷键等信息，如图 4-8 所示。增强的屏幕提示功能的设计，减少了用户在编辑文档时查找帮助的次数，在很大程度上提高了用户的工作效率。

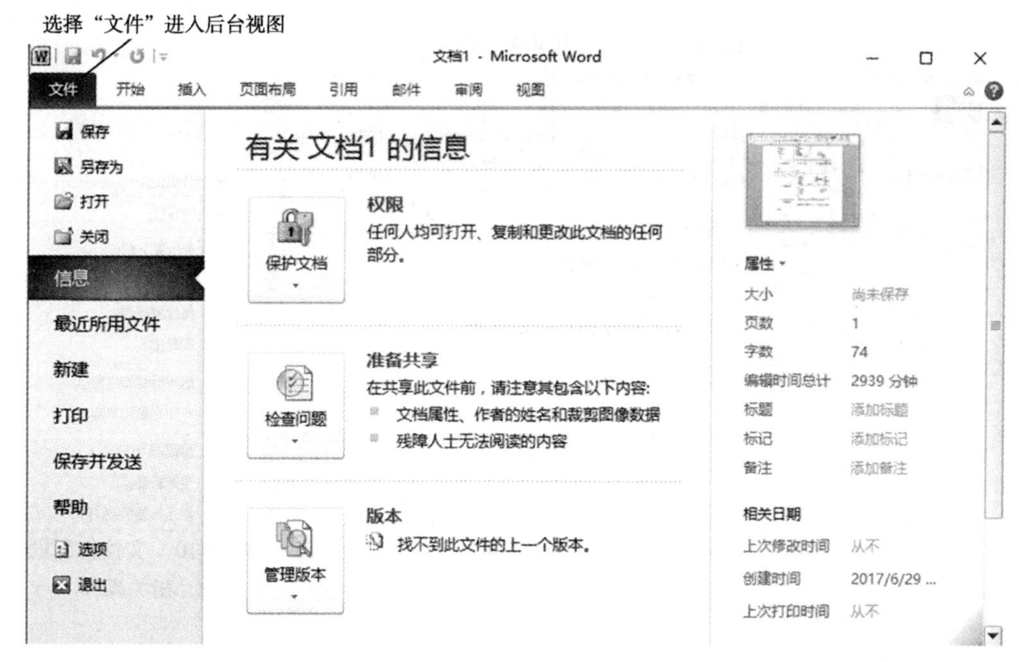


图 4-7 后台视图

### 3. 增强的导航窗格

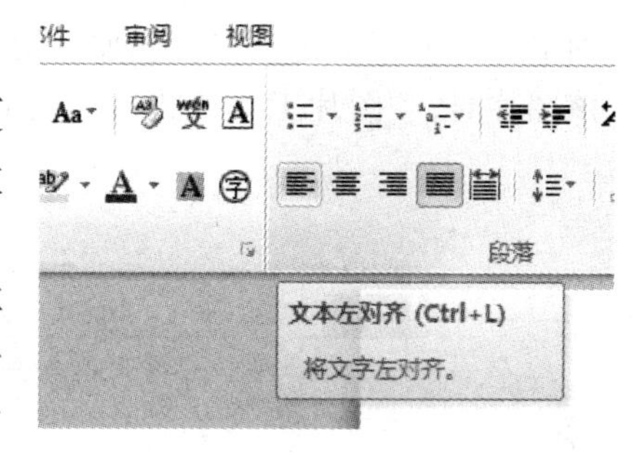


图 4-8 增强的屏幕提示功能

新增的“文档导航”窗格，可以使用户更为轻松地掌握长文档的结构层次，并更为有效地对长文档进行编辑。在 Word 2010 中，用户可以通过拖放导航窗格中的各个部分来调整其在文中的次序，而不用再在文中重复复制粘贴的烦琐工作。除此之外，用户在查找内容时可以通过渐进式的搜索功能，该功能可以让用户在不知所要搜索的具体的内容时找到需要的信息。

具体操作步骤如下：

(1) 选择“视图”选项卡，再选择“显示”组中的“导航窗格”复选框，可以看到，在屏幕左侧方显示了“导航窗格”，如图 4-9 所示。

(2)“导航窗格”的默认界面是浏览标题的界面，用户可以在此界面查看文档中的各级标题，单击标题即可跳转至对应位置，极大地方便了长文档的导航。

(3) 在标题处右键单击鼠标，弹出快捷菜单，用户可以根据快捷菜单中的选项选择相应命令来对文档标题进行调整，如改变标题级别，插入、删除标题等，如图 4-10 所示。

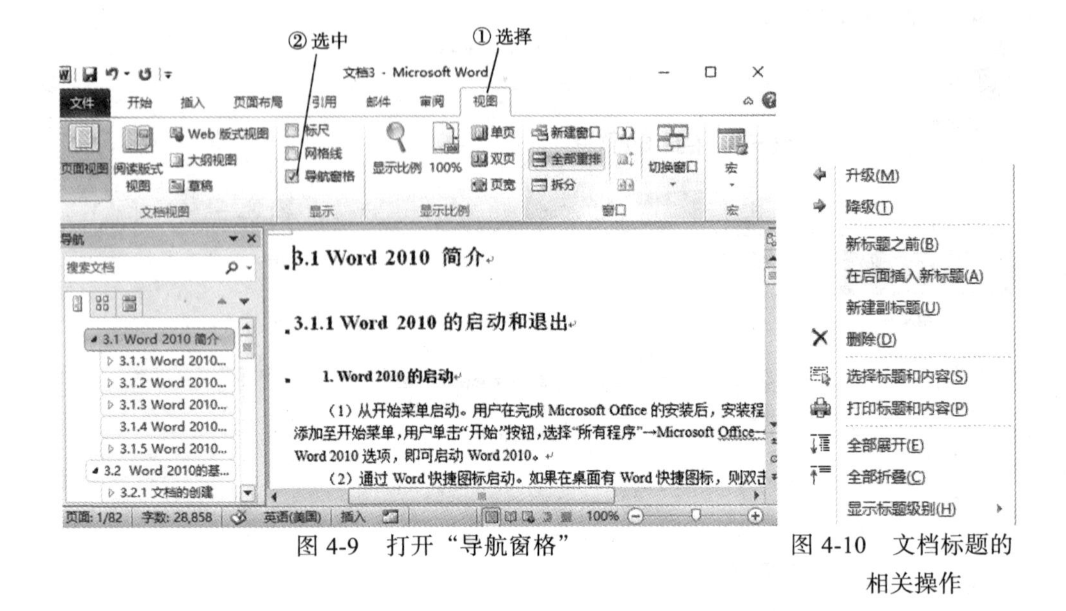


图 4-9　打开“导航窗格”

图 4-10　文档标题的相关操作

4. 上下文选项卡

有些选项卡只有在用户对某些具体的对象进行操作时才会显示出来，把这种选项卡称为上下文选项卡。例如，用户在 Word 中插入了一个图片，只有在用户选中该图片时，“图片工具格式”选项卡才会出现，如图 4-11 所示。

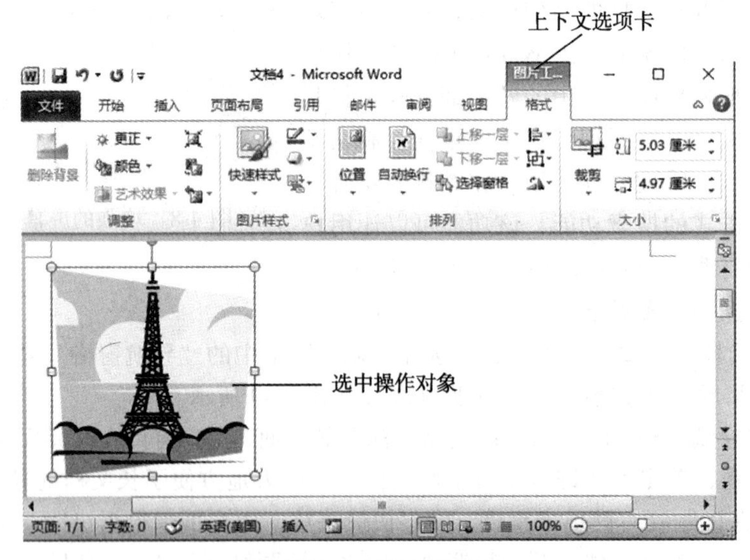


图 4-11　上下文选项卡

# 4.2　Word 2010 的基本操作

本节对 Word 2010 文档的基本操和文本的简单编辑进行介绍。重点介绍文档的创建、打开、保存、关闭操作，掌握这些基本的操作是学好 Word 2010 的重要基础。

## 4.2.1　文档的创建

创建文档是 Word 2010 对文档进行编辑的第一个必要步骤。Word 2010 为用户提供了多种建立文档的方法。

1. 新建空白文档

(1) 如果用户不通过已存在的文档来启动 Word 2010，则应用程序在启动时，Word 2010 会自动为用户创建一个名为“文档 X”的空白文档，X 在此处为数字。

(2) 如果用户已经启动了 Word 2010 进行文档编辑，但是在编辑过程中需要创建新的空白文档，则可以通过以下几种方式完成。

①单击界面顶端快捷访问栏中的新建文档按钮 完成空白文档的创建。

②通过按 Ctrl+N 组合键完成空白文档的创建。

③单击“文件”选项卡，选择“新建”命令，选中“空白文档”图标，“创建”按钮，完成空白文档的创建，如图 4-12 所示。

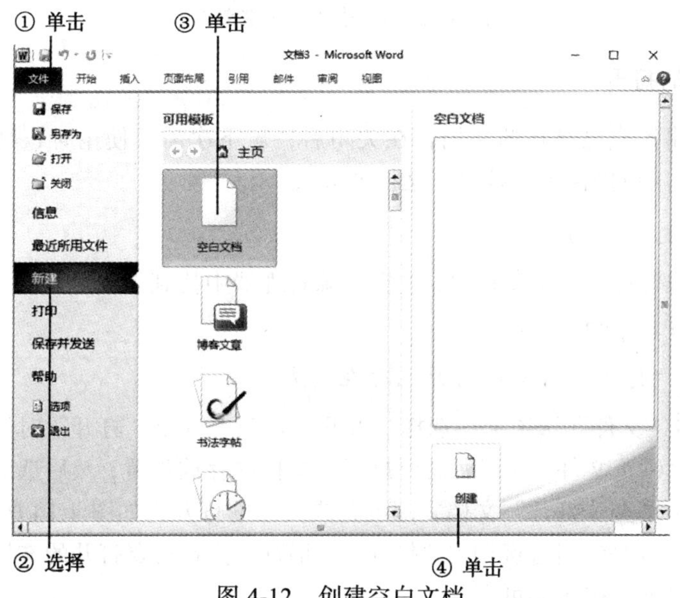


图 4-12　创建空白文档

2. 使用模板新建文档

Word 2010 为用户提供了多种可供选择的模板，用户在创建文档时可以根据自身需要选择对应的模板，这种通过模板创建文档的方式使文档的针对性更强。

具体使用模板创建文档的步骤如下：

(1) 单击“文件”选项卡。

(2) 选择“新建”选项。

(3) 在右侧的“可用模板”窗格中选择需要的模板。

(4) 单击“创建”按钮，完成文档的创建，如图 4-13 所示。

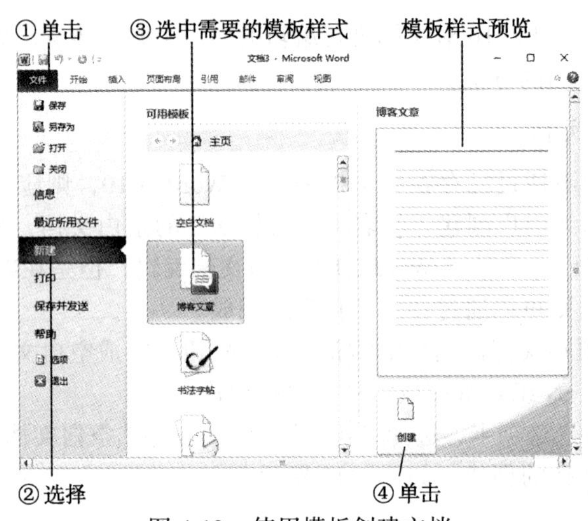


图 4-13　使用模板创建文档

### 4.2.2　文档的打开

对于新建的或已存在的文档，在关闭后，若下次需要使用时，则需要打开。Word 2010 为用户提供了多种打开文档的方式。

1. 直接打开文档

当用户需要打开某个文档时，先在资源管理器中找到需要打开的文档，然后双击文档即可打开文档。

2. 利用“打开”对话框打开已存在的文档

(1) 单击“文件”选项卡，选择“打开”选项。调出“打开”对话框，在打开对话框中通过浏览文件，找到所需要打开的文档的存放位置，然后选中所需要打开的文档，然后单击“打开”文档，即可完成文档的打开，如图 4-14 所示。

(2) 通过 Ctrl+O 组合键调出“打开”对话框，找到需要打开的文档的位置并选中，单击“打开”按钮即可。

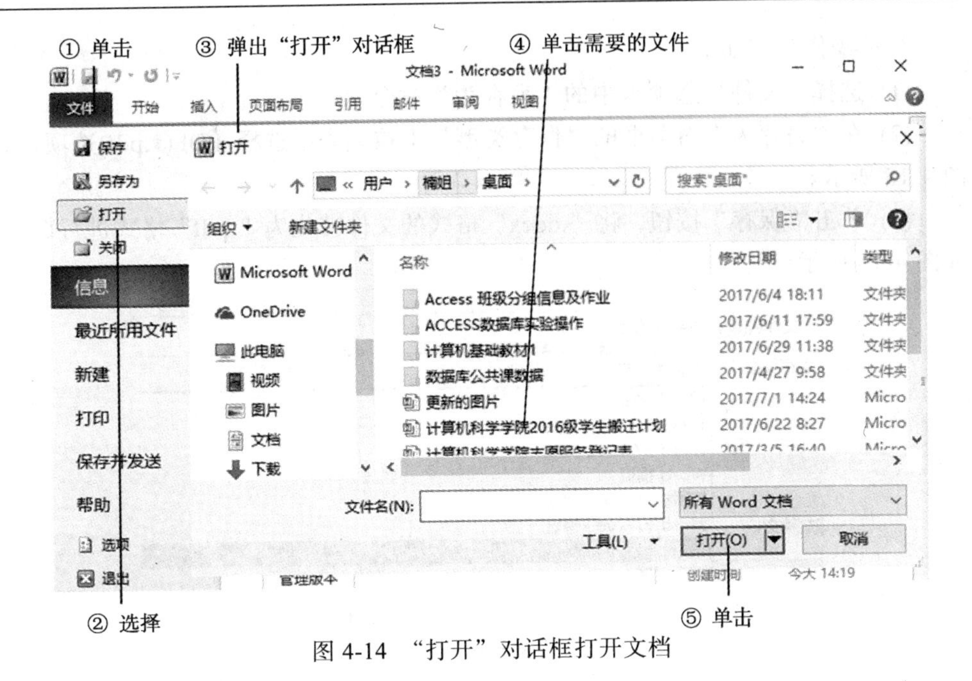


图 4-14　“打开”对话框打开文档

### 4.2.3　文档的保存

1. 文档的首次保存

用户在完成新文档的创建后，文档在磁盘中只是以临时文件的形式存在。因此，需要对新创建的文档进行保存，使之在磁盘中以永久文件的形式保存起来。

具体操作如下：

(1) 选择“文件”选项卡的“保存”选项，或单击“快速访问工具栏”中的“保存”按钮，打开“另存为”对话框。

(2) 在“另存为”对话框中，找到需要将文件保存到的位置。

(3) 在“文件名”中输入想要存储的文档的名称。

(4) 在“保存类型”中选择需要保存的格式，默认选用“Word 文档”，然后单击“保存”按钮完成文档的保存。

2. 保存已有文档

在文档的编辑过程中，用户可以通过按 Ctrl+S 组合键，或单击“快速访问工具栏”中的“保存”按钮，以及时保存文档。

除了对已有文档的直接保存，还可以对已有文档进行另存。另存的目的在于将文档进行多份存储和用其他类型存储文档。下面以将文档存储为 PDF 格式为例介绍具体操作。

具体操作步骤如下：

(1) 选择“文件”选项卡中的“另存为”命令。

(2) 在“另存为”对话框的“保存类型”下拉列表中选择 PDF(*.pdf)选项，如图 4-15 所示。

(3) 单击“保存”按钮，将“.docx”格式的文件转化为“.pdf”格式进行保存，如图 4-15 所示。

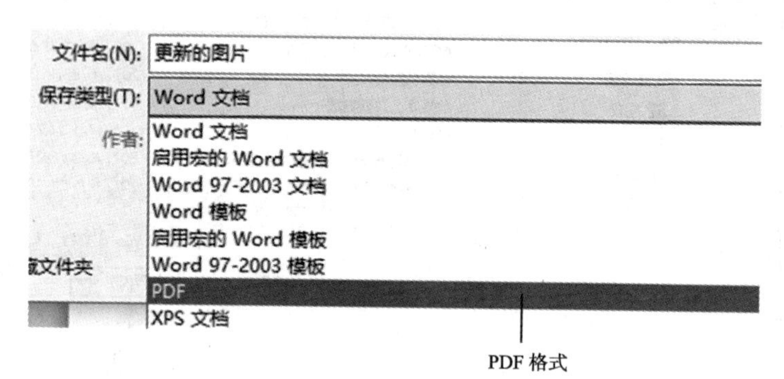


图 4-15　将文档另存为 PDF 格式

3. 设置自动保存

为防止用户忘记保存、停电、死机等情况下造成文档数据的丢失，Word 2010 为用户提供了每隔一定的时间就自动保存文档的功能，以降低损失。

具体操作步骤如下：

(1) 选择“文件”选项卡中的“选项”命令，弹出“Word 选项”对话框。

(2) 选择“Word 选项”对话框中的“保存”选项卡。

(3) 勾选“保存自动恢复信息时间间隔”复选框，根据自身需要调整自动保存文档的时间间隔，然后单击“确认”按钮保存设置，如图 4-16 所示。

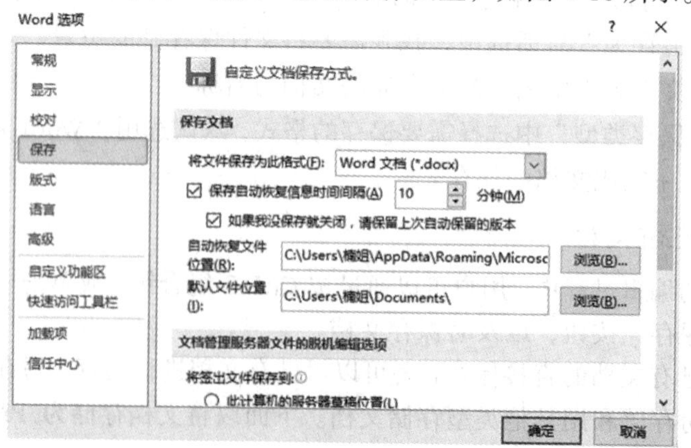


图 4-16　文档的自动保存设置

### 4.2.4　文档的关闭

选择“文件”选项卡中的“关闭”选项，或者单击文档右上角的“关闭”按钮。若用户关闭未保存的新文档或修改过的旧文档，则 Word 会自动显示提示框，提示用户对文档进行保存。

## 4.3　文 本 操 作

### 4.3.1　输入文字

1. 输入中文、英文等

首先创建一个新文档，在文档的页边空白范围以内的空白区域内使用鼠标双击，在光标闪烁处就可以输入内容。注意：一段只需按一次 Enter 键，如图 4-17 所示。

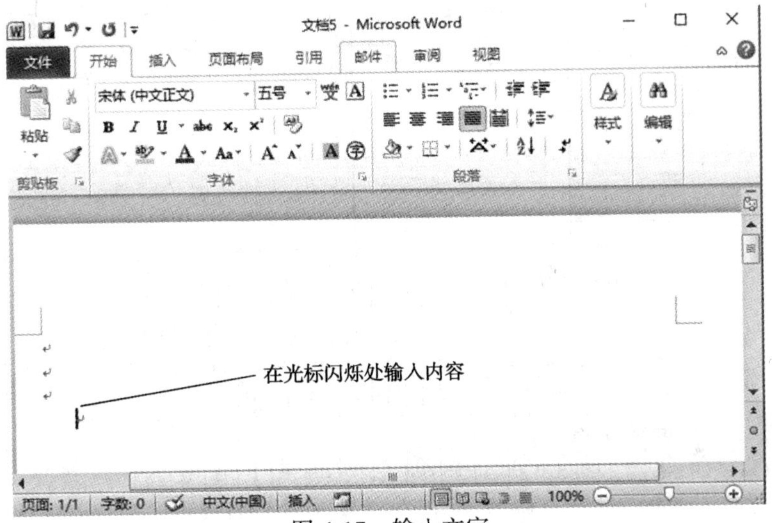


图 4-17　输入文字

在移动光标的过程中，也可以使用光标键快速移动光标。相应内容见表 4-2。

表 4-2　光标键移动光标

| 按　键 | 光标移动情况 |
| --- | --- |
| ↑/↓/←/→ | 光标移至上一行/下一行/左一个字符/右一个字符 |
| Home/End | 光标移至行首/行尾 |
| PageUp/PageDown | 光标移至上一屏/下一屏 |
| Ctrl+PageUp/Pagedown | 光标移至上一页窗口顶部/下一页窗口顶部 |
| Ctrl+ Home/End | 光标至文档开始处/文档结尾处 |
| Ctrl + ←/→ | 光标左移一个单词/右移一个单词 |
| Ctrl + ↑/↓ | 光标上移一段/下移一段 |

2. 特殊字符的输入

在编辑文档的过程中，有时候要输入一些特殊的字符，如¤、@、#等符号。像@、#等可以直接从键盘上输入，但¤等符号从键盘上无法直接输入，此时需要通过使用 Word 里面的插入符号的功能。操作方法如下：

(1) 在文档中将光标移至需要插入字符的位置。

(2) 在“插入”选项卡的“符号”组中使用鼠标单击“符号”下拉按钮，然后选择“其他符号”命令，在弹出的符号插入框中选择符号的字体与子集等信息。然后选中需要插入的符号，单击“插入”按钮，完成后单击“关闭”按钮。若需要插入特殊字符，则在弹出的符号插入框中选择“特殊字符”选项卡。其余操作同上，如图 4-18 所示。

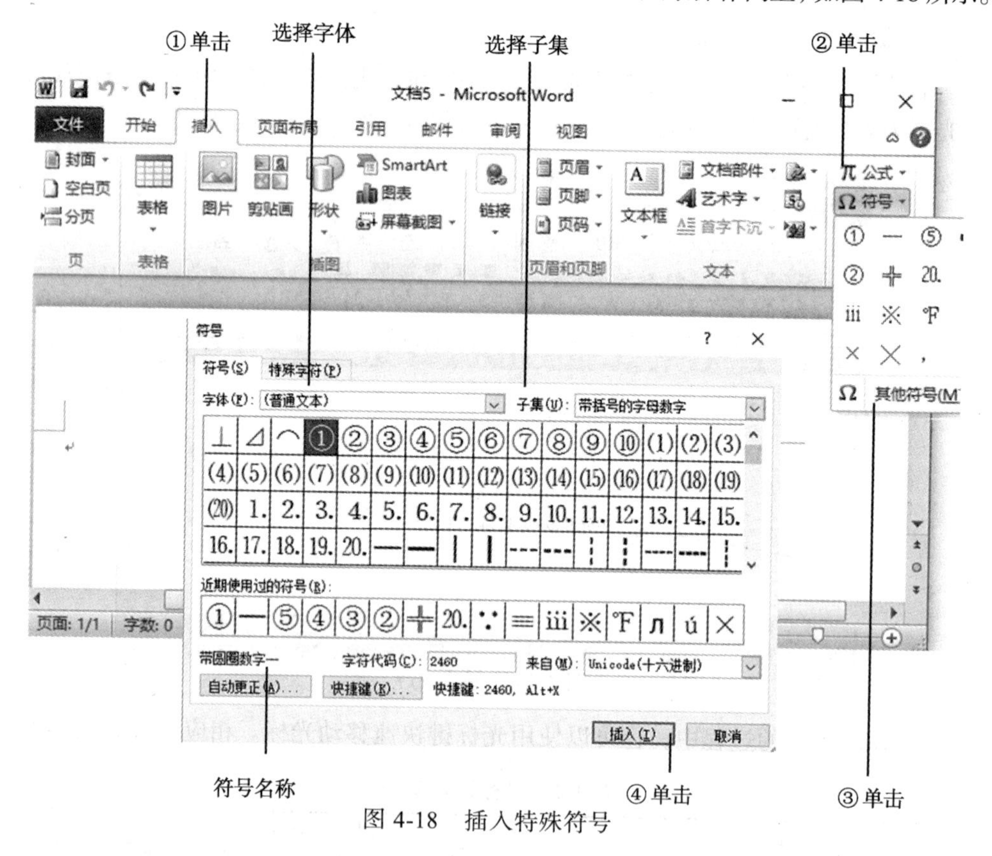


图 4-18　插入特殊符号

3. 插入日期

在文档中，可以直接通过键盘输入日期，如 2016 年 10 月 1 日。但如果要求文本中输入的日期是随系统日期变化的，则需要通过 Word 里面的功能。操作方法如下。

(1) 在文档中将光标移至需要插入日期的位置。

(2) 在“插入”选项卡的“文本”组中单击“日期和时间”按钮，在弹出的对话框中，选择插入日期的格式，选中“自动更新”复选框，日期就会随着系统日期变化。单击“确定”按钮，完成操作，如图 4-19 所示。

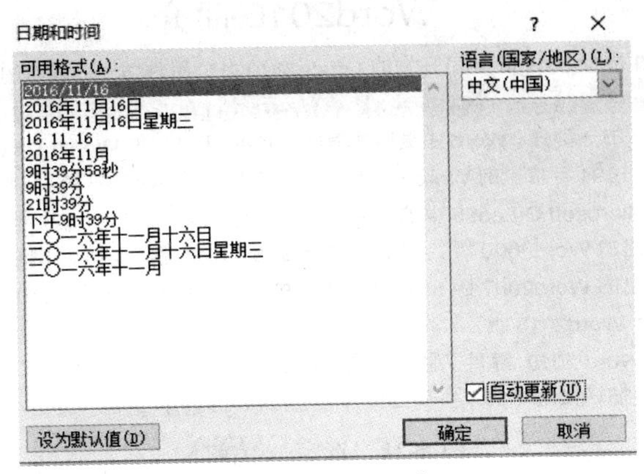


图 4-19　插入日期

### 4.3.2　文档内容编辑

1. 选择文本

在 Word 中，先要对文本或图片进行选择或选定操作，然后才能对文本或图片进行设置格式、编辑等操作。一般使用鼠标进行选择，也可以使用键盘进行选择。

1) 使用鼠标选定文本

(1) 在文本上拖动鼠标进行连续选定。从你想选中的位置开始按住鼠标左键，然后移动鼠标选择文本，松开鼠标后，就可看到选中的文本，其中选中的文本会处于高亮状态，如图 4-20 所示。

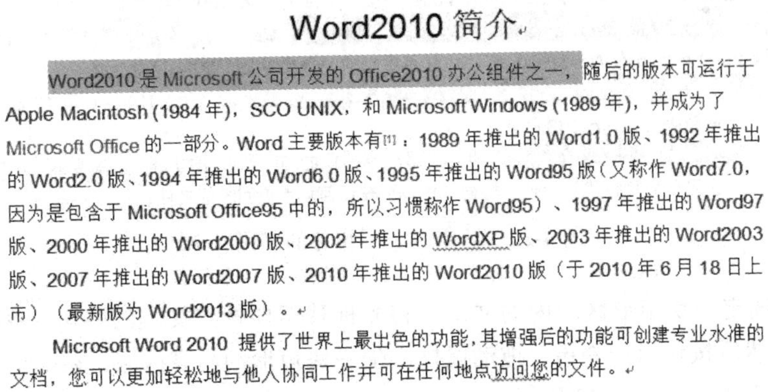

Word2010 简介

Word2010 是 Microsoft 公司开发的 Office2010 办公组件之一，随后的版本可运行于 Apple Macintosh (1984 年)，SCO UNIX，和 Microsoft Windows (1989 年)，并成为了 Microsoft Office 的一部分。Word 主要版本有[1]：1989 年推出的 Word1.0 版、1992 年推出的 Word2.0 版、1994 年推出的 Word6.0 版、1995 年推出的 Word95 版（又称作 Word7.0，因为是包含于 Microsoft Office95 中的，所以习惯称作 Word95）、1997 年推出的 Word97 版、2000 年推出的 Word2000 版、2002 年推出的 WordXP 版、2003 年推出的 Word2003 版、2007 年推出的 Word2007 版、2010 年推出的 Word2010 版（于 2010 年 6 月 18 日上市）（最新版为 Word2013 版）。

Microsoft Word 2010 提供了世界上最出色的功能，其增强后的功能可创建专业水准的文档，您可以更加轻松地与他人协同工作并可在任何地点访问您的文件。

图 4-20　拖动鼠标选中文档

(2) 选定一行文本。光标移动到该行的最左边，直至其变为一个向右上方的箭头，然后单击鼠标，即可选定该行内容，如图 4-21 所示。

Word2010 简介

Word2010 是 Microsoft 公司开发的 Office2010 办公组件之一，随后的版本可运行于 Apple Macintosh (1984 年)，SCO UNIX，和 Microsoft Windows (1989 年)，并成为了 Microsoft Office 的一部分。Word 主要版本有[1]：1989 年推出的 Word1.0 版、1992 年推出的 Word2.0 版、1994 年推出的 Word6.0 版、1995 年推出的 Word95 版（又称作 Word7.0，因为是包含于 Microsoft Office95 中的，所以习惯称作 Word95）、1997 年推出的 Word97 版、2000 年推出的 Word2000 版、2002 年推出的 WordXP 版、2003 年推出的 Word2003 版、2007 年推出的 Word2007 版、2010 年推出的 Word2010 版（于 2010 年 6 月 18 日上市）（最新版为 Word2013 版）。

Microsoft Word 2010 提供了世界上最出色的功能，其增强后的功能可创建专业水准的文档，您可以更加轻松地与他人协同工作并可在任何地点访问您的文件。

图 4-21　选定一行文本

(3) 选定一段文本。将光标定位于段内任意位置，然后三击鼠标，即可选定一个段落。或者将光标移至该段落的最左边，直至其为一个向右上方的箭头，然后双击鼠标也可选定一个段落。

(4) 选定多个不相邻的多段文字。先选定一段文字，再按住 Ctrl 键不放，然后再选定其他文字段，如图 4-22 所示。

Word2010 简介

Word2010 是 Microsoft 公司开发的 Office2010 办公组件之一，随后的版本可运行于 Apple Macintosh (1984 年)，SCO UNIX，和 Microsoft Windows (1989 年)，并成为了 Microsoft Office 的一部分。Word 主要版本有[1]：1989 年推出的 Word1.0 版、1992 年推出的 Word2.0 版、1994 年推出的 Word6.0 版、1995 年推出的 Word95 版（又称作 Word7.0，因为是包含于 Microsoft Office95 中的，所以习惯称作 Word95）、1997 年推出的 Word97 版、2000 年推出的 Word2000 版、2002 年推出的 WordXP 版、2003 年推出的 Word2003 版、2007 年推出的 Word2007 版、2010 年推出的 Word2010 版（于 2010 年 6 月 18 日上市）（最新版为 Word2013 版）。

Microsoft Word 2010 提供了世界上最出色的功能，其增强后的功能可创建专业水准的文档，您可以更加轻松地与他人协同工作并可在任何地点访问您的文件。

图 4-22　选定多个不相邻的多段文字

(5) 选定一块矩形区域内的文本。将光标移至要选定文本的一角，先按住 Alt 键不放，然后按住鼠标左键，拖动鼠标产生一块矩形的高亮区域，在该矩形内的文本都会被选中，如图 4-23 所示。

(6) 选定整个文档。将光标移动到编辑区最左侧，直至光标变成一个指向右上方的箭头，然后三击鼠标，即可选定整个文档。

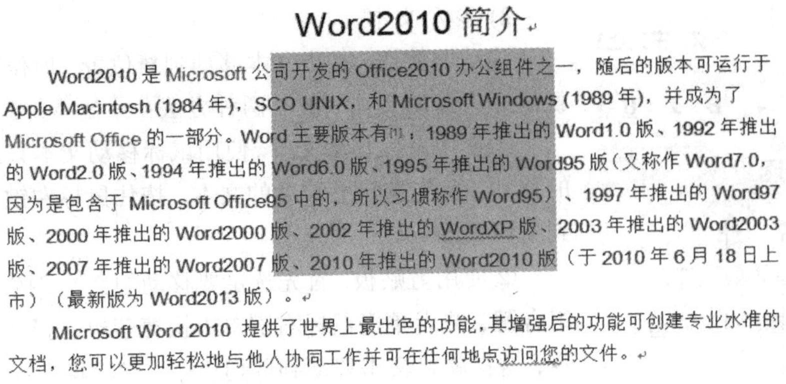

Word2010 简介

Word2010 是 Microsoft 公司开发的 Office2010 办公组件之一，随后的版本可运行于 Apple Macintosh (1984 年)，SCO UNIX，和 Microsoft Windows (1989 年)，并成为了 Microsoft Office 的一部分。Word 主要版本有[1]：1989 年推出的 Word1.0 版、1992 年推出的 Word2.0 版、1994 年推出的 Word6.0 版、1995 年推出的 Word95 版（又称作 Word7.0，因为是包含于 Microsoft Office95 中的，所以习惯称作 Word95）、1997 年推出的 Word97 版、2000 年推出的 Word2000 版、2002 年推出的 WordXP 版、2003 年推出的 Word2003 版、2007 年推出的 Word2007 版、2010 年推出的 Word2010 版（于 2010 年 6 月 18 日上市）（最新版为 Word2013 版）。

Microsoft Word 2010 提供了世界上最出色的功能，其增强后的功能可创建专业水准的文档，您可以更加轻松地与他人协同工作并可在任何地点访问您的文件。

图 4-23　选定一块矩形区域内的文本

(7) 选定一个英文单词或一个汉字词组。将光标移至单词或词组的任意位置，然后双击鼠标，即可选定一个英文单词或一个汉字词组。

2) 使用键盘选定文本

主要是利用键盘上面的控制键和光标键的组合来快速选定文本，相应内容见表 4-3。

**表 4-3　选定文本操作的组合键**

| 组合键 | 对应的选定操作 |
|---|---|
| Shift + ↑ | 按一次，选定光标上一行的文本，按多次，选定多行 |
| Shift + ↓ | 按一次，选定光标下一行的文本，按多次，选定多行 |
| Shift + ← | 按一次，选定光标左侧的一个字符，按多次，选定多个 |
| Shift + → | 按一次，选定光标右侧的一个字符，按多次，选定多个 |
| Shift + Home | 选定光标到行首的文本 |
| Shift + End | 选定光标到行尾的文本 |
| Ctrl + A | 选定整个文档 |

### 2. 文本的复制、移动和删除

1) 复制文本

复制文本是指将文本复制到另外的位置，原位置上仍保留该文本。首先选定需要复制的文本，按下 Ctrl+C 组合键，就完成了复制文本的操作，文本被复制到剪贴板中，然后将光标移至需要粘贴的位置，按下 Ctrl+V 组合键，完成粘贴。复制不仅复制了文字内容，还有其格式。在粘贴时可以选择是否要取消格式，如图 4-24 所示。

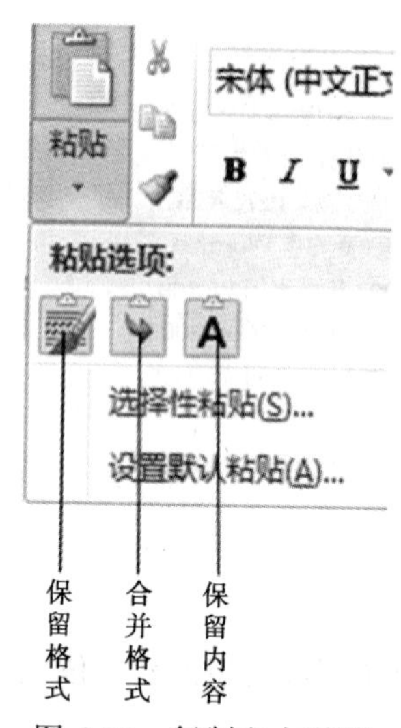


图 4-24　复制文本说明

2) 移动文本

移动即剪切，是指文本移动到新位置，原位置的文本就消失。移动文本一般有两种方法：

①使用鼠标移动文本。使用鼠标移动文本只能近距离的移动。首先选定要移动的文本，按住鼠标左键，将其拖到新位置即可。

②使用剪贴板。首先选定要移动的文本，按下 Ctrl+X 组合键，或者单击鼠标右键单击快捷菜单选择“剪切”命令，这样就将文本移动到剪切板中。然后将光标移至相应位置，按 Ctrl+V 组合键，或鼠标右键单击，在快捷菜单中选择“粘贴”命令，将文本粘贴到相应位置。

3) 删除文本

删除文本的操作相对于前面的操作比较简单。如果只是删除少量字符，可以使用 Backspace 键删除光标前面的字符，使用 Delete 键删除光标后面的字符。如果要删除大量的字符，则先选定要删除的文本，然后按 Backspace 键或 Delete 键即可删除。

3. 使用格式刷、清除格式

1) 格式刷

格式刷可以将选定的文本或段落的格式复制到指定的文本或段落，使其具有相同的格式。操作方法如下：

(1) 选定已经设置好格式的文本或段落。

(2) 在“开始”选项卡中单击“剪切板”组中的“格式刷”按钮，使光标变成刷子的形状。

(3) 将刷子形状的光标移至待改变格式的文本与段落。

(4) 按住鼠标左键不放，拖动鼠标至待改变格式的文本或段落末尾，此时释放鼠标左键，鼠标拖过的范围内的文本与段落的格式改变为指定的文本或段落的格式。

2) 清除格式

在使用 Word 时，有时候使用了错误的文本格式，此时，就可以使用 Word 2010 里面的清除格式的功能。操作方法如下：

(1) 选定将要清除格式的文本或段落。

(2) 在“开始”选项卡单击“字体”组中的“清除格式”按钮，格式清除操作完成。

### 4.3.3　文本框的使用

文本框是一种可移动、可调大小的文字或图形容器。其可以放置在文档中的任意位置，并可以对其中的内容进行格式处理。操作方法如下。

首先在“插入”选项卡中单击“文本”组中的文本框按钮，在打开的内置文本框面板中选择合适的文本框类型，这样就插入了一个文本框，如图 4-25 所示。然后就可以在文本框内输入文字。

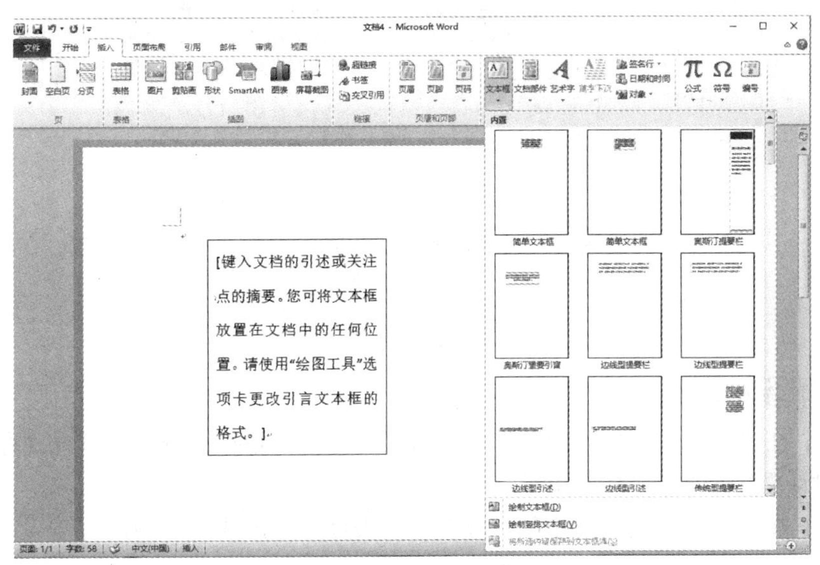


图 4-25　插入文本框

### 4.3.4　查找与替换

编辑文本时，经常需要对文字进行查找和替换操作，此时可以使用 Word 2010 里面的查找和替换功能。

1. 查找

查找的操作方法如下：

(1) 在“开始”选项卡中，单击“编辑”组中的“查找”按钮，或按 Ctrl+F 组合键打开。

(2) 此时在左侧会弹出一个任务窗格，在“搜索文档”处输入想要查找的文本，然后按回车键即可搜索。

(3) 完成上述操作后，查找到的文字会以黄色背景显示出来，左侧“导航”窗格中，图标 ▲ 与 ▼ 分别表示“上一条搜索结果”与“下一条搜索结果”，如图 4-26 所示。

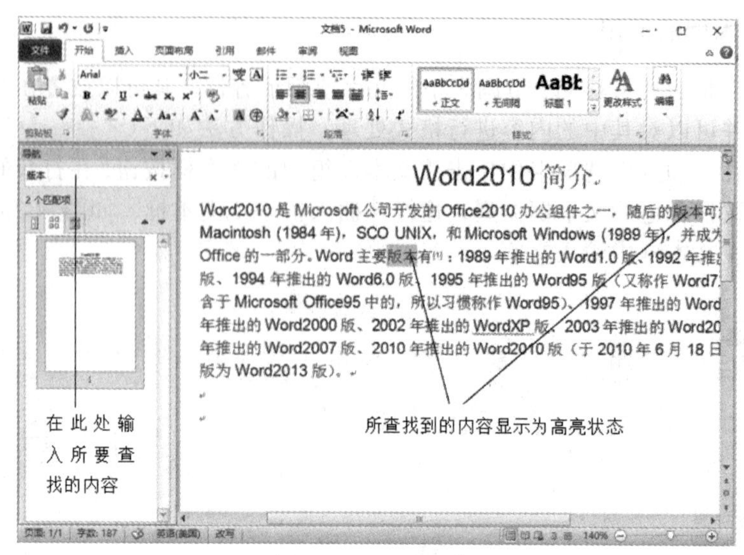


图 4-26　查找操作

2. 替换

替换操作方法如下：

(1) 在“开始”选项卡中，单击“编辑”组中“替换”按钮，打开“查找和替换”对话框，如图 4-27 所示。

(2) 在“替换”选项卡中的“替换为”表框中输入要替换的内容。

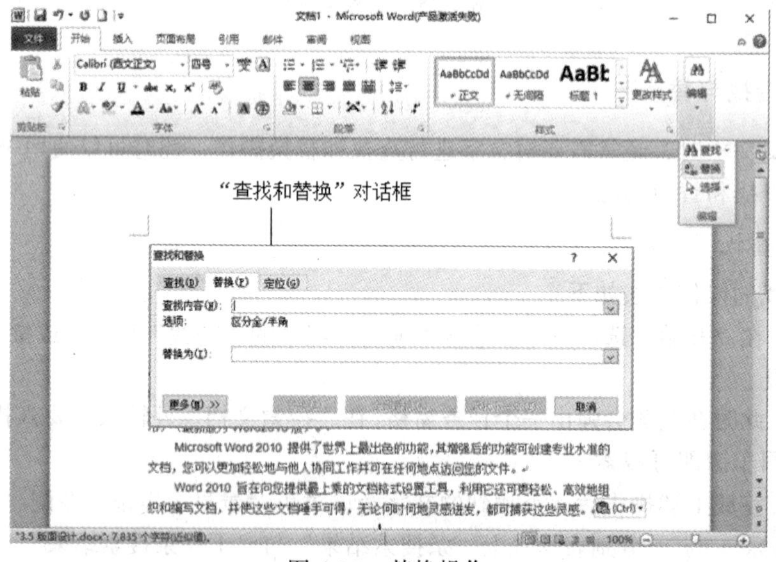


图 4-27　替换操作

(3) 单击“查找下一处”按钮，然后单击“替换”按钮，可逐一替换，若要全部替换，则单击“全部替换”按钮。

### 4.3.5　撤销和恢复

1. 撤销

当使用 Word 2010 编辑文本时，如果对以前的操作不满意，或之前进行了错误的操作，只需要单击“常用”工具栏中的“撤销”按钮 ↶ 即可。

2. 恢复

完成撤销操作后，如果用户想要恢复撤销的操作，单击“撤销”按钮旁边的“恢复”按钮 ↷ 即可。

### 4.3.6　检查文档中的拼写和语法

使用 Word 2010 编辑大量文档时，难免会出现一些拼写和语法错误。此时可以打开 Word 2010 里面的拼写和语法检查功能，Word 2010 将会自动检测用户输入的内容是否有错误，出现错误时，以红色波浪线标记的是拼写错误，绿色波浪线标记的是语法错误。但这项功能检查出来的错误未必真的错了，还需要用户加以判断。具体操作方法如下：

(1) 在“文件”选项卡中，选择“选项”命令。

(2) 在弹出的“Word 选项”对话框中选择“校对”选项，选中“键入时检查拼写”和“键入时标记语法错误”复选框即可，如图 4-28 所示。

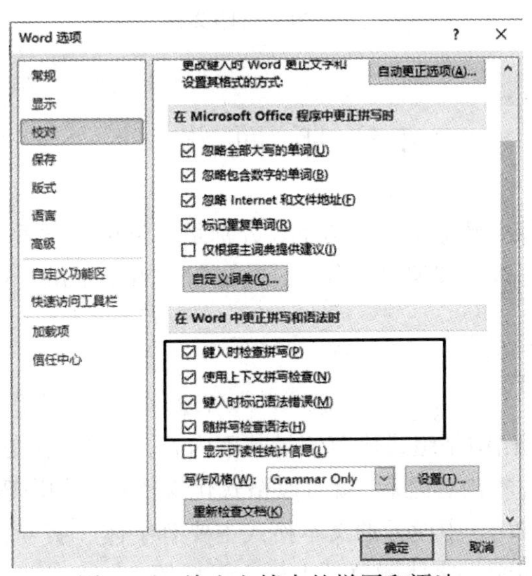


图 4-28　检查文档中的拼写和语法

### 4.3.7 打印文档

打印文档的操作方法如下：

(1) 选择“文件”选项卡，然后选择“打印”命令，或者使用 Ctrl+P 组合键。

(2) 此时跳转到“打印”页面，用户根据自己的需要设置打印的“份数”、“页数”和“单面或双面”等，完成后单击“打印”按钮即可，如图 4-29 所示。

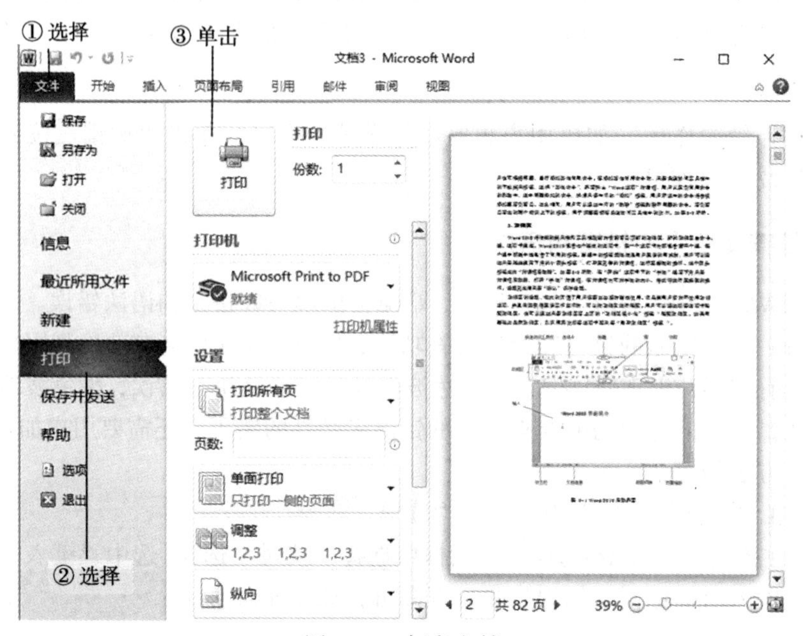


图 4-29　打印文档

## 4.4 版 面 设 计

文档的版面设计大致分为三个方面，分别是字符格式设置、段落格式设置和页面设置。另外，项目符号和编号、分栏、分隔符、首字下沉、页眉、页脚也是常用的特殊格式。

### 4.4.1 设置文本格式

文本在 Word 文档中是组成段落的最基本内容，文本内容是所有文档都具有的。用户键入完所需的文本内容之后，就可以格式化操作相应的段落文本，来达到美观、实用的目的。Word 2010 中设置的文本格式主要有字体、字号、粗体、斜体、下划线、大小写、字符间距、字体颜色、上标、下标等。

1. 设置字体和字号

操作步骤如下：

(1) 将想要操作的文本选中。

(2) 单击“开始”选项卡，再单击“字体”下拉列表按钮。

(3) 在弹出的下拉列表里单击想要的字体，如“华文行楷”，如图 4-30 所示。

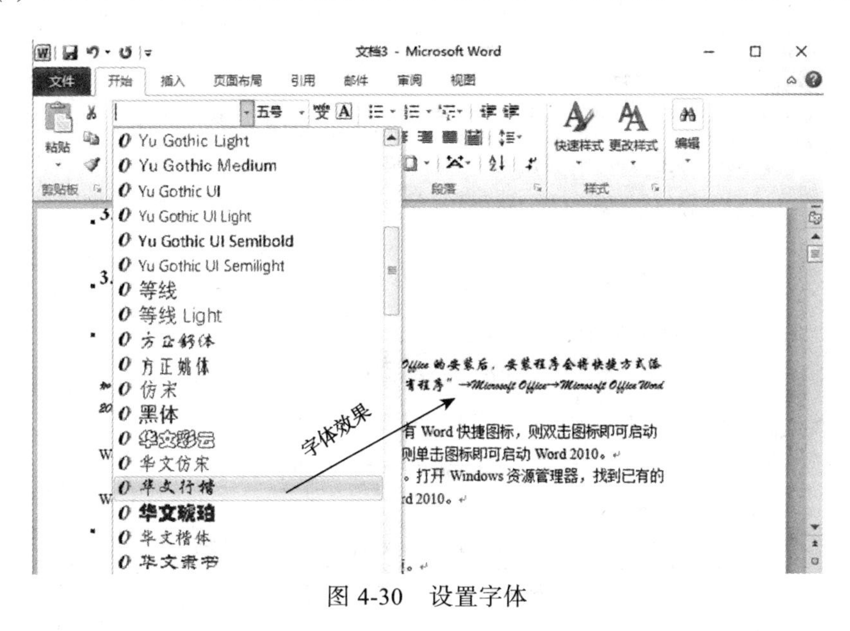


图 4-30　设置字体

(4) 此时用户可以看见，选中的文本会以新的字体显示出来。

(5) 单击“开始”选项卡，再单击“字号”下拉列表按钮。

(6) 在弹出的下拉列表里单击想要的字号，如“四号”，如图 4-31 所示。

(7) 此时用户可以看见，选中的文本会以新的字号显示出来。

提示：Word 2010 提供实时预览功能，即当鼠标从相应的字体上划过时，选中的文本会以预览的形式做出相应的变化。

2. 设置字形

粗体、斜体、下划线、删除线等效果都是常用的文本字形。以文本设置粗体和文字底部添加波浪线为例，下面将说明一般设置步骤。

操作步骤如下：

(1) 选中要操作的文本。

(2) 单击“开始”选项卡，再单击“字体”组中的加粗按钮“**B**”，如图 4-32 所示。

(3) 此时用户可以看见选中部分会加粗显示，字体加粗操作完成。提示：加粗设置的快捷键为 Ctrl+B，斜体设置的快捷键为 Ctrl+I。

(4) 单击“开始”选项卡，再单击“字体”组中的添加下划线按钮“U”右边的下拉列表按钮。

(5) 在弹出的下拉列表里单击“波浪线”选项，如图 4-32 所示。

(6) 此时用户可以看见，选中部分底部出现波浪线，字体添加下划线操作完成。

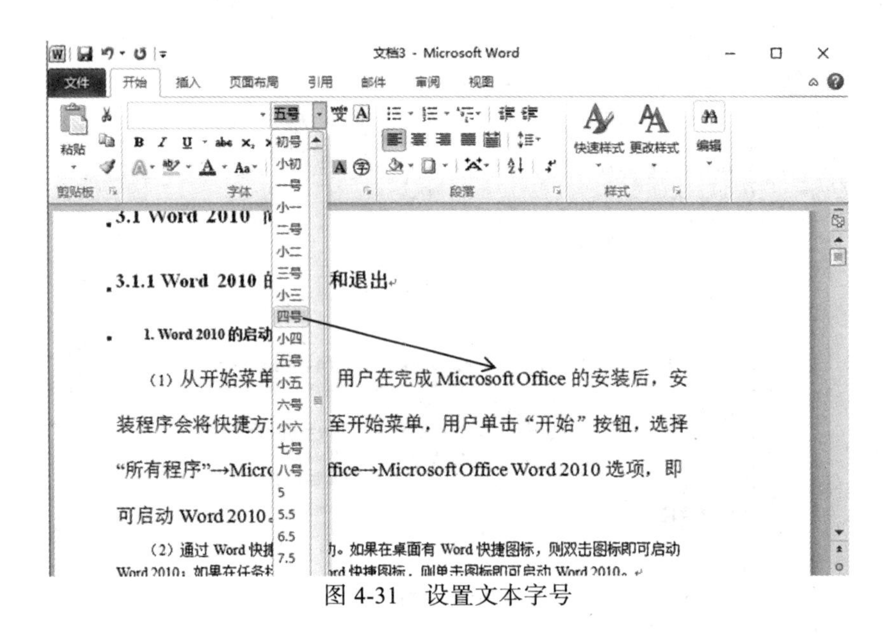


图 4-31　设置文本字号

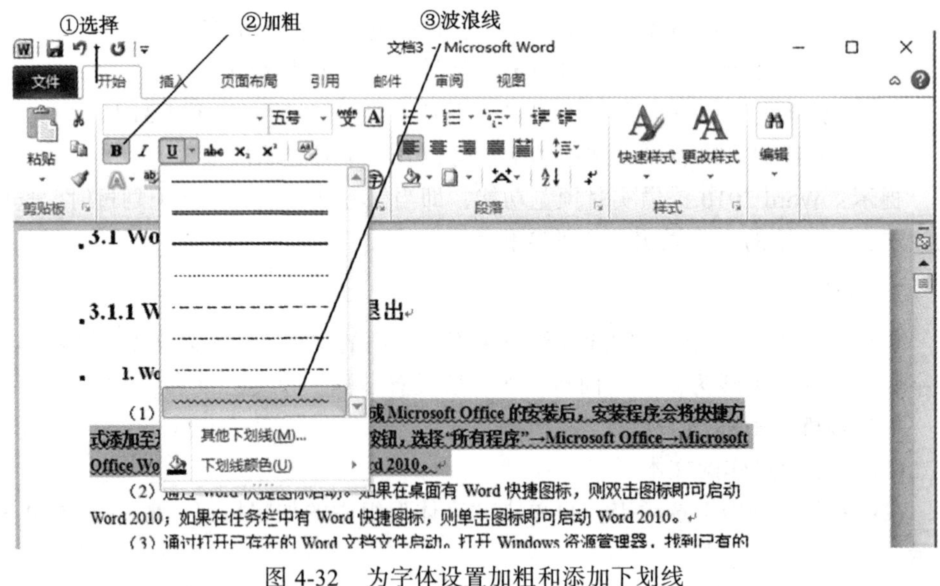


图 4-32　为字体设置加粗和添加下划线

3. 设置字体颜色

有时为了使文档的表现力更强，经常需要为字体设置不同的颜色。操作步骤如下：

(1) 将想要设置颜色的文本选中。

(2) 单击“开始”选项卡，再单击“字体”组中的字体颜色按钮“A”的下拉列表，在列表里选择想要的颜色，如图 4-33 所示。

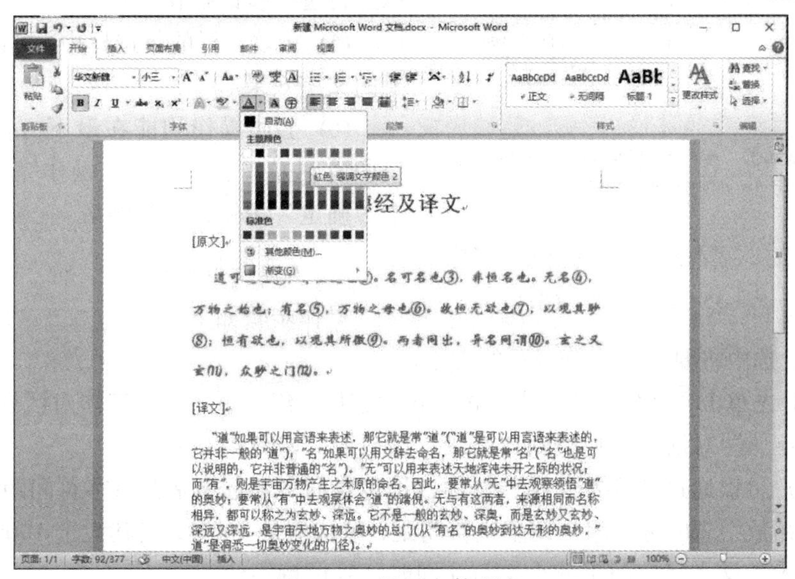


图 4-33　设置字体颜色

(3) 此时用户可以看见，选中的文本会变成选择的颜色，设置字体颜色操作完成。

(4) 如要自定义字体的颜色，用户可以在字体颜色下拉列表中单击“其他颜色”按钮，这时会弹出“颜色”对话框，在对话框中选择合适的颜色，单击“确定”按钮，如图 4-34 所示。

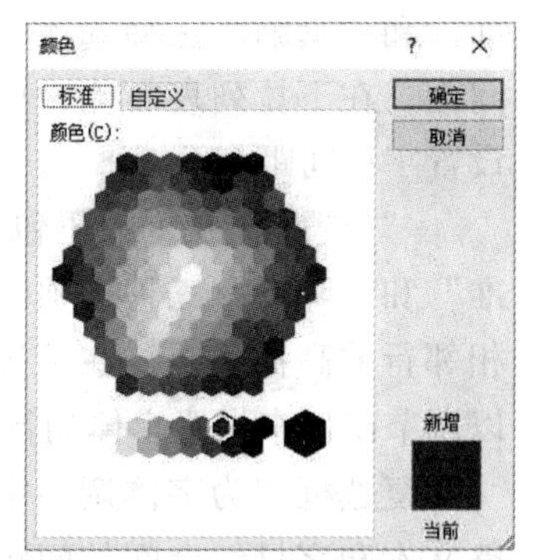


图 4-34　为字体设置“其他颜色”

4. 设置字体其他效果

用户还可以在“字体”对话框中对文本的字体、字号、字形、字体颜色、着重号、删除线等其他效果进行设置。操作步骤如下：

(1) 选中将要操作的文本。

(2) 单击“开始”选项卡，单击“字体”组右下角的“字体对话框”按钮，“字体”对话框弹出，如图 4-35 所示。提示：使用快捷键 Ctrl+D 也可弹出“字体”对

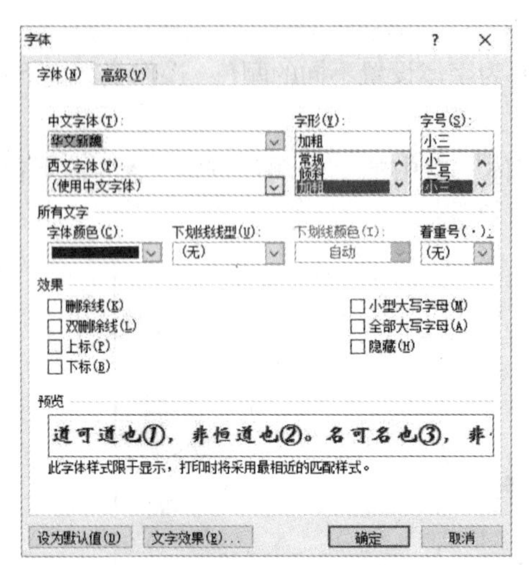


图 4-35　设置字体效果

话框。

(3) 在“字形”和“字号”下拉列表里可以选择字形和字号。

(4) 在“字体颜色”、“下划线线形”、“下划线颜色”、“着重号”等拉列表里可以进行进一步的操作。

(5) 在效果栏的复选框中，可以选择需要的文字效果。

(6) 上述操作均能在最下方的预览窗口中看到操作后的效果，操作完成后，单击“确定”按钮，操作结束。

5. 设置字符间距

操作步骤如下：

(1) 选中将要设置字符间距的文本。

(2) 先单击“开始”选项卡，再单击“字体”组右下角的“字体对话框”按钮，弹出“字体”对话框，切换到“高级”选项卡，如图 4-36 所示。

用户可以通过“字符间距”选项区里包含的多个选项来调整字符间距。

“缩放”选项可以用来调整字符间距，默认值是 100%，当其大于 100%时字符间距增大，反之字符间距减小，与此同时字号保持不变。

“间距”下拉列表里包含“加宽”、“标准”和“紧缩”三种选项、可以设置字符间距；在下拉列表右侧，可以调节磅值来设置字符间距。

“位置”下拉列表里包含“提升”、“标准”和“降低”三种选项，可以设置上下相邻行的高低间距；在下拉列表右侧，可以调节磅值来设置字体的行间距。

复选框“为字体调整字间距”可以调整文本和字母组合间的间距，美化文本的视觉效果；复选框“如果定义了文档网络，则对齐到网络”可以自动设置每行的字符数，使其等于“页面设置”对话框中设置的字符数。

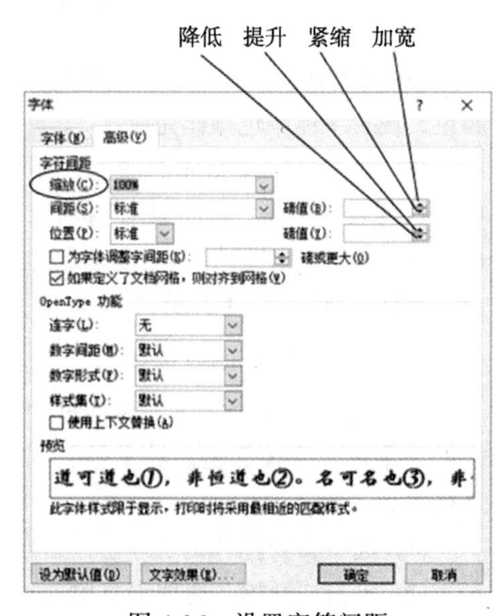


图 4-36　设置字符间距

### 4.4.2　设置段落格式

以特殊符号作为结束标记的一段文本称为做段落，仅用于段落的标记，打印时不会显示。段落格式的设置主要有段落缩进、对齐方式、间距等。

段落的排版命令均是同时适用于整个段落或多个段落的，所以在对段落排版之前，鼠标光标可以移动到该段落的任何地方；若对多个段落进行排版，则需要选中所有需要排版的段落。

1. 对齐段落

对齐段落就是段落文本边缘的对齐方式，一共包括两端对齐、居中对齐、左对齐、右对齐、分散对齐五种，默认的对齐方式是两端对齐。

操作步骤如下：

(1) 选中将要设置对齐方式的段落。

(2) 单击“开始”选项卡，在“段落”组中单击想要的对齐方式，如图 4-37 所示。

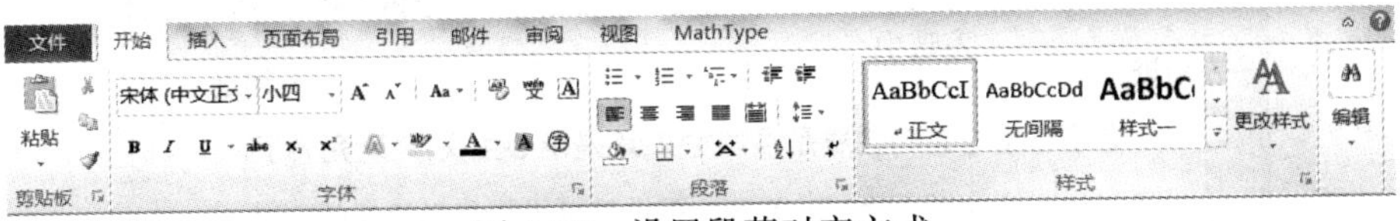

图 4-37　设置段落对齐方式

对齐方式的组合键如表 4-4 所示。

**表 4-4　对齐方式的组合键**

| 组合键 | 用途 |
|---|---|
| Ctrl+L | 左对齐 |
| Ctrl+R | 右对齐 |
| Ctrl+E | 居中对齐 |
| Ctrl+J | 两端对齐 |
| Ctrl+Shift+J | 分散对齐 |

2. 设置段落缩进

段落中的文本与文本边界之间的距离称为段落缩进。常见的缩进格式有左缩进、右缩进、悬挂缩进、首行缩进四种，默认情况下段落的左缩进和右缩进都是零。

段落缩进的含义如表 4-5 所示。

**表 4-5　段落缩进的含义**

| 缩进方式 | 含义(设置整个段落) |
|---|---|
| 左缩进 | 左边界的缩进位置 |
| 右缩进 | 右边界的缩进位置 |
| 悬挂缩进 | 除首行外的其他行缩进位置 |
| 首行缩进 | 设置首行起始位置 |

下面介绍段落缩进的四种设置方法。

1) 使用水平标尺设置

操作步骤如下：

(1) 先单击“视图”选项卡，再单击“显示”组中的“标尺”复选框，可以看到文档的四周出现了文档标尺，如图 4-38 所示。

(2) 拖动首行缩进标记可以移动段首的缩进，在拖动的时候可以看到文档会实时地显示效果；拖动悬挂缩进标记可以移动非首行的缩进；拖动左右缩进标记可以移动两边的缩进距离。

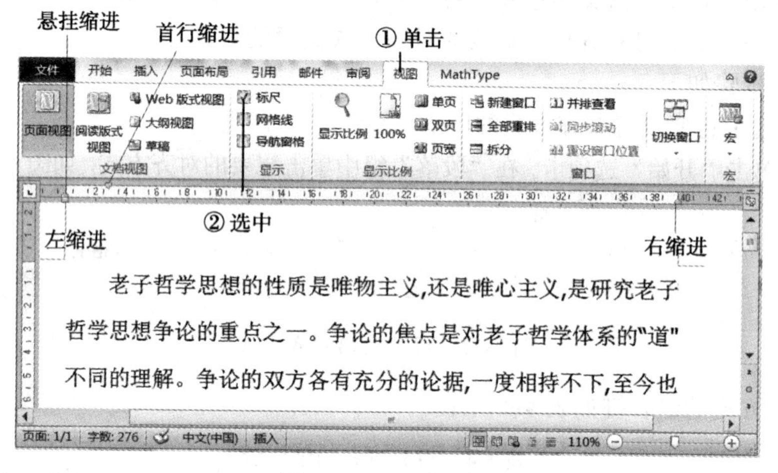


图 4-38　段落缩进

2) 使用“开始”选项卡段落组中的命令

操作步骤如下：

先单击“开始”选项卡，再单击段落组中的“减少缩进量”按钮和“增加缩进量”按钮，用户可以看到“悬挂缩进”、“首行缩进”、“左缩进”按钮一起水平移动，但只能调整左边的缩进。

3) 使用“页面布局”选项卡中的段落组设置

操作步骤如下：

(1) 将鼠标光标移动到需要调整缩进的段落里。

(2) 先单击“页面布局”选项卡，再单击“段落”组中的命令，可以输入数值，也可以通过按钮调节段落缩进，每次增加或减少 0.5，如图 4-39 所示。

4) 利用对话框设置

操作步骤如下：

(1) 选中需要调整的段落。

(2) 先单击“开始”选项卡，再单击“段落”组右下角的“段落对话框”按钮，弹出“段落”对话框，如图 4-40 所示。

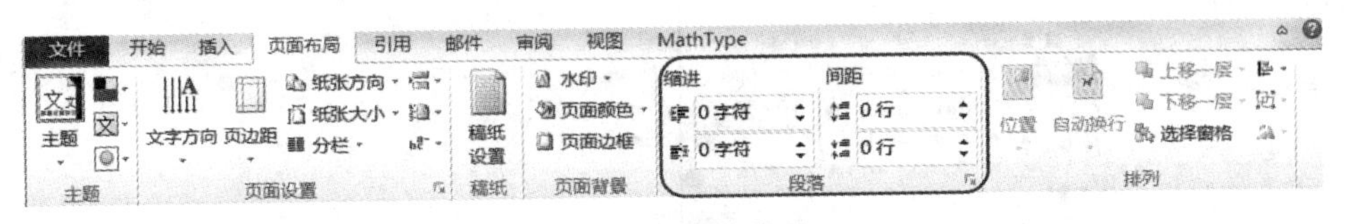


图 4-39　段落缩进

(3) “缩进”选项区中的“左侧”和“右侧”可以调节缩进的字符个数，可为负值；若要建立首行缩进或者悬挂缩进，可在“特殊格式”下拉列表里选择，并在右侧的“磅值”框里选择缩进量；用户可以在“预览”框里查看设置后的效果，最后单击“确定”按钮。

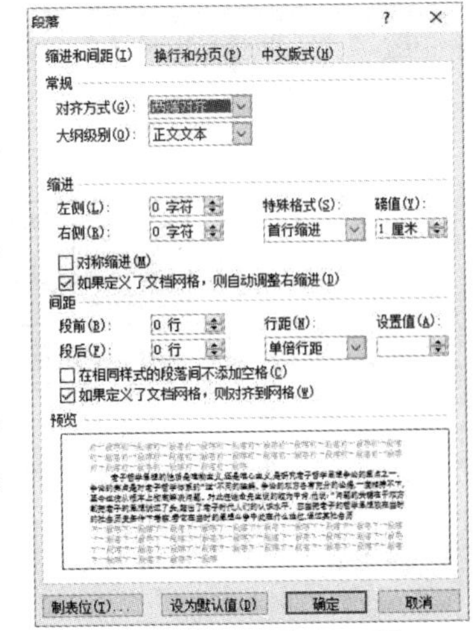


图 4-40　“段落”对话框

3. 段间距和行间距

相邻两个段落之间的距离称为段间距，段落中相邻两行文字之间的距离称为行间距。其设置操作步骤如下：

(1) 选中需要调整段间距和行间距的段落。

(2) 先单击“开始”选项卡，再单击“段落”组右下角的“段落对话框”按钮，弹出“段落”对话框。

(3)“间距”选项卡里的“段前”和“段后”可以调节段间距的行数，也可输入数值。若选择多倍行距，则需要在“设置值”框中输入或设置相应倍数。

4. 添加项目符号

在文档中适当使用项目符号可以使文档的层次更加分明，突出重点。它的重要应用有制作考试试卷的试题数、文档的章节等。当其中的数据进行删除或者增加时，相应的项目编号会自动重新编号，减少用户的输入以及避免发生编号的错误。

1) 使用内置项目符号

用户可以快速套用内置在 Word 2010 中常用的几种项目符号。

操作步骤如下：

(1) 选中需要添加项目符号的几个段落。

(2) 先单击“开始”选项卡，再单击“段落”组右下角的“项目符号”按钮，“段落”下拉列表展开，在下拉列表中选择需要的项目符号样式，会显示段落样式应用之前和之后的效果，如图 4-41 所示。

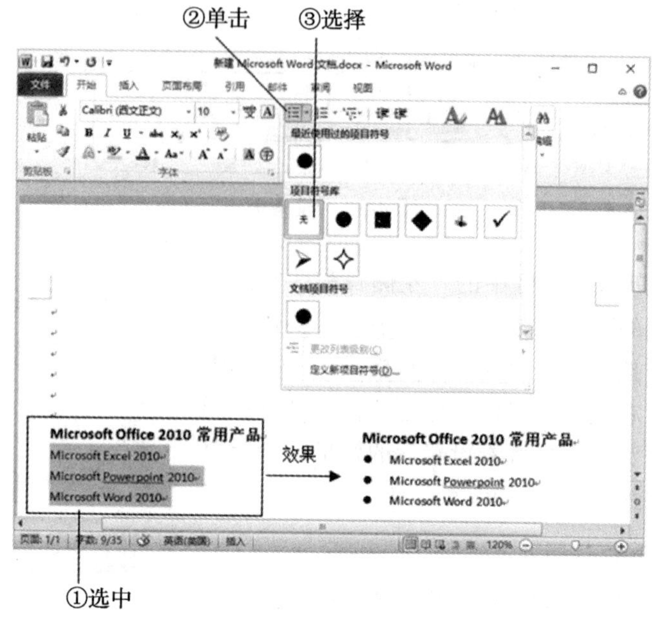


图 4-41 为段落添加项目符号

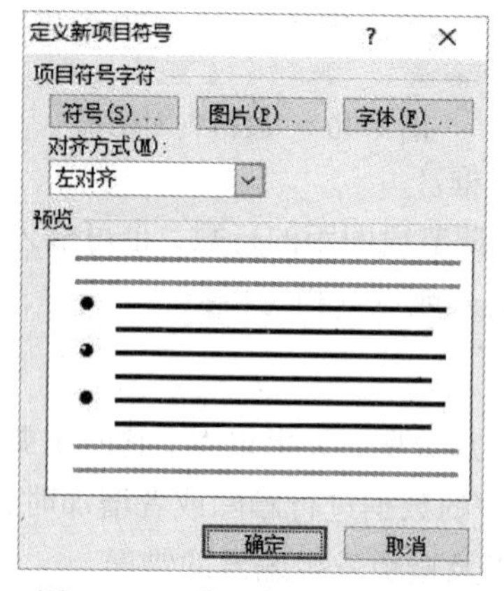


图 4-42 “定义新项目符号”对话框

2) 项目符号

用户还可以单击“项目符号”按钮下拉列表，选择底部的“定义新项目符号”选项，在弹出的对话框中自定义项目符号。

操作步骤如下：

(1) 单击“项目符号库”列表底部的“定义新项目符号”，弹出“定义新项目符号”对话框，如图 4-42 所示。

(2) 单击“定义新项目符号”对话框中的“项目符号字符”选项区里的“符号”按钮，弹出“符号”对话框，如图 4-43 所示，在“符号”对话框中选择需要的符号。

(3) 单击“图片”按钮，弹出“图片项目符号”对话框，如图 4-44 所示。

在“图片项目符号”对话框中选择需要的图片符号；单击“字体”按钮，弹出“字体”对话框，在其中设置项目符号中的字体格式。

(4) 完成设置后，单击“确定”按钮。

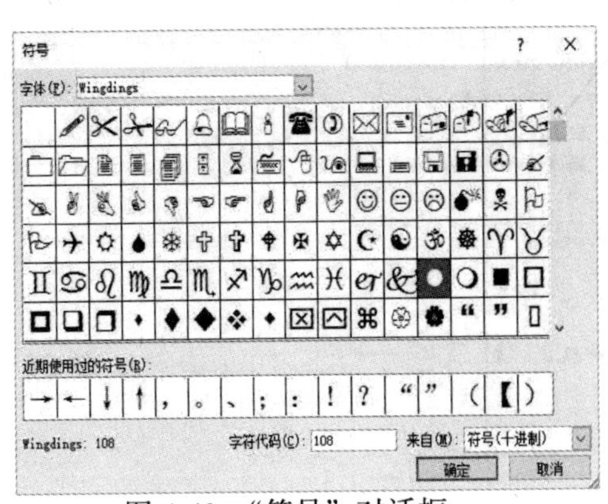
图 4-43　“符号”对话框

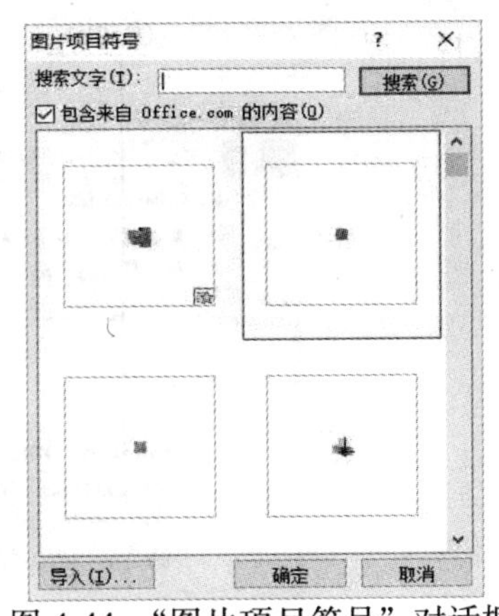
图 4-44　“图片项目符号”对话框

5. 添加编号

编号放在文本之前，可以使文本具有一定的顺序。用户可以使用项目编号快速为文本内容设置编号，使文本结构更加清晰。

操作步骤如下：

(1) 选中需要设置编号的几个段落。

(2) 先单击“开始”选项卡，再单击“段落”组里的“编号”按钮打开下拉列表。

(3) 先在下拉列表“编号库”里预览，然后选择需要的样式，使用编号前后对比效果如图 4-45 所示。

提示：若“编号库”里的编号样式不能满足用户的要求，则用户可以自定义编号。单击“编号”按钮的下拉列表底部的“定义新编号格式”选项，用户就可以自己定义新的编号，如图 4-46 所示。

图 4-45　“编号库”列表

6. 首字下沉

首字下沉是为了使段落的第一个字突出显示。

操作步骤如下：

(1) 将鼠标光标移动到需要操作的段落中的任意位置。

(2) 先单击“插入”选项卡，再单击“文本”组里的“首字下沉”，在弹出的列表里选择“下沉”或者“悬挂”设置，还可以选择“首字下沉选项”，会弹出“首字下沉”对话框，进一步设置下沉字体及行数。设置完成后单击“确定”按钮，如图 4-47 所示。

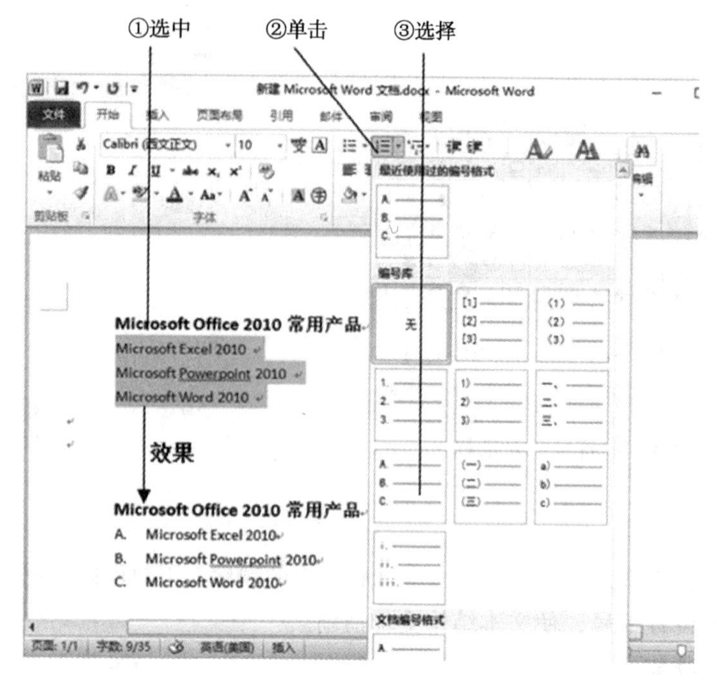


图 4-46　为段落添加编号

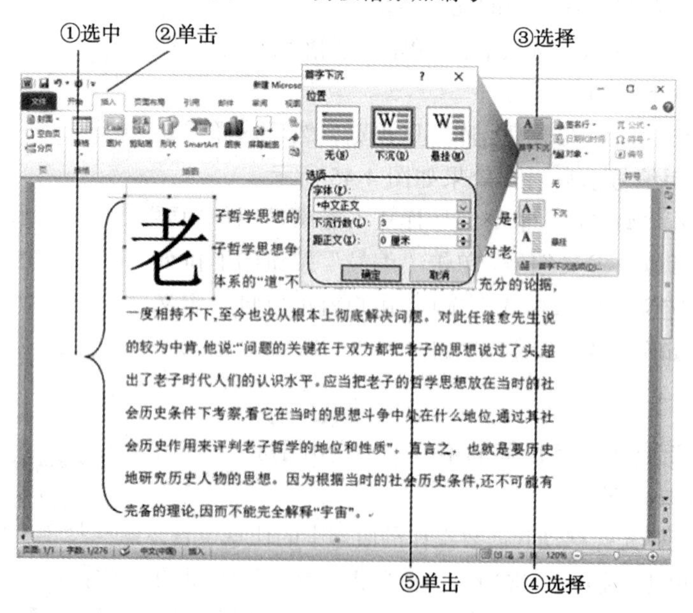


图 4-47　首字下沉

### 4.4.3　中文版式

Word 中文版为用户提供了符合中国人习惯版式的很多功能，如中文版式。其中包括拼音指南、带圈字符、汉字的繁简转换等很多功能。

1. 拼音指南

拼音文字是指给中文字符标注汉语拼音的文字。用户可以使用中文版式的拼音指南轻易地实现拼音的标注。

操作步骤如下：

(1) 选中需要标注拼音的文字。

(2) 先单击“开始”选项卡，再单击“字体”组里的“拼音指南”按钮，弹出“拼音指南”对话框。

(3) 在“拼音指南”对话框里调整拼音，例如，在“字体”列表框中选择拼音使用的字体，在“偏移量”列表框中调整汉字与拼音的距离，单击“确定”按钮，如图 4-48 所示。

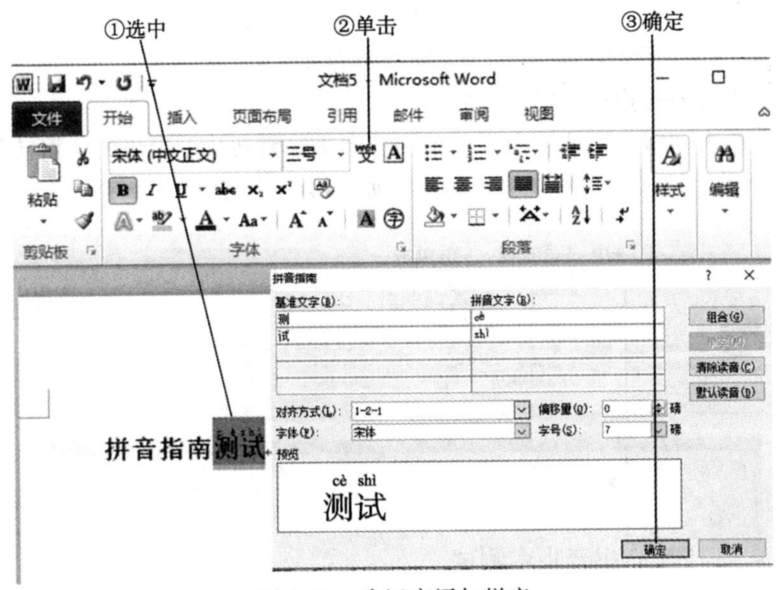


图 4-48　为汉字添加拼音

用户在添加或删除拼音指南时，选定文字的字符格式不会改变，可在应用拼音指南之后设置字符格式，但是若将带有拼音指南的文字设置格式，如斜体，则拼音指南也会被设置为相同格式。若只想设置文字的格式，则应在设置好文字的格式后再添加拼音指南。

2. 带圈字符

带圈字符，顾名思义，就是给单个字符加上边框。用户需要为字符添加一个圈或者菱形时，就可以使用“带圈字符”功能来实现。

操作步骤如下：

(1) 选中需要添加边框的文字，只能选择一个。

(2) 先单击“开始”选项卡，再单击“字体”组里的“带圈字符”按钮，在弹出的“带圈字符”对话框里选择带圈的“样式”和“圈号”等，如图4-49所示。

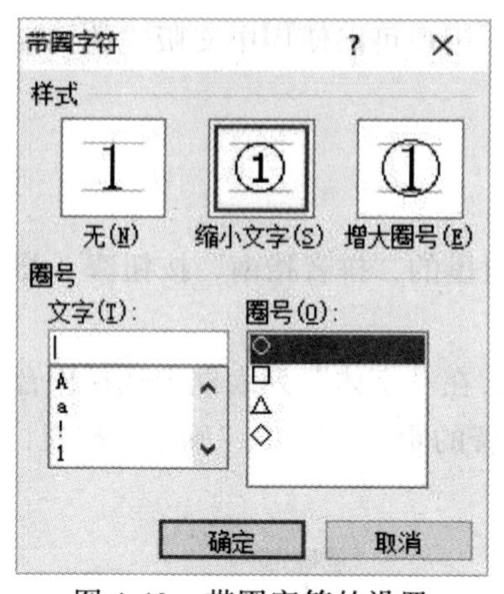


图 4-49　带圈字符的设置

3. 汉字的繁简转换

在使用汉字时，存在着汉字编码、繁简汉字和一些特殊习惯用户的差异。这时汉字的繁简转换功能就可以实现字体的转化，而且在遣词造句方面也符合简繁文体的习惯。转化的对象可以是一篇文章，也可以是一段文稿。

操作步骤如下：

(1) 选中需要转换的文字。

(2) 先单击“审阅”选项卡，再单击“中文简繁转化”组里的“繁转简”、“简转繁”或“繁简转换”按钮，实现转换，如图 4-50 所示。

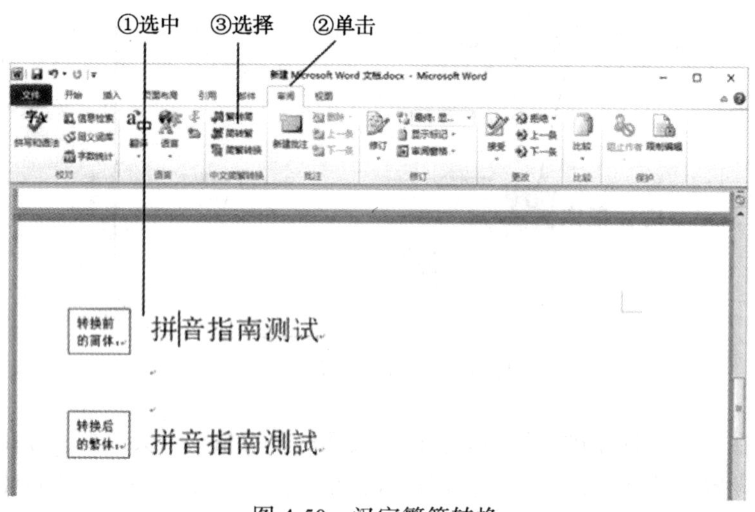


图 4-50　汉字繁简转换

### 4.4.4　添加文档封面

为了使文档更加美观，用户可以添加一个封面，此时需要用到 Word 2010 内置的“封面库”，其中包含了预先设计的多种封面。

操作步骤如下：

(1) 先单击“插入”选项卡，再单击“页”组里的“封面”按钮。

(2) 弹出内置的“封面库”下拉列表，可以从中选择想要的封面，选中的封面会插入文档的首页。

若要替换用户自己添加的封面或者 Word 2010 之前版本插入的封面，必须要手动删除，然后再使用 Word 2010 添加。

若要删除 Word 2010 插入的封面，先单击“插入”选项卡，再单击“页”组里的“封面”按钮，继续单击“删除当前封面”，即可完成删除封面操作，如图 4-51 所示。

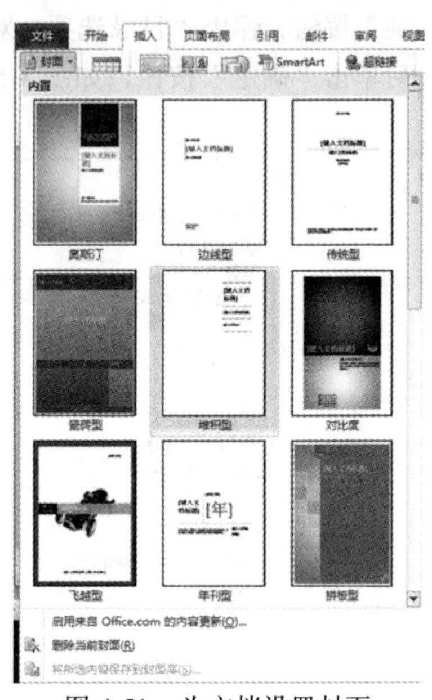


图 4-51　为文档设置封面

### 4.4.5　文档目录

在编辑长文档时，为了快速查找到相关内容，通常要在最前面给出文档的目录，目录中包含了文章中的所有大小标题和编号以及标题的提示页码，创建目录可以通过对要包括在目录里的文本应用标题样式(如标题 1、标题 2、标题 3)来实现，这样 Word 2010 就可以搜索这些标题，然后在文档开端插入目录。若文档中的标题进行了更改，Word 可以自动更改目录。

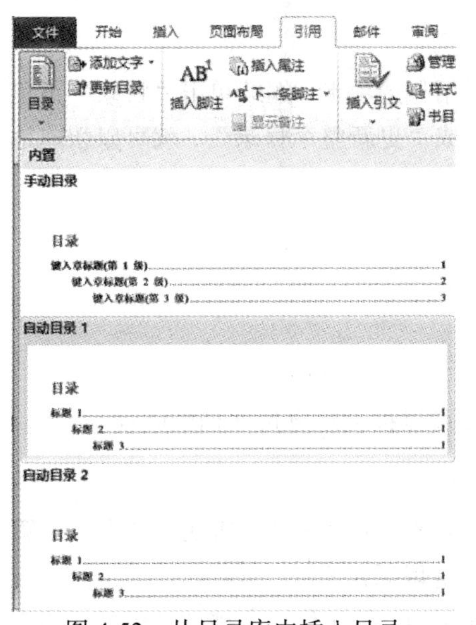


图 4-52　从目录库中插入目录

#### 1. 使用目录库创建目录

操作步骤如下：

(1) 将鼠标光标移动到想要生成文档目录的地方(一般在文档最前端)，移动光标到文档最前端的快捷键是 Ctrl+Home 组合键。

(2) 先单击“引用”选项卡，再单击“目录”组里的“目录”按钮，内置的目录库下拉列表弹出，如图 4-52 所示。用户从中选择需要的目录插入即可。

#### 2. 自定义样式创建目录

操作步骤如下：

(1) 将鼠标光标移动到想要生成文档目录的地方(一般在文档最前端)，移动光标到文档最前端的快捷键是 Ctrl+Home 组合键。

(2) 先单击“引用”选项卡，再单击“目录”组里的“目录”按钮，内置的目录库下拉列表弹出，选择“插入目录”，弹出“目录”对话框，单击对话框的“选项”按钮，弹出“目录选项”对话框，可以在对话框中重新设置目录的样式，完成后单击“确定”按钮，如图 4-53 所示。

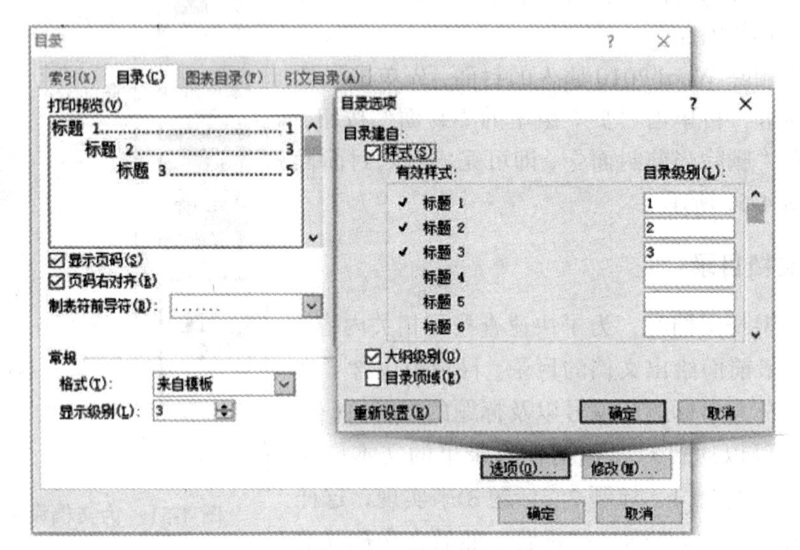


图 4-53　设置目录

3. 更新目录

先单击选中已经生成的目录，再单击“引用”选项卡，继续单击“目录”组里的“更新目录”按钮，选择“只要更新页码”或“更新整个目录”，就可以快速地更新目录。

4. 删除目录

单击选中已经生成的目录，按 Delete 键删除。

### 4.4.6 添加引用内容

在编辑长文档时，给内容添加索引和脚注可以极大地方便文档的阅读。

1. 添加脚注和尾注

脚注和尾注是指用于文档中显示所引用的资料来源或说明性信息。例如，一篇文章里引用了某种说法，则脚注可能标注为“这段话出自于‘……’”。

脚注位于当前页的底部或者指定文本的正下方，尾注位于文档的结尾处后指定节的结尾。脚注和尾注通常都用一条短横线与正文分开，包含注释文本，字体较小。

操作步骤如下：

(1) 选择文档中要添加脚注或尾注的文本。

(2) 先单击“引用”选项卡，再单击“脚注”组里的“插入脚注”或“插入尾注”按钮，可以看到在页面的底部插入了脚注或者在文档尾部插入了尾注。

(3) 若要自定义脚注和尾注的样式，用户可以先单击“引用”选项卡，再单击“脚注”组里的“对话框启动器”，弹出“脚注和尾注”对话框，在其中设置样式，如图 4-54 所示。

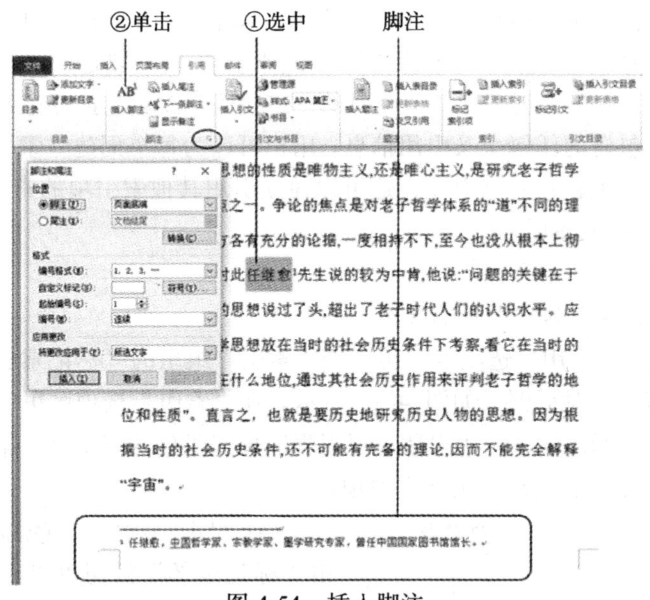


图 4-54　插入脚注

2. 加入题注

题注是指对象下方用来描述该对象的一行文字，可以为文档里的图表、表格、公式等其他对象添加编号标签。文档在编辑过程中如果对题注进行了添加、删除和移动等操作，则可以对所有题注一次性更新，不需要单独调整。

图 4-55　添加题注

操作步骤如下：

(1) 选择文档中要添加题注的位置。

(2) 先单击“引用”选项卡，再单击“题注”组里的“插入题注”按钮，弹出对话框“题注”，如图 4-55 所示，用户可以根据添加题注的对象不同，在“选项”区的“标签”下拉列表里选择不同的标签类型，可选择的标签有 Equation、Figure、Table 三种。

(3) 若要自定义标签，用户可以单击“新建标签”按钮，设置完成后单击“确定”按钮。

3. 标记并创建索引

索引是指列出一篇文档中讨论的术语和主题以及它们出现的页码。用户可以提供文档中主索引项的名称和交叉引用来标记索引项目，生成索引。

创建索引之前，应先标记出组成文档索引的单词、短语或者符号之类的索引项。索引项是用于标记索引中特定文字的域代码。Word 2010 会在用户选择文本并将其标记为索引项时，自动添加一个特殊的 XE (索引项)域，域是指示 Word 2010 文档自动插入文字、图形、页码和其他资料的一组代码。该域包括标记好了的主索引项以及用户选择包含的任何交叉引用信息。用户可以为每个词建立索引项，也可以为包含数页文档的主题建立索引项，还可以建立引用其他索引项的索引。

1) 标记单词或短语

操作步骤如下：

(1) 选中想要作为索引项的文本。

(2) 先单击“引用”选项卡，再单击“索引”组里的“标记索引项”按钮，弹出“标记索引项”对话框，如图 4-56 所示。在“索引”选项区里的“主索引项”文本框会显示选择的文本。用户还可以根据需要提供创建索引项、第三索引项或另一个索引项的交叉引用来自定义索引项。

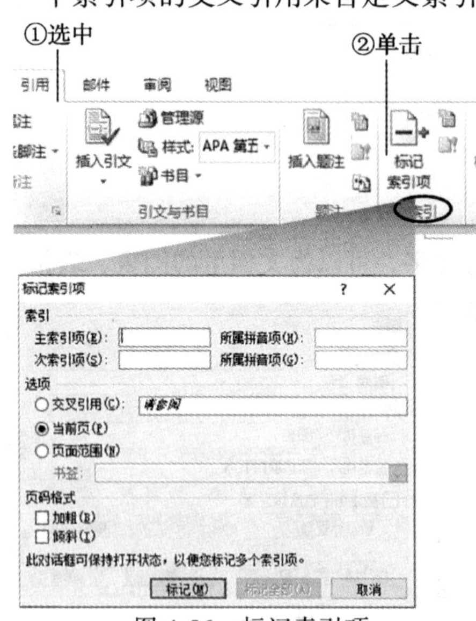

图 4-56　标记索引项

(3) 单击“标记”按钮标记索引项，单击“标记全部”按钮可以标记文档中与此文本相同的所有文本。

(4) 此时用户可以发现对话框“标记索引项”中的“取消”按钮已经变成“关闭”按钮，单击“关闭”按钮完成索引项的标记。

用户如果想创建次索引项，可以在“次索引项”文本框中输入文本。如果想要包括第三级索引项，则应在次索引项文本后面输入“：”，然后输入第三级索引项的文本。如果想创建对另一个索引项的交叉引用，则应选中“选项”区域中的“交叉引用”按钮，然后在文本框中输入另一个索引项的文本。

2) 为文档中的索引项创建索引

操作步骤如下：

(1) 将鼠标光标定位在建立索引的地方(通常在整个文档的最后)。

(2) 先单击“引用”选项卡，再单击“引用”组里的“插入索引”按钮，弹出“索引”对话框，如图 4-57 所示。

(3) 在“索引”选项区里的“格式”下拉列表里选择索引风格，选择的效果可以在 “打印预览”列表框中预览查看。

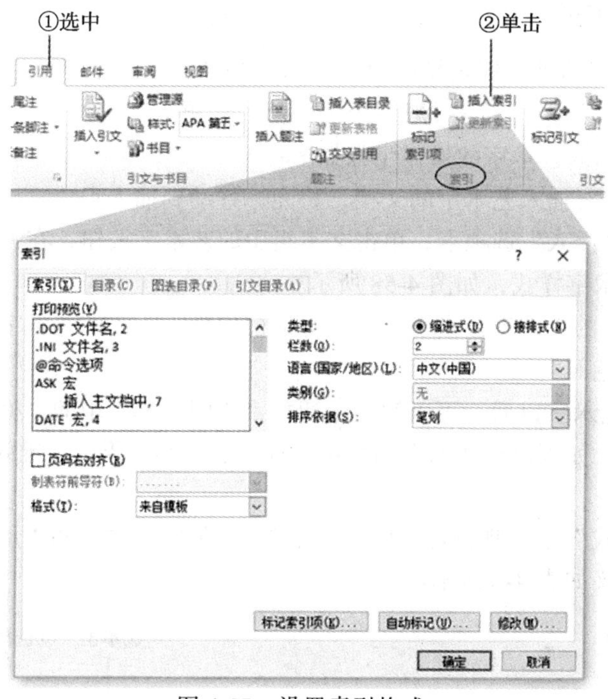


图 4-57　设置索引格式

3) 为延续页数的文本标记索引项

操作步骤如下：

(1) 选择索引项引用的文本范围。

(2) 先单击“插入”选项卡，再单击“链接”组中的“书签”按钮，弹出“书签”对话框，在“书签名”文本框里输入书签名称，单击“添加”按钮。

(3) 单击文档中用书签标记的文本结尾处。

(4) 单击“引用”选项卡，单击“索引”组里的“标记索引项”按钮，弹出“标记索引项”对话框，在“主索引项”文本框里输入标记文本的索引项。

(5) 用户如果想设置索引的文本格式，可以选择“主索引项”或者“次索引项”文本框中的文本后右键单击，弹出快捷菜单，在其中选择“字体”命令，弹出“字体”对话框，在其中选择想要使用的格式选项。

(6) 在“选项”区域中单击“页面范围”按钮。在“书签”下拉列表框里输入或选择在步骤(2)中输入的书签名，单击“标记”按钮。

## 4.5　图 文 混 排

### 4.5.1　插入艺术字

对 Word 文档进行编辑排版时有时需要添加一些艺术字体以起到装饰性的效果，凸显重点，美化页面，一般多用于文档的标题。

在文档中插入艺术字的操作步骤如下：

(1) 打开需要插入艺术字的文档，将光标移动到插入点。

(2) 选择“插入”选项卡，单击文本组中的艺术字按钮，在弹出的下拉列表中选择所需的艺术字样式，如图 4-58 所示。

(3) 在弹出的“编辑艺术字文字”对话框中输入所需的艺术字文本，并设置字体、字号、颜色等。

(4) 插入艺术字以后，可以利用激活的“绘图工具”中的“格式”选项卡调整艺术字的显示，如可以对艺术字的文字、样式、阴影效果、三维效果等进行设置，如图 4-59 所示。

“形状样式”组右侧包含“形状填充”、“形状轮廓”和“形状效果”三个命令按钮，其含义如表 4-6 所示。

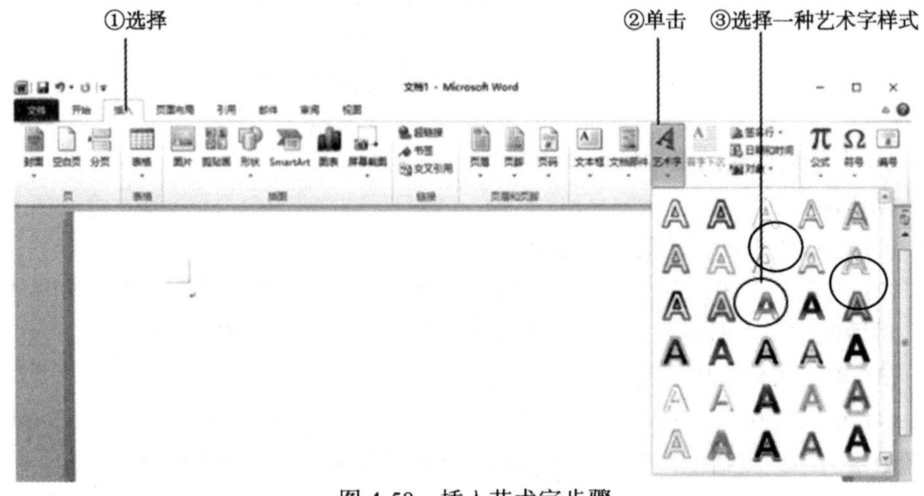


图 4-58　插入艺术字步骤

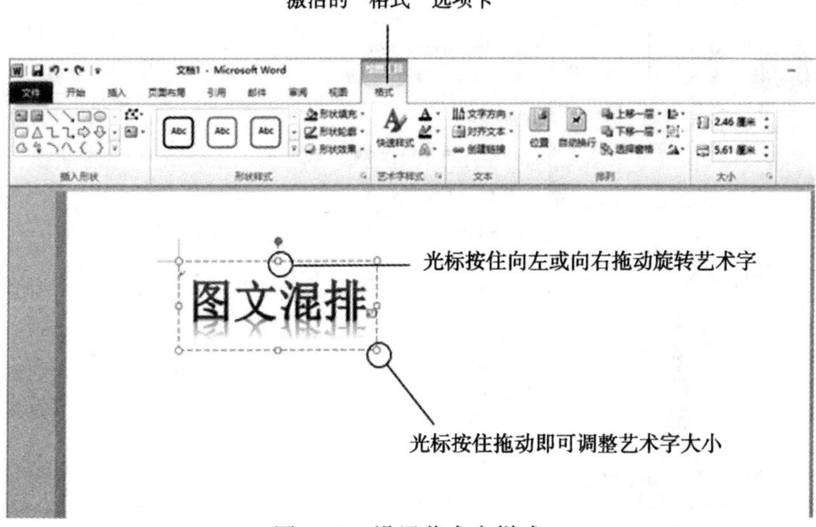


图 4-59　设置艺术字样式

**表 4-6　“形状样式”组按钮含义**

| 选项 | 效果(针对该形状) |
|---|---|
| 形状填充 | 填充颜色、填充图片等 |
| 形状轮廓 | 轮廓颜色、轮廓粗细、轮廓环绕线虚实 |
| 形状效果 | 阴影、映像、发光、柔化边缘等 |

### 4.5.2　插入图片与剪贴画

在 Word 文档中，用户可以将图片插入文档中，以达到图文并茂的效果，使文档更加美观，更易理解。

1. 插入图片

向文档中插入图片的操作步骤如下：

(1) 将光标定位至插入图片的位置。

(2) 选择“插入”选项卡，单击“图片”按钮，打开“插入图片”对话框。

(3) 在对话框中查找图片所在的位置，选中图片后单击“插入”按钮或双击图片即可将图片插入文档中，如图 4-60 所示。

2. 编辑图片

插入图片后，可以对图片的大小与位置进行设置，还可以利用激活的“图片工具”中的“格式”选项卡对图片样式与格式进行设置。下面从四个方面介绍对图片进行编辑设置的方法。

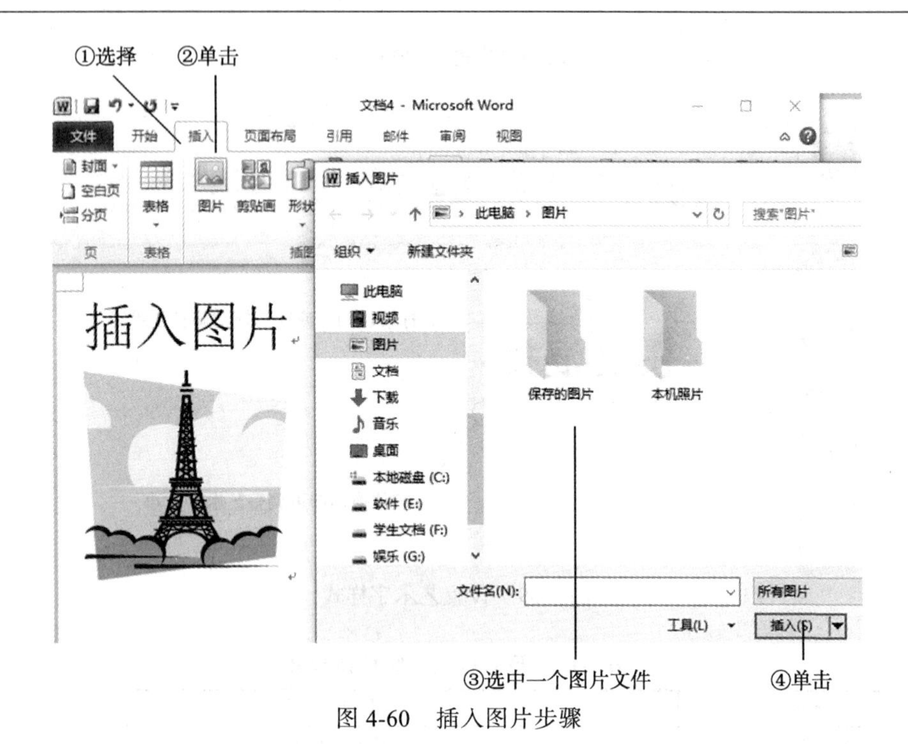


图 4-60　插入图片步骤

1) 改变图片的大小

改变图片的大小有两种方式：第一种单击选中图片，在图片的上下左右与四个边角会出现八个小圆点或者小方点，光标按住右上角的小圆点(按住其他三个小圆点亦可)向外拖动即可将图片放大；第二种选择“图片工具”中的“格式”选项卡，单击“大小”组中右下角的“对话框启动器”按钮，弹出“布局”对话框，在“大小”选项卡中设置图片的大小，如图 4-61 所示。

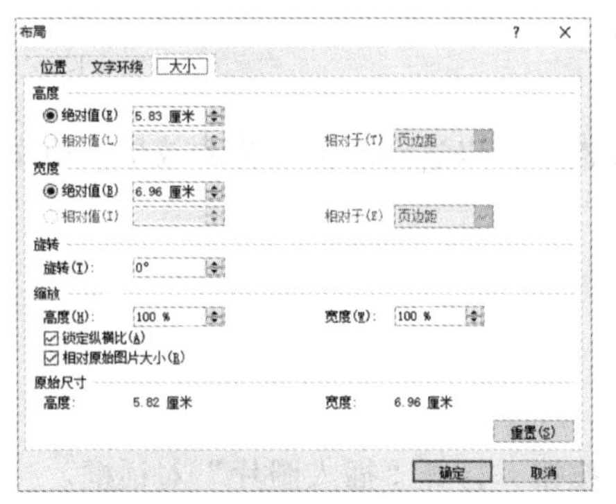


图 4-61　“布局”对话框

2) 旋转图片

单击选中图片之后，图片正上方会出现一个绿色的小圆点，光标按住绿色小圆点拖动，向左拖动即将图片逆时针旋转，向右拖动即将图片顺时针旋转。

3) 改变图片的样式

选择“图片工具”中的“格式”选项卡，在“图片样式”组中选择合适的样式单击即可应用到图片上，“图片样式”组见图 4-62。光标悬停至每一个图片样式按钮时，图片会预览该样式效果，如矩形投影、棱台亚光等图片样式。

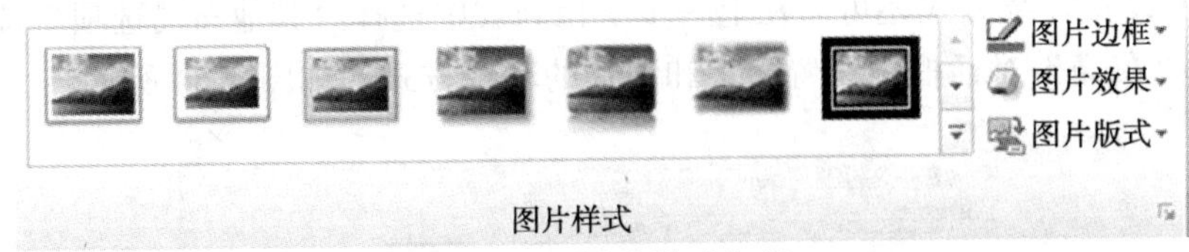


图 4-62 “图片样式”组

“图片样式”组右侧包含“图片边框”、“图片效果”和“图片版式”三个命令按钮，其含义如表 4-7 所示。

**表 4-7 “图片样式”组按钮含义**

| 选项 | 效果(针对改图片) |
|---|---|
| 图片边框 | 边框颜色、边框粗细、边框环绕线虚实 |
| 图片效果 | 阴影、映像、发光、柔化边缘等 |
| 图片版式 | 不同版式(类似于 SmartArt 图形) |

4) 设置文本环绕方式

环绕方式是指图片和文本之间的排列方式。通过设置合适的环绕方式，可以使文本与图片搭配出和谐美观的效果。

操作步骤如下：

(1) 选中需要设置环绕方式的图片。

(2) 选择“图片工具”中的“格式”选项卡，单击“自动换行”，在展开的下拉列表选择一种文本环绕方式，如选择“穿越型环绕”选项卡，效果如图 4-63 所示。

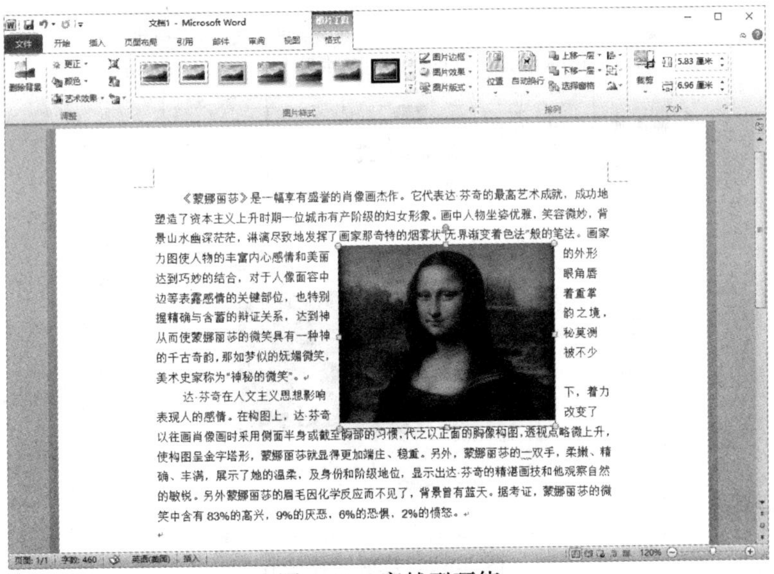


图 4-63　穿越型环绕

(3) 设置环绕方式还可以在上一步下拉列表中选择“其他布局选项”按钮，在弹出的“布局”对话框中设置文字和图片的环绕方式，如图 4-64 所示。

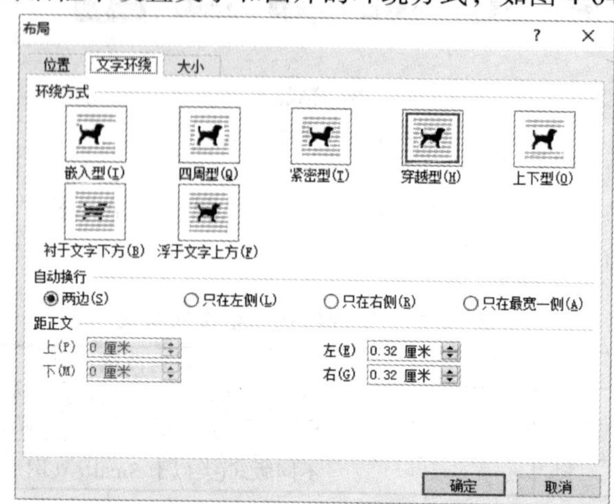


图 4-64 “布局”对话框下的“文字环绕”选项卡

5) 裁剪图片

当插入的图片需要裁剪去掉边缘或者一部分的时候，需要用到裁剪图片的功能。操作步骤如下：

(1) 选中待裁剪的图片。

(2) 选择“图片工具”中的“格式”选项卡，单击“裁剪”按钮，图片的八个边角分别会出现一个裁剪点，用光标按住这些点并拖动，调整裁剪区域，如图 4-65 所示。

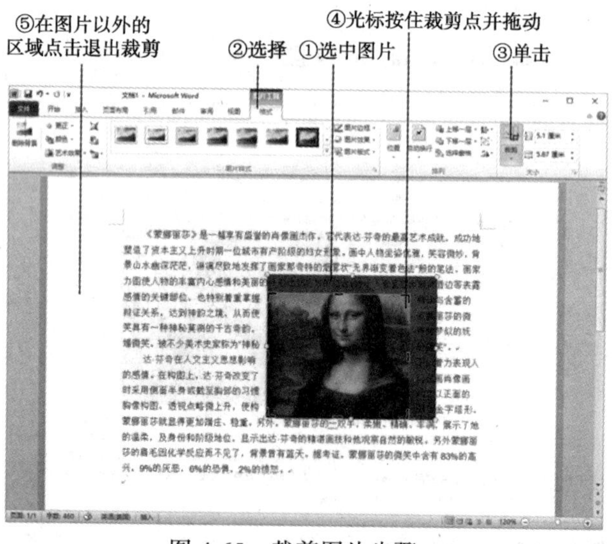


图 4-65 裁剪图片步骤

(3) 拖动完成之后，在图片以外的区域单击或者按 Enter 键完成裁剪。若需要重新裁剪或者恢复原图可以按 Ctrl+Z 组合键来撤销操作。

3. 插入剪贴画

剪贴画是 Word 程序附带的一种矢量图片，包括音乐、人物、动植物、建筑、科技等各个元素，精美而且实用，有选择性地在文档中使用它们，可以起到很好的美化和点缀作用。

插入剪贴画的操作步骤如下：

(1) 将光标定位至需要插入剪贴画的位置。

(2) 选择“插入”选项卡，单击“剪贴画”按钮，打开剪贴画任务窗口，如图 4-66 所示。

(3) 在剪贴画任务窗口中单击“搜索”按钮，显示计算机中保存的“剪贴画”，可以在搜索框中输入查找关键词如“音乐”，在搜索结果中单击所要插入的剪贴画，完成插入操作。

(4) 插入剪贴画之后可以对剪贴画的大小进行调整，也可以继续插入其他剪贴画。完成插入后单击剪贴画任务窗口右上角的“关闭”按钮即可退出剪贴画的插入。

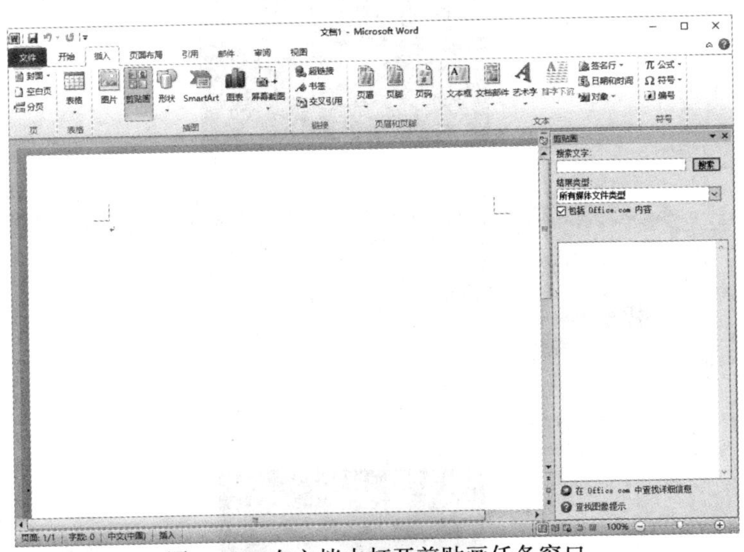


图 4-66　在文档中打开剪贴画任务窗口

### 4.5.3　去除图片背景

在文档编辑中经常会遇到只需要保留图片中的某个部分或者背景的情况，此时就要用到 Word 2010 中去除图片背景的功能，这就是常说的“抠图”。

操作步骤如下：

(1) 选中要去除背景的图片，选择激活的“图片工具”中的“格式”选项卡，单击“删除背景”按钮，如图 4-67 所示。

(2) Word 2010 会自动计算出一个紫红色的矩形选区，其中包含用户所要保留的内容，也可能包含多余的部分或者少了一部分。单击“标记要保留的区域”按钮，用光标在图片上单击用户需要保留但是未包含进去的区域；单击“标记要删除的区域”，用光标在图片上单击用户需要去除掉但是包含进去的区域，如图 4-68 所示。

(3) 单击“保留更改”按钮，即可抠出用户需要的图，去除掉的背景用白色代替，如图 4-69 所示。在抠图过程中单击“放弃所有更改”按钮，可以取消对图片的所有更改操作；单击“删除标记”按钮可以去掉标记。

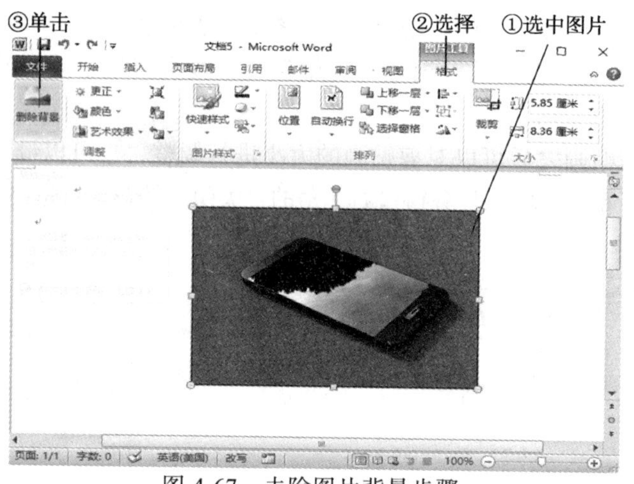


图 4-67　去除图片背景步骤

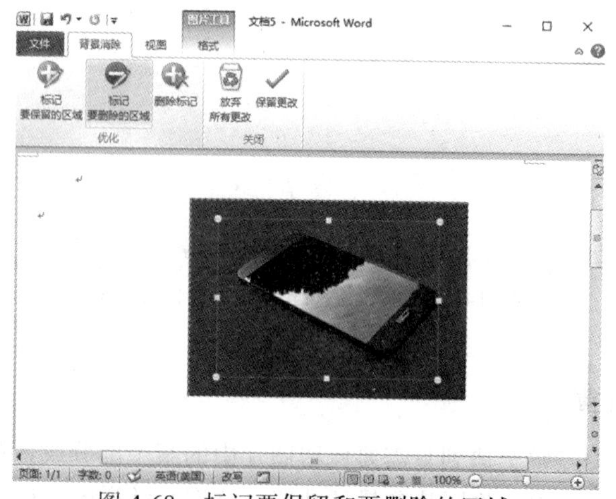


图 4-68　标记要保留和要删除的区域

图 4-69　去除背景得到的图

### 4.5.4　SmartArt 图形的使用

SmartArt 是 Microsoft Office 2007 中新加入的特性，是一种层次结构清晰的示意图，用户可以使用 SmartArt 创建各种图形图表，如制作公司组织结构图。使用 SmartArt 图形可以方便快捷地创建具有设计师水准的插图，提高文档的专业水准。用户可以通过从多种不同布局中进行选择来创建 SmartArt 图形，从而快速、轻松、有效地传达信息。

Word 2010 中提供八大类 SmartArt 关系图形，分别是列表、流程、循环、层次结构、关系、矩阵、棱锥图和图片，如图 4-70 所示。

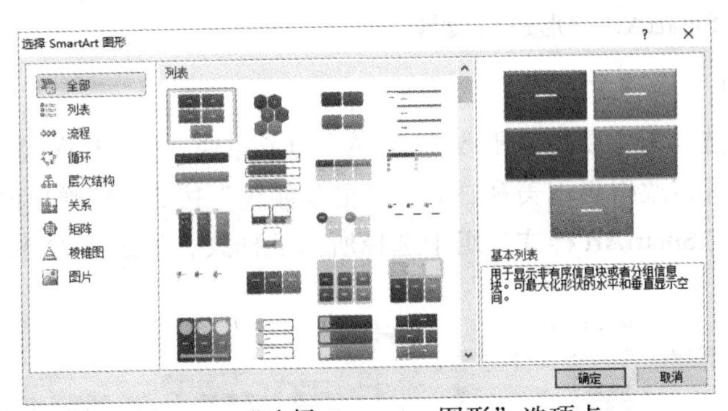


图 4-70　“选择 SmartArt 图形”选项卡

插入 SmartArt 图形的操作步骤如下：

(1) 将光标定位至插入图片的位置，选择“插入”选项卡，单击“SmartArt”按钮。

(2) 在弹出的“选择 SmartArt 图形”选项卡中(图 4-70)，根据用户需要表达的内容组织结构选择合适的 SmartArt 图形，单击“确定”按钮即可将对应的 SmartArt 图形添加到文档中，如图 4-71 所示。

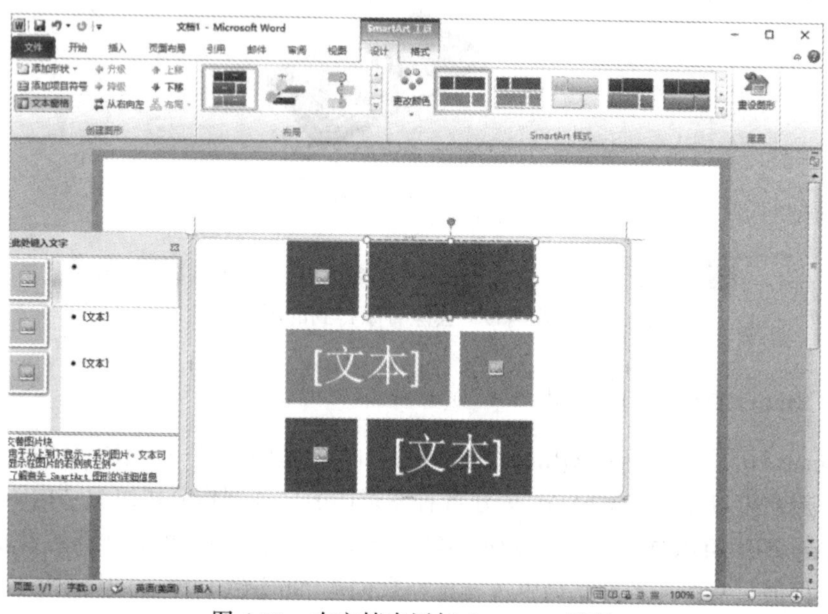


图 4-71　在文档中添加 SmartArt 图形

(3) 在占位符中输入文本。

插入 SmartArt 图形后，可以利用激活的“SmartArt 工具”中的“设计”与“格式”选项卡对 SmartArt 图形进行设置。

1. “设计”选项卡

“设计”选项卡主要用来更改 SmartArt 图形布局、颜色和样式等。如需要将图形的颜色和样式修改得更加美观，单击“更改颜色”按钮，在弹出的列表中选择合适的颜色；在“SmartArt 样式”组中选择所需的样式，如图 4-72 所示。

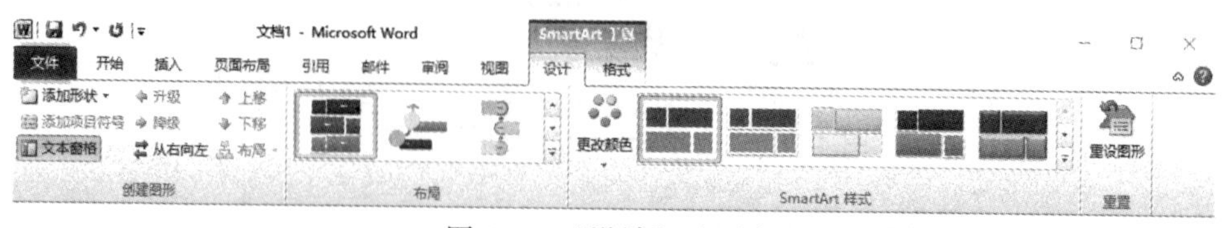


图 4-72　“设计”选项卡

2. “格式”选项卡

“格式”选项卡主要用来设置形状样式和艺术字样式等。如需要更改图形中的文本字体样式，则将光标移动至需要设置的文本上，在“艺术字样式”组中选择合适的样式，还可以对“文本填充”、“文本轮廓”和“文本效果”进行进一步细化设置，如图 4-73 所示。

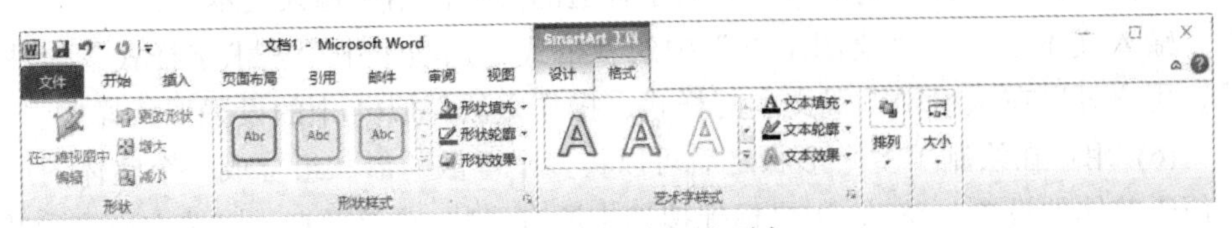


图 4-73　“格式”选项卡

### 4.5.5　绘制图形

在 Word 2010 中，不仅可以插入图片、剪贴画、创建 SmartArt 图形以便捷美观地传达信息，还可以手动绘制用户所设计表达的图形。用户可以向文档中添加一个形状，或者合并多个形状以生成一个更为复杂的形状。可用形状包括线条、矩形、基本形状、箭头、公式形状、流程图、星与旗帜、标注等几大类。

在文档中绘图的操作步骤如下：

(1) 将光标定位至需要绘图的位置。

(2) 选择“插入”选项卡，单击“形状”按钮，在弹出的下拉列表中选择所需形状，如图 4-74 所示。

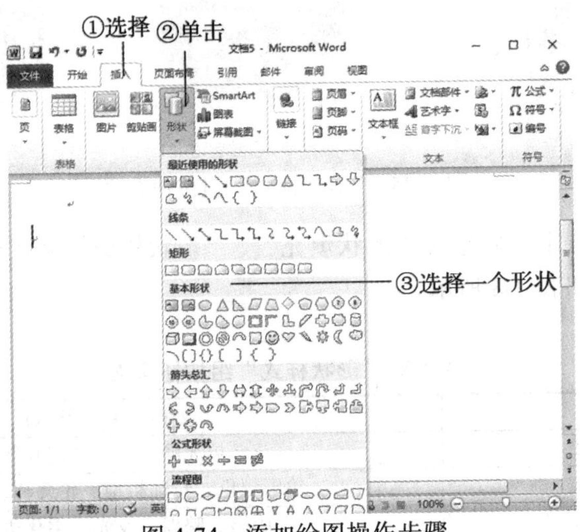


图 4-74　添加绘图操作步骤

(3) 此时光标变成十字形状，在文档的合适位置按住鼠标左键拖动出适当大小的图形，该图形形状即上一步中选择的形状。

(4) 插入形状后，可以进行设置，以使形状更为和谐美观。

(5) 用户可以在形状中添加文本。只需要选中形状之后输入文字，文字会自动出现在形状的正中央区域。还可以选择“绘图工具”中的“格式”选项卡，单击“文本框”，在形状上拖动出一个大小合适的文本框用来输入文本。

输入文本之后，“绘图工具”中的“格式”选项卡中“艺术字样式”会被激活，用户可以在该组中设置文本的样式，操作方法类似(4)中的设置形状样式。

(6) 用户在绘制了多个形状之后可以将多个零散的形状组合成一个整体图形，以便于整体的设置与移动。用鼠标拖拽选中所有形状(或者用 Ctrl 键选中所有形状)，在“绘图工具”中的“格式”选项卡中单击“组合”，在下拉列表中选择“组合”按钮，即可将零散形状组合为一个整体。

选择“绘图工具”中的“格式”选项卡，在“形状样式”组中选择合适的样式单击即可应用到图片上。光标悬停至每一个形状样式按钮时，图片会预览该样式效果，如浅色轮廓、彩色填充等形状样式，如图 4-75 所示。

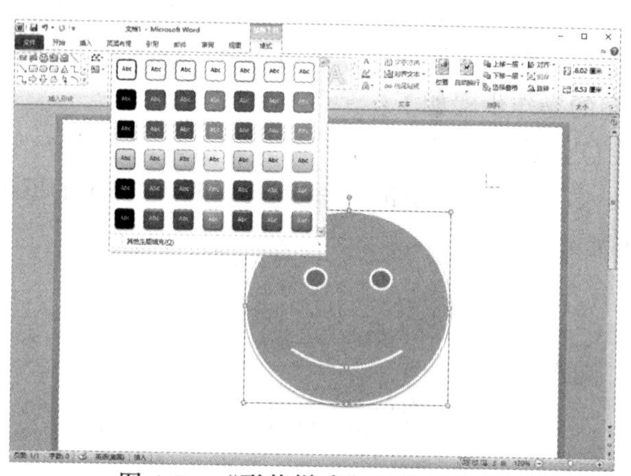

图 4-75 “形状样式”组按钮含义

“形状样式”组右侧包含“形状填充”、“形状轮廓”和“形状效果”三个命令按钮，其含义如表 4-8 所示。

**表 4-8 “形状样式”组按钮含义**

| 选项 | 效果(针对该形状) |
| --- | --- |
| 形状填充 | 填充颜色、填充图片等 |
| 形状轮廓 | 轮廓颜色、轮廓粗细、轮廓环绕线虚实 |
| 形状效果 | 阴影、映像、发光、柔化边缘等 |

### 4.5.6　表格的使用

在 Word 文档编辑的过程中，常常会遇到需要用到表格的情况，使用表格可以使所要表达的信息更加规范与结构化，简洁美观。Word 2010 提供了强大的表格处理功能。

以下分别从创建表格、编辑表格、表格的排序与计算三个方面来介绍表格的使用。

1. 创建表格

创建表格有五种方法：使用即时预览创建表格、使用“插入表格”命令创建表格、手动绘制表格、使用快速表格、将文本转换为表格。

1) 使用即时预览创建表格

操作步骤如下：

(1) 将光标定位至需要创建表格的位置。

(2) 选择“插入”选项卡，单击“表格”按钮。

(3) 弹出的下拉列表会提供一个方块阵列状的表格模板，在模板中移动光标，确定表格的行数和列数，单击即创建表格，如图 4-76 所示。

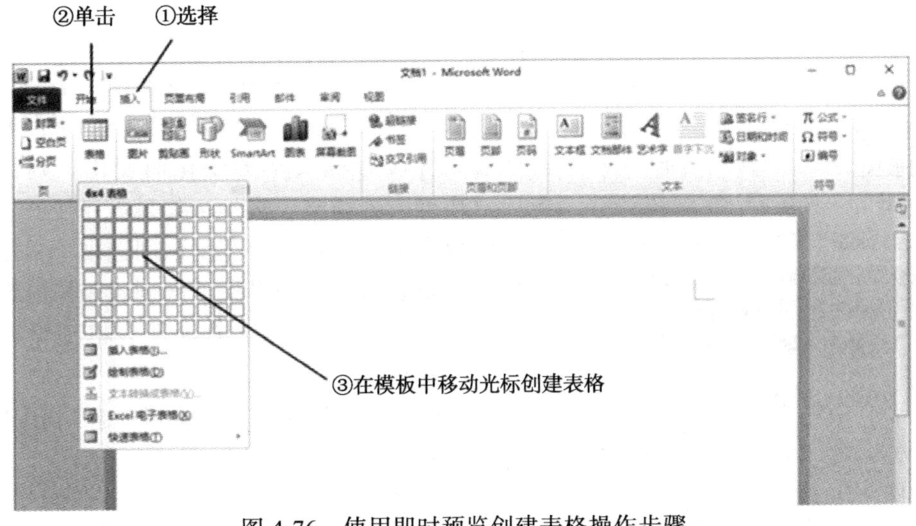


图 4-76　使用即时预览创建表格操作步骤

(4) 在激活的“表格工具”中的“设计”选项卡中调整设置表格外观，美化表格，如图 4-77 所示。

2) 使用“插入表格”命令创建表格

操作步骤如下：

(1) 将光标定位至需要创建表格的位置。

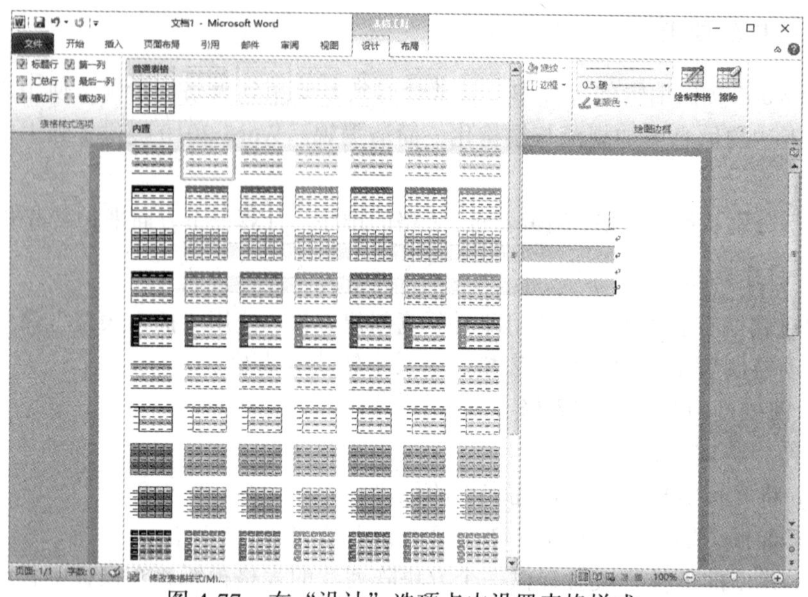

图 4-77　在“设计”选项卡中设置表格样式

(2) 选择“插入”选项卡，单击“表格”按钮，在下拉列表中选择“插入表格”，弹出“插入表格”对话框，如图 4-78 所示。

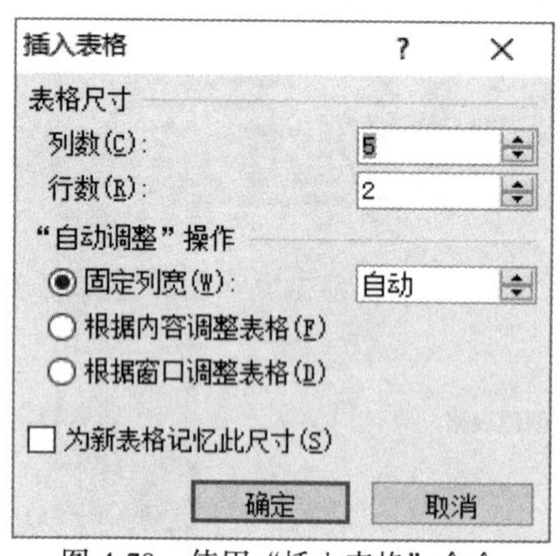

图 4-78　使用“插入表格”命令创建表格

(3) 在“插入表格”对话框中为表格设置行数、列数、固定列宽等参数。如果需要使表格宽度根据文本的变化而变化，则选中“根据内容调整表格”；如果需要使表格宽度设置为当前页面的宽度，则选中“根据窗口调整表格”；如果想下次创建表格时沿用此次的参数，则勾选“为新表格记忆此尺寸”复选框。

(4) 单击“确定”按钮即可创建所需表格。

3) 手动绘制表格

操作步骤如下：

(1) 将光标定位至需要创建表格的位置。

(2) 选择“插入”选项卡，单击“表格”按钮，在弹出的下拉列表中选择“绘制表格”命令。

(3) 此时光标变为铅笔形状，在需要创建表格的地方按住鼠标左键拖动产生一个矩形的表格边框，然后在边框中按住鼠标左键添加直线和斜线划分表格，如图 4-79 所示。

(4) 因为手动绘制的原因，有时会产生微小的误差，此时可以在激活的“表格工具”中的“设计”选项卡中单击最右侧“边框刷”按钮，移动到绘制有误的表格线处单击，删除该线条。

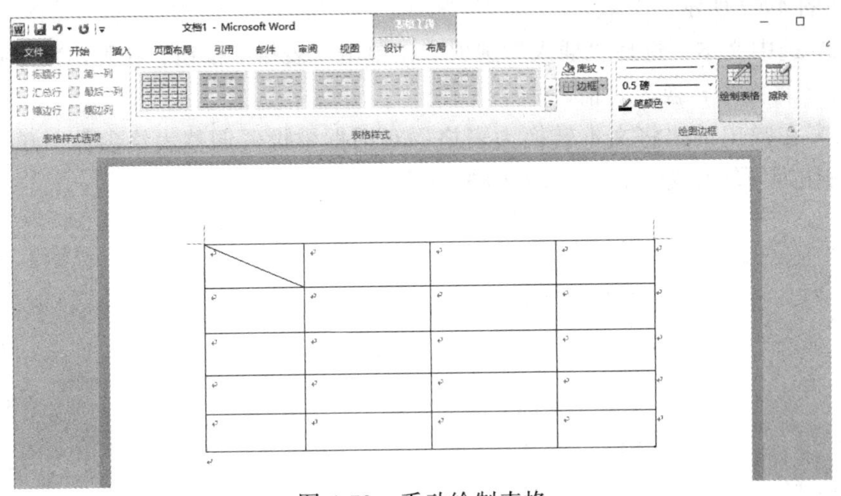


图 4-79　手动绘制表格

4) 使用快速表格

Word 2010 的快速表格功能提供了许多已经设置好的表格样式，包括行数列数、标题模板等，极大地简化了用户创建表格的工作量。

使用快速表格功能操作很简单，选择“插入”选项卡，单击“表格”按钮，在弹出的下拉列表中选择“快速表格”命令，会弹出一个放置了许多已经设置好的表格列表，如 4-80 所示，选择合适的表格单击即可将其添加到文档中，如图 4-81 所示。

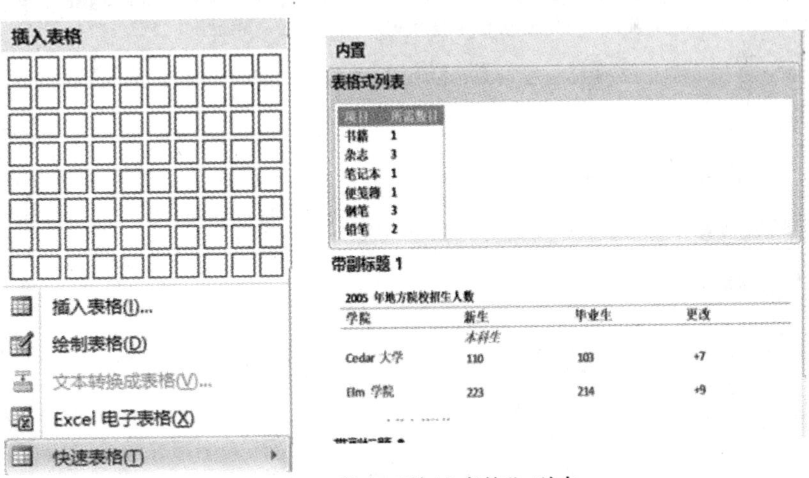


图 4-80　弹出“快速表格”列表

5) 将文本转换为表格

操作步骤如下：

(1) 输入文本，在希望分隔的文本位置按 Tab 键，在开始新行的位置按 Enter 键，如图 4-82 所示。

(2) 选中文本，选择“插入”选项卡，单击“表格”按钮，在弹出的下拉列表中选择“将文本转换为表格”命令。

(3) 在弹出的“将文本转换为表格”对话框中设置调整表格参数，单击“确定”按钮即可转换为表格，如图 4-83 所示。

2005 年地方院校招生人数

| 学院 | 新生 | 毕业生 | 更改 |
| --- | --- | --- | --- |
| | 本科生 | | |
| Cedar 大学 | 110 | 103 | +7 |
| Elm 学院 | 223 | 214 | +9 |
| Maple 高等专科院校 | 197 | 120 | +77 |
| Pine 学院 | 134 | 121 | +13 |
| Oak 研究所 | 202 | 210 | -8 |
| | 研究生 | | |
| Cedar 大学 | 24 | 20 | +4 |
| Elm 学院 | 43 | 53 | -10 |
| Maple 高等专科院校 | 3 | 11 | -8 |
| Pine 学院 | 9 | 4 | +5 |
| Oak 研究所 | 53 | 52 | +1 |

页面: 1/1　字数: 114　中文(中国)　插入　100%

图 4-81　将快速表格添加到文档中

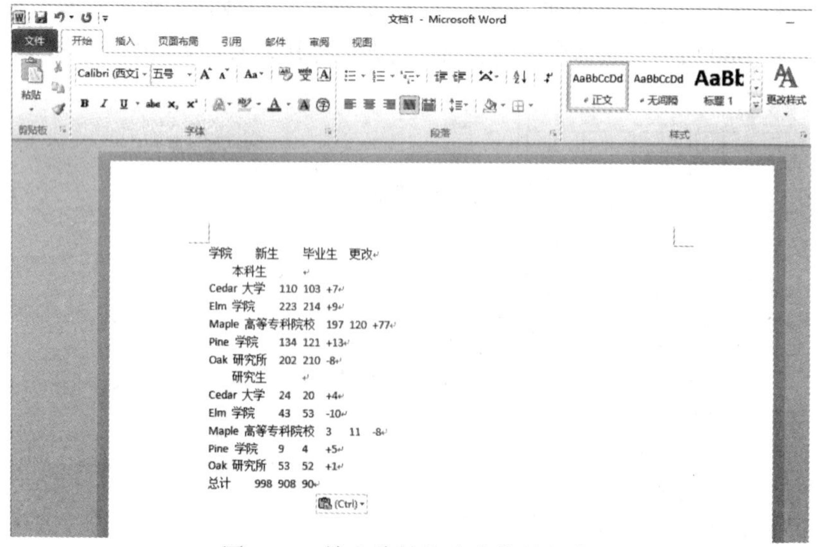
学院　新生　毕业生　更改
本科生
Cedar 大学　110　103　+7
Elm 学院　223　214　+9
Maple 高等专科院校　197　120　+77
Pine 学院　134　121　+13
Oak 研究所　202　210　-8
研究生
Cedar 大学　24　20　+4
Elm 学院　43　53　-10
Maple 高等专科院校　3　11　-8
Pine 学院　9　4　+5
Oak 研究所　53　52　+1
总计　998　908　90



图 4-82　输入待转换为表格的文本

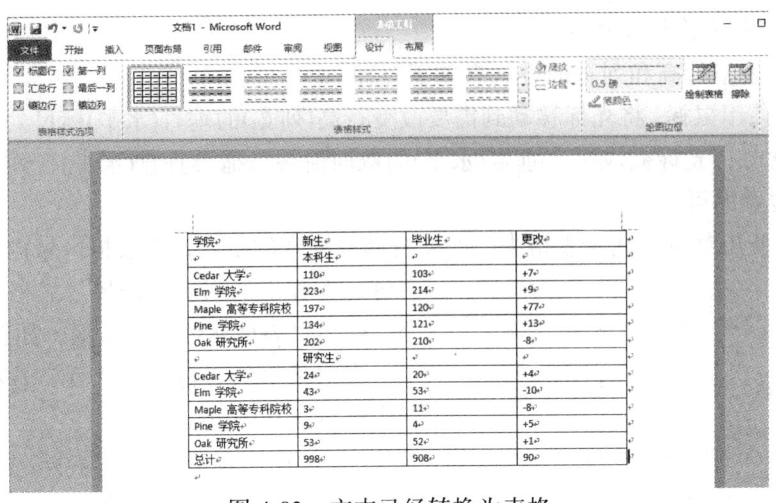


图 4-83　文本已经转换为表格

## 2. 编辑表格

### 1) 选择表格

(1) 选定单元格：将光标移动至需要选定的单元格左侧边界，光标变成向右上的黑色箭头，单击即可选中该单元格。

(2) 选定一行：将光标移动至需要选定的行的左侧选定区，光标变成向右上的白色箭头，单击即可选中该行，如图 4-84 所示。

(3) 选定一列：将光标移动至需要选定的列的顶部选定区，光标变成向下的黑色箭头，单击即可选中该列。

(4) 选定整个表格：将光标移动至表格左上角，单击出现的“表格的移动控制点”图标，即可选定整个表格。

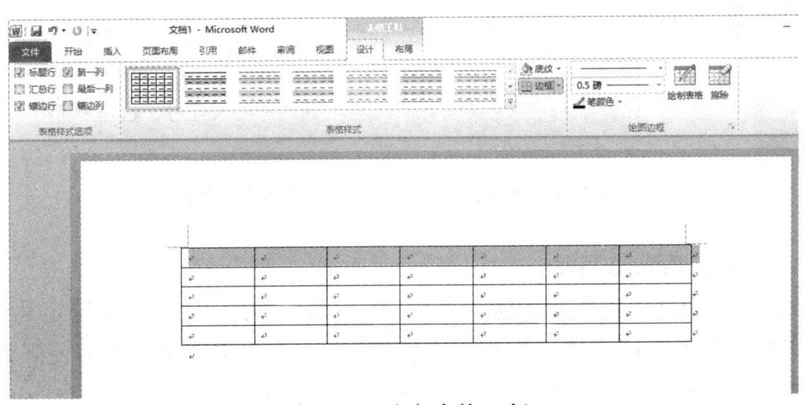


图 4-84　选定表格一行

2) 调整表格行高和列宽

调整表格行高和列宽的方法有如下三种。

(1) 使用鼠标。将光标移动到需要改变行高(列宽)的垂直(水平)标尺处的行列标志上，此时，光标变成一个垂直(水平)的双向箭头，拖拽垂直(水平)行列标志到所需要的位置即可。

(2) 使用菜单。选定表格中要改变行高或列宽的行列，在表格区域内单击鼠标右键，在弹出的列表中选择“表格属性”命令，弹出“表格属性”对话框，如图 4-85 所示，在对话框的“行”与“列”选项卡中设置表格行高和列宽。

图 4-85　“表格属性”对话框

(3) 使用“自动调整”命令。Word 2010 提供了三种自动调整表格的方式：根据内容调整表格、根据窗口调整表格、固定列宽。在激活的“表格工具”中的“布局”选项卡中单击“自动调整”按钮，弹出三个下拉命令，如图 4-86 所示，根据需要选择合适的调整表格方式。

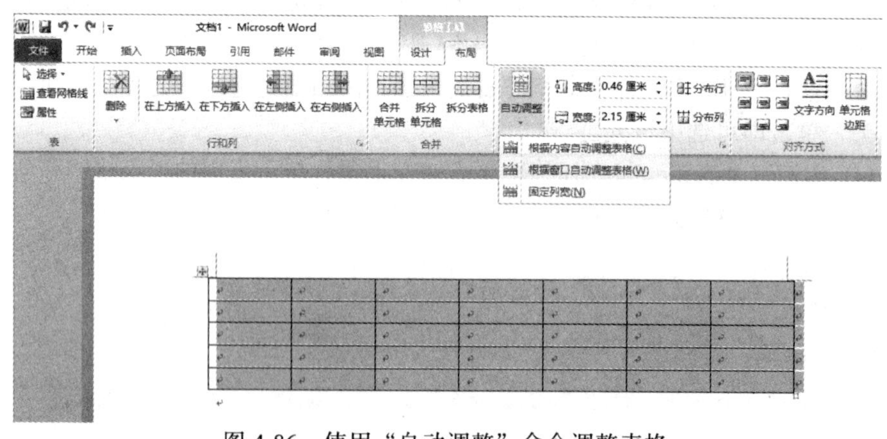


图 4-86　使用“自动调整”命令调整表格

3) 行和列的插入与删除

(1) 插入行和列。在表格中选定某行(列)，需要增加几行(列)就选定几行(列)，在表格区域内单击鼠标右键，会弹出一个列表与一个表格菜单，单击表格菜单中的“插入”选项，根据提示选择插入在表格上方或下方。

(2) 删除行和列。在表格中选定要删除的行(列)，在表格区域内单击鼠标右键，在弹出的表格菜单上选择“删除”选项，即可删除选定的区域。

4) 单元格的合并和拆分

单元格的合并是把相邻的多个单元格合并为一个，单元格的拆分是把一个单元格拆分为多个单元格。

(1) 合并单元格。选定需要合并的单元格，在“表格工具”中的“布局”选项卡中单击“合并单元格”按钮。

(2) 拆分单元格。选定需要拆分的单元格，在“表格工具”中的“布局”选项卡中单击“拆分单元格”按钮，弹出“拆分单元格”对话框，如图 4-87 所示。在对话框中设置需要拆分成的行数和列数，单击“确定”按钮即可。

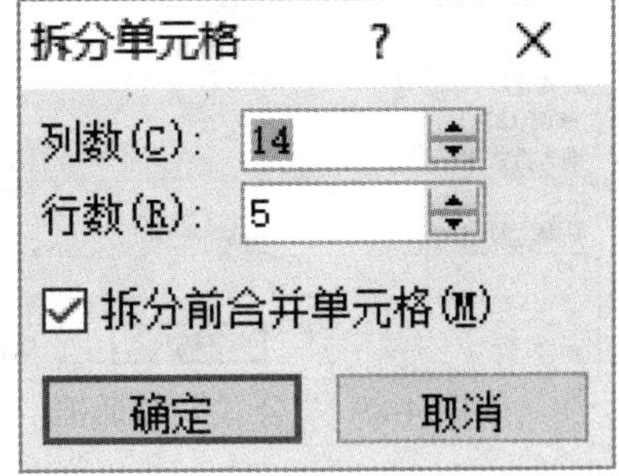

图 4-87　“拆分单元格”对话框

3. 表格的排序与计算

1) 表格中的数据排序

表格可以对某几列数据进行升序和降序重新排列。操作步骤如下：

(1) 选定需要排序的列或者单元格。

(2) 在“表格工具”中的“布局”选项卡中单击“排序”按钮，弹出“排序”对话框，如图 4-88 所示。在对话框中设置排序的参数。

(3) 单击“确定”按钮，即可将选定数据按照设置进行排序。

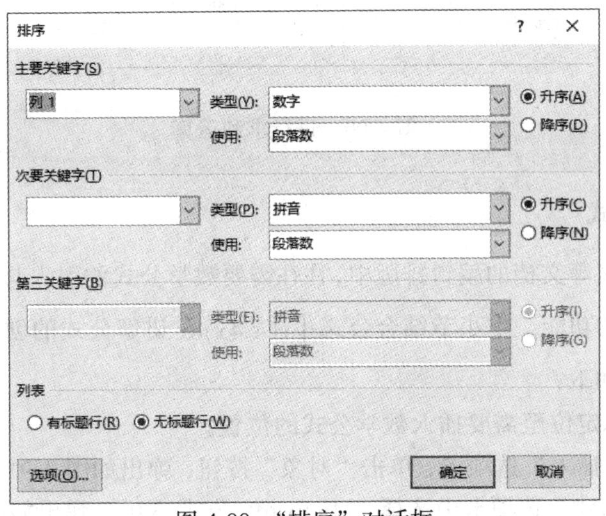

图 4-88　“排序”对话框

2) 表格中的数据计算

Word 2010 可以对表格内数据进行基本的加、减、乘、除、求平均数、求百分比、求最大最小值等运算。在表格的计算中，用 A、B、C、…代表表格的列；用 1、2、3、…代表表格的行。例如，C3 表示第三行第三列所在单元格的数据。本节以简单的求和运算为例讲解表格数据计算的步骤：

(1) 将光标定位至显示计算结果的单元格。

(2) 在“表格工具”中的“布局”选项卡中单击“公式”按钮，弹出“公式”对话框，如图 4-89 所示。在“粘贴函数”列表框中选择计算函数，在“公式”框显示公式并可对公式进行编辑，在“编号格式”列表框中选择结果显示的格式。

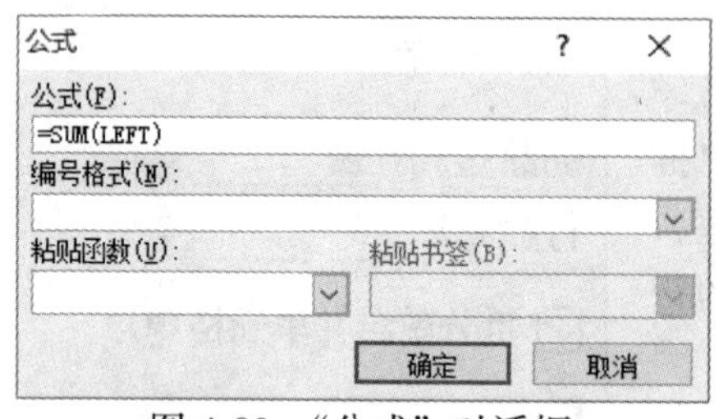


图 4-89 “公式”对话框

(3) 单击“确定”按钮，即可完成运算。求和结果放置在光标指定的位置，如图 4-90 所示。

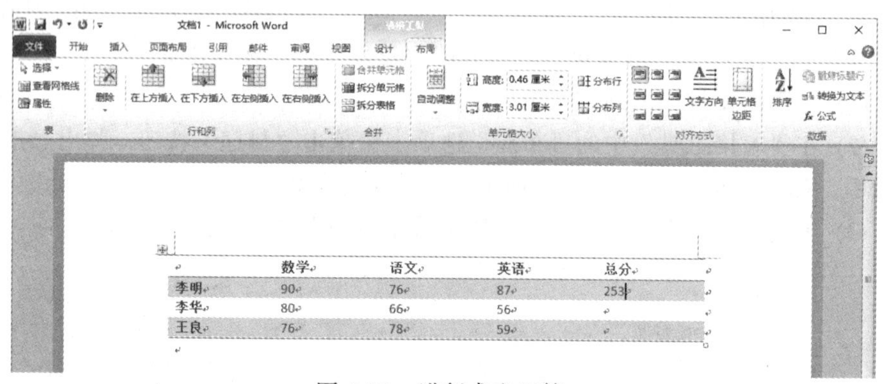


图 4-90 进行求和运算

### 4.5.7 插入公式

在学术论文等文档的编辑排版中，往往需要数学公式的引入与运用。Word 2010 自带编辑公式的功能，本小节结合公式 $\int_0^1(1+4x)\mathrm{d}x$ 讲解公式的创建与编辑。

操作步骤如下：

(1) 将光标定位至需要插入数学公式的位置。

(2) 选择“插入”选项卡，单击“对象”按钮，弹出如图 4-91 所示的“对象”对话框，在“新建”选项卡中选择“Microsoft 公式 3.0”，弹出如图 4-92 所示的公式编辑器，此时可以开始编辑公式。

(3) 在公式编辑器第二行找到定积分模板，单击合适的模板即可将该定积分模板插入公式编辑方框中。

(4) 在定积分模板后面输入 $(1+4x)\mathrm{d}x$，在积分符号上下的两个小框中分别输入 1 和 0。此时已完成了该公式的编辑，单击公式编辑方框外的任意一点即可退出公式编辑返回文档编辑，公式最终显示如图 4-93 所示。

Word 2010 提供了部分著名的公式定理，如二项式定理、勾股定理、三角恒等式等，当用户需要用到这些公式时可以直接引入，大大简化了用户的工作步骤。操作如下：选择“插入”选项卡中的“公式”按钮，弹出公式列表，单击即可将其插入文档中。

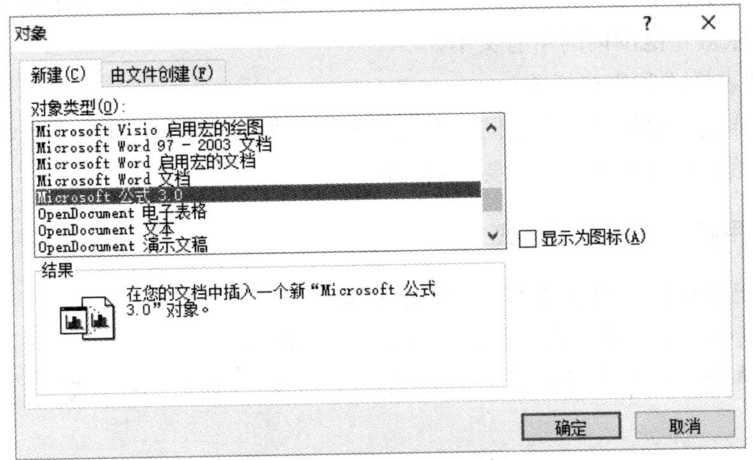


图 4-91　“对象”对话框

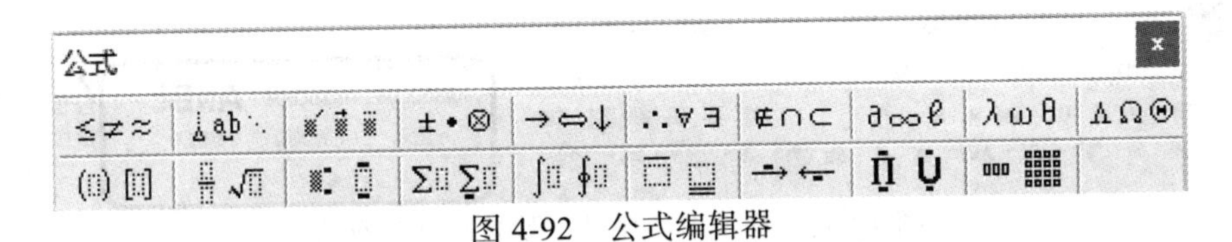


图 4-92　公式编辑器

$$\int_0^1 (1+4x)\mathrm{d}x$$

图 4-93　公式最终显示结果

# 4.6　样 式 管 理

## 4.6.1　样式的概念和类型

1. 样式的概念

样式就是修饰文档段落的一套格式特征，包括字体、字号、颜色、间距、缩进等。

2. 样式包括的类型

Word 包含以下四种基本样式类型。

1) 字符样式

字符样式一般应用于字符级别，可对选中的文字进行样式设置，如给字符增加下划线，将字符设为斜体等。

2) 段落样式

段落样式除了包含字体、字号等字符样式，还有整个段落的文本位置和间距等段落格式。段落样式可以应用到多个段落，一个段落样式格式会应用到光标定位的段落结束标志↵范围内的所有文本。

3) 列表样式和表格样式

列表样式和表格样式用于同一列表及表格外观。具体实现步骤：选中应用样式的段落，然后在任务窗格单击要应用的样式。

### 4.6.2 利用样式设置文本格式

应用已有的样式设置文本格式的方法如下：

(1) 选中要应用样式的段落，或将光标停在段落。

(2) 单击“开始”选项卡，在样式组中选择一种“快速样式”，如图 4-94 所示。

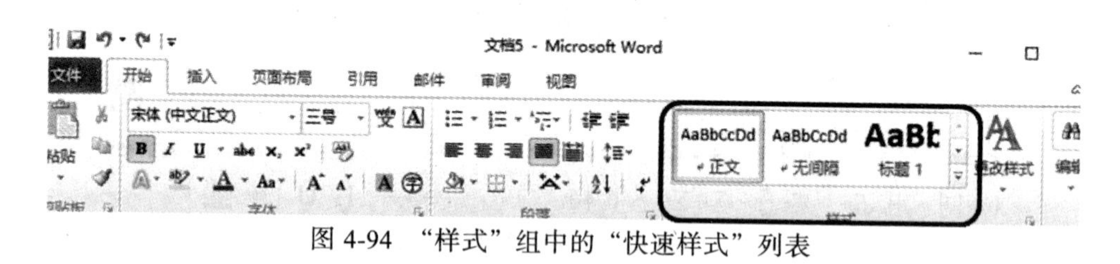


图 4-94 “样式”组中的“快速样式”列表

(3) 如果快速样式中没有需要的样式，则单击“样式”组右下角“显示样式窗口”按钮，在弹出的“样式”对话框列出的所有样式中选择需要的样式，如图 4-95 和图 4-96 所示。

图 4-95 选择样式

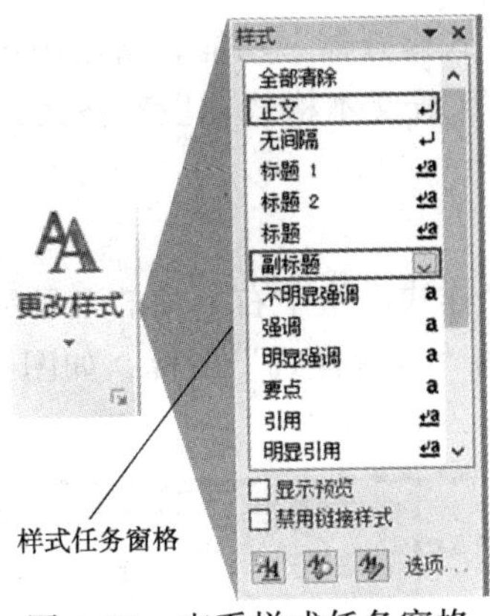


图 4-96　查看样式任务窗格

### 4.6.3　自定义样式

当 Word 2010 提供的样式库中找不到可以个性化需求的样式时，用户可以创建自己的样式规范。

操作步骤如下：

(1) 选中要设置格式的文本。

(2) 单击“开始”选项卡“样式”组中右下角的“显示样式”按钮，在弹出的“样式”对话框中单击左下角的“新建样式”图标，如图 4-97 所示。

(3) 创建完成后，用户可在样式任务窗格中看到自己创建的样式，在需要时可以直接应用。创建新样式如图 4-98 所示。

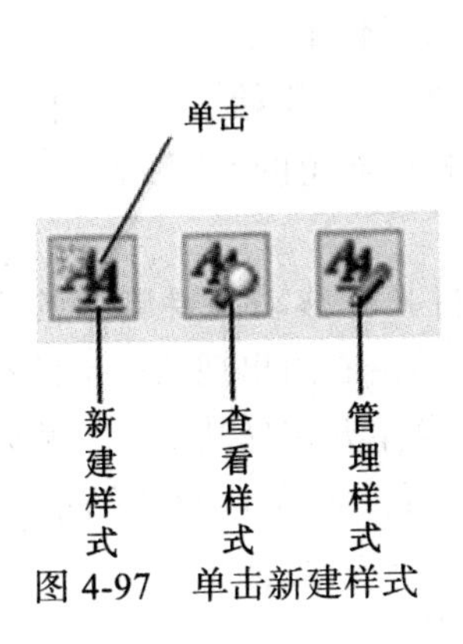


图 4-97　单击新建样式

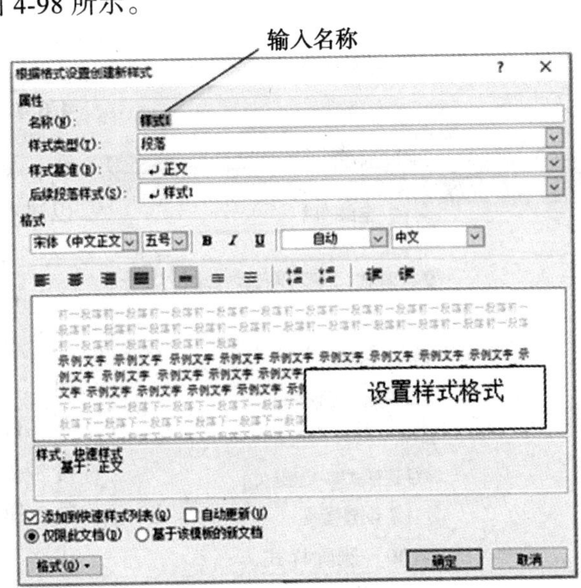


图 4-98　创建新样式

Word 2010 提供有“样式检查器”功能，帮助用户显示及清楚文档中应用的样式和格式。“样式检查器”区分文本格式和段落格式，可对两种格式分开进行清除操作。

操作步骤如下：

单击“开始”选项卡“样式”组中右下角的“显示样式”按钮，在弹出的“样式”对话框中单击左下角的“查看样式”图标，如图 4-99 所示。

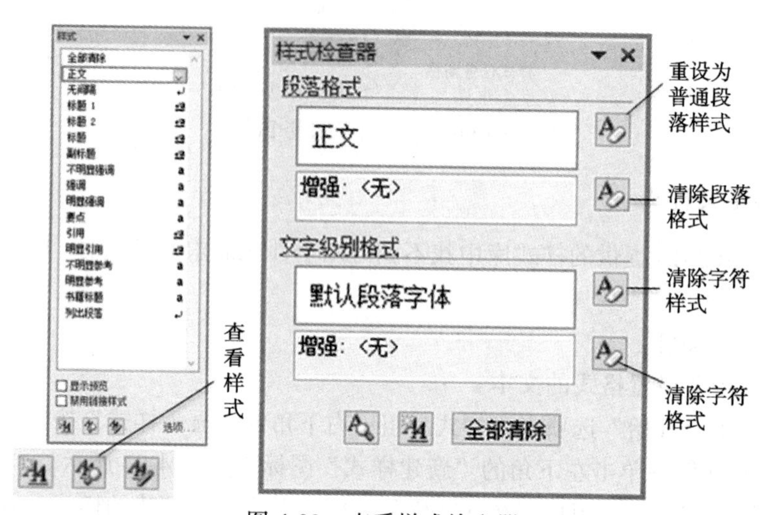


图 4-99　查看样式检查器

### 4.6.4　删除自定义样式

对于不需要的自定义的样式，可以进行删除。

操作步骤如下：

(1)单击“开始”选项卡“样式”组中右下角的“显示样式”按钮。

(2)将光标移动到要删除的样式符号处，单击右边出现的向下的小三角，弹出菜单并选择其中的“删除样式 X”选项，如图 4-100 所示。

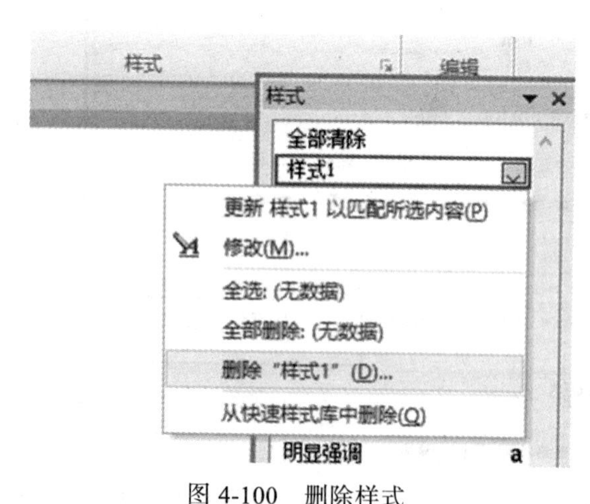


图 4-100　删除样式

## 4.7　Word 版式设置

文档的页面设置是对文档的基本排版，页面格式化包括页面的大小、方向、边框、页眉和页脚、页边距。版式设置一般在段落、字符等排版之前进行。

### 4.7.1　设置页边距

页边距是正文与页面边界的距离，体现在页面上为页面四周的空白区域。如果默认的页边距不满足要求，用户可以自行设置页边距。

两种具体设置方法操作步骤如下。

1. 利用“页面设置”对话框设置页边距

选择“页面布局”选项卡，单击“页边距”按钮，在菜单中选择“自定义边距”命令，在“页面设置”对话框中单击“页边距”选项卡，在“页边距”区分别设置上、下、左、右数值，单击“确定”按钮即可。“页码范围”中单击右侧下拉菜单可以通过设置“对称页边距”使双面打印时正反两面的内外侧边距相等，此时“页边距”区域的“左”、“右”框变为“内”、“外”侧框，如图 4-101 所示。

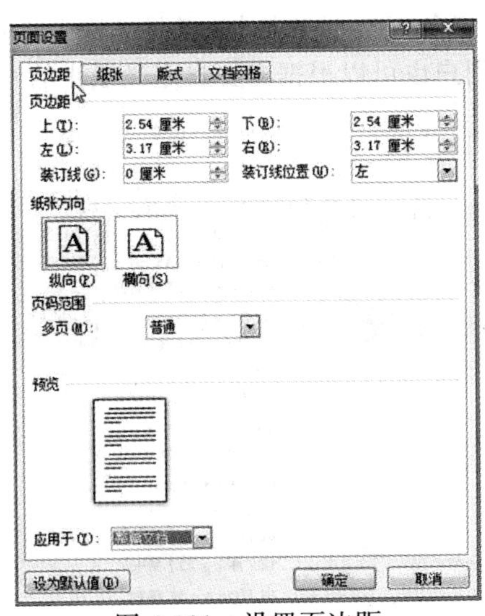


图 4-101　设置页边距

2. 利用“标尺”设置页边距

如果对页边距要求不是特别精确，可以通过鼠标拖动标尺的方式快速设置页边距。

操作步骤如下：

(1) 打开水平和竖直标尺，单击“视图”选项卡，勾选“显示”组中的“标尺”复选框；或直接单击垂直滚动条上的“标尺”按钮。

(2) 在▒周围的深灰色区域的长度表示页边距，将光标移动到标尺边界，当光标变为双向箭头时，按住鼠标左键左右拖动可调整页边距，如图 4-102 所示。

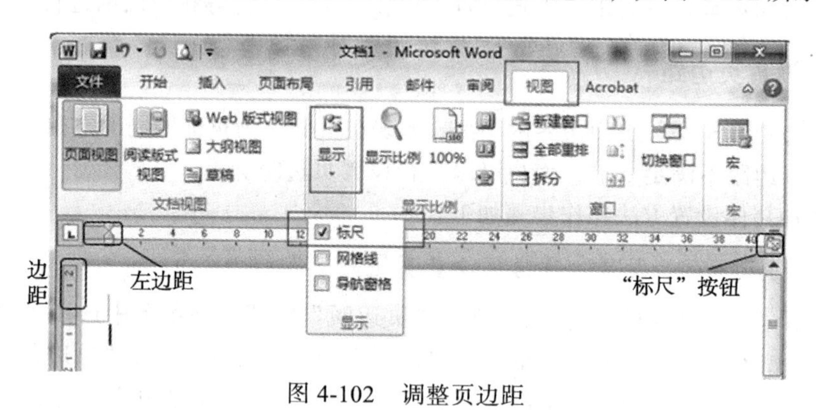


图 4-102　调整页边距

### 4.7.2　设置纸张大小和方向

当文档需要打印时必须规定纸张大小，常见纸张大小有 A4、B5、A3 等，Word 默认纸张大小为 A4，用户也可以根据需要自定义纸张的大小，如图 4-103 所示。

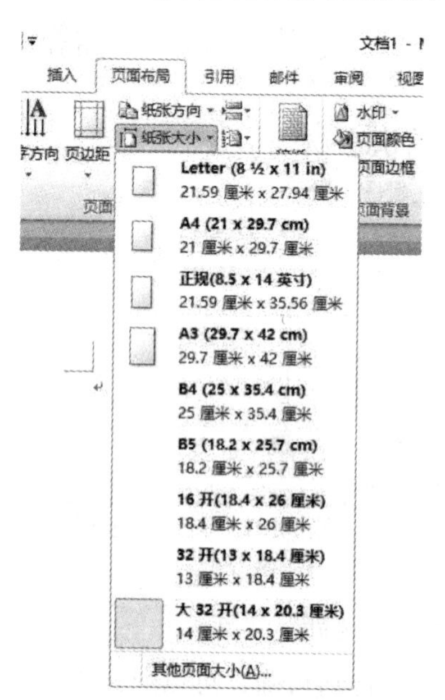


图 4-103　快速选择纸张大小

操作步骤如下：

选择“页面布局”选项卡，单击“页面设置”组中的“纸张大小”可在列表中快速选择纸张大小，单击“纸张方向”可设置纸张的方向。单击页面设置右下角的“页面设置”按钮，弹出“页面设置”对话框，在“纸张”选项卡可以自定义纸张的高度和宽度(0.26～55.87cm)，如图 4-104 所示。

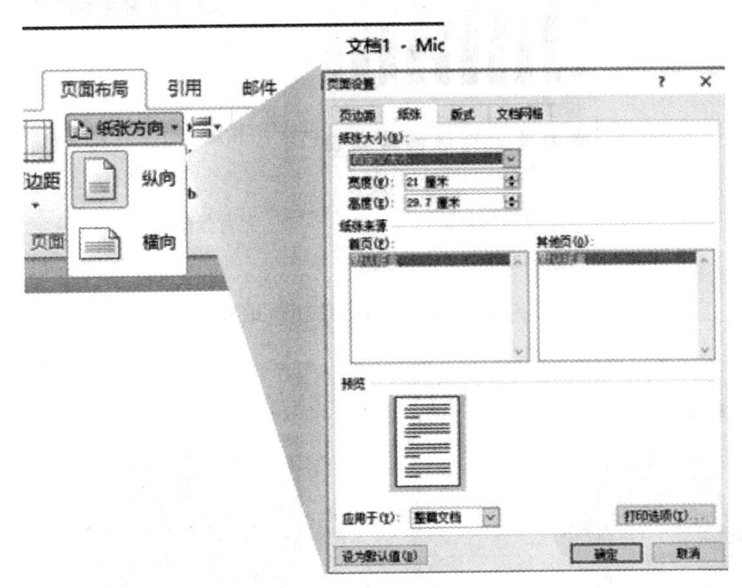


图 4-104　设置纸张大小与纸张方向

### 4.7.3　文档格式

1. 设置文档背景

Word 2010 提供的文档背景有颜色、渐变、纹理、图案、图片。

使用主题颜色作为背景填充，操作步骤如下：

选择“页面布局”选项卡，单击“页面背景”组中的“页面颜色”，从中选取一种颜色作为背景填充颜色，如图 4-105 所示。

“主题颜色”、“标准色”和“无颜色”可以在页面颜色下直接选择。选择“主题颜色”中的颜色，页面的背景会随使用的主题变动做相应改变；选择“标准色”区的颜色，页面背景颜色保持不变；若不需要背景颜色，或去除已有颜色，可选择“无颜色”选项。新建文档默认为“无颜色”。

如果提供的标准色不能满足用户要求，可以选择“其他颜色”选项，在弹出的对话框中设置“标准”颜色和“自定义”颜色。“自定义”颜色有“RGB”和“HLS”两种颜色模式，共 16 777 216 种颜色可供选择，如图 4-106 和图 4-107 所示。

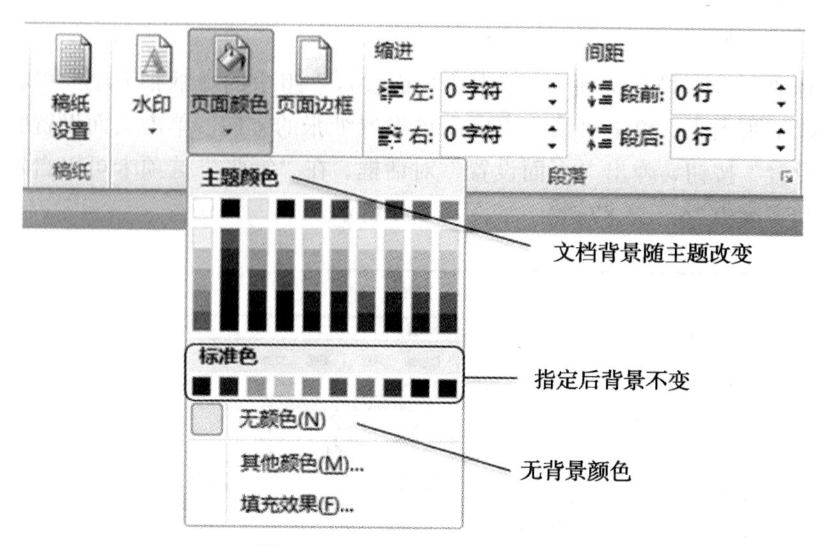


图 4-105　文档背景颜色填充

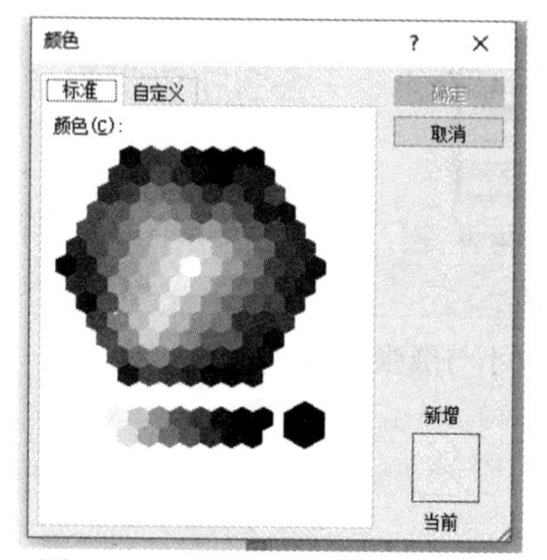


图 4-106　颜色“标准”选项卡

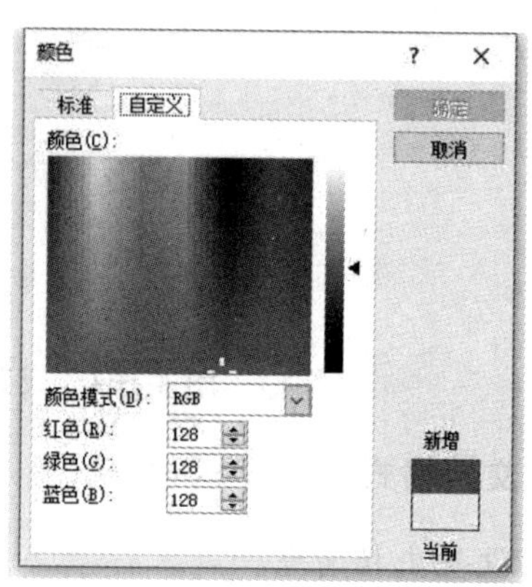


图 4-107　颜色“自定义”选项卡

1) 设置渐变背景色

用户可以将背景设置成渐变颜色，用文字背景较明亮、图片背景较深来达到凸显效果。

操作步骤如下：

(1) 选择“页面布局”选项卡，单击“页面背景”组中的“页面颜色”，选择下拉菜单中的“填充效果”选项。

(2) 单击“渐变”选项卡，当第一次使用时，渐变色设置的是当前页面背景，若当前无背景色，则渐变色为黑白渐变。如果已有渐变效果不满足需求，可以在“颜色”部分选择“单色”、“双色”、“预设”单选按钮，进一步设置渐变颜色。

(3) 设置完成后，单击“确认”按钮，完成设置，查看效果，如图 4-108 所示。

2) 设置纹理作为页面背景

Word 2010 中有 24 个纹理图案可供用户作为页面填充背景。图案有木头、大理石等不同的小图案，将其排列填充作为页面背景，操作步骤与设置渐变背景色基本相同，在“填充效果”对话框中选择“纹理”选项卡，从中直接单击选取合适的图案作为背景即可。如果用户希望设置其他纹理图案，也可单击“其他纹理”导入自己的纹理图案，如图 4-109 所示。

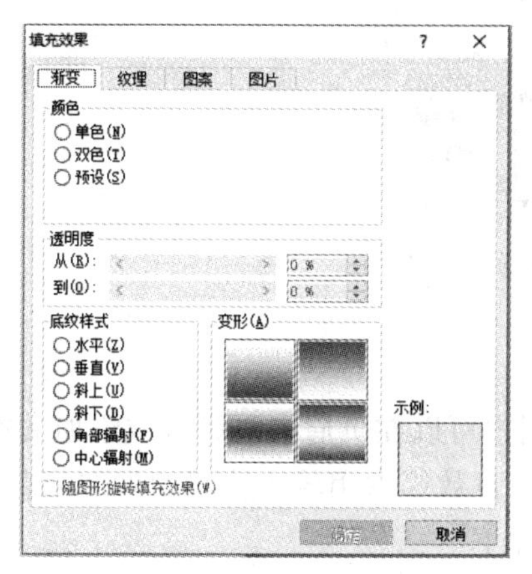


图 4-108　渐变填充背景

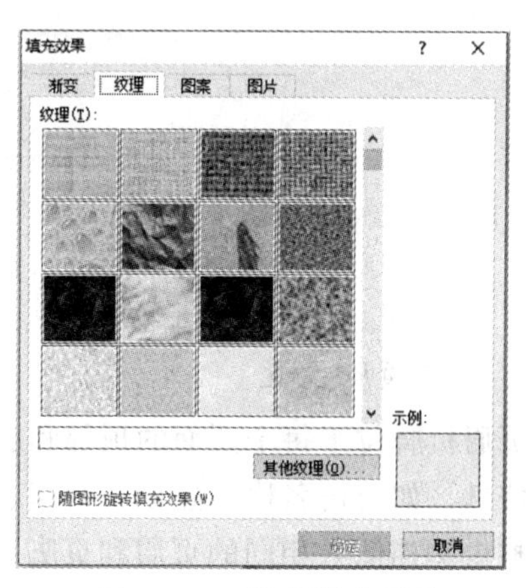


图 4-109　纹理填充背景

3) 设置图片作为页面背景

选择“填充效果”对话框中的“图片”选项卡，单击“选择图片”按钮，在“选择图片”对话框中浏览找到需要的图片，选中图片，单击插入，在“填充效果”对话框中预览，无误后，单击“确定”按钮，插入图片作为页面背景，如图 4-110～图 4-112 所示。

图 4-110　填充效果对话框

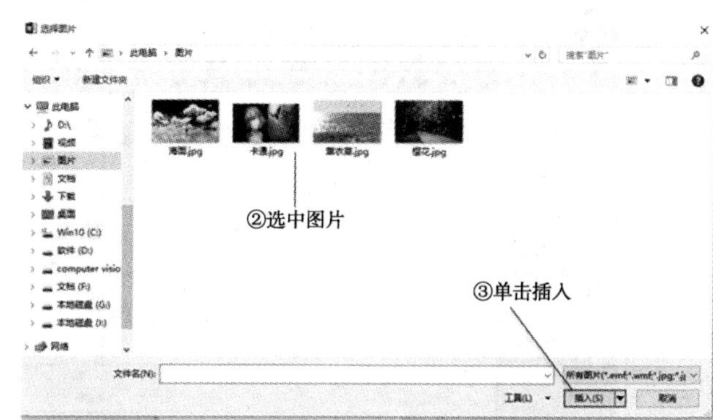


图 4-111　选择图片

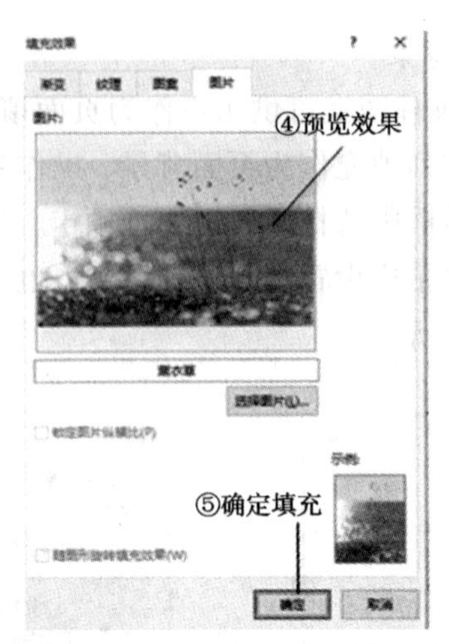


图 4-112　为文本设置背景图片

2. 页眉页脚设置

页眉页脚位于每个页面的顶部和底部，用户可以在页眉和页脚区域添加文本或图形信息，如公司名称、徽标、水印、时间、页数等占用较小位置的附加信息。

整个文档插入相同的页眉和页脚，步骤如下：

(1) 选择“插入”选项卡，单击“页眉和页脚”组中的“页眉”或“页脚”按钮。

(2) 单击所需要的页眉页脚设计。以页眉为例，单击后，下拉列表如图 4-113 所示，从中选取合适的样式，单击插入页面相应位置。再单击“键入文字”键入需要的文字，或者插入图片。设置页脚和页码步骤相似。

(3) 页眉或页脚插入完毕后，功能区自动跳转到“页眉和页脚工具|设计”选项卡，在不同的组中可设置相应的命令，如图 4-114 所示。

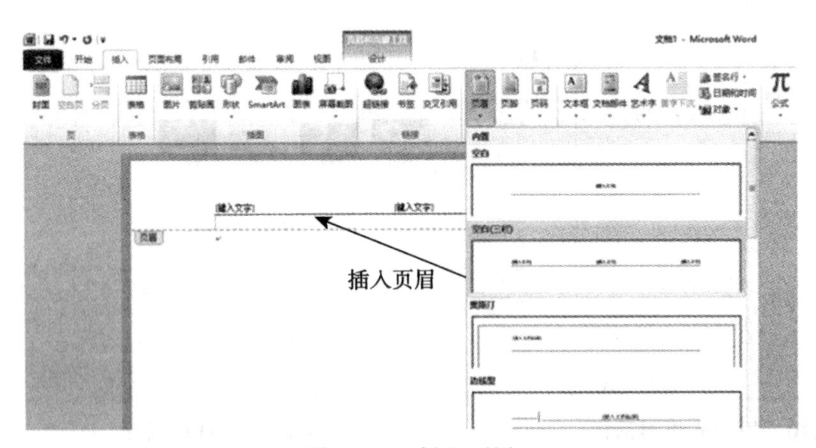


图 4-113　插入页眉

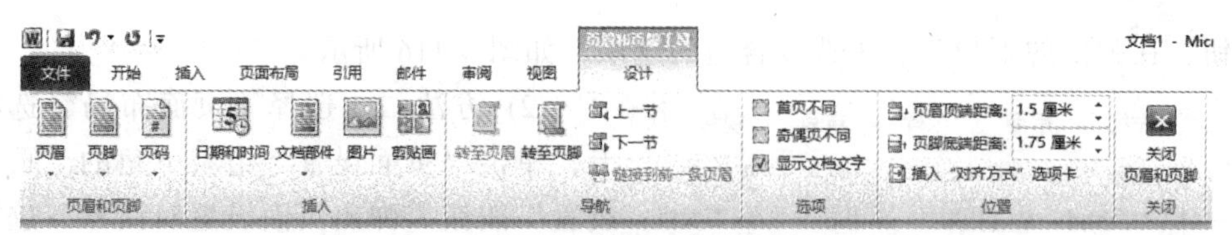


图 4-114　“页眉和页脚工具|设计”选项卡

(4) 如果需要设置不同的页眉页脚，则需要文档中存在多个节，单击“链接到前一条页眉”按钮，可将当前的节的内容继承上一节的页眉格式或当前页眉与上一节页眉无关，如图 4-115 所示。

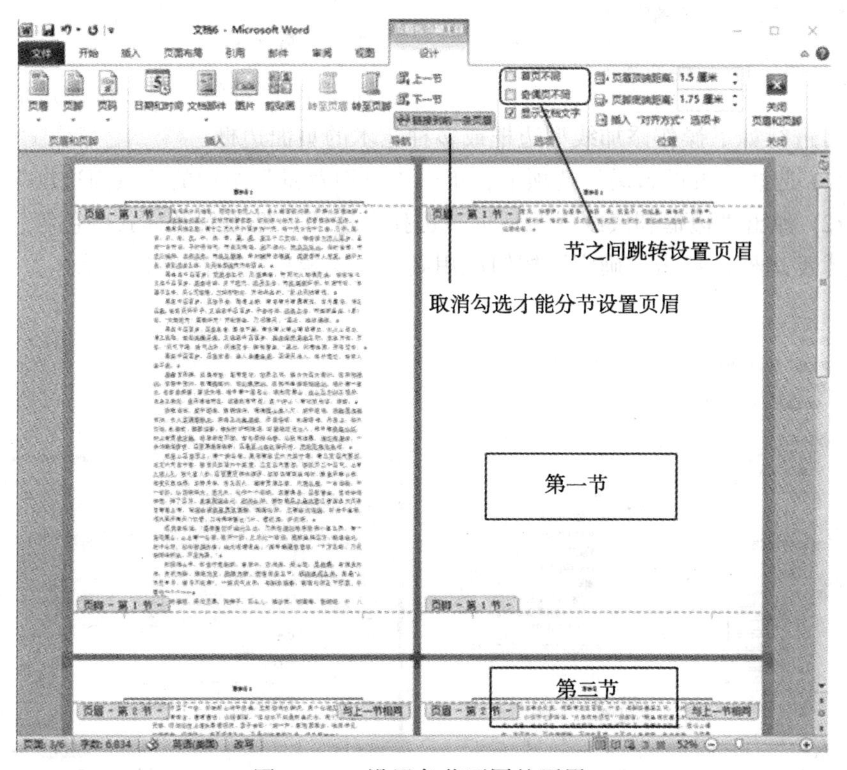


图 4-115　设置各节不同的页眉

3. 添加行号

为了增强文档的可读性，可以在文档的正文侧面增加行号。添加的行号一般情况下显示在左侧页边距。如果文档已经分栏，那么行号会显示在每个分栏的左侧。

操作步骤如下：

(1) 方法一。选择“页面布局”选项卡，单击“页面设置”组中的“行号”按钮，在弹出的下拉列表中选取合适的选项，如图 4-116 所示。

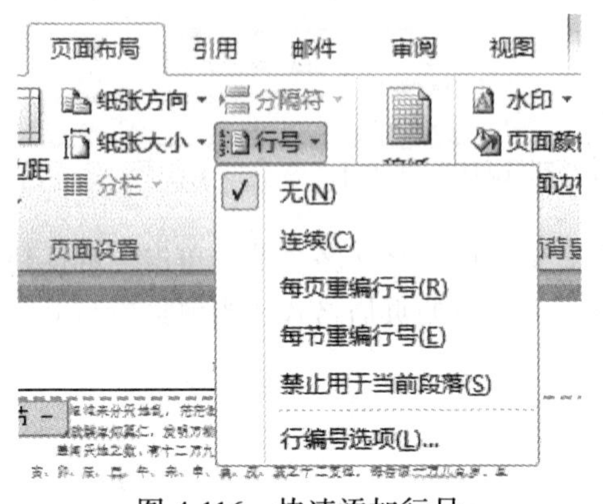


图 4-116　快速添加行号

(2) 方法二。选择“页面布局”选项卡，单击“页面设置”组右下角的“页面设置”按钮，弹出页面设置对话框，选择“版式”选项卡，单击底部“行号”按钮，勾选“添加行号”复选框，然后在对话框中进行详细设置。若添加后不需要行号，则取消勾选“添加行号”复选框，如图 4-117 所示。

4. 页面边框

如果用户希望为页面添加边框效果，那么可进行如下操作添加线型边框或多种艺术的页面边框。

(1) 选择“页面布局”选项卡，单击“页面背景”组中的“页面边框”按钮。

(2) 弹出“边框和底纹”对话框，选择合适的边框设置及样式颜色等，也可设置艺术型边框，单击“确定”按钮应用到整个文档中，如图 4-118 所示。

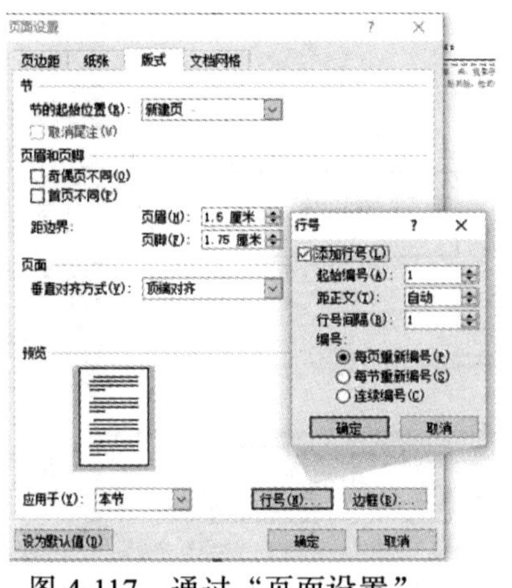


图 4-117　通过“页面设置”对话框添加行号

图 4-118　添加边框

### 4.7.4　文档分页、分节与分栏

为使文档的布局排版更为高效、优美，可自行设置文档的分页、分节与分栏。

1. 文档分页

编制文档时，当文字占满一页，Word 会根据页边距和纸张大小自动分页，这种自动插入的分页符称为自动分页符或浮动分页符。在普通的文档视图中，分页符表示为一条水平虚线，分页符上半部分为上一个页面，下半部分为下一个页面，下一页面初始状态为空白。

当用户需要从特定位置进行分页时，可以自行插入分页符来强制分页。具体操作如下：

(1) 可以使用 Ctrl+Enter 组合键直接设置。

(2) 也可以移动光标至需要进行分页的文档位置，选择“页面布局”选项卡，单击“分隔符”按钮，选择下拉菜单中的“分页符”按钮对文档进行分页，如图 4-119 所示。

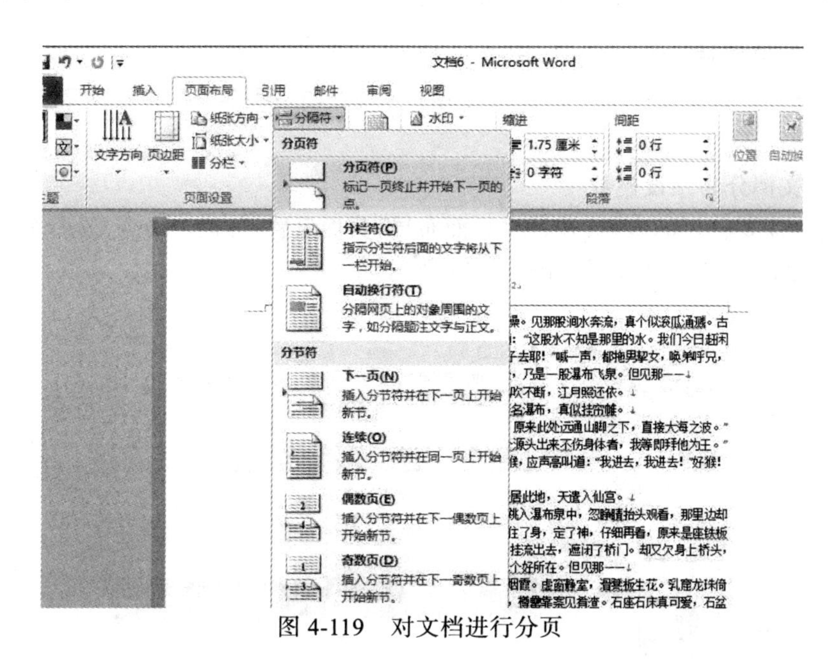


图 4-119　对文档进行分页

2. 文档分节

初建文档，Word 默认文档为一节，用户可以根据需要将文档分为几节，便于对不同节设置不同的文档格式。两个不同节之间有分节符，用两条横向平行的虚线表示。

1) 插入分节符

定位光标到合适的位置，单击“页面布局”选项卡中的“分隔符”按钮，在下拉菜单中选择合适的类型。

2) 更改分节符类型

方法一：选中需要修改的节，选择“页面布局”选项卡，单击“页面设置”组右下角的“页面设置”按钮，在弹出的“页面设置”对话框中选择“版式”选项卡，设置分节符类型。

方法二：在普通视图下，选择“开始”选项卡，单击“段落”组中的显示标记 ↵(快捷键 Ctrl+Shift+8)，然后选定分节符，按 Delete 键删除，重新插入合适的分节符。

3) 删除分节符

在普通视图下，选择“开始”选项卡，单击“段落”组中的显示标记 ↵(快捷键 Ctrl+Shift+8)，然后选定分节符，按 Delete 键删除。页面视图可以把光标定位到分页符之前，按 Delete 键删除。删除之后该文本格式将与下一节相同。

### 3. 文档分栏

文档在默认情况下为一栏，如果为了美观，如一些杂志和报纸文章，需要将文档分为两栏或者多栏。

1) 文档分为预设栏数

选中需要分栏的内容，选择“页面布局|页面设置|分栏”命令，选择分栏数目，如图 4-120 所示，分栏效果如图 4-121 所示。

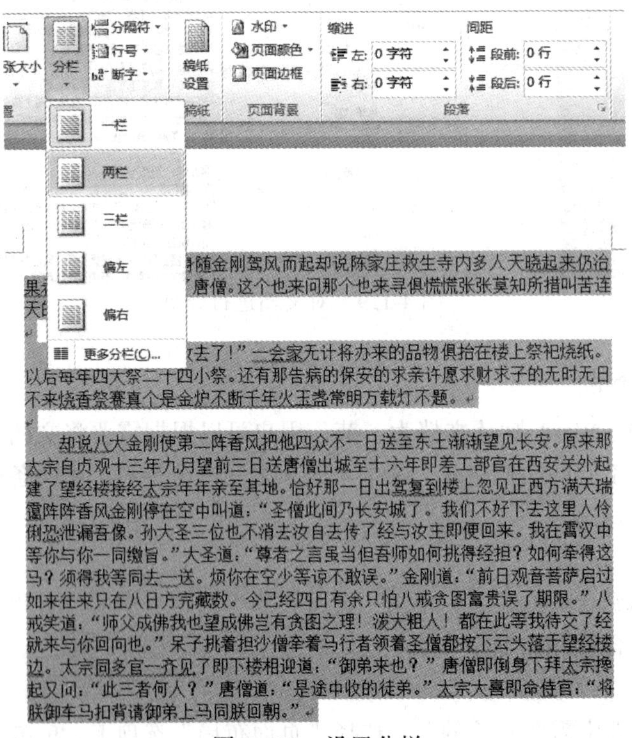


图 4-120　设置分栏

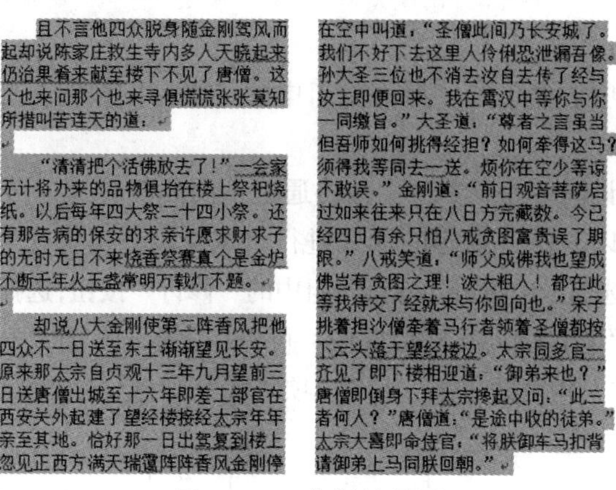

且不言他四众脱身随金刚驾风而起却说陈家庄救生寺内多人天晓起来仍治果肴来献至楼下不见了唐僧。这个也来问那个也来寻俱慌慌张张莫知所措叫苦连天的道：

“清清把个活佛放去了！”一会家无计将办来的品物俱抬在楼上祭祀烧纸。以后每年四大祭二十四小祭。还有那告病的保安的求亲许愿求财求子的无时无日不来烧香祭赛真个是金炉不断千年火玉盏常明万载灯不题。

却说八大金刚使第二阵香风把他四众不一日送至东土渐渐望见长安。原来那太宗自贞观十三年九月望前三日送唐僧出城至十六年即差工部官在西安关外起建了望经楼接经太宗年年亲至其地。恰好那一日出驾复到楼上忽见正西方满天瑞霭阵阵香风金刚停在空中叫道，“圣僧此间乃长安城了。我们不好下去这里人伶俐恐泄漏吾像。孙大圣三位也不消去汝自去传了经与汝主即便回来。我在霄汉中等你与你一同缴旨。”大圣道：“尊者之言虽当但吾师如何挑得经担？如何牵得这马？须得我等同去一送。烦你在空少等谅不敢误。”金刚道：“前日观音菩萨启过如来往来只在八日方完藏数。今已经四日有余只怕八戒贪图富贵误了期限。”八戒笑道，“师父成佛我也望成佛岂有贪图之理！泼大粗人！都在此等我待交了经就来与你回向也。”呆子挑着担沙僧牵着马行者领着圣僧都按下云头落于望经楼边。太宗同多官一齐见了即下楼相迎道：“御弟来也？”唐僧即倒身下拜太宗搀起又问：“此三者何人？”唐僧道：“是途中收的徒弟。”太宗大喜即命侍官：“将朕御车马扣背请御弟上马同朕回朝。”

图 4-121　分栏效果图

2) 文档分为自定义栏数

选择“页面布局|页面设置|分栏|更多分栏”命令，在弹出的“分栏”对话框中自定义设置分栏数目，如图 4-122 所示。

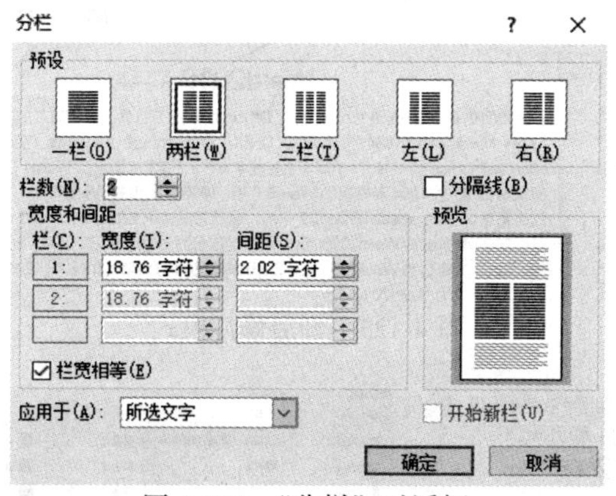


图 4-122　“分栏”对话框

# 4.8　文档的审阅

## 4.8.1　审阅与修订文档

1. 修订文档

在修订状态下修改文档时，Word 2010 会跟踪文档内容所有发生的变化。Word 2010 会在文档中自动插入修订标记，如增加的文本会以不同的颜色显示并加下划线，删除的文字在改变颜色的同时增加删除线，这样就可以清楚地看出哪些文本发生了变化。

操作方法如下：

在“审阅”选项卡中单击“修订”组中的“修订”按钮，此时开启修订模式，如图 4-123 所示。

如果有多人修订同一个文档，文档将通过不同的颜色来区分每个人所修订的内容。各个用户还可以对修订内容的样式进行自定义设置，操作方法如下。

(1) 在“审阅”选项卡中单击“修订”组中的“修订”按钮，选择“修订选项”命令。

(2) 在弹出的“修订选项”对话框中，可以在“标记”、“移动”、“表单元格突出显示”、“格式”和“批注框”五个选项区域中按个人需要设置，如图 4-124 所示。

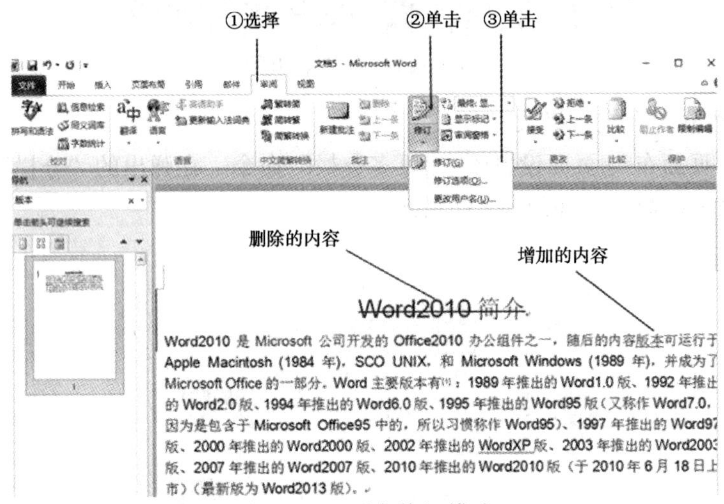


图 4-123　开启修订模式

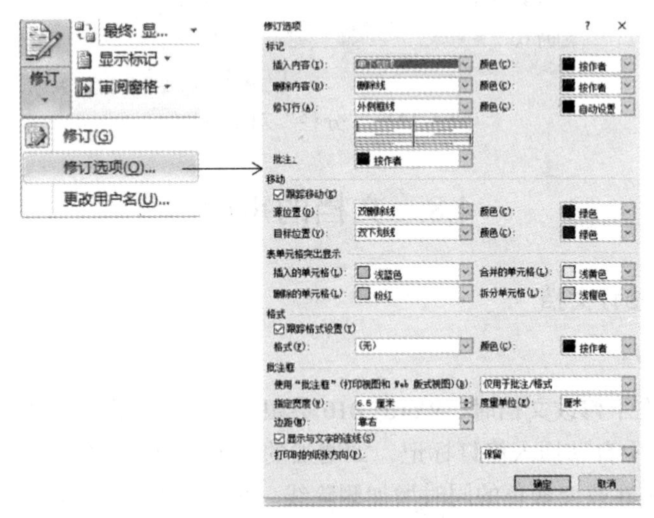


图 4-124　修订选项

### 2. 添加批注

操作方法如下：

(1) 选中将要添加批注的文本。

(2) 在“审阅”选项卡中单击“批注”组中的“新建批注”按钮即可。在最右侧会出现一个文本框，用户在此输入批注信息即可。若要删除批注，直接在添加的批注上面鼠标右键单击，在弹出的菜单中选择“删除批注”即可，如图 4-125 所示。

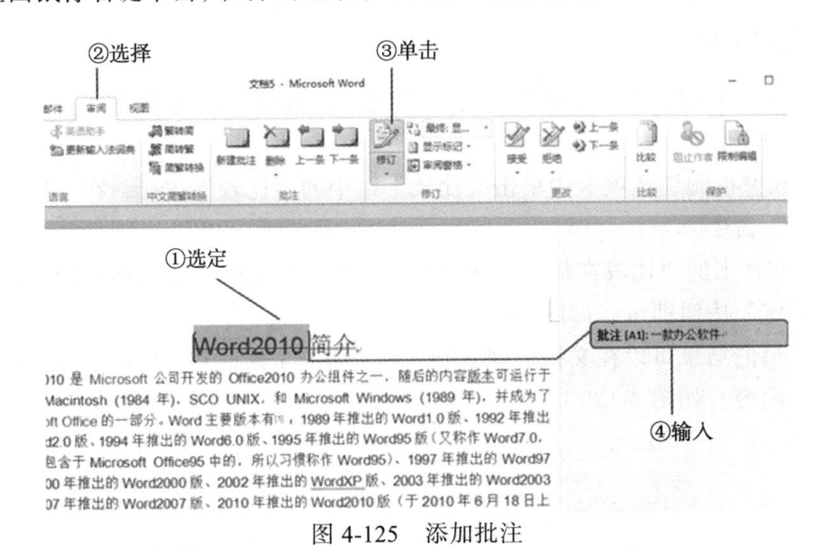


图 4-125　添加批注

如果多人对文档进行修订或审阅，想知道是谁进行了修订，用户可以在“审阅”选项卡中单击“修订”组中的“显示”标记，选择“审阅者”命令，在打开的下拉菜单中显示对文档修订和审阅的人的名单即可，如图 4-126 所示。

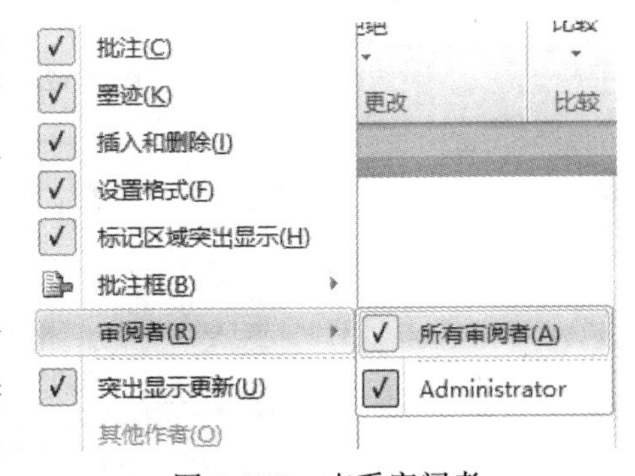


图 4-126　查看审阅者

### 3. 审阅修订和批注

当修订完文档内容时，用户还需要对文档的修订和批注进行最终审阅，可以按下面的方法接受和拒绝文档内容的修改。

(1) 在“审阅”选项卡中单击“更改”组中的“上一条”或“下一条”按钮，便可依次审阅修订和批注。

(2) 单击“更改”组中的“接受”或“拒绝”按钮，完成接受或拒绝文档的修改。

(3) 若要拒绝当前文档的所有修订，则单击“更改”组中的“拒绝”按钮，选择“拒绝对文档的所有修订”命令即可，如图 4-127 所示。

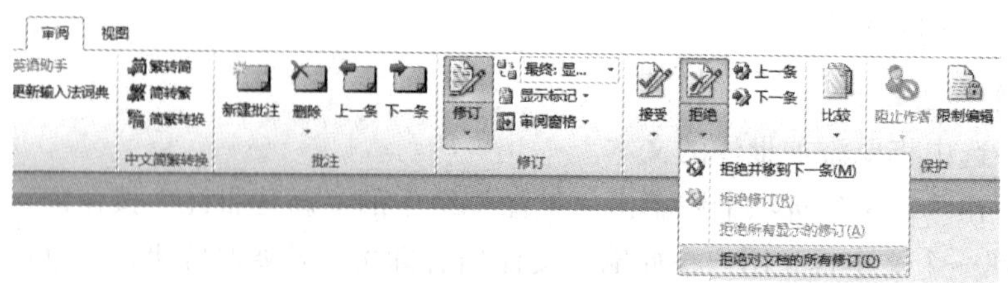


图 4-127　拒绝修改文档

### 4.8.2　比较文档

当要比较发现文档内容的变化时，可以使用 Word 2010 里面的“精确比较”功能。操作方法如下。

(1) 在“审阅”选项卡中单击“比较”组中的“比较”按钮，在下拉列表中选择“比较”命令。

(2) 在弹出的“比较文档”对话框中，选择需要比较的原文档和修订的文档，单击“确定”按钮即可，如图 4-128 所示。

比较后的结果可以在文档中间看到，最左侧的是修改和批注的信息，记录了具体操作的内容，如图 4-129 所示。

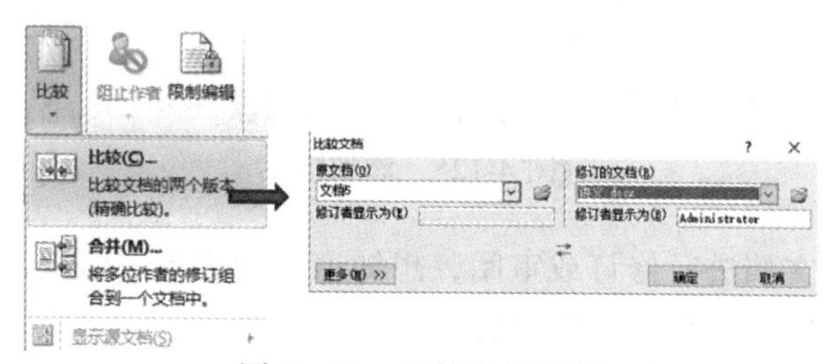


图 4-128　比较文档操作

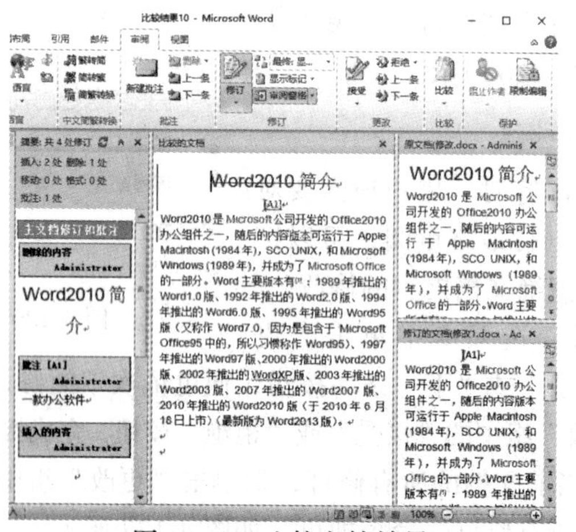


图 4-129　比较文档效果

### 4.8.3　删除文档的个人信息

当不想让其他人通过编辑的文档获得个人用户信息时，可以在 Word 2010 中删除这篇文档包含的个人信息。操作方法如下。

(1) 将需要删除个人信息的文档打开。

(2) 在“文件”选项卡中选择“信息”选项，然后单击“检查问题”和“检查文档”图标，在弹出的“文档检测器”对话框中选中需要检查的内容类型，然后单击“检查”按钮，如图 4-130 所示。

(3) 检查完成后，在“文档检查器”对话框中审阅检查结果，单击“全部删除”按钮，删除对应的信息，如图 4-131 所示。

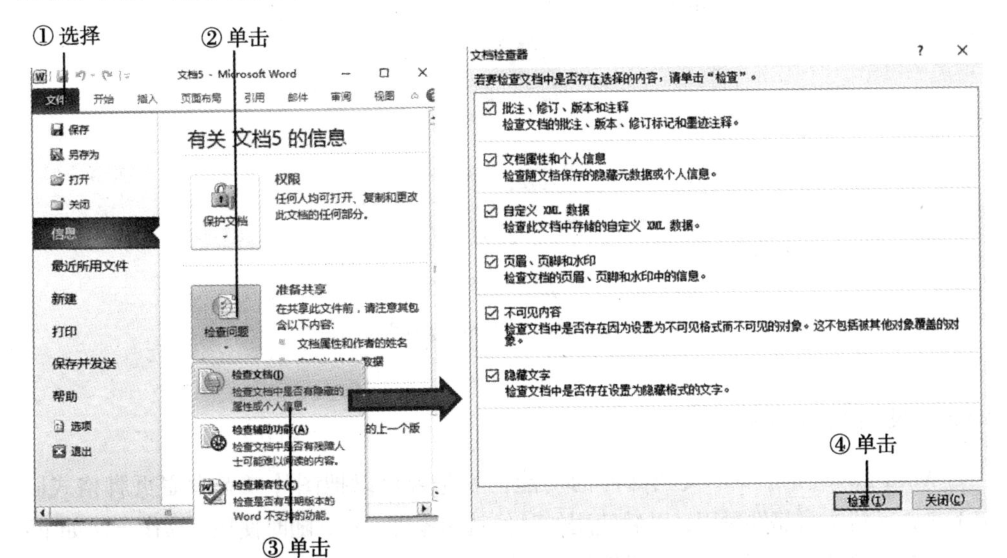


图 4-130　检测个人信息

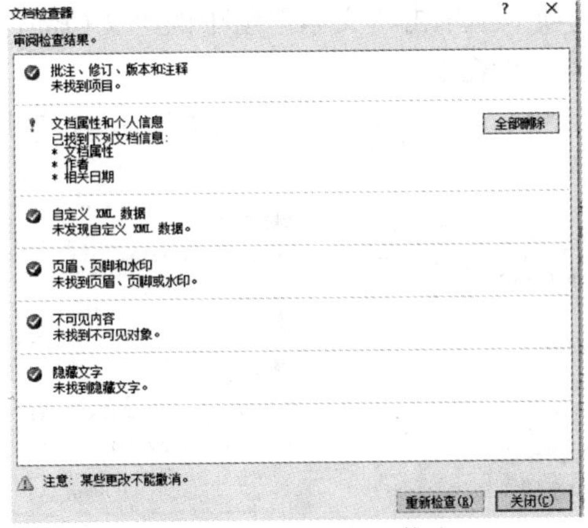


图 4-131　删除个人信息

### 4.8.4 将文档标记为最终状态

当文档修改完后，需要将文档标记为最终状态，操作方法如下。

在“文件”选项卡中，选择“信息”选项卡，单击“保护文档”按钮，选择“标记为最终状态”即可，如图 4-132 所示。

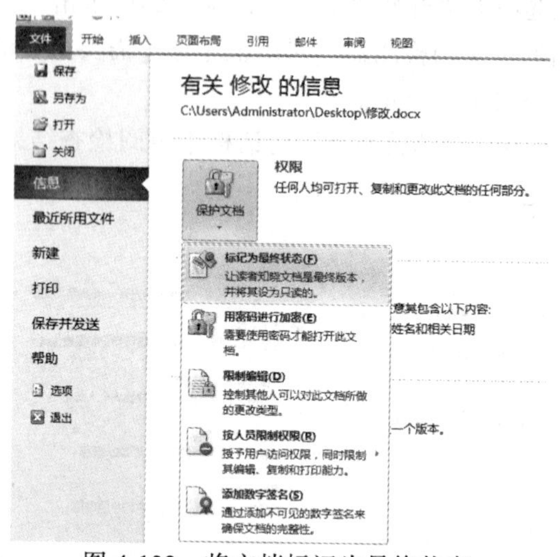


图 4-132　将文档标记为最终状态

### 4.8.5 使用文档部件

Word 2010 中有一个文档部件的功能，就是说可以把图片或者页眉页脚格式固定下来，存到文档部件里面，以后使用的时候就像零件一样，随时使用。操作方法如下：

(1) 选中将要制作成文档部件的文本。

(2) 在“插入”选项卡中单击“文本”组中的“文档部件”按钮，选择“将所选内容保存到文档部件库”命令。

(3) 在“新建构建基块”对话框中，为新建的文档部件设置属性，如图 4-133 所示。

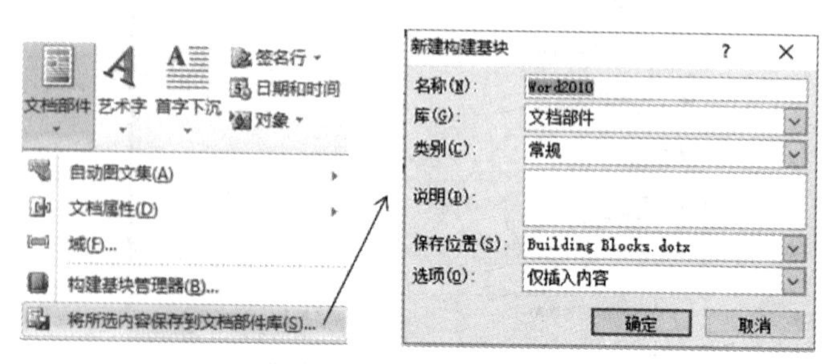


图 4-133　制作文档部件

### 4.8.6　共享文档

如果想把编辑好的文档通过邮件的方式发送给好友，可以直接在 Word 2010 中选择发送，操作方法如下。

在“文件”选项卡中，在“保存并发送”选项卡中选择“使用电子邮件发送”命令，然后单击“作为附件发送”按钮即可，如图 4-134 所示。

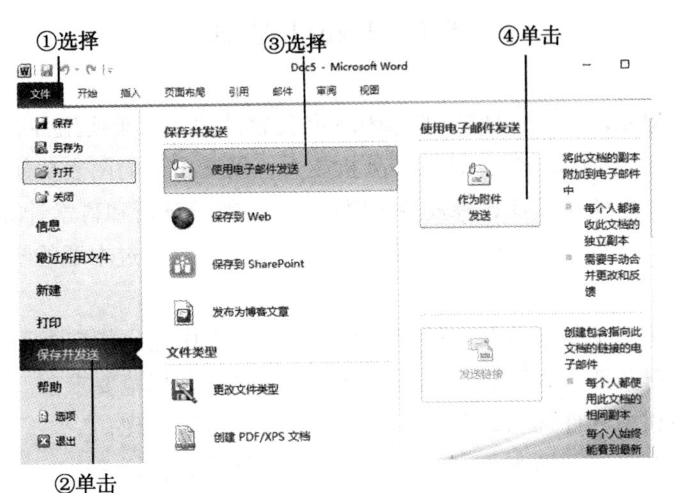


图 4-134　使用电子邮件发送文档

# 第 5 章　表格处理软件 Excel 2010

## 5.1　Excel 基础

Excel 是 Microsoft 公司推出的 Office 办公软件的一个重要组件，主要用于数据处理和分析，具有强大的数据计算和分析能力，以及出色的图表功能，能够胜任个人数据处理、家庭理财以及各种复杂的财务分析、数学分析和科学计算等各种工作。

本章以 Excel 2010 为例具体介绍软件的使用方法，通过本章的学习，读者可以掌握以下内容：

(1) 工作簿、工作表的基本操作，能够在工作表中输入指定类型的数据；

(2) 对数据及数据表进行指定格式设置，使之符合规范要求；

(3) 能够利用软件提供的功能，对数据进行分析和处理；

(4) 对数据表进行图表分析，并对图表进行格式编辑；

(5) 利用宏对数据表进行快速操作；

(6) 能够进行协作，通过软件进行多方合作，通力合作完成指定任务。

### 5.1.1　Excel 2010 简介

1. Excel 2010 的特性

1) 快速、有效地进行比较

Excel 2010 提供了强大的新功能和工具，可帮助用户发现模式或趋势，从而做出更明智的决策并提高分析大型数据集的能力。

可以使用单元格内嵌的迷你图及带有新迷你图的文本数据获得数据的直观汇总，使用新增的切片器功能快速、直观地筛选大量信息，并增强数据透视表和数据透视图的可视化分析。

2) 从桌面获取更强大的分析功能

Excel 2010 中的优化和性能改进可以使用户更轻松、更快捷地完成工作，使用新增的搜索筛选器可以快速缩小表、数据透视表和数据透视图中可用筛选选项的范围，可以立即从多达百万甚至更多项目中准确找到寻找的项目。PowerPivot for Microsoft Excel 2010 是一款免费插件，通过它可快速操作大型数据集(通常达数百万行)和简化数据集。另外，可以通过 SharePoint Server 2010 轻松地共享分析结果。

使用 64 位版本的Office 2010可以处理海量信息(超过2GB)并最大限度地利用新的和现有的硬件资源。

3) 节省时间、简化工作并提高工作效率

当用户能按照自己期望的方式工作时,就可更加轻松地创建和管理工作簿。如恢复已关闭但没有保存的未保存文件，版本恢复功能只是全新 Microsoft Office Backstage 视图提供的众多新功能之一。Backstage 视图代替了所有 Office 2010 应用程序中传统的“文件”菜单，为所有工作簿管理任务提供了一个集中的有序空间。用户可以轻松地自定义改进的功能区，以便更加轻松地访问所需命令。可创建自定义选项卡，甚至还可以自定义内置选项卡。利用 Excel 2010，一切尽在掌控之中。

4) 跨越障碍，通过新方法协同工作

Excel 2010 提供了供人们在工作簿上协同工作的简便方法，提高了人们的工作质量。首先,Excel 2010 可与早期版本 Excel 中的方法实现无缝兼容。通过使用 Excel Web App，几乎可在所有 Web 浏览器中与其他人在同一个工作簿上同时工作。运行 SharePoint Foundation 2010 的公司用户可在其防火墙内使用此功能。如果您是小公司的员工或自由职业者，则只需要一个免费的 Windows Live ID 即可与其他人同时创作工作簿。利用 SharePoint Excel Services 可以在 Web 浏览器中与您的团队共享易于阅读的工作簿，同时保留工作簿的单个版本。

5) 在任何时间、任何地点访问工作簿

无论何时希望以何种方式均可获取所需的信息。在移动办公时，可以通过随时获得 Excel 体验轻松访问工作簿，并始终满足人们的需要。

Microsoft Excel Web App：几乎可在任何地点进行编辑。当用户不在家、学校或办公室时，可以在 Web 浏览器中查看和编辑工作簿。

Microsoft Excel Mobile 2010：为小型设备引入强大功能。通过使用移动版本的 Excel(特别适用于 Windows Phone)随时获得最新信息。无论是处理个人预算或旅行费用，还是针对学校或工作项目与某团队进行协作(即使工作簿超过一百万行)，使用 Excel 2010 都能更快、更灵活、更有效地完成所需的任务。

2. Excel 的启动与关闭

1) 启动 Excel

启动 Excel 通常有三种方法：

(1) 双击桌面的 Excel 快捷图标。

(2) 在开始菜单的程序组中找到 Microsoft Excel 2010 快捷方式运行，如图 5-1 所示。

(3) 在安装目录找到可执行文件 Excel.exe，鼠标双击直接运行。

另外，在 Windows 7 操作系统下还可以将 Excel 程序图标锁定到任务栏，以后只要在任务栏单击该图标即可启动 Excel。当 Excel 启动后，在任务栏中 Excel 图标上鼠标右键单击，在弹出的快捷菜单中选择“固定到任务栏”命令，则该程序将会被锁定在任务栏上，如图 5-2 所示。

图 5-1　Microsoft Office 2010 程序组

图 5-2　Excel 2010 程序的锁定

2) 关闭 Excel

退出 Excel 2010，通常有以下方法：

(1) 单击 Excel 窗口左上角的“文件”选项卡，在弹出的菜单中选择“退出”命令。

(2) 单击 Excel 右上角的“关闭”按钮。

(3) 按 Alt+F4 组合键。

(4) 打开任务管理器，其中选择“Microsoft Excel 2010”，然后结束任务或结束进程。

3. Excel 2010 的应用界面

Excel 2010 启动后，会出现 Excel 应用界面，如图 5-3 所示。

下面简要介绍 Excel 窗口。

(1)“文件”菜单：能够获得与文件有关的操作选项，如“打开”、“另存为”或“打印”等，采用多级菜单的分级结构，自左向右分为三个区域，左侧区域为命令选项区，列出了与文档有关的操作命令选项，当选择某个选项后，右侧区域将显示其下级命令按钮或操作选项；同时，右侧区域选择也可以显示与文档有关的信息，如文档属性信息、打印预览或预览模板文档内容等。

(2) 快速访问工具栏：存放快速访问频繁使用的命令，如“保存”、“撤销”和“重复”等。在快速访问栏的右侧，可以通过单击其右侧的 ▾ 图标，弹出菜单选项，选择 Excel 已经定义好的命令，即可将选择命令以按钮的形式添加到快速访问工具栏中。

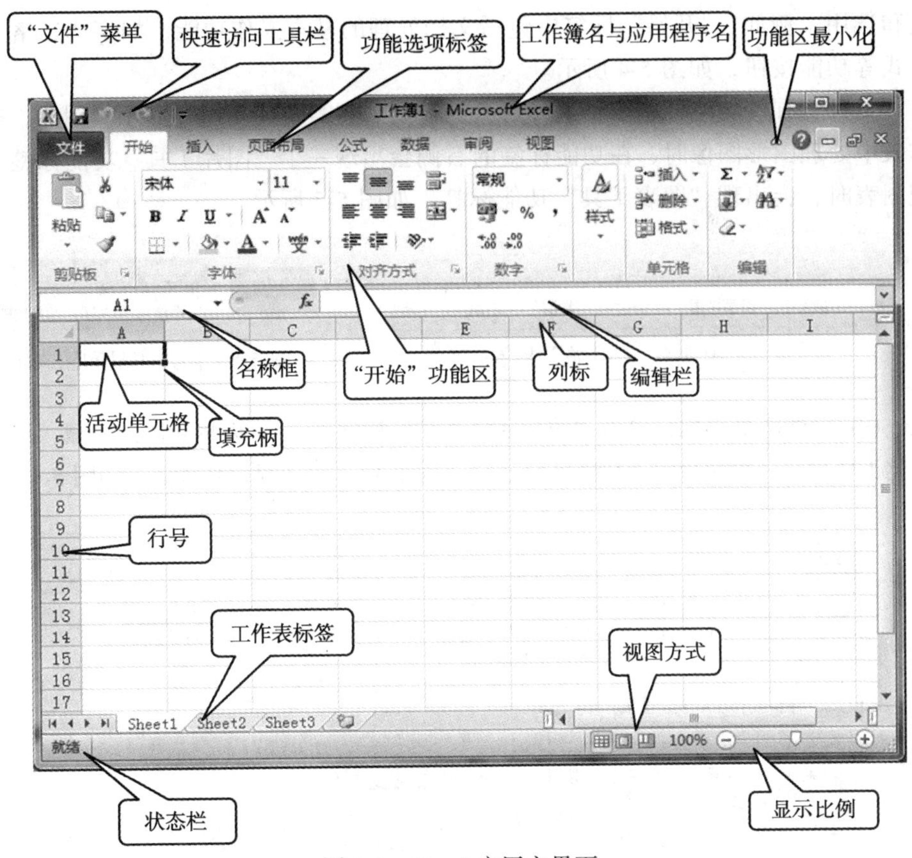


图 5-3　Excel 应用主界面

(3) 行号：每一行左侧的阿拉伯数字表示该行的行号，对应称为第 1 行、第 2 行、……

(4) 列标：每一列上方的大写英文字母表示该列的列号，称为第 A 列、第 B 列、……

(5) 名称框：位于工作表左上方，其中显示活动单元格的地址或已命名单元格区域的名称。

(6) 编辑栏：位于名称框的右侧，用于显示、输入、编辑、修改当前单元格中的数据或公式。

(7) 工作表标签：位于工作表的左下方，用于显示工作表名称，默认为 Sheet1、Sheet2、Sheet3。用鼠标单击工作表标签，可以在不同的工作表之间切换，当前可以编辑的工作表为活动工作表或当前工作表。

(8) Excel 2010 常用的功能选项包括"开始"、"插入"、"页面布局"、"公式"、"数据"、"审阅"和"视图"。每个功能标签集中相关的功能群组，方便使用者切换和选用。例如，“开始”标签中包括文档处理的基本操作功能，如字体、格式、样式等功能按钮，如图 5-4 所示。

另外，有些功能标签根据选择对象的需要，在需要使用时才显示。例如，在工作表中处理图形图像时，在功能标签的右侧会出现一个“图片工具”功能标签，处理图表时，会出现“图表工具”功能标签，如图 5-5 所示。

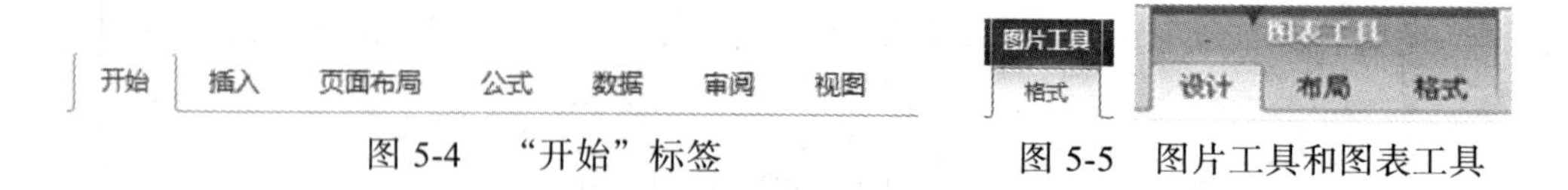


图 5-4　“开始”标签　　　　图 5-5　图片工具和图表工具

(9) 功能区最小化：单击“功能区最小化”按钮 ，可以将功能区隐藏，从而最大化工作窗口；再次单击“功能区最小化”按钮 ，可以显示功能区，如图 5-6 所示。

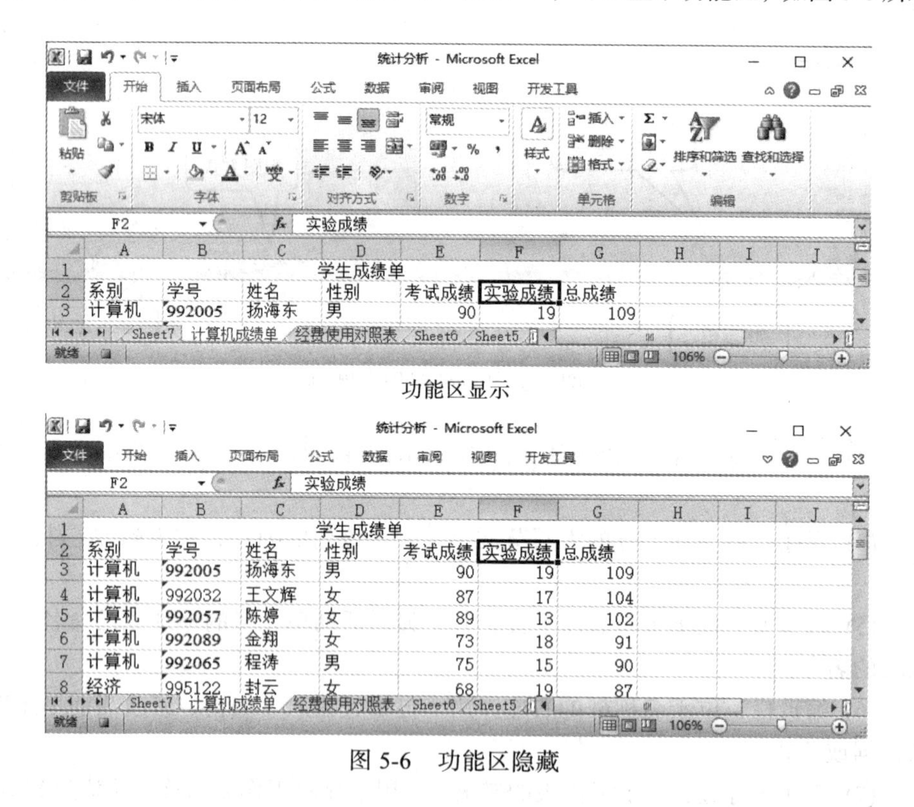


功能区显示

图 5-6　功能区隐藏

(10) 快速存取工具栏：位于 Excel 窗口的左上角，放置常用的工具，帮助用户快速完成工作。通常有三个常用的工具，分别是“保存”、“撤销”及“恢复”，图标分别为 、 、 ，也可以自行设置快速存取工具。步骤如下：

① 单击 Excel 窗口左上角的 图标，打开“自定义快速访问工具栏”菜单，

如图 5-7 所示。

② 如果菜单中有需要的功能，直接用鼠标进行选择。

③ 如果菜单中没有需要的命令，则单击“其他命令”，打开“Excel 选项”对话框，如图 5-8 所示，添加自定义工具。以添加“表格”工具为例，方法如下：

a. 选择“表格”工具。

b. 单击“添加”按钮，如图 5-9 所示。

c. 单击“确定”按钮，将“表格”工具添加到 Excel 窗口左上角，效果为 。

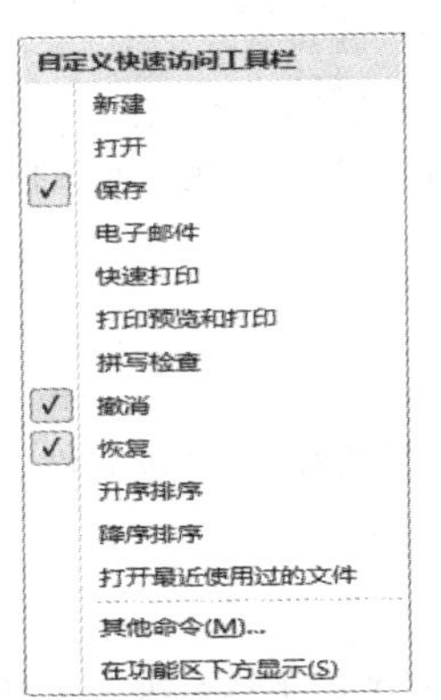


图 5-7　自定义快速访问工具栏

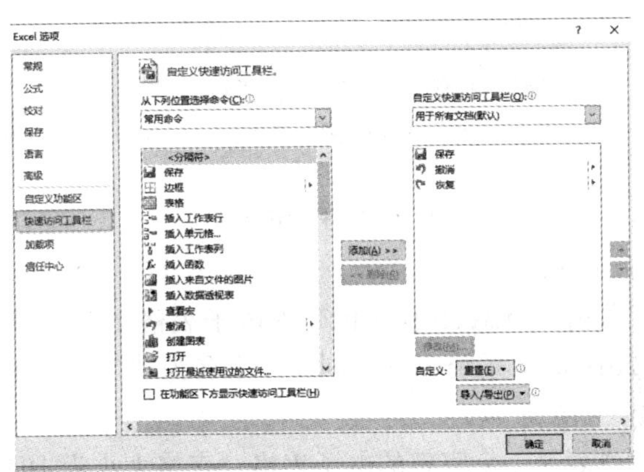


图 5-8　“Excel 选项”对话框

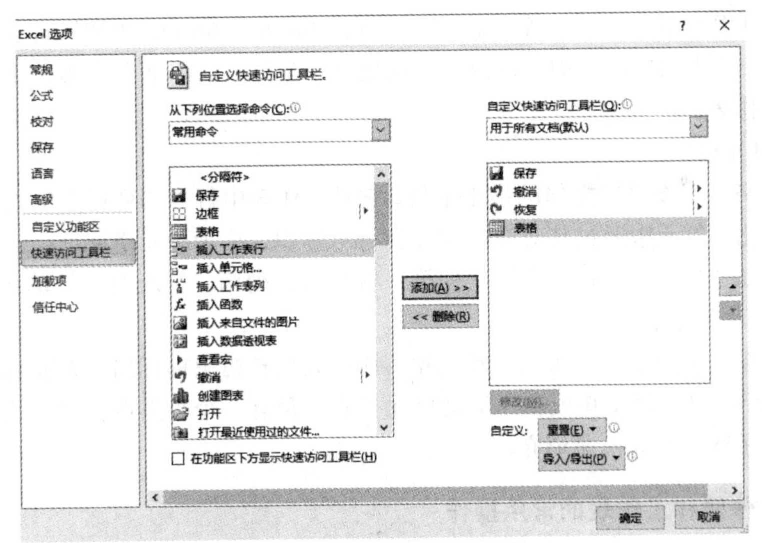


图 5-9　设置快速访问工具

(11) 显示比例：位于 Excel 窗口的右下角，显示目前工作表的缩放比例。设置显示比例有两种方法。

① 直接拖拽中间的滑动杆来改变显示比例，或单击放大或缩小按钮改变显示比例，如图 5-10 所示。

② 单击“缩放级别”按钮100%，打开“显示比例”对话框，如图 5-11 所示，进行设置。

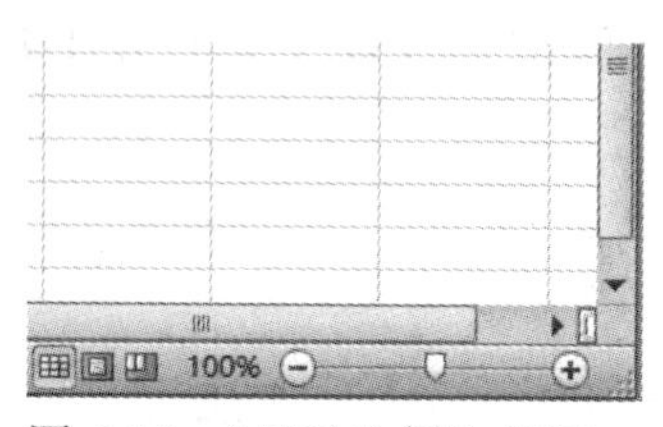

图 5-10 “显示比例”按钮

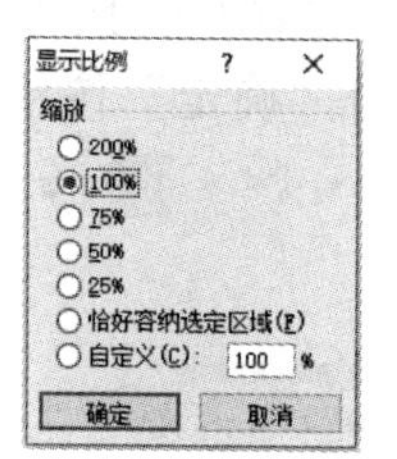

图 5-11 “显示比例”对话框

4. 工作簿、工作表和单元格

1) 工作簿

工作簿是 Excel 程序创建的电子表格文件，用来处理和存储数据文件，启动 Excel 2010 时，系统会自动创建一个名为“工作簿 1”的空白文件。

2) 工作表

工作表是一个完整的电子表格，表格大小为 1048576 行 × 16384 列，工作表能满足广大用户的一般需求。

一个工作簿默认下有三个工作表，分别以 Sheet1、Sheet2 和 Sheet3 命名。工作簿是 Excel 使用的文件架构，可以将它看成一个工作夹，里面包含多个工作表，至少一张工作表。

3) 单元格

单元格是工作表中操作的最小单位，它是工作表中行号和列标交叉处的长方形区域，因此，单元格通过其对应的列标和行号标识，称为单元格地址，又称单元格的名称，如 A1、B2 分别表示第一列第一行和第二列第二行所对应的单元格。

4) 活动单元格

在工作表中用鼠标单击某个单元格，该单元格被粗黑框标出，表示当前正在操作的单元格，又称活动单元格。活动单元格右下角有一个小黑点，称为填充柄，用来进行单元格内容的快速填充。

### 5.1.2　工作簿和工作表的常用操作

1. Excel 中文档常见类型

Excel 2010 的文档格式与 Excel 2007 的文档格式基本相同，只是在以前的文档扩展名后添加 x 或 m。x 表示不含宏的 xml 文件，m 表示含有宏的 xml 文件，常见的文档类型表示如表 5-1 所示。

**表 5-1　Excel 中的文档类型与其含义**

| 文档类型 | 含义 |
|---|---|
| xlsx | 常用的 Excel 工作簿 |
| xlsm | 启用宏的工作簿 |
| xlsb | 进制工作簿 |
| xls | 97–2003 工作簿、5.0/95 工作簿 |
| xml | xml 数据文件 |
| mht | 单个文件网页(mht、mhtml) |
| htm | 网页文件 |
| xltx | 模板文件 |
| xltm | 启用宏的模板 |
| txt | 文本文件(包括制表符分隔、Unicode 文本) |
| csv | CSV 逗号分隔文件 |

2. 工作簿的基本操作

1) 创建一个工作簿

工作簿的创建一般通过以下方法之一实现：

(1) 启动 Excel 时，程序自动创建一个空白工作簿，名为“工作簿 1”，如图 5-12 所示。

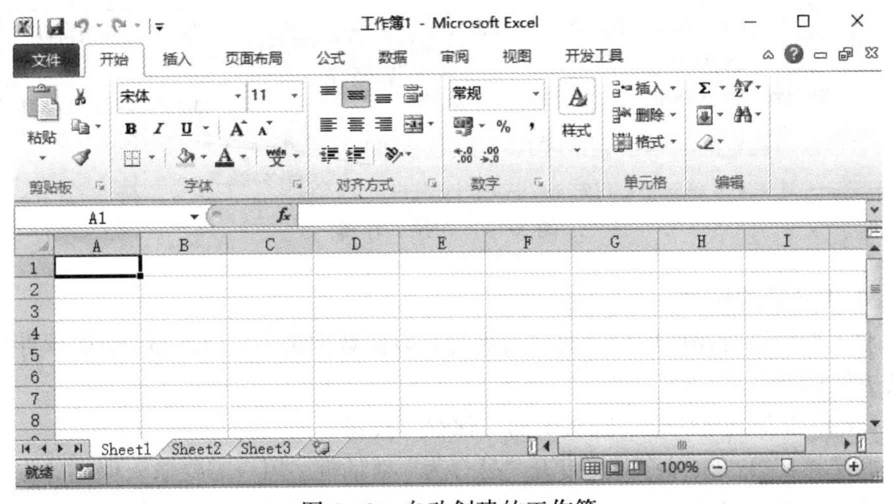


图 5-12　自动创建的工作簿

(2) 单击“文件”菜单中的“新建”按钮，如图 5-13 所示，选择创建文档类型，单击“创建”按钮即可新建文档。新工作簿依次以工作簿 1、工作簿 2、……来命名，要重新命名工作簿，可在保存文件时变更。

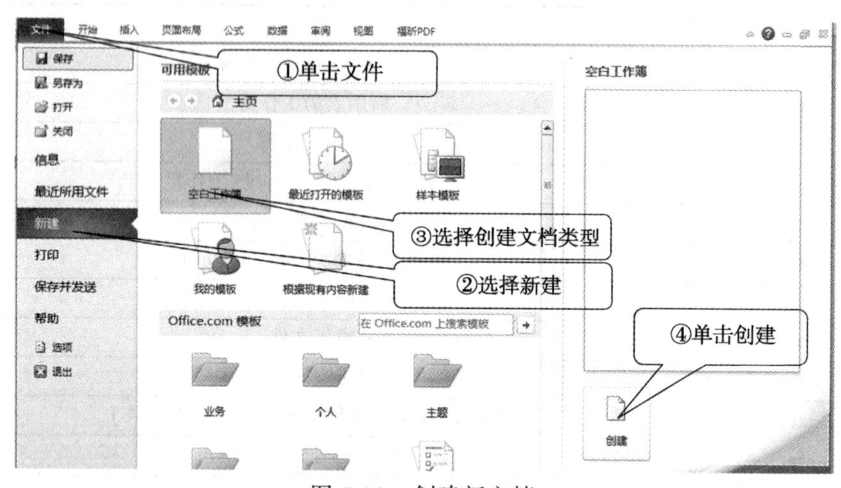


图 5-13　创建新文档

2) 工作簿窗口切换

Excel 程序可以同时打开多个工作簿文件，切换工作簿文件的方法如下：

通过“视图”标签下的“切换窗口”功能实现不同工作簿的切换，如图 5-14 所示。

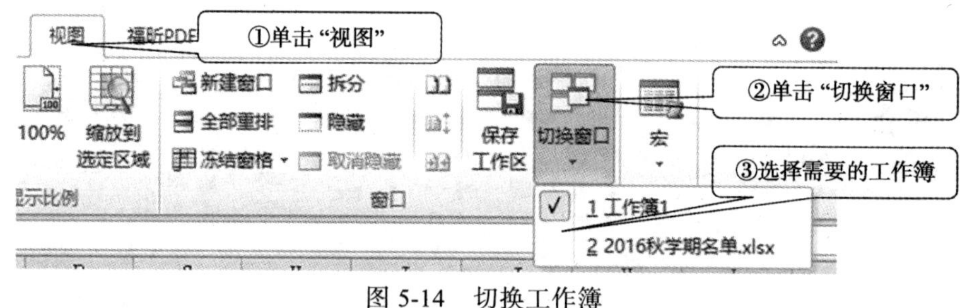


图 5-14　切换工作簿

3) 工作簿的保存

对工作簿进行操作后应及时进行保存，以防数据丢失。 Excel 2010 保存工作簿的方法如下：

(1) 单击左上角快速访问栏上的“保存”按钮。

新文档在第一次保存时，打开“另存为”对话框，用户需要输入保存的位置及保存的文件名，如图 5-15 所示。对打开的文件进行编辑，单击“保存”按钮，则直接覆盖原有文件，文件名不变。

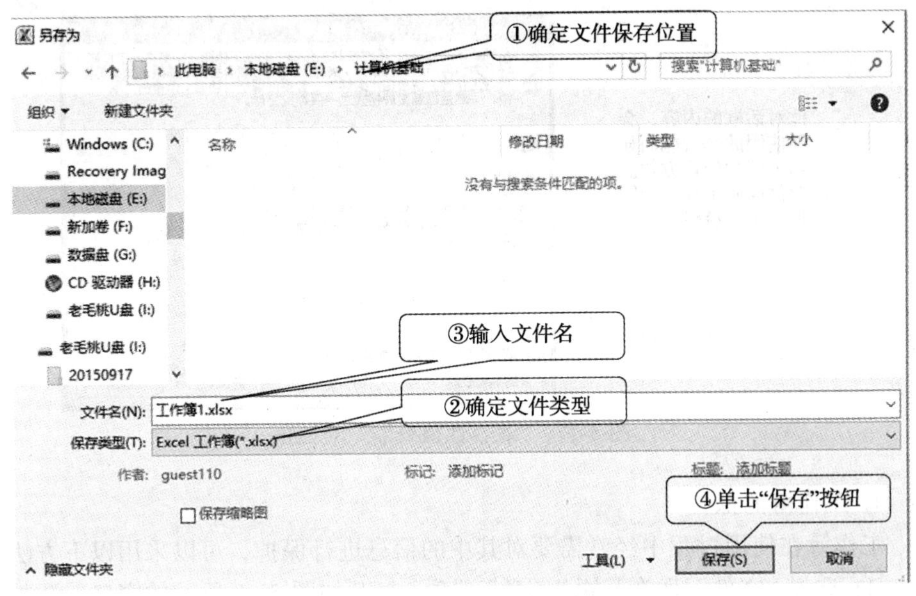


图 5-15　“另存为”对话框

(2) 单击“文件”菜单的“保存”命令或“另存为”命令。

对已经保存的文件，可以选择“另存为”命令进行保存，本质是保留原有文件，将编辑后的文件换一个名称进行保存。

保存文档时，如果将存档类型设定为“Excel 工作簿”，其扩展名是“*.xlsx”格式，如图 5-16 所示。但这种格式的文档通常无法用 Excel 2003 及其之前的版本打开，如果需要在这些旧版本中打开工作簿，则要将存档类型设定为“Excel 97—2003 工作簿”。

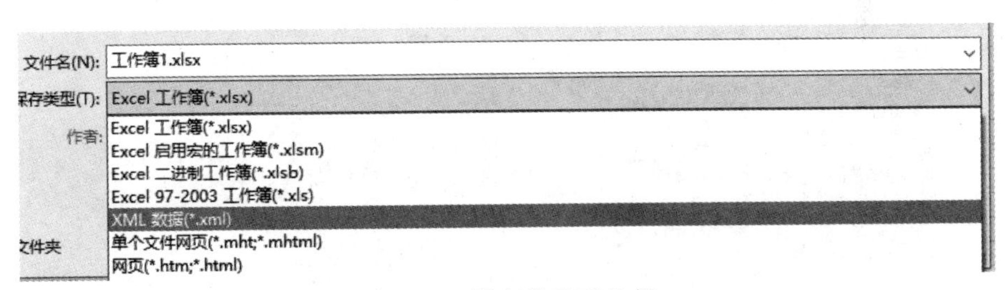


图 5-16　保存类型的选择

但是，将文件存成 Excel 97—2003 工作簿的*.xls 格式后，若文件中使用了 2007/2010 的新功能，在保存时会显示如图 5-17 所示的“兼容性检查器”对话框，告知相应信息。

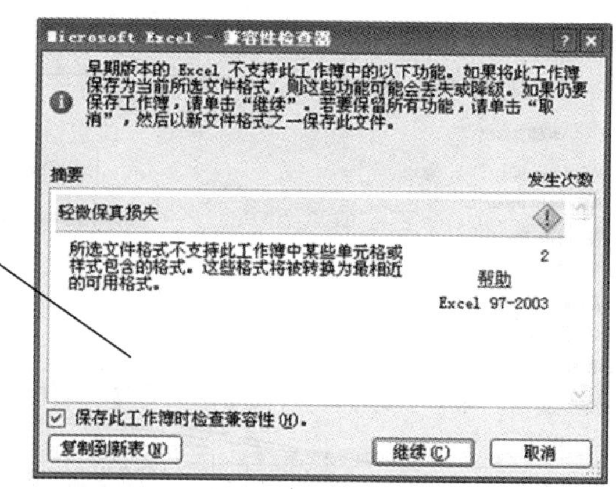


图 5-17　“兼容性检查器”对话框

4) 工作簿的保护

工作簿在使用过程中经常需要对其中的信息进行保护，可以采用以下方法。

(1) 选择“文件”菜单下的“信息”选项，打开如图 5-18 所示的窗口，单击“保护工作簿”按钮，在打开的下拉菜单中选择“用密码进行加密”，打开如图 5-19 所示的“加密文档”对话框，输入密码后确定，在如图 5-20 所示的“确认密码”对话框中确认密码。最后再保存文件，密码就会生效。

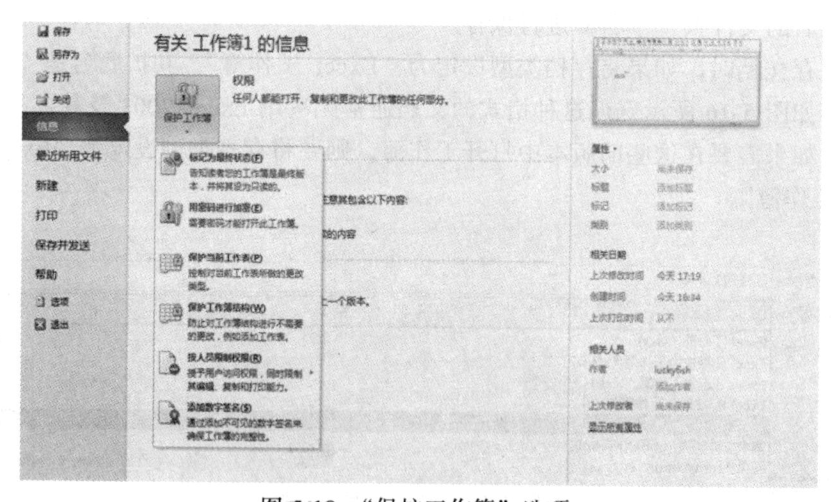


图 5-18　“保护工作簿”选项

取消密码时，只需将“加密文档”对话框中的密码删除，再单击“保存”命令即可。

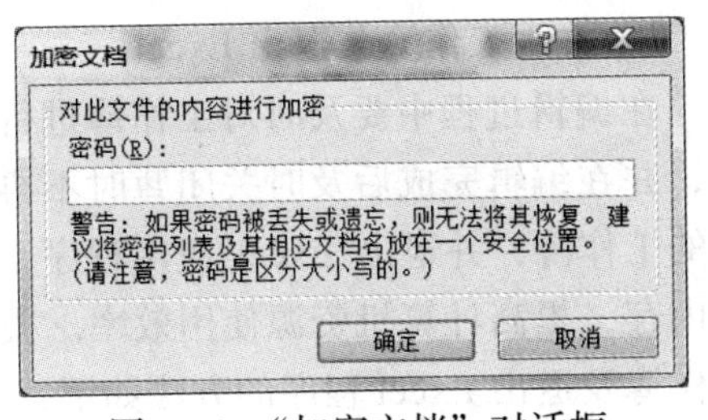


图 5-19 “加密文档”对话框

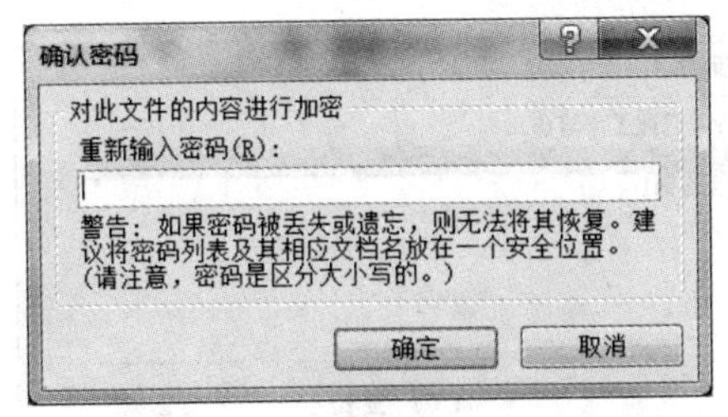


图 5-20 “确认密码”对话框

(2) 在图 5-18 中选择“保护工作簿结构”，打开如图 5-21 所示“保护结构和窗口”对话框，选择保护类型，并可以输入密码进行保护。一旦进行工作簿的保护，其结构或窗口将不能更改。

选中“结构”复选框会禁止对活动工作簿中的工作表的位置、名称、隐藏状态等方面的更改；选中“窗口”复选框，该工作簿的窗口将不能被关闭、隐藏、取消隐藏、改变大小或移动，实际上，“最小化”、“最大化”和“关闭”按钮都不见了。

这些设置是即刻生效的，而且此命令是循环的，再次单击“保护工作簿”将关闭保护。如果在“保护结构和窗口”对话框中制定了密码，那么 Excel 就会在关闭所保护的工作簿之前提示用户输入密码。

5) 工作簿的隐藏

用户由于某些原因，需要将某个工作簿处于打开状态，同时又不希望别人看见该工作簿，可以使用工作簿隐藏功能。

要想隐藏工作簿，应先激活该工作簿，然后单击“视图”标签中的“隐藏”按钮，如图 5-22 所示。这样就将该工作簿从视图中移除，但该工作簿仍然是打开的，并且在工作区中仍然可以使用该工作簿。

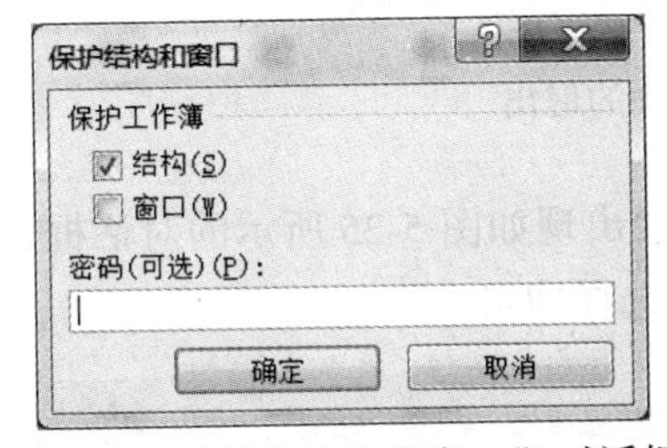


图 5-21 “保护结构和窗口”对话框

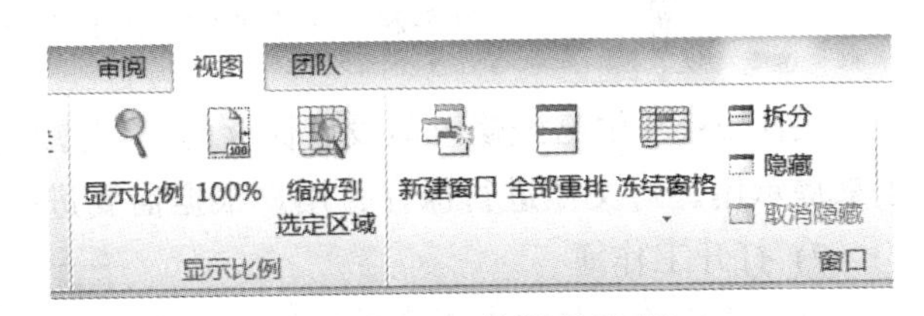


图 5-22 工作簿的隐藏

单击图 5-22 中的“取消隐藏”按钮，在弹出如图 5-23 所示的“取消隐藏”对话框中选择希望重新显示的工作簿名，单击“确定”按钮即可重新显示被隐藏的工作簿。特别注意：只有当存在隐藏工作簿的情况下，“取消隐藏”功能才是可用的。

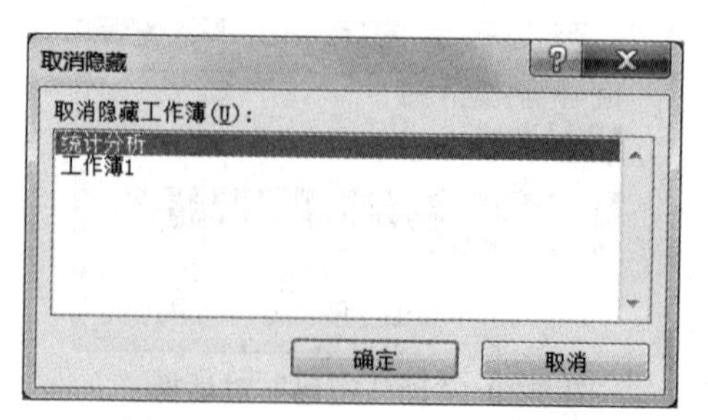

图 5-23 “取消隐藏”对话框

6) 关闭工作簿与退出 Excel

在编辑过程中要及时对工作簿进行保存，并在编辑完成后及时关闭暂时不再使用的工作簿，并退出 Excel 应用程序，释放内存，提高计算机资源使用效率。关闭工作簿及退出 Excel 程序的方法如下：

(1) 单击“文件”菜单，在弹出的菜单中选择“关闭”命令，或单击窗口右上角的文档关闭按钮，则只会关闭工作簿而不关闭 Excel 程序。

(2) 单击“文件”菜单中的“退出”命令，或单击 Excel 应用程序标题栏右上角的程序关闭按钮，将关闭 Excel 程序，同时正在编辑的工作簿也会被关闭，如图 5-24 所示。

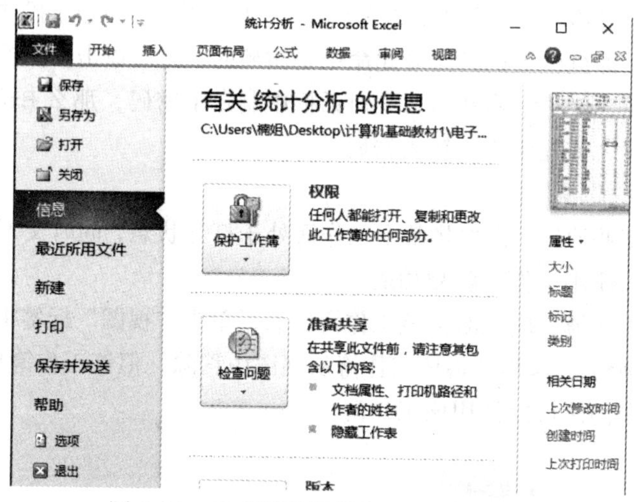

图 5-24 工作簿的关闭和 Excel 的退出

关闭 Excel 中已经修改但没有保存的工作簿时会出现如图 5-25 所示的对话框，用来提示用户对文档进行保存，用户根据需要进行选择即可。

7) 打开工作簿

(1) 对已经存在的工作簿进行编辑，必须先打开该工作簿。

图 5-25 存档信息提示框

单击“文件”菜单，选择“打开”命令，弹出如图 5-26 所示的“打开”对话框，确定文件所在位置、类型和文件名，单击“打开”按钮，即可打开相应的工作簿。

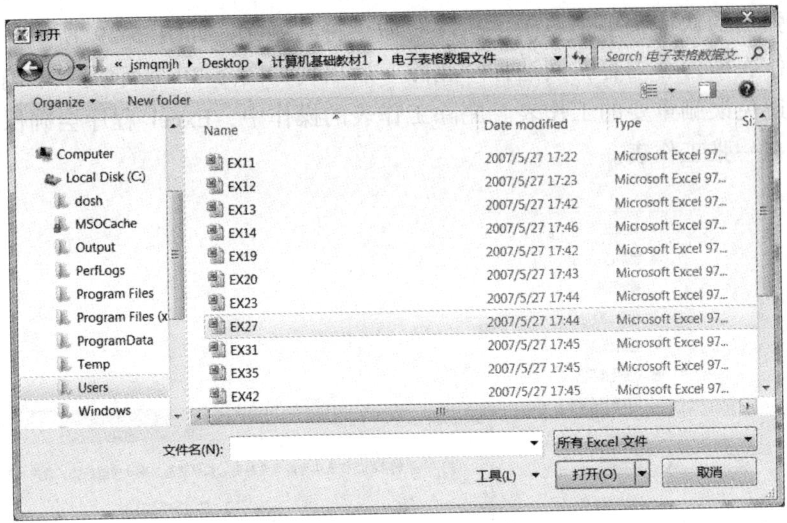


图 5-26　“打开”对话框

(2) 如果要打开的文档是最近刚编辑过的文档，则单击“文件”菜单下的“最近所用文件”，在打开窗口中单击想要打开的文件名，就可以打开最近使用过的工作簿。

3. 工作表基本操作

1) 插入

Excel 程序创建的工作簿默认有三张工作表，其名称分别为 Sheet1、Sheet2 和 Sheet3。用户可以根据需要增加新的工作表，通常有两种方法：

(1) 选择“开始”标签下的“插入”按钮中的“插入工作表”命令实现新工作表的插入，如图 5-27 所示。

(2) 单击工作表标签右侧的“插入工作表”按钮，如图 5-28 所示。

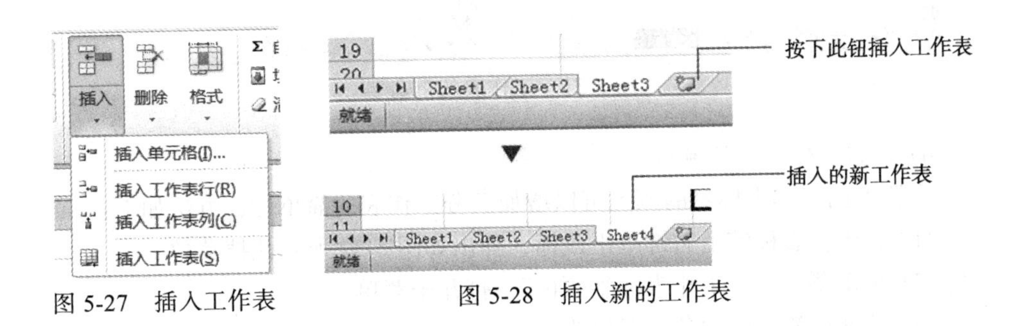


图 5-27　插入工作表　　　图 5-28　插入新的工作表

2) 删除

可以直接删除工作簿中不需要的工作表，在要删除的工作表标签上鼠标右键单击，在弹出的快捷菜单中单击“删除”命令将其删除，如图 5-29 所示。如果被删除的工作表中含有内容，则选择“删除”后出现如图 5-30 所示提示框确认是否要删除，避免误删重要的工作表。删除工作表的操作中，Excel 程序会确保工作簿中至少存在一张工作表。

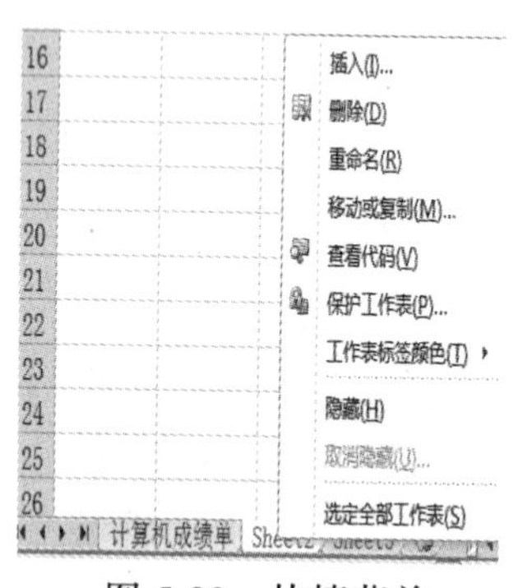


图 5-29　快捷菜单

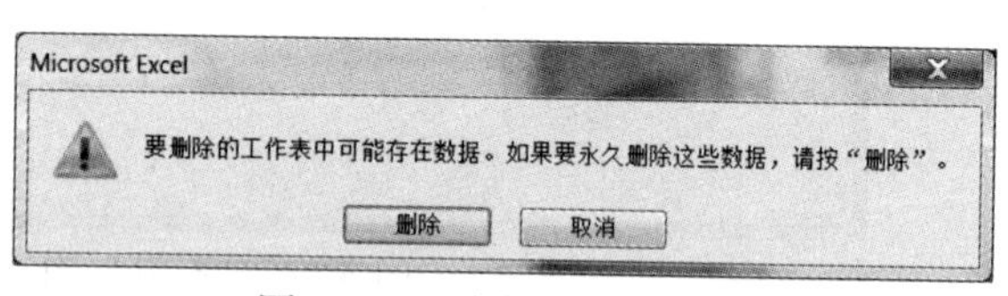


图 5-30　删除确认提示框

3) 重命名

Excel 程序建立的工作表通常以 Sheet1、Sheet2、Sheet3、…为工作表命名，这种命名方法具有一般性，不能凸显工作表的内容和意义。为了工作表的使用方便，通常会对所使用的工作表冠以具体名称，操作步骤如下：

在需要重命名的工作表标签上双击鼠标，使其反白显示，如图 5-31 所示，然后输入指定的工作表名称。或在其标签上右键单击，在快捷菜单中选择“重命名”，然后输入名称，按回车键即可实现重命名操作。

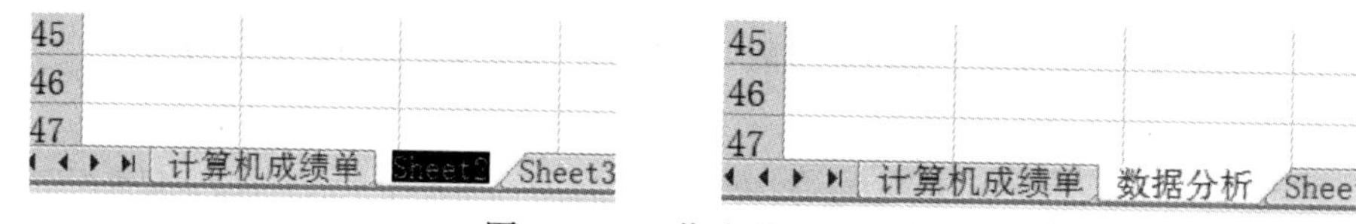


图 5-31　工作表的重命名

4) 设置工作表标签颜色

设置不同工作表标签的颜色可以增加区分工作表的简单性，方法如下：

(1) 在工作表标签上右键单击鼠标，弹出如图 5-32 所示快捷菜单。

(2) 单击菜单中“工作表标签颜色”，打开子菜单。

(3) 选择标签具体颜色进行设置。

如果选择“其他颜色”，则会弹出如图 5-33 所示的对话框，其有两个选项卡，在其中选择“自定义”，则可指定颜色的 RGB 分量的数值，从而精确地设置颜色。

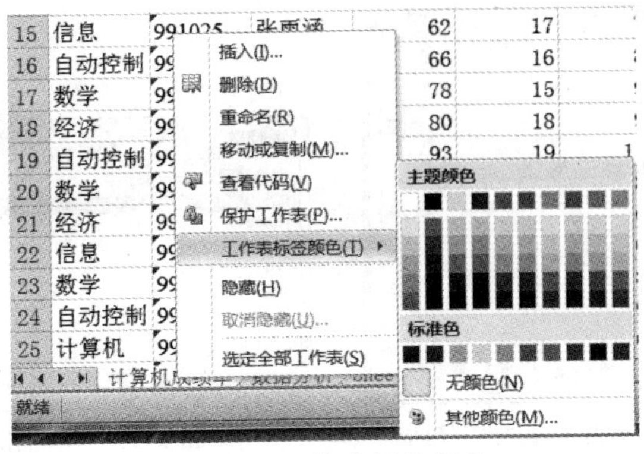


图 5-32　工作表标签颜色

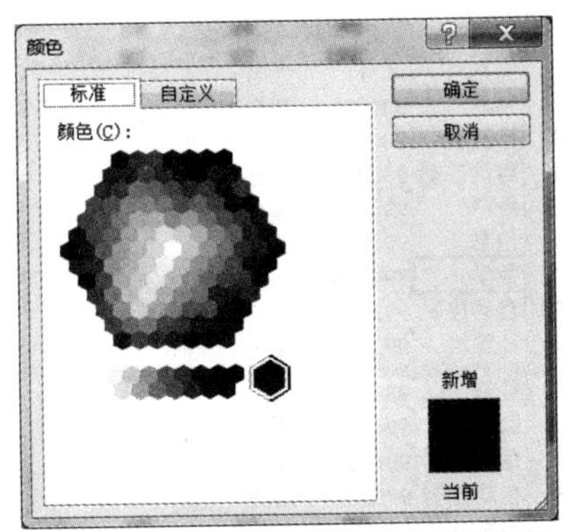


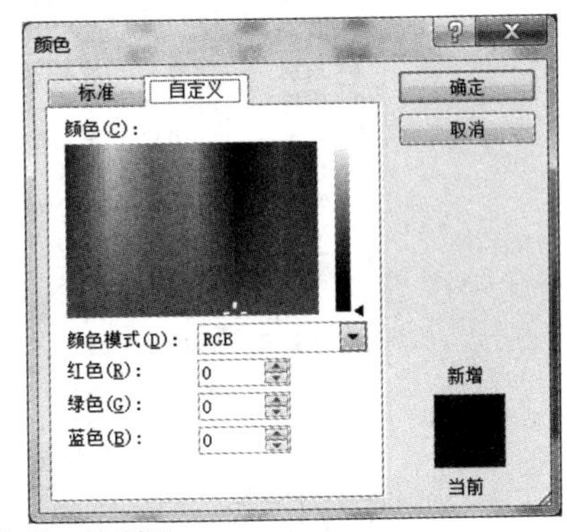


图 5-33　“颜色”对话框

5) 移动或复制工作表

可以通过对话框实现移动和复制工作表：在工作表标签上右键单击，在弹出的快捷菜单上选择“移动或复制”命令，打开如图 5-34 所示对话框，如果复选“建立副本”，进行的为复制操作，否则为移动操作。

6) 工作表的显示与隐藏

用户在指定工作表标签上鼠标右键单击，在弹出的菜单中选择“隐藏”，即可根据需要实现将工作簿中的该工作表隐藏起来的需求。

在工作表标签上鼠标右键单击，在弹出的菜单中选择“取消隐藏”，即可将隐藏的工作表重新显示出来，如果隐藏了多个工作表，则弹出如图 5-35 所示对话框，在对话框中选择需要显示的工作表。

7) 拆分工作表窗格

在“视图”标签上的“窗口”组中单击“拆分”按钮，将会以当前活动单元格为坐标，将窗口拆分为四个相同的编辑窗口，如图 5-36 所示，每个窗口都可以进行编辑。再次单击“拆分”则会取消窗口的拆分。

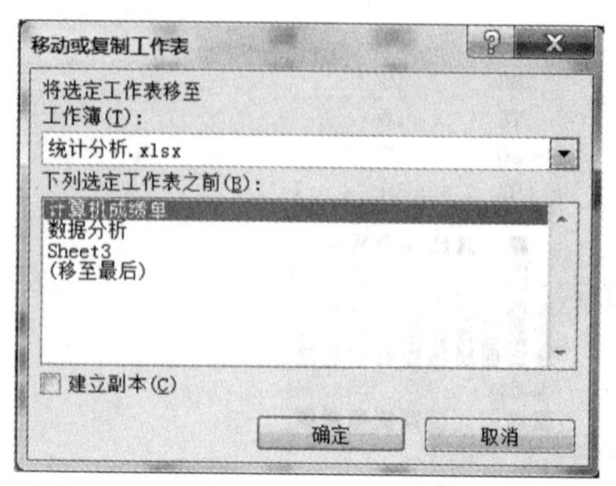


图 5-34 “移动或复制工作表”对话框

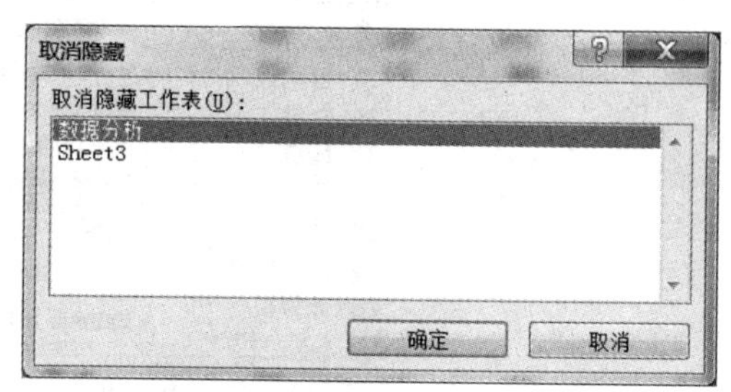


图 5-35 “取消隐藏”对话框

A7　fx　数学

| | A | B | C | D | A | B | C |
|---|---|---|---|---|---|---|---|
| 1 | 系别 | 学号 | 姓名 | 考试成绩 | 系别 | 学号 | 姓名 |
| 2 | 信息 | 991021 | 李新 | 74 | 信息 | 991021 | 李新 |
| 3 | 计算机 | 992032 | 王文辉 | 87 | 计算机 | 992032 | 王文辉 |
| 4 | 自动控制 | 993023 | 张磊 | 65 | 自动控制 | 993023 | 张磊 |
| 5 | 经济 | 995034 | 郝心怡 | 86 | 经济 | 995034 | 郝心怡 |
| 6 | 信息 | 991076 | 王力 | 91 | 信息 | 991076 | 王力 |
| 7 | 数学 | 994056 | 孙英 | 77 | 数学 | 994056 | 孙英 |
| 8 | 自动控制 | 993021 | 张在旭 | 60 | 自动控制 | 993021 | 张在旭 |
| 9 | 计算机 | 992089 | 金翔 | 73 | 计算机 | 992089 | 金翔 |
| 13 | 经济 | 995022 | 陈松 | 69 | 经济 | 995022 | 陈松 |
| 14 | 数学 | 994034 | 姚林 | 89 | 数学 | 994034 | 姚林 |
| 15 | 信息 | 991025 | 张雨涵 | 62 | 信息 | 991025 | 张雨涵 |
| 16 | 自动控制 | 993026 | 钱民 | 66 | 自动控制 | 993026 | 钱民 |
| 17 | 数学 | 994086 | 高晓东 | 78 | 数学 | 994086 | 高晓东 |
| 18 | 经济 | 995014 | 张平 | 80 | 经济 | 995014 | 张平 |
| 19 | 自动控制 | 993053 | 李英 | 93 | 自动控制 | 993053 | 李英 |
| 20 | 数学 | 994027 | 黄红 | 68 | 数学 | 994027 | 黄红 |

计算机成绩单

图 5-36 拆分工作表

需要注意的是：

(1) 如果当前单元格为窗口的最左边一列或最上边一行的单元格，进行拆分操作后，得到的是将窗口拆分成上下两个窗口或左右两个窗口。

(2) 窗口拆分之后，可以将鼠标放于拆分线上，鼠标变为移动标识时，按下鼠标并移动位置，即可调整窗口的拆分位置。

8) 冻结工作表窗格

工作表的内容超出屏幕范围时，查看内容需要上下或左右翻屏，进行翻屏时，经常看不到行列标题，导致无法分清工作表中数据含义，这时可以通过冻结窗口来锁定行列标题，具体操作如下：

(1) 确定活动单元格位置。

(2) 单击“视图”标签中“窗口”功能区的“冻结窗格”，弹出如图 5-37 所示菜单。

(3) 选择冻结窗格的类型。

一旦进行了窗格冻结，当窗口左右移动时，左侧的窗格内容保持不变；当窗口上下移动时，上面的窗格内容保持不变。

单击“冻结窗口”列表下的“取消冻结窗口”命令，即可取消当前窗口的冻结。

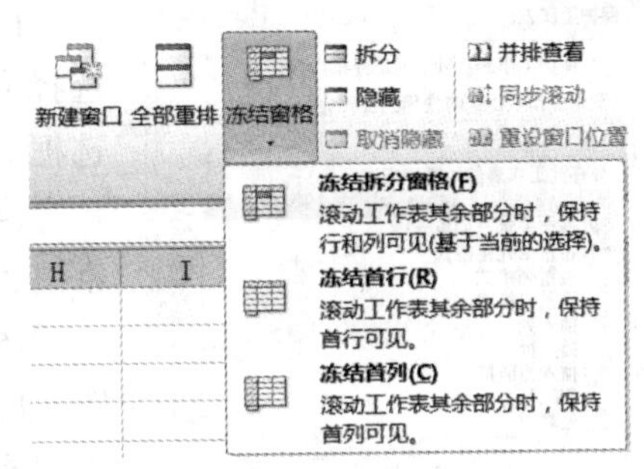


图 5-37　冻结工作表

9) 工作表并排查看

并排查看通常用于两个内容相近的工作表的比较检查，在打开两个工作表的情况下，单击“视图”选项卡中“窗口”功能区中的“并排查看”命令，即可实现工作表的并排查看功能，并排查看效果如图 5-38 所示。

统计分析1

| | A | B | C | D | E | F | G |
|---|---|---|---|---|---|---|---|
| 7 | 经济 | 995014 | 张平 | 80 | 18 | 98 | |
| 8 | 数学 | 994056 | 孙英 | 77 | 14 | 91 | |
| 9 | 数学 | 994034 | 姚林 | 89 | 15 | 104 | |
| 10 | 数学 | 994086 | 高晓东 | 78 | 15 | 93 | |
| 11 | 数学 | 994027 | 黄红 | 68 | 20 | 88 | |
| 12 | 信息 | 991021 | 李新 | 74 | 16 | 90 | |

“计算机动画技术”成绩单　Sheet2　Sheet3

统计分析

| | A | B | C | D | E | F | G |
|---|---|---|---|---|---|---|---|
| 7 | 数学 | 994056 | 孙英 | 77 | 14 | 91 | |
| 8 | 自动控制 | 993021 | 张在旭 | 60 | 14 | 74 | |
| 9 | 计算机 | 992089 | 金翔 | 73 | 18 | 91 | |
| 10 | 计算机 | 992005 | 扬海东 | 90 | 19 | 109 | |
| 11 | 自动控制 | 993082 | 黄立 | 85 | 20 | 105 | |
| 12 | 信息 | 991062 | 王春晓 | 78 | 17 | 95 | |
| 13 | 经济 | 995022 | 陈松 | 69 | 12 | 81 | |

图 5-38　并排查看效果

4. 工作表的保护

1) 保护工作表

为了防止他人对单元格的格式或内容进行修改，可以设定工作表保护。默认情况下，当工作表被保护后，该工作表中的所有单元格都会被锁定，他人不能对锁定的单元格进行任何的更改。如果需要允许部分单元格被修改，就需要在保护工作表之前，对允许更改或输入数据的区域解除锁定。步骤如下：

(1) 打开需要保护的工作表。

(2) 在图 5-18 中选择“保护当前工作表”，或在“审阅”标签上的“更改”组中，单击“保护工作表”按钮，打开如图 5-39 所示“保护工作表”对话框。

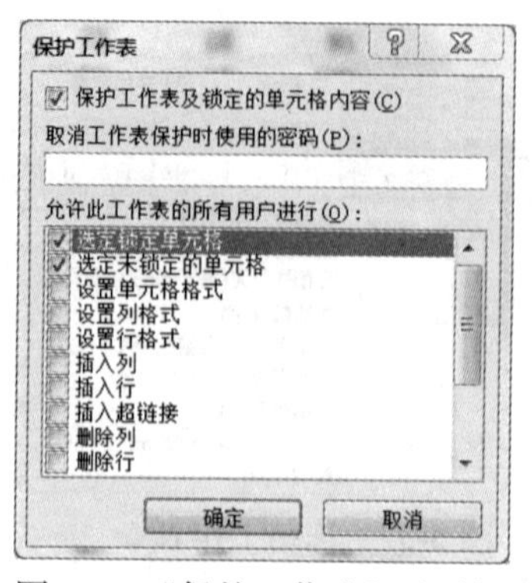


图 5-39 “保护工作表”对话框

(3) 在“允许此工作表的所有用户进行”列表中，选择允许他人能够更改的项目，单击选中相应的复选框。

(4) 在“取消保护工作表时使用密码”框中输入密码，该密码用于设置者取消保护。

(5) 单击“确定”按钮，重复确认密码后完成设置。此时，在被保护的工作表任意单元格中试图输入数据或更改数据时，均会出现如图 5-40 所示的提示信息。

图 5-40 提示信息

2) 取消工作表保护

选择已设置保护的工作表，在“审阅”标签上的“更改”组中，单击“撤销工作表保护”(若当前工作表受保护，则“保护工作表”按钮会变成“撤销工作表保护”按钮)，打开“撤销工作表保护”对话框，在密码框输入保护密码，单击“确定”按钮，即可对该工作表进行修改。

3) 解除对部分工作表区域的保护

用户可以对工作表进行部分保护，即可以对保护后的工作表指定区域进行编辑，设置部分保护工作表的步骤如下：

(1) 打开要设置保护的工作表，选择工作表中不需要进行保护的单元格区域。

(2) 鼠标右键单击，在弹出的菜单中选择“设置单元格格式”命令，打开如图 5-41 所示的对话框。

(3) 在对话框中选择“保护”标签，取消“锁定”复选框，然后单击“确定”按钮，当工作表被保护时，当前选定区域的单元格将会被排除在保护范围之外。如果选定“隐藏”复选框，则可以将活动单元格区域中的公式或函数隐藏。当工作表被保护后，编辑栏将不会显示活动单元格的公式或函数。

(4) 对工作表进行保护。

4) 允许特定用户编辑受保护的工作表的指定区域

当一台计算机中有多个用户，或者在一个工作组中包括多台计算机时，可通过该项设置允许其他用户编辑工作表中指定的单元格区域，以实现数据共享。操作步骤如下：

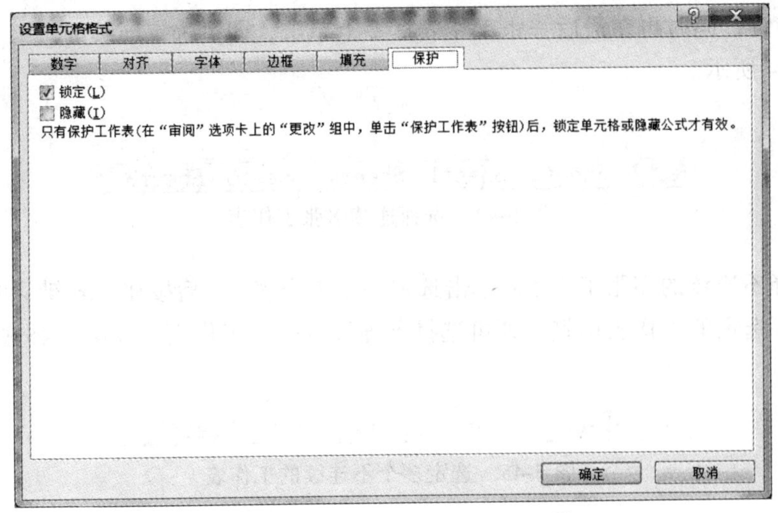


图 5-41　“设置单元格格式”对话框

(1) 在工作表未被保护的前提下，选择工作表区域。

(2) 在“审阅”标签上的“更改”组中，单击“允许用户编辑区域”按钮，打开如图 5-42 所示的“允许用户编辑区域”对话框。

(3) 单击“新建”按钮，打开如图 5-43 所示的“新区域”对话框，在对话框中输入区域名及区域地址(默认为当前选定区域)，同时还可以添加访问区域密码。

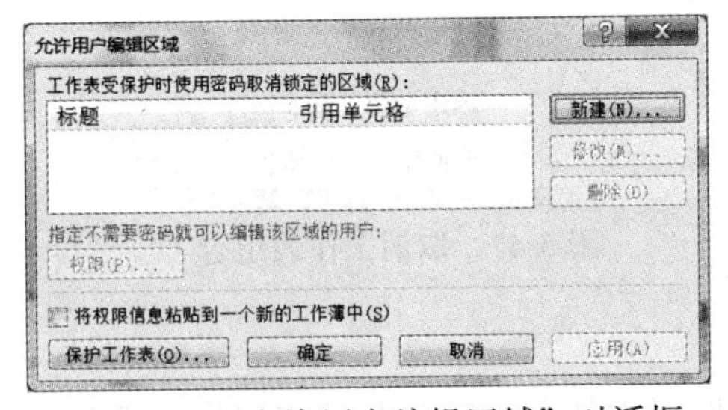


图 5-42　“允许用户编辑区域”对话框

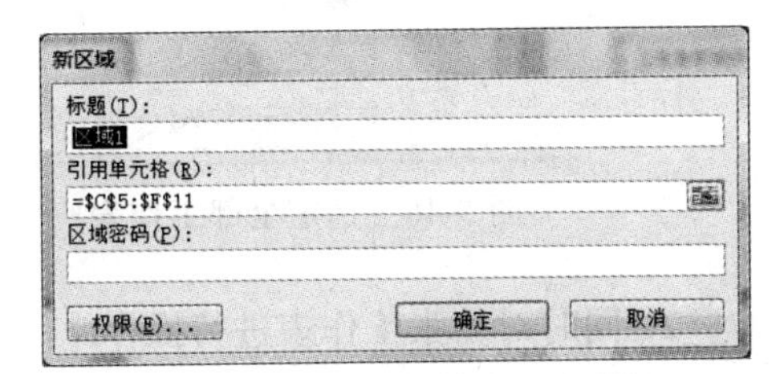


图 5-43　“新区域”对话框

(4) 单击“权限”命令按钮，在弹出的“区域权限”对话框指定可以访问该区域的用户，然后单击“确定”按钮，返回“新区域”对话框。

(5) 再单击“确定”按钮，返回“允许用户编辑区域”对话框，然后单击左下角的“保护工作表”按钮，在随后弹出的对话框设定保护密码即可更改项目。

5. 多张工作表操作

1) 选择多张工作表

选择连续的多张工作表：在首张工作表标签上单击鼠标，选定第一张，然后按住 Shift 键，同时再在最后一张工作表标签上单击，即可选定连续的一组工作表，如图 5-44 所示。

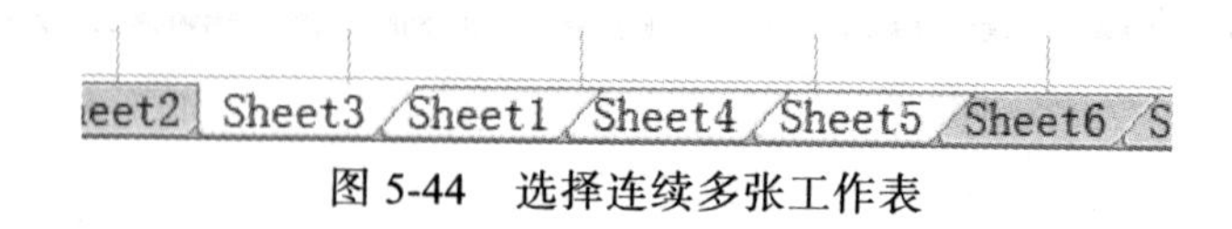


图 5-44　选择连续多张工作表

选择不连续的多张工作表：单击选定一张工作表，然后按住 Ctrl 键同时依次单击其他要选定的工作表标签，即可选择不连续的一组工作表，如图 5-45 所示。

图 5-45　选定多个不连续的工作表

选择全部工作表：在任意工作表标签上鼠标右键单击，在弹出的快捷菜单中选择“选定全部工作表”命令，如图 5-46 所示，即可选择当前工作簿中的所有工作表，被选中的工作表标签将会反白显示。

取消工作表组合：单击组合工作表以外的任一工作表标签，或者从快捷菜单中选择“取消组合工作表”命令，即可取消成组选择，如图 5-47 所示。

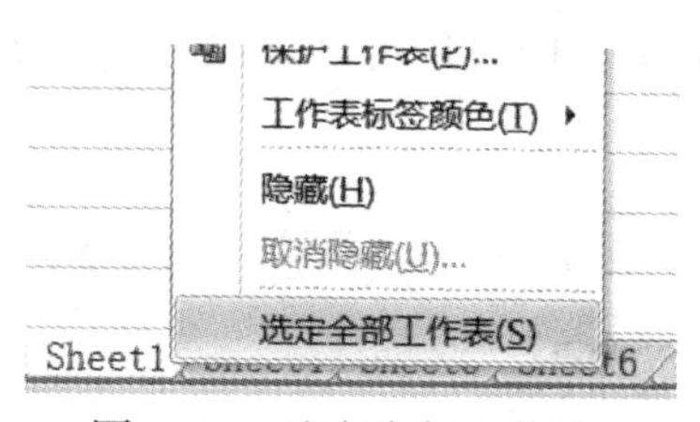


图 5-46　选定全部工作表

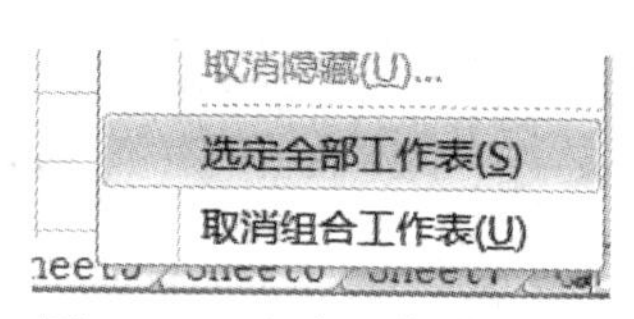


图 5-47　取消工作表组合

2) 同时对多张工作表进行操作

当同时选定多张工作表后，工作簿标题栏文件名之后会出现“[工作组]”字样，如图 5-48 所示。这时，在一张工作表中所做的任何操作都会同时反映到组中其他工作表，这样可以快速格式化一组结构相同的工作表、在一组工作表中输入相同的数据和公式等。然后取消工作表组合，再对每张工作表进行个性化设置，如输入不同的数据等。

图 5-48　工作组状态

6. 工作表的打印

1) 页面设置

对于要打印输出的工作表，需要在打印之前对其页面进行一些必要的设置，如纸张大小和方向、打印比例、页边距、页眉和页脚、设置分页、设置要打印的数据区域等。

可以通过两种方法进行页面设置：

一种是切换到“页面布局”标签，在“页面设置”组中可以设置页边距、纸张方向、纸张大小、打印区域与分隔符等，如图 5-49 所示。

另一种是单击“页面设置”右下角的箭头，打开如图 5-50 所示的“页面设置”对话框，进行相关设置。

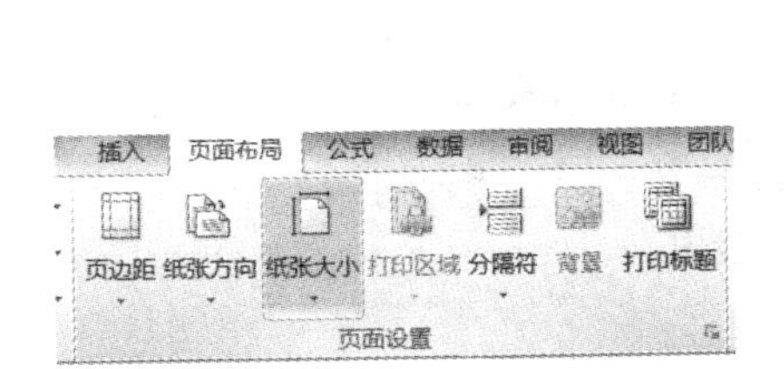


图 5-49　“页面设置”功能区

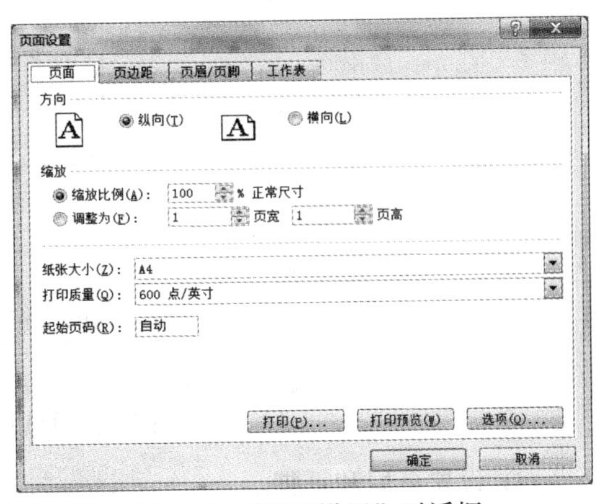


图 5-50　“页面设置”对话框

下面以“页面设置”对话框为例说明页面设置的相关内容。

(1) 设置纸张大小和方向。

设置合理的纸张大小是打印文档的前提，通常设置 A4 纸或 B5 纸等。在图 5-50 中单击“纸张大小”右侧箭头，打开如图 5-51 所示下拉式列表，从中选择合理纸张规格。

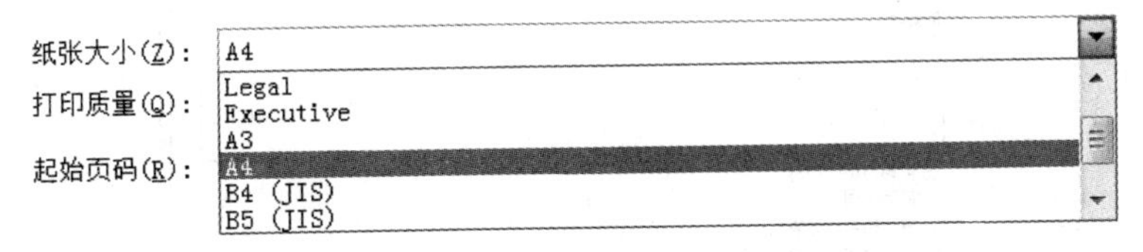


图 5-51　纸张大小

纸张方向是指页面是横向打印还是纵向打印。若文件的行较多而列较小，则使用纵向打印；若列较多时则使用横向打印。在图 5-50 中对纸张打印方向根据需要进行选择。

(2) 设置页边距。

为求报表的美观，通常会在纸张四周留一些空白，这些空白的区域称为页边距。调整页边距即控制纸张四周空白的大小，即控制数据在纸上打印的范围。

在图 5-50 中选择“页边距”选项卡，如图 5-52 所示。

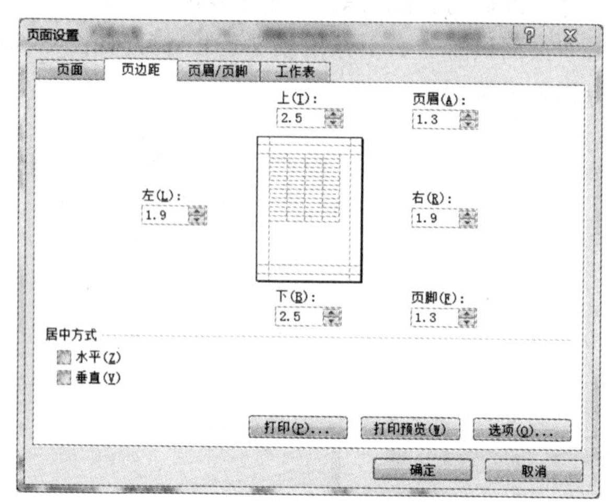


图 5-52　页边距设定

(3) 设置页眉和页脚。

打印工作表时，有时需要打印页眉和页脚，在“页面设置”对话框中可以方便地实现此功能。单击图 5-50 中“页眉/页脚”选项卡，如图 5-53 所示。

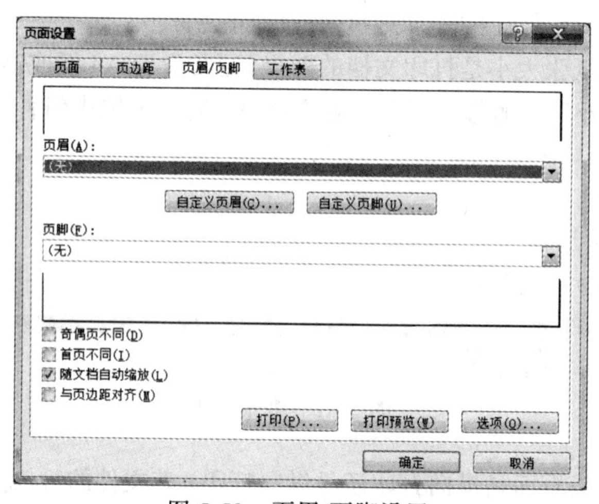


图 5-53　页眉/页脚设置

单击“页眉”下方下拉式列表，如图 5-54 所示，选择合适的页眉信息。

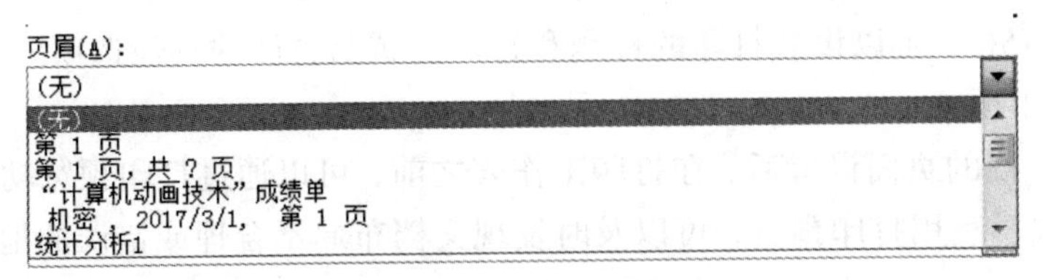


图 5-54　页眉列表

如果没有合适的页眉，可单击“自定义页眉”，弹出如图 5-55 所示的“页眉”对话框，可以在其中自定义页眉信息。

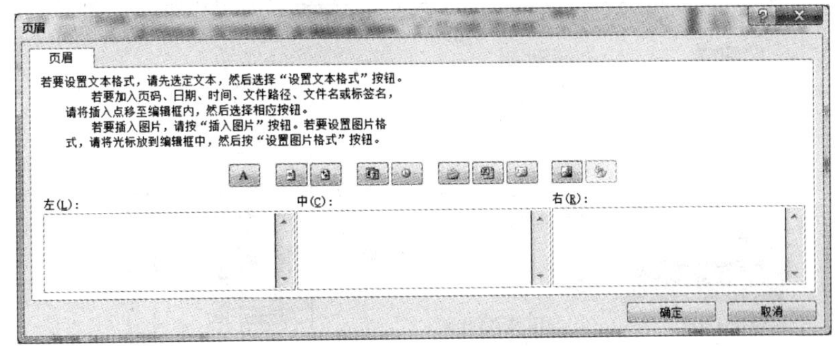


图 5-55　“页眉”对话框

页脚设置方法和页眉设置方法一样。

(4) 打印标题。

打印标题是指在每个打印页重复出现的行和列。在图 5-50 中选择“工作表”选项卡，效果如图 5-56 所示。

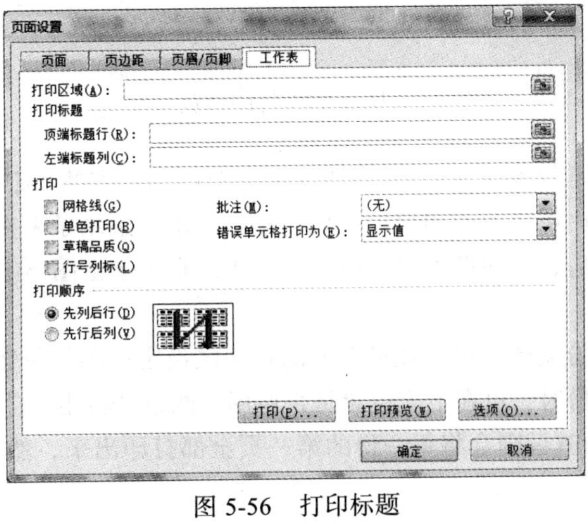

图 5-56　打印标题

在图 5-56 中可以设置打印的标题和打印区域及打印的其他选项。

2) 打印预览

完成文档的页面设置后，在打印工作表之前，可以通过打印预览功能查看实际打印的效果。利用打印预览，可以及时发现文档布局不合理或错误的地方，从而避免浪费纸张。

单击“文件”菜单中的“打印”命令，在“打印”选项面板的右侧可以预览打印的效果，如图 5-57 所示。

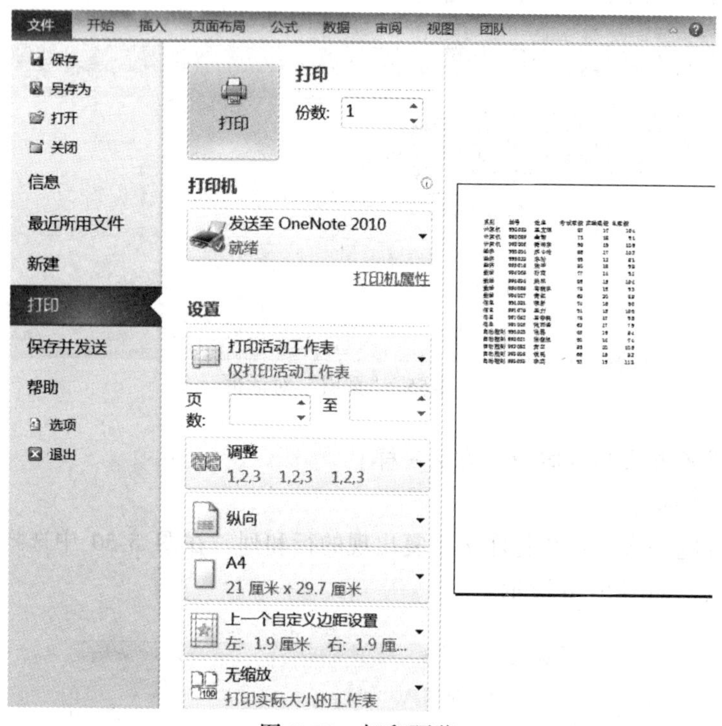


图 5-57 打印预览

如果觉得预览效果看不清楚，可以单击预览页面下方的“缩放到页面”按钮。此时，预览效果比例放大，用户可以拖动垂直或水平滚动条来查看工作表内容。

确认无错误后，用户即可对文档进行打印，直接单击图 5-57 中的“打印”按钮即可。

如果需要多份文档，可以在最上方的打印区设定打印的份数。

当要打印多份时，可在下方设置是否启用“调整”功能，启用后会先打印完第一份再打印下一份(否则会将每一份的第一页全部打印出来，然后打印下一页，依此类推)。

# 5.2　数据的输入与编辑

## 5.2.1　单元格的操作

工作表是一个大的二维表，大小为 1048576 行 × 16384 列，其中用数字表示行号，起始为 1，最后一个行号为 1048576，用字符表示列标，起始用 A 表示，最后一个列标为 XFD。

工作表中每一行和每一列交叉处的长方形区域称为单元格，单元格是 Excel 中操作的最小对象。

1. 活动单元格及单元格地址

当前正在操作的单元格称为活动单元格，其被粗黑框标出。

一个单元格在工作表操作过程中用列标行号表示其名称，也称为单元格地址，例如，A1 和 D3 分别表示第一列第一行和第四列第三行的单元格。

2. 单元格的选择

选择单元格是对单元格进行编辑的前提，选择单元格方法如下。

1) 选择一个单元格

有 3 种方法可以选择单元格：

(1) 单击要选择的单元格，即将其选中。这时该单元格的周围出现粗边框，表明它是活动单元格。

(2) 在名称框中输入单元格地址，例如，在名称框输入“C5”后按回车键即可快速选择 C5 单元格，如图 5-58 所示。

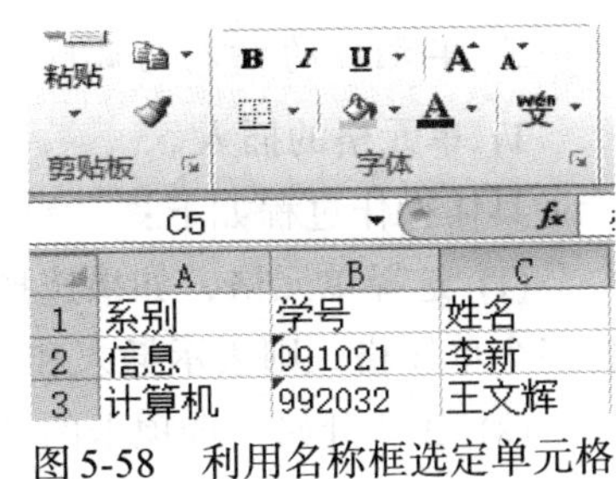

图 5-58　利用名称框选定单元格

(3) 在“开始”选项卡的“编辑”功能区中单击“查找和替换”按钮，在弹出的菜单中选择“转到”命令，打开“定位”对话框，在“引用位置”文本框中输入单元格地址，然后单击“确定”按钮，如图 5-59 所示。

2) 选择连续单元格

连续单元格的选取即选择一个矩形区域的单元格，方法如下：

(1) 通过鼠标拖拽操作实现，单击要选择的单元格区域内的第一个单元格，不松开鼠标左键，拖动鼠标至选择区域内的最后一个单元格，释放鼠标左键后即可选择单元格区域。

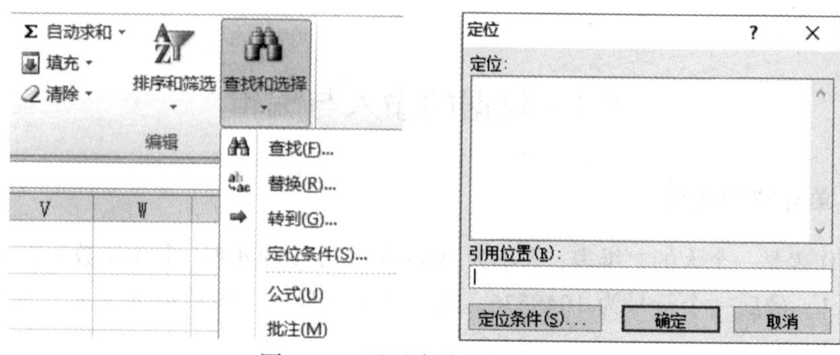


图 5-59　通过定位选择单元格

(2) 通过鼠标和键盘相结合，单击要选择单元格区域内的第一个单元格，按住 Shift 键再单击选择区域内的最后一个单元格。

3) 选择不连续的多个单元格

鼠标左键单击选择第一个单元格，然后在按住 Ctrl 键的同时单击要选择的其他单元格，即可选择不连续的单元格区域。

4) 选择全部单元格

(1) 单击行号和列标的左上角交叉处的“全选”按钮，即可选择工作表中的全部单元格。

(2) 单击数据区域内任何一个单元格，再按 Ctrl+A 组合键，可以选择连续的数据区域，再次按 Ctrl+A 组合键，即可选择工作表中的全部单元格。

(3) 单击工作表的空白单元格，再按 Ctrl+A 组合键则可以选择工作表中的全部单元格。

### 3. 单元格的插入与删除

1) 单元格的插入

具体操作过程如下：

(1) 选择单元格，如果选择一个单元格，则表示插入一个新的单元格；如果选择多个单元格，则表示插入和选择区域一样大小的单元格。

(2) 在“开始”选项卡的“单元格”功能区中单击“插入”按钮，选择“插入单元格”命令，打开如图 5-60 所示对话框，或者直接在选择区域上鼠标右键单击，在弹出的菜单中选择“插入”命令，即可打开如图 5-60 所示对话框。

(3) 在对话框中确定插入单元格的方式，单击“确定”按钮即可。

2) 单元格的删除

(1) 选择单元格，如果选择一个单元格，则表示插入一个新的单元格；如果选择多个单元格，则表示插入和选择区域一样大小的单元格。

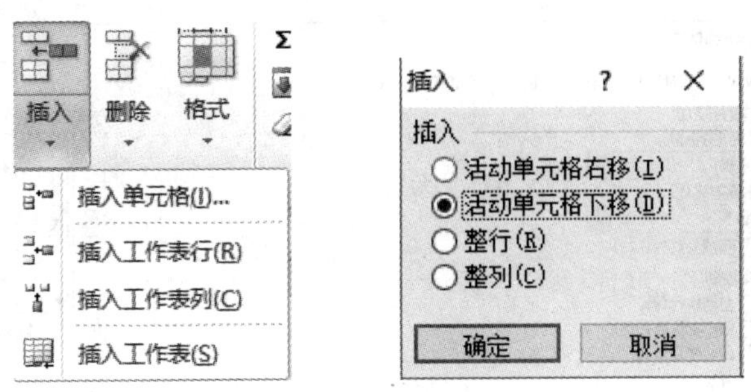


图 5-60　单元格的插入

(2) 在“开始”选项卡的“单元格”功能区中单击“删除”按钮，选择“删除单元格”命令，打开如图 5-61 所示对话框，或者直接在选择区域上鼠标右键单击，在弹出的菜单中选择“删除”命令，即可打开如图 5-61 所示对话框。

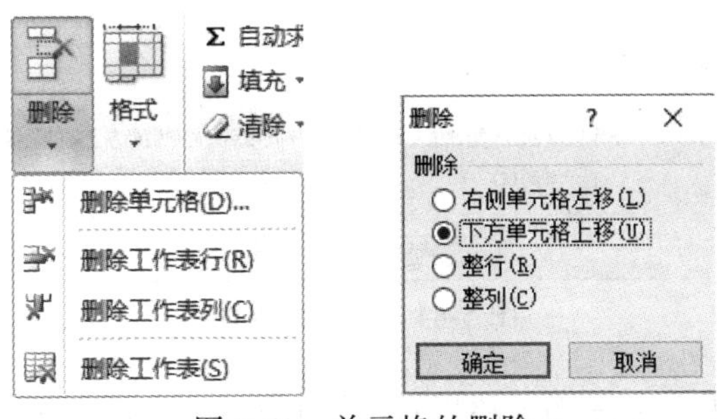


图 5-61　单元格的删除

(3) 在对话框中确定删除单元格的方式，单击“确定”按钮即可。

4. 单元格的合并与恢复

1) 合并单元格

合并单元格是将由若干个单元格构成的矩形区域合并成为一个单元格，操作如下：

(1) 选择要合并的单元格区域。

(2) 单击“开始”选项卡的“对齐方式”功能区中的“对话框启动器”按钮，如图 5-62 所示。

图 5-62　“对话框启动器”按钮

(3) 打开“设置单元格格式”对话框，如图 5-63 所示，切换到“对齐”选项卡。

(4) 选中“合并单元格”复选框，单击“确定”按钮即可完成单元格的合并。

(5) 如果选择的单元格区域中有多个单元格有内容，则合并时弹出如图 5-64 所示提示信息。

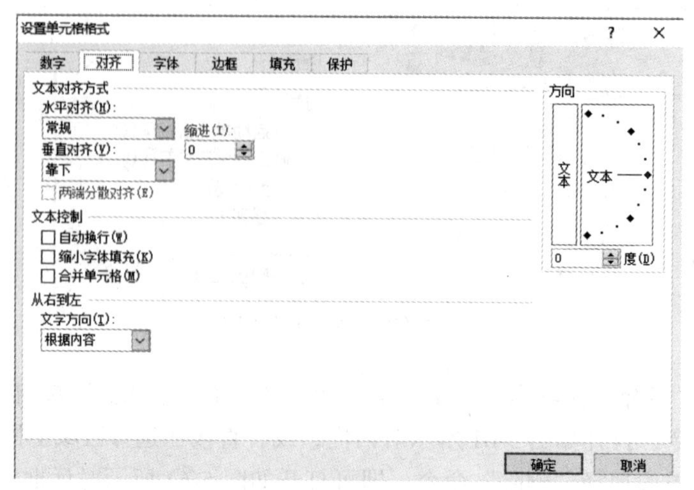


图 5-63　“设置单元格格式”对话框

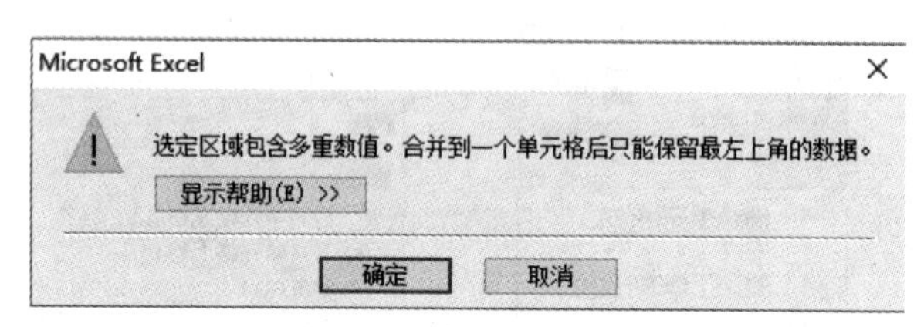


图 5-64　合并警告提示

合并单元格可以在选择单元格后直接单击图 5-62 中的“合并后居中”按钮实现。

2) 撤销合并单元格

在一些情况下，需要将以前合并的单元格恢复到原来的样子，这时，只要选中要恢复的单元格，然后在“设置单元格格式”对话框的“对齐”选项卡下去掉“合并单元格”复选框，单击“确定”按钮即可。

### 5.2.2　数据的输入

Excel 中的数据主要包括普通数据的输入和有规律数据的输入。

1. 普通数据的输入

在 Excel 中，可以输入数值、文本、日期、货币、百分比等各种类型的数据。输入数据的一般方法如下：

(1) 选定单元格。

(2) 输入数据。

(3) 确认输入，可以通过按回车键、制表键(Enter/Tab)、方向键或编辑栏上的确认输入按钮实现。

注：在默认情况下，按 Enter 键光标会自动向下移动。如果希望改变光标移动方向，可以通过以下方式设置：单击“文件”菜单下的“帮助”中的“选项”命令，打开“Excel 选项”对话框。在左侧的类别列表中单击“高级”，在右侧“编辑选项”区的“方向”下拉列表中指定光标移动方向，如图 5-65 所示。

下面分别简要说明各种常见数据的特点。

1) 输入文本

文本是 Excel 中常用的一种数据类型，如表格的标题、行标题与列标题等。文本数据包含任何字母(包括中文字符)、数字与键盘符号的组合。

文本数据输入通常是左对齐，当用户输入文本超出单元格的宽度时，如果右侧相邻的单元格中没有任何数据，则超出的文本延伸到显示右侧单元格的区域中；如果右侧相邻单元格已有数据，则超出文本被隐藏，只要加大该列宽度，隐藏部分就可以显示出来。

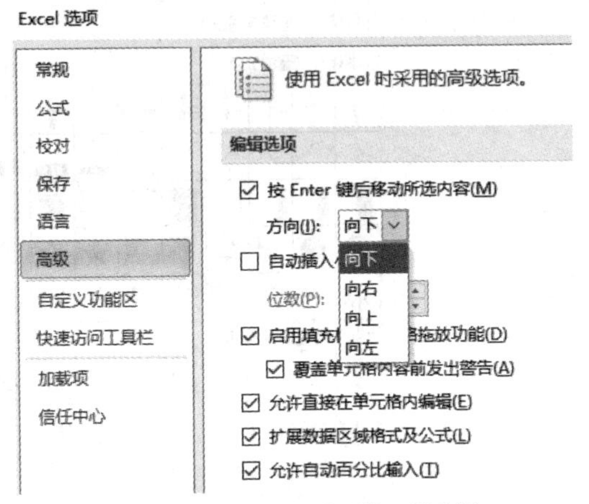


图 5-65　“Excel 选项”对话框

2) 输入数值

Excel 可以很方便地处理各种数值数据，因此在日常操作中会输入大量的数字内容。

输入的数值数据通常是右对齐，如果输入的数据超出单元格显示范围，则自动将该数据转化为科学计数法显示(如 1.12355E+12)，表示该单元格的列宽不能显示完整的数字，而且数据很大时，Excel 只能保留 15 位有效数字。

处理的方法一种是增加单元格宽度；另一种是改变数据的类型，如将数值数据变为文本数据，就可以显示数据的每一位数字。

增加单元格宽度也可以解决单元格显示内容为“###”的情况。

3) 输入日期和时间

输入日期时，一般使用“/”或“-”分隔日期的年、月、日。输入时间时，可以使用“:”将时、分、秒分隔开。如输入“2015-5-15 12：24：56”，单元格显示为 2015/5/15 12：24。

4) 输入特殊符号

如果需要输入一些不常用符号，如 ú、л、℉、※、ⅲ、═、∵、⒇、╋等，在 Excel 中可以可以通过“符号”对话框输入。

先单击准备输入符号的单元格，再单击“插入”选项卡中“符号”功能区中的“符号”按钮，打开如图 5-66 所示“符号”对话框，选择要插入的符号后单击“确定”按钮即可。

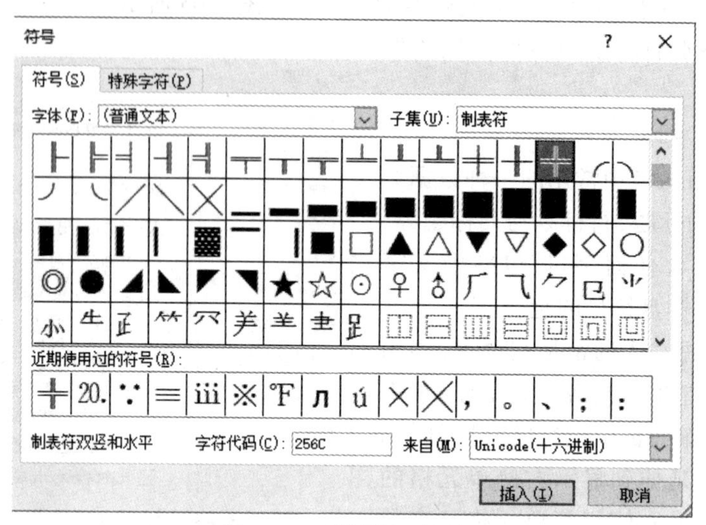


图 5-66 “符号”对话框

5) 输入货币符号

货币符号的输入主要注意输入系统识别的货币前导符，如美元符号为“$”，可以直接输入“$23”，表示输入一个货币类型的数据，更一般的做法是先将该数据区域设置为货币类型，然后直接输入数据即可。

6) 输入分数

要在单元格中输入分数，不能直接输入“5/25”，因为系统会自动将其转化为日期类型“5 月 25 日”。正确的方法是在分数前加一个“0”和空格，即“05/25”，系统自动进行约分，并显示为 1/5。

2. 有规律数据的输入

1) 多个单元格输入相同内容

先选择多个要输入相同数据的单元格，在最后一个选择的单元格中输入数据，然后按 Ctrl+Enter 组合键，即可在所有选定单元格中填入相同数据，如图 5-67 所示。

2) 输入有规律的数据

在数据输入过程中，有时候要遵循一定的规律在多个单元格中输入符合规律的数据，Excel 提供了最常用的数据快速输入技术。在 Excel 中可以通过下述途径进行数据的自动填充。

| | M | N | O | P | Q | R |
|---|---|---|---|---|---|---|
| 7 | | | | | | |
| 8 | | | | | | |
| 9 | | 国家 | | 国家 | | |
| 10 | 国家 | | | | | 国家 |
| 11 | | | | 国家 | | |
| 12 | | 国家 | | | | |
| 13 | | | | | | 国家 |
| 14 | 国家 | 国家 | | 国家 | | 国家 |
| 15 | | | | | | |

图 5-67　多个单元格输入相同数据

(1) 利用填充柄实现数据快速填充。

活动单元格右下角的黑色小方块称为填充柄。首先在活动单元格中输入序列的第一个数据，然后将鼠标放置于填充柄上，当鼠标变为实心十字形时按下鼠标，拖动鼠标至要填充的区域，放开鼠标完成填充，所填充区域右下角显示“自动填充选项”图标，单击该图标，可以从下拉列表中更改选定区域的填充方式，如图 5-68 所示。

图 5-68 显示的“自动填充选项”有两种显示结果，其取决于填充的本身数据，如果填充的数据是系统中文本序列的某个组成部分，显示结果为图 5-68 中右侧结果，否则为左侧结果。

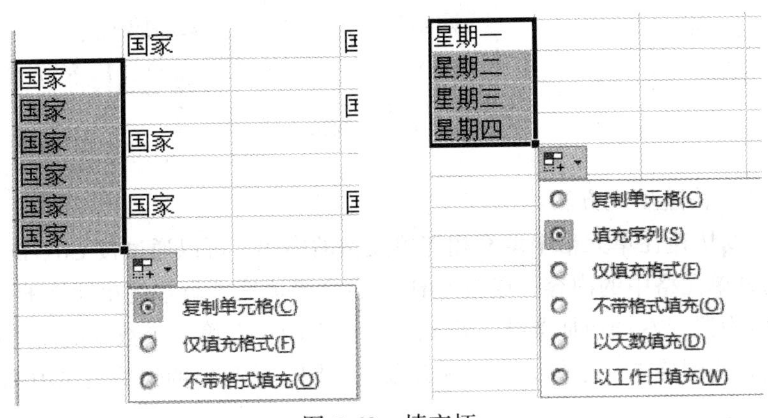


图 5-68　填充柄

(2) 使用“填充”命令。

Excel 可以建立的序列类型有四类：

①等差序列，如 1，3，5，7，…

②等比数列，如 2，4，8，16，…

③日期序列，如 2011/1/31，2011/2/1，2011/2/2，…

④自动填充，此类数据是 Excel 内置的数据序列，一般是不可计算的文字，如甲、乙、丙、丁、……

利用“填充”命令实现数据的填充，其操作方法通常如下：

① 在输入数据区域的第一个单元格中输入序列的第一个数据。

② 从该单元格开始向某个方向选择与该数据相邻的空白单元格或区域。

③ 单击“开始”选项卡的“编辑”功能区中的“填充”按钮 填充，在如图 5-70 所示的左图中选择填充方向或“系列”命令。

④ 如选择“系列”，则在如图 5-69 右侧图所示的“序列”对话框中设置填充选项。

⑤ 单击“确定”按钮，完成填充操作。

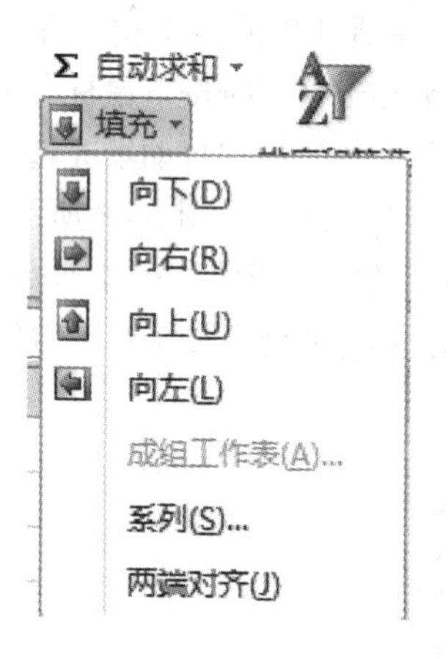


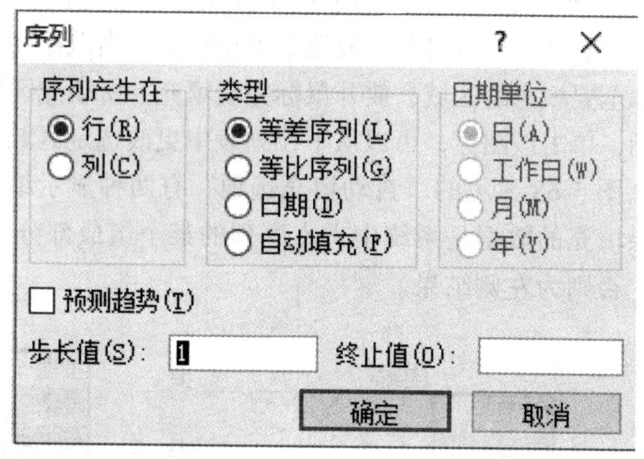


图 5-69　序列填充

(3) 其他快速填充方法。

① 若要快速在单元格中填充相邻单元格的内容，可以通过按 Ctrl+D 组合键填充来自上方单元格中的内容，或按 Ctrl+R 组合键填充来自左侧单元格的内容。

② 使用鼠标右键快捷菜单。用鼠标右键拖动含有第一个数据的活动单元格右下角的填充柄到最末一个单元格后放开鼠标右键，从弹出的快捷菜单中选择“填充序列”命令。

(4) 文本序列的填充。

有一些常见的文本组合形成序列，可以实现文本数据快速输入和填充，系统内置了一些常见的文本序列，单击“文件”菜单“帮助”下的“选项”命令，打开如图 5-70 所示“Excel 选项”对话框，单击对话框左侧“高级”，然后单击右侧 “常规”里的“编辑自定义列表”命令，打开如图 5-71 所示的“自定义序列”对话框，在对话框左侧可以看到系统的内置文本序列。

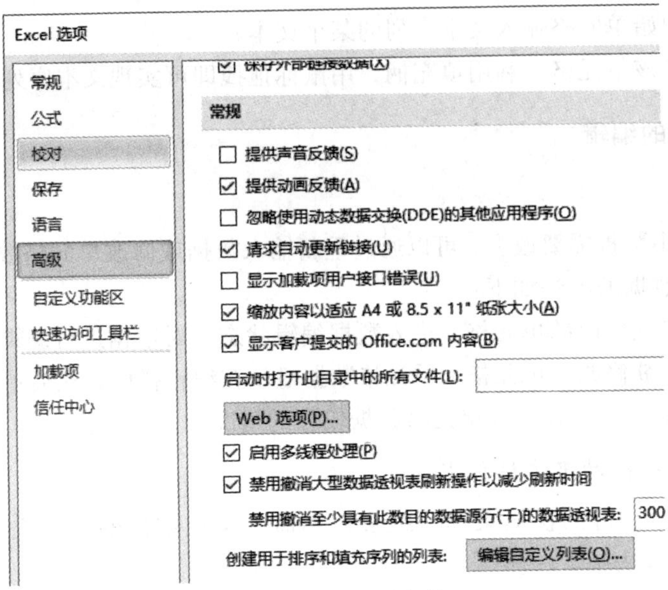

图 5-70　Excel 选项

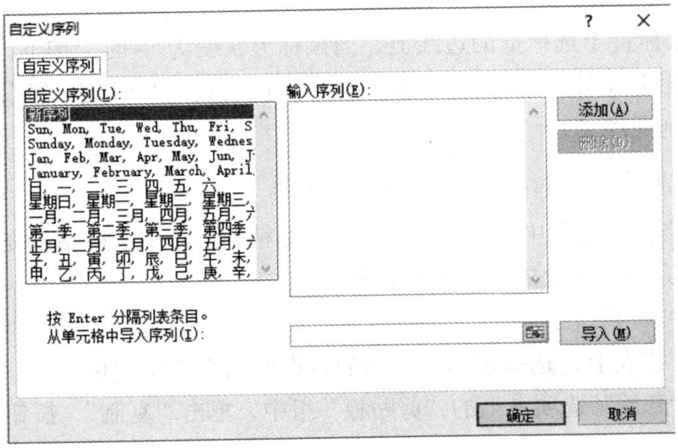

图 5-71　自定义序列

用户可以将如学生姓名、工作分类等常见文本信息定义成序列，方便以后使用。自定义文本序列的方法如下：

① 打开“自定义序列”对话框。

② 在“输入序列”框中依次输入文本信息，每一行只能输入序列的一个组成部分。

③ 单击对话框中的“添加”按钮，用户数据将会添加到左侧“自定义序列”列表框中，单击“确定”按钮，完成自定义序列编辑。

文本序列的使用方法如下：

① 在起始单元格输入文本序列的某个文本；

② 选择该单元格，利用填充柄，用鼠标拖拽即可实现文本序列的填充。

### 5.2.3 数据的编辑

1. 修改

单元格中数据需要改变，可以通过重新输入数据或修改单元格数据实现。修改单元格原有数据的方法如下：

(1) 双击欲修改的单元格，进入数据编辑状态，对数据进行编辑。

(2) 单击欲修改的单元格，单元格数据显示在编辑栏中，然后单击编辑栏对其中内容修改即可，比较适合单元格数据较长的情况。

2. 复制和移动单元格数据

通过鼠标右键的快捷菜单、组合键和命令实现数据的复制或移动的方法和Word中操作方法基本一样。

通过鼠标拖拽的方法如下：

(1) 选择单元格。

(2) 将鼠标置于选择框的边线上，当鼠标形状变为时，按下鼠标拖动对象，即可实现单元格数据的移动，如果拖拽鼠标的同时按下Ctrl键，那么实现的是单元格数据的复制操作。

3. 复制工作中的特定单元格内容或属性

电子表格操作过程中，可以使用“选择性粘贴”命令从剪贴板复制并粘贴特定单元格内容或特性(如公式、格式或批注等)。

操作方法如下：

(1) 在工作表上，选择包含要复制的数据或属性的单元格。

(2) 在“开始”选项卡上的“剪贴板”组中，单击“复制” 按钮或按下Ctrl+C组合键。

(3) 选择位于粘贴区域左上角的单元格。

(4) 在“开始”选项卡上的“剪贴板”组中，单击“粘贴” 按钮图像，然后单击“选择性粘贴”，如图5-72左图所示或按 Ctrl+Alt+V组合键。

(5) 在打开的如图5-72右图所示“选择性粘贴”对话框中确定粘贴选项。

(6) 单击“确定”按钮完成粘贴操作。

选择性粘贴可以将利用公式计算的结果直接转换为与公式无关的数据，也可以实现复制过程中一些简单、规则相同的运算。

选择性粘贴还有一个很常用的功能就是转置功能，如把一个横排的表变成竖排的或把一个竖排的表变成横排的：选择该表格，复制一下，切换到另一个工作表中，打开“选择性粘贴”对话框，选中“转置”前的复选框，单击“确定”按钮，可以看到行和列的位置已相互转换。

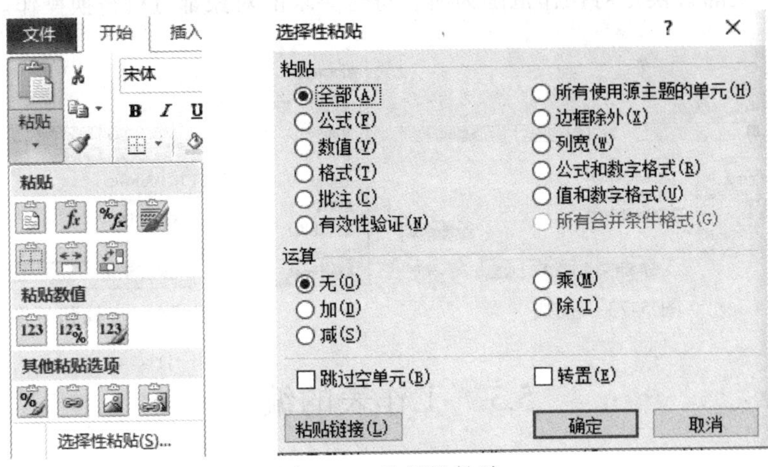


图 5-72　选择性粘贴

4. 删除单元格数据

删除单元格数据是指删除单元格中的内容但是格式保留。单击要删除内容的单元格，在“开始”选项卡的“编辑”组下单击“清除”按钮，在弹出的菜单中选择“清除内容”命令，即可删除单元格中的内容。

5. 撤销和恢复

在操作过程中，可能会遇到一些失误或错误，可以使用“撤销和恢复”功能撤销掉前面几个操作步骤，或者恢复撤销掉的步骤。单击“快速访问工具栏”中的“撤销”或“恢复”按钮的下拉箭头，选择要撤销或恢复的步骤即可。

6. 数据的查找和替换

表格数据较多时，对其中指定数据进行查找和替换用人工操作是一件麻烦的事情，Excel 提供了相应的处理操作，可提高操作效率，步骤如下：

(1) 如果对工作表进行查找，单击任意单元格，如果对指定区域进行查找，则选择该区域。

(2) 单击“开始”选项卡“编辑”组中的“查找和选择”按钮，在其弹出的菜单中选择操作类型，要查找文本或数字，单击“查找”；要更改指定对象的内容或格式，则单击“替换”。

(3) 在如图 5-73 所示的“查找和替换”对话框中输入查找内容，单击“查找下一个”按钮，即可实现查找操作。

(4) 在如图 5-74 所示的对话框中分别确定“查找内容”和“替换为”，单击“替换”或“全部替换”按钮，即可实现替换操作，“替换”是一次实现一个对象的替换操作，全部替换是对操作范围为所有符合要求的对象都进行替换操作。

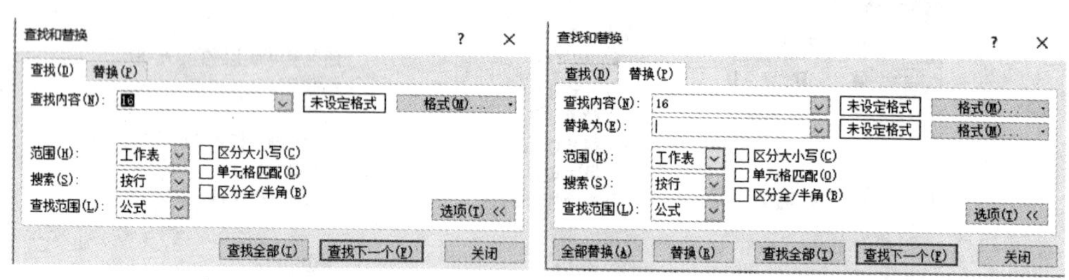


图 5-73　查找　　　　图 5-74　查找和替换

# 5.3　工作表的编辑

## 5.3.1　表格的行与列

1. 选择

表格操作过程中，选择操作是最基本的操作，在 Excel 中，常用的选择方法见表 5-2。

**表 5-2　行和列的选择**

| 操作对象 | 常用方法 |
| --- | --- |
| 单元格 | 用鼠标单击单元格 |
| 整行 | 单击行号选择一行；用鼠标在行号上拖动选择连续多行；按下 Ctrl 键单击行号选择不相邻的多行 |
| 整列 | 单击列号选择一列；用鼠标在列号上拖动选择连续多列；按下 Ctrl 键单击列号选择不相邻的多列 |
| 连续区域 | 在起始单元格中单击鼠标，按下左键不放拖动鼠标选择一个矩形区域；按住 Shift 键的同时按方向箭头以扩展选定区域；单击该区域中的第一个单元格，然后再按 Shift 键同时单击该区域的最后一个单元格 |
| 不相邻区域 | 先选择一个单元格或区域，然后按住 Ctrl 键选择其他区域 |
| 整个表格 | 单击表格左上角“全选”按钮，或者在空白区域中按 Ctrl+A 组合键 |
| 有数据的区域 | 按 Ctrl+方向键可移动光标到工作表中当前数据区域边缘；<br>按 Shift+方向键可将单元格的选定范围向指定的方向扩大一个单元格；<br>在数据区域按 Ctrl+A 或 Ctrl+Shift+* 组合键，选择当前连续的数据区域；<br>按 Ctrl+Shift+方向键可将单元格的选定范围扩展到活动单元格所在的列或行中的最后一个非空单元格，或者如果下一个单元格为空，则将选定范围扩展到下一个非空单元格 |

2. 相关操作

表格行和列的操作包括调整行高、列宽，插入、移动行列以及行列的删除和隐藏等，方法如表 5-3 所示。

**表 5-3　行列操作**

| 操作类型 | 基本方法 |
| --- | --- |
| 调整行高 | 用鼠标拖动行号的下边线；或者依次选择“开始”选项卡下的“单元格”组中的“格式”下拉列表下的“行高”命令，在打开的对话框输入精确的行高值 |
| 调整列宽 | 用鼠标拖动列标的右边线；或者依次选择“开始”选项卡下的“单元格”组中的“格式”下拉列表下的“列宽”命令，在打开的对话框输入精确的列宽值 |
| 隐藏行 | 用鼠标拖动行号的下边线与上边线重合；或者依次选择“开始”选项卡下的“单元格”组中的“格式”下拉列表中的“隐藏和取消隐藏”下的“隐藏行”命令 |
| 隐藏列 | 用鼠标拖动列标的右边线与左边线重合；或者依次选择“开始”选项卡下的“单元格”组中的“格式”下拉列表中的“隐藏和取消隐藏”下的“隐藏列”命令 |
| 插入行 | 依次选择“开始”选项卡下的“单元格”组中的“插入”下拉列表中的“插入工作表行”命令，将在当前行上方插入一个空行 |
| 插入列 | 依次选择“开始”选项卡下的“单元格”组中的“插入”下拉列表中的“插入工作表列”命令，将在当前列左侧插入一个空列 |
| 删除行或列 | 选择要删除的行或列，在“开始”选项卡的“单元格”组中单击“删除”按钮 |
| 移动行或列 | 选择要移动的行或列，将鼠标指向所选行或列的边线，当光标变为十字箭头时，按左键拖动鼠标到目标位置即可 |

另外，以上各项功能(除移动行列)还可以通过在单元格或行列上鼠标右键单击弹出的快捷菜单选择相应的命令来实现。

### 5.3.2　数据格式设置

1. 设置字体与对齐方式

1) 设置字体与字号

工具按钮的使用方法与 Word 中一样，此外还可以通过“设置单元格格式”对话框进行设置，选择对象后，鼠标右键单击，在弹出的菜单中选择“单元格格式”命令，打开如图 5-75 所示对话框，选择“字体”选项卡，进行字体、字号及字形的设置。

2) 设置对齐方式

Excel 表格数据对齐方式分为两类：水平对齐和垂直对齐。

操作方法如下：

(1) 选择需要设置的单元格，在“开始”选项卡的“对齐方式”组中单击相应的按钮即可，如图 5-76 所示。

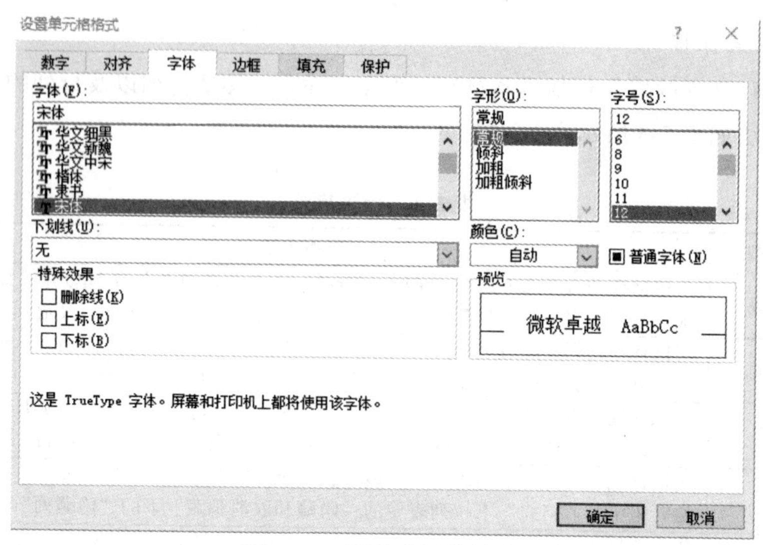


图 5-75 设置单元格格式

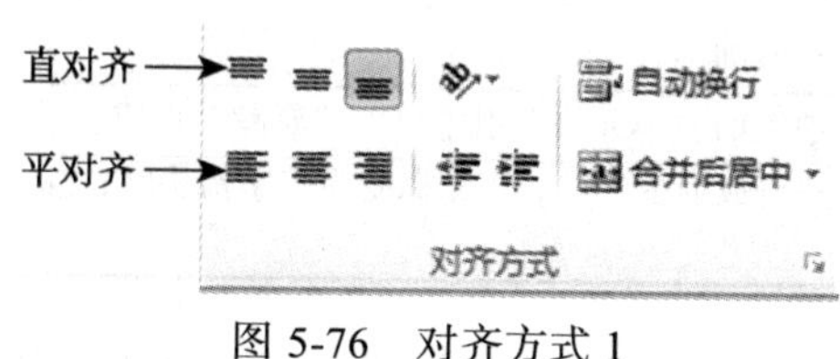


图 5-76 对齐方式 1

(2) 打开如图 5-75 所示对话框，选择“对齐”选项卡，如图 5-77 所示，进行详细的设置。

## 2. 设置数据类型及格式

Excel 中根据需要可以设置数据的指定类型，为了美观，进而设置数据的外观形式。

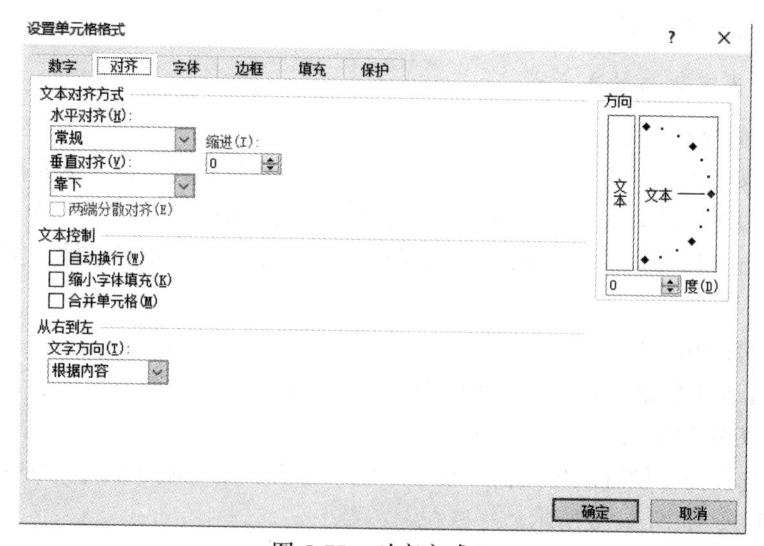


图 5-77 对齐方式 2

1) Excel 的数据类型

Excel 中提供了 12 种数据类型，包括常规、数值、货币、会计专用、日期、时间、百分比、分数、科学计数、文本、特殊和自定义。

2) 设置数据格式的基本方法

(1) 选择需要设置数据格式的单元格。

(2) 打开如图 5-78 所示对话框，选择“数字”选项卡，在如图 5-78 所示的对话框中设置数据的“分类”，然后在右侧设置该数据类型其他参数。

(3) 单击“确定”按钮，完成操作。

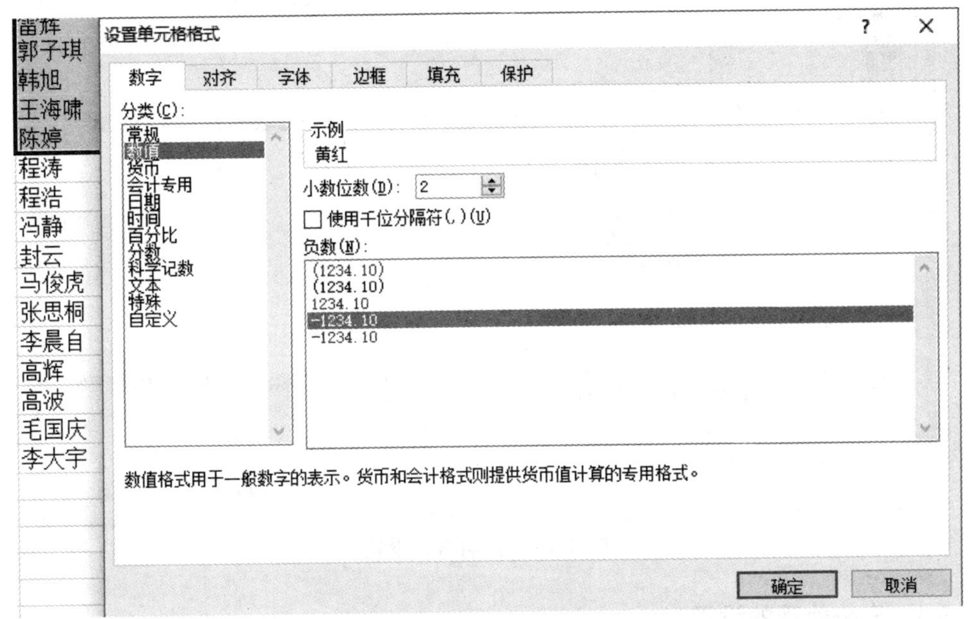


图 5-78　数字格式

3) 日期与时间

Excel 中日期与时间属于数字数据，日期以 1990 年 1 月 1 日为起始第一天，后面的日期可以转化为整数，例如，日期为 2017 年 2 月 27 日，其转为数字之后为 42793，以 1900 年 1 月 1 日为 1，依次向后，第 42793 天为 2017 年 2 月 27 日，时间则根据规则转化为小数。

(1) 日期与时间的输入。

单元格中输入日期或时间数据时，必须以 Excel 能接受的格式输入，否则会被当成文本数据。

日期一般以“年/月/日”或“年-月-日”的格式显示，其中年份可以省略，则默认为当前年份。

时间通常以“时：分：秒”的格式输入，其中秒可以省略，默认为 0。

(2) 更改日期与时间的显示方式。

在如图 5-78 所示的对话框中，选择“数字”选项卡中“分类”中的“日期”，如图 5-79 所示，然后在“类型”中选择要设定的日期格式。如果要修改时间格式，则选择“分类”中的“时间”。

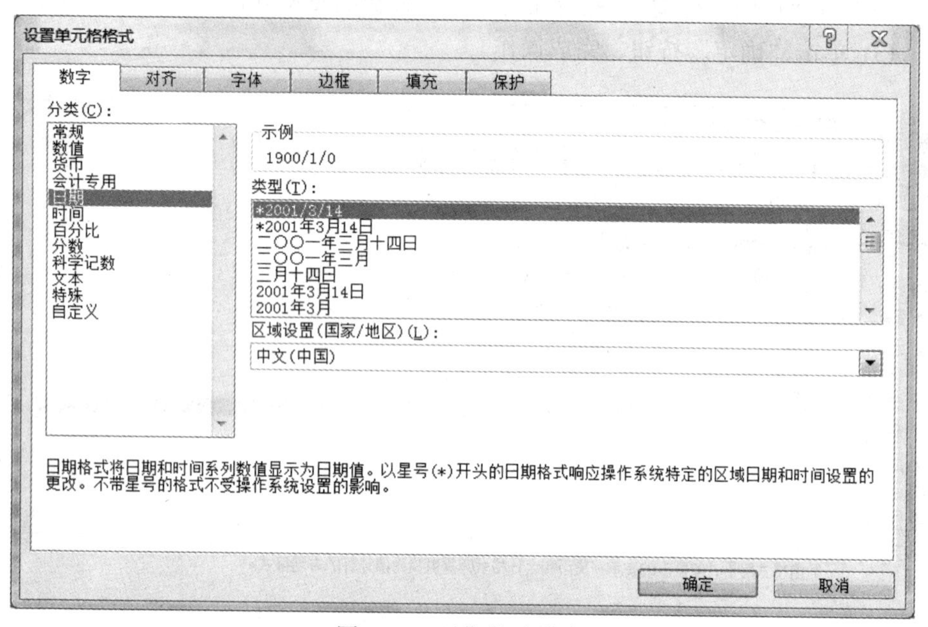


图 5-79　日期格式设定

### 5.3.3　表格外观的设置

1. 设置表格的边框和填充效果

默认情况下，工作表中的灰色网格线只用于显示，不会被打印。为了表格更加美观易读，可以自行设置表格的边框线，还可以为需要突出的重点单元格设置底纹颜色。

设置边框和底纹的操作方法如下：

(1) 选择需要设置边框或底纹的单元格区域。

(2) 单击“开始”选项卡“字体”组中“边框” 右侧的下拉按钮 ，在打开的列表中选择需要的边框类型，如图 5-80 所示；单击“填充颜色” 右侧的下拉按钮 ，选择需要填充的背景底纹和效果，如图 5-81 所示。

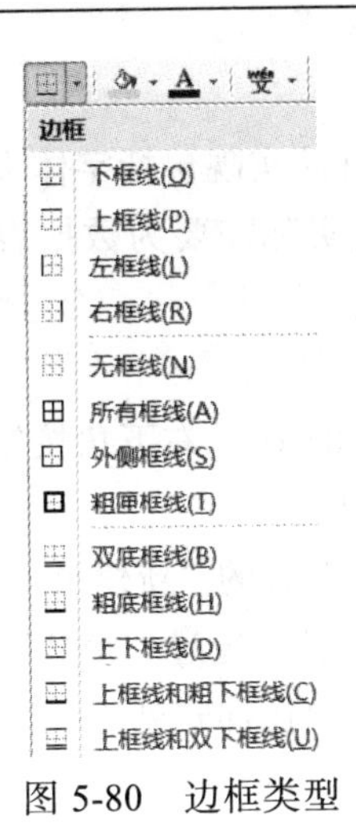


图 5-80　边框类型

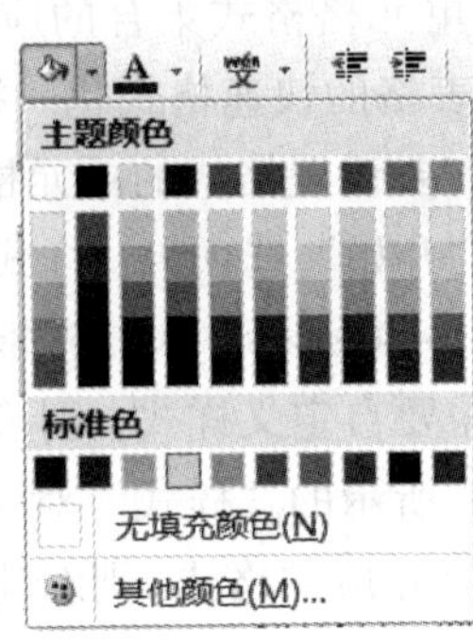


图 5-81　填充色

(3) 单元格区域边框和填充色的设置还可以通过“设置单元格格式”对话框进行，在如图 5-75 所示的对话框中分别选择“边框”和“填充”选项卡，可具体设置边框线条的样式、颜色和填充背景的颜色图案等，如图 5-82 所示。

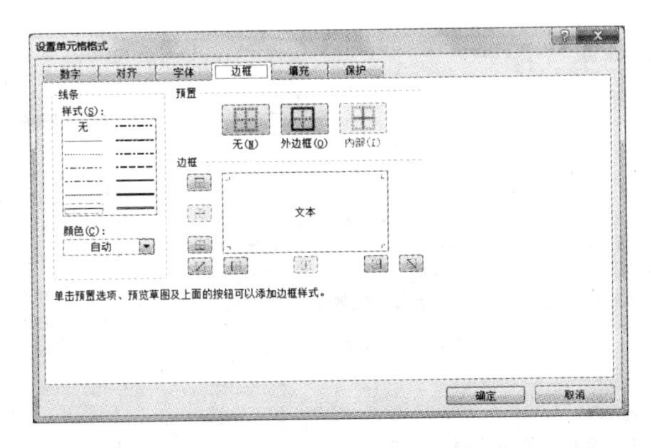


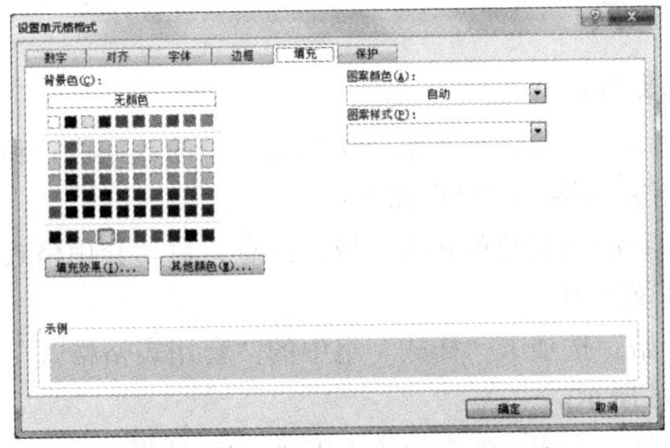


图 5-82　“设置单元格格式”对话框

2. 单元格样式

Excel 提供了大量预置好的单元格格式，可自动实现包括字体大小、填充图案和对齐方式等单元格格式集合的应用，可以根据实际需要为数据表格选择预置格式，从而实现表格的快速格式化。操作方法如下：

(1) 选择需要设置格式的单元格区域。

(2) 单击“开始”选项卡“样式”组中如图 5-83 所示右下角按钮，打开预置样式列表，如图 5-84 所示，单击选择合适的样式即可。

(3) 如果需要自定义样式，则可单击样式列表下方的“新建单元格样式”命令，打开如图 5-85 所示的“样式”对话框，输入样式名，通过“格式”命令按钮打开格式对话框设置相应的格式，则新建的样式将会显示在样式列表最上面的“自定义”区域以供选择。

图 5-83　单元格样式 1

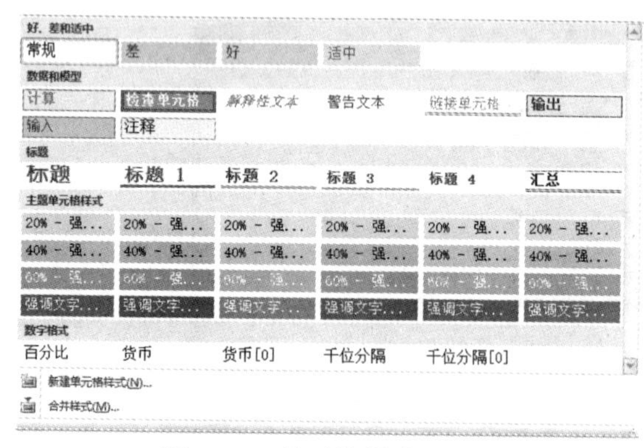


图 5-84　单元格样式 2

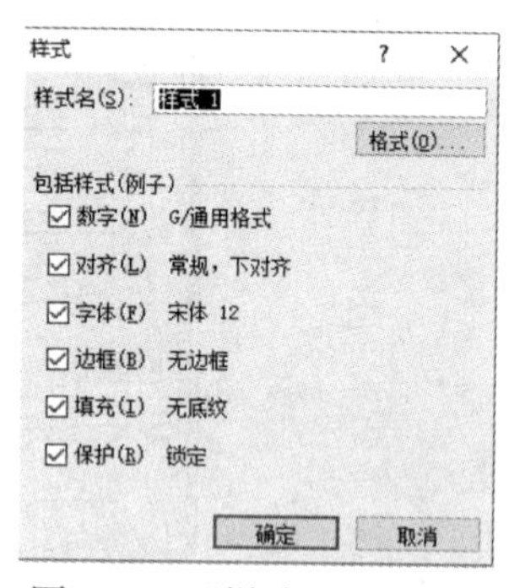


图 5-85　“样式”对话框

3. 表格自动套用格式

自动套用表格格式，是将格式集合包括表格中的数据格式和表格格式应用到整个数据区域。套用表格格式的操作如下：

(1) 选择需要套用格式的单元格区域。注意，自动套用格式只能应用在不包括合并单元格的数据列表中。

(2) 单击“开始”选项卡“样式”组中的“套用表格格式”按钮，打开预置格式列表，如图 5-86 所示。

(3) 从中选择某一样式，弹出如图 5-87 所示对话框，单击“确定“按钮，即可将样式格式应用到选定的单元格中。

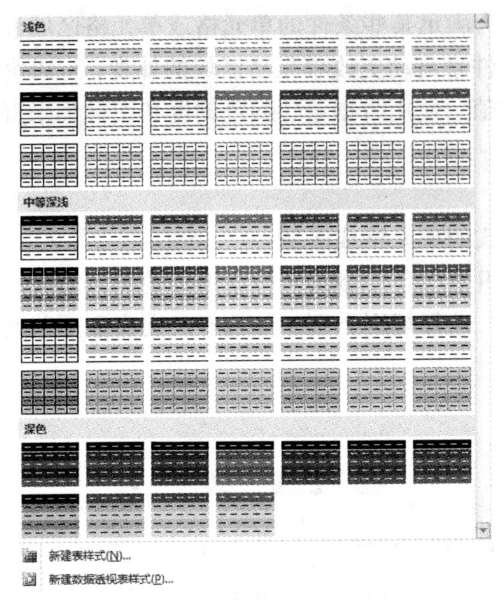


图 5-86　预设表格格式

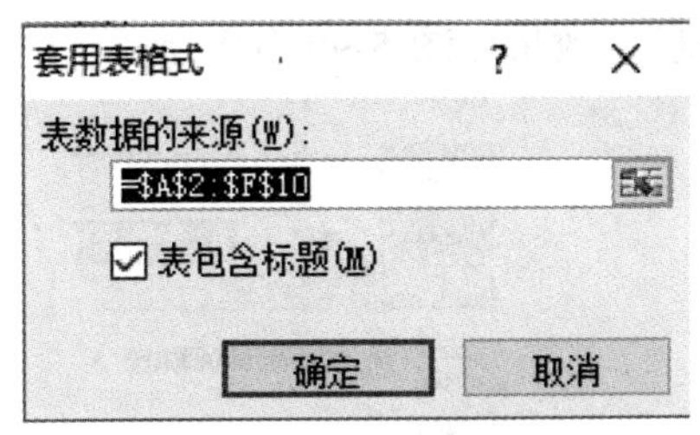


图 5-87　“确认”对话框

(4) 如需要自定义快速样式，可单击格式列表下方的“新建表样式”命令，打开如图 5-88 所示的“新建表快速样式”对话框，通过“格式”命令按钮打开单元格格式对话框进行详细设置，新建的样式将会显示在样式列表最上面的“自定义”区域以供选择。

(5) 如要取消套用格式，可以选择设置表格套用格式的任意单元格，单击“设计”选项卡“表格样式”组右下角按钮，在弹开的如图 5-89 所示的格式清单中选择最后一行的“清除”命令即可。

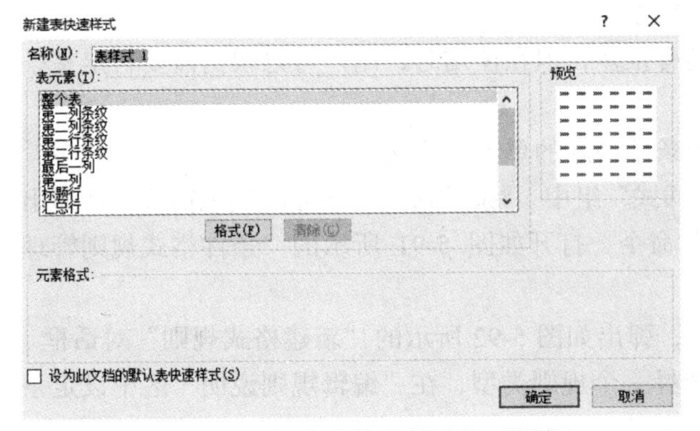


图 5-88　“新建表快速样式”对话框

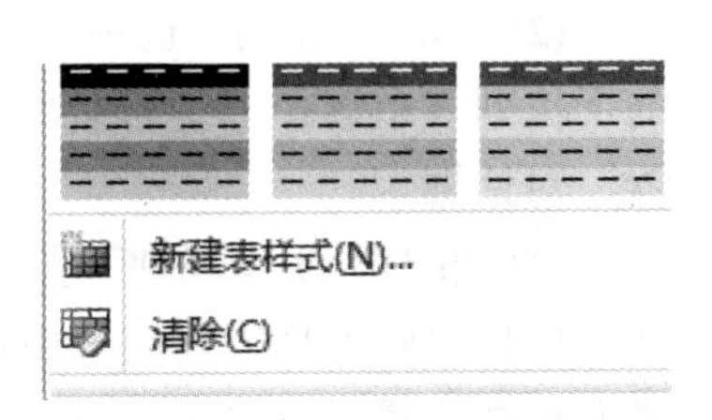


图 5-89　表格格式清单

4. 条件格式的使用

Excel 提供的条件格式功能可迅速为满足某些条件的单元格或单元格区域设定某项格式。条件格式将会基于设定的条件来自动更改单元格区域的外观，可以突出显示所关注的单元格或区域、强调异常值、使用数据条、颜色刻度和图标集来直观地显示数据。

1) 利用预置条件实现快速格式化

(1) 选择工作表中需要设置条件格式的单元格或区域。

(2) 单击“开始”选项卡“样式”组中“条件格式”按钮下方的黑色箭头，打开规则下拉列表，如图 5-90 左图所示，选择规则类别，如选择“突出显示单元格规则”，效果如图 5-90 右图所示。

图 5-90　条件格式

2) 自定义规则实现高级格式化

Excel 提供的条件格式规则有很多，但在使用时，用户可以根据需要自定义条件格式显示规则，方法如下：

(1) 选择工作表中需要应用条件格式的单元格或区域。

(2) 单击“开始”选项卡“样式”组中 “条件格式”下方的黑色箭头，从弹出的下拉列表中选择“管理规则”命令，打开如图 5-91 所示的“条件格式规则管理器”对话框。

(3) 单击“新建规则”按钮，弹出如图 5-92 所示的“新建格式规则”对话框。在“选择规则类型”列表框中选择一个规则类型，在“编辑规则说明”区中设定条件及格式，最后再单击“确定”按钮。

(4) 若要修改规则，则在“条件格式规则管理器”对话框的规则列表中选择要修改的规则，单击“修改规则”按钮进行修改；单击“删除规则”按钮删除选定的规则。

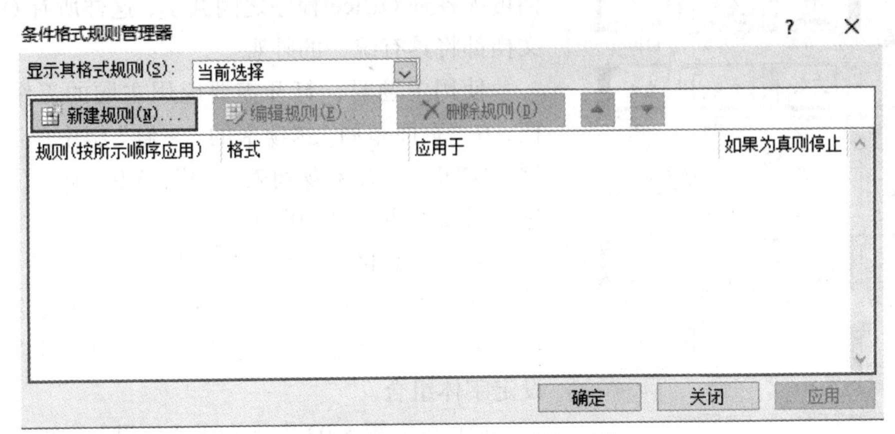


图 5-91　条件格式规则管理器

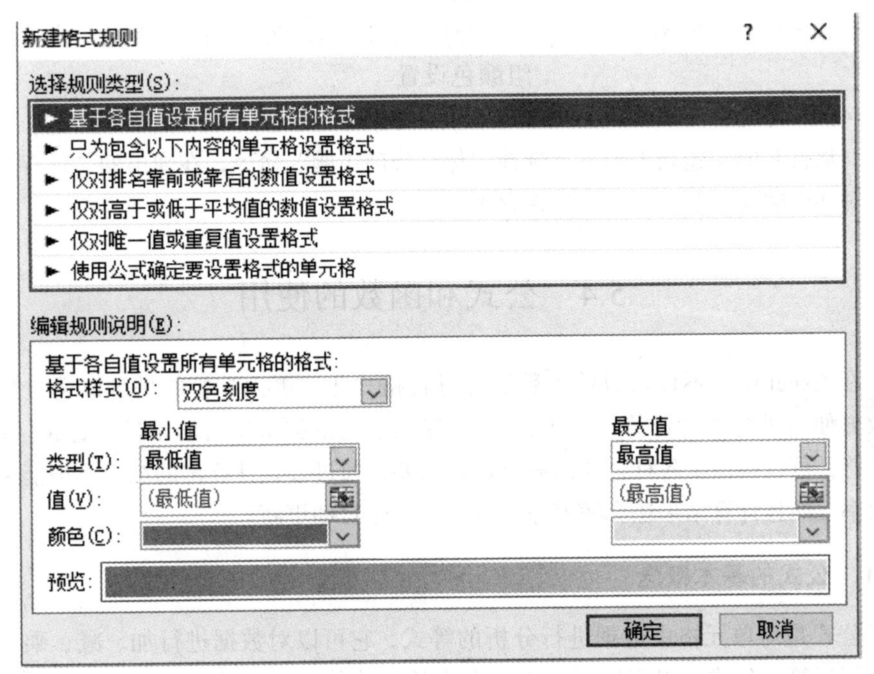


图 5-92　新建格式规则

5. 主题

主题是一组格式集合，其中包括主体颜色、主题字体(包括标题字体和正文字

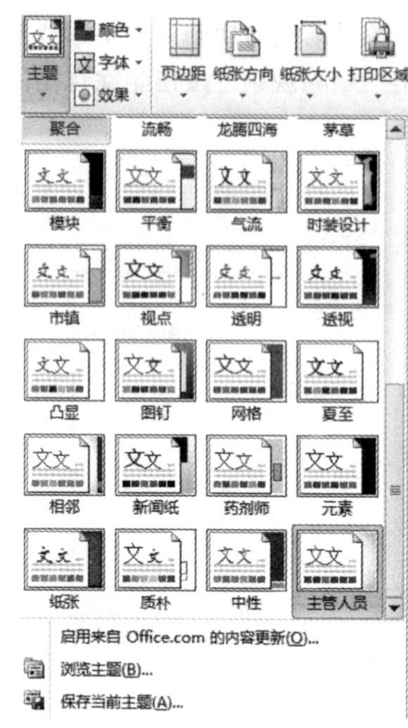


图 5-93　主题清单

体)和主题效果(包括线条和填充效果)等。Excel 提供了许多内置的文档主题，还允许通过自定义并保存文档主题来创建自己的文档主题。其中，主题文档可在各种 Office 程序之间共享，这样所有 Office 文档都将具有统一的外观。

使用主题时，打开需要应用主题的工作簿文档，在“页面布局”选项卡的“主题”组中单击“主题”按钮，打开主题列表，如图 5-93 所示，从中选择需要的主题类型即可。

可以对表格主题相关属性进行如下修改：

(1) 单击图 5-93 左上角的“字体”按钮选择一组主题字体，通过“新建主题字体”命令可以自行设定字体组合。

(2) 单击图 5-93 左上角的“效果”按钮选择一组主题效果。

(3) 单击图 5-93 左上角的“颜色”按钮选择一组颜色设置。

(4) 如有需要可以将设置的主题保存以便下次使用，单击“主题”组中的“主题”按钮，从打开的主题列表最下方选择“保存当前主题”命令，在弹出的“保存当前主题”对话框输入主题名称，然后保存即可。

## 5.4　公式和函数的使用

在 Excel 中，不仅可以输入数据并进行格式化，更为重要的是可以通过公式和函数方便地进行统计计算。为此，Excel 提供了大量类型丰富的常量、变量、函数和运算符，可以构造出各种公式以满足计算需要，通过公式计算出的结果不但能保证其正确率，而且计算结果还会随着原始数据的变化自动更新。

### 5.4.1　公式的基本概念

公式是对单元格中数据进行分析的等式，它可以对数据进行加、减、乘、除或比较等运算。公式可以引用同一工作表中的其他单元格、同一工作簿中的不同工作表的单元格，或者其他工作簿中工作表的单元格。

Excel 中公式的组成为以“=”开头的表达式。表达式由运算符和运算对象组成。运算符包括算术运算符、比较运算符、字符运算符及引用运算符。运算对象是公式计算中需要进行计算的对象，包括常量、单元格或区域的引用、标志、名称或函数等。

### 5.4.2　运算符

Excel 中的运算符有很多，需要注意运算符的类别、表示、含义及优先级，运算符的表示如表 5-4 所示。

**表 5-4　运算符**

| 名称 | 表示 | 类别 | 说明 | 优先级 |
| --- | --- | --- | --- | --- |
| 括弧 | (　) | 算术 | 改变运算的次序 | 1 |
| 正负号 | +，– | | 负号，使正数变为负数 | 2 |
| 百分号 | % | | 将数字变为百分数 | 3 |
| 幂或乘方 | ^ | | 乘方，即幂运算 | 4 |
| 乘除 | * 和 / | | 乘法和除法 | 5 |
| 加减 | + 和 – | | 加法和减法 | 6 |
| 连接 | & | 字符 | 文本运算符 | 7 |
| 比较 | =，<，>，<=，>=，<> | 比较 | 比较运算符 | 8 |

如果公式中包含相同优先级的运算符，则按照从左至右的顺序进行运算；要更改求值的顺序，则将公式中要先计算的部分用圆括号括起来。

运算符中还包括表示单元格区域范围的运算符，表示如下：

(1) 多个不连续的单元格，用“,”表示，如 A1，B3，F7 表示由 A1、B3、F7 三个单元格组成的区域。

(2) 连续的单元格区域，用“:”表示，如 A1:D5 表示从 A1 到 D5，由 5 行 4 列共 20 个单元格组成的区域。

(3) 相交区域，用空格字符即“ ”表示，其左右两边通常是连续的单元格区域，表示这两个连续区域的交叉区域，如 A1:D5　C3:H8，表示交叉区域为 C3:D5。

### 5.4.3　公式的输入与编辑

1) 输入公式

输入公式的一般步骤如下：

(1) 选择存放结果的单元格。

(2) 输入以“=”开头的公式。

(3) 按“Enter”键确认输入。

2) 编辑修改公式

用鼠标双击公式所在的单元格，进入编辑状态，单元格及编辑栏中均会出现公式本身，此时可以在单元格或编辑栏对公式进行修改。

### 5.4.4　单元格地址表示

公式通过单元格的地址实现单元格对象的引用，单元格地址标识工作表的单元格或单元区域，并指明公式中使用的数据位置。通过地址引用，可以在公式中使用工作表不同部分的数据，或者在多个公式中使用同一单元格的数值，还可以引用相同工作簿中不同工作表的单元格。

单元格地址的表示形式为：列标行号，如 A1、G23。根据单元格地址在公式复制之后是否发生变化，分为相对地址和绝对地址两类。

1. 相对地址

当公式从一个单元格复制或移动到另一目标单元格时，所引用的单元格地址根据存放结果单元格位置变化而变化，这类地址称为相对地址。

例如，在 C1 单元格输入公式“=A1+B1”，将 C1 中公式复制到 D3 时，D3 单元格会显示“=B3+C3”。

2. 绝对地址

当公式从一个单元格复制或移动到另一目标单元格时，所引用的单元格地址不发生变化，这类地址称为绝对地址。

由于单元格地址有列标行号两部分组成，所以单元格绝对地址分为绝对列地址和绝对行地址两类，且绝对地址通过行或列坐标前加“$”符号表示，绝对地址的表示如表 5-5 所示。

**表 5-5　单元格地址表示**

| 名称 | 单元格地址表示 | D1 单元格内容 | F3 单元格内容 |
| --- | --- | --- | --- |
| 相对地址 | 列标行号 | =A1 | =C3 |
| 绝对行地址 | 列标$行号 | =A$1 | =C$1 |
| 绝对列地址 | $列标行号 | =$A1 | =$A3 |
| 绝对地址 | $列标$行号 | =$A$1 | =$A$1 |

说明：表 5-5 中以公式为例说明单元格地址变化情况，首先在 D1 单元格输入公式，然后将公式复制到 F3 单元格，通过公式的变化理解相对地址和绝对地址的区别。

3. 单元格地址引用形式

如果要引用其他工作表中的单元格，其表达方式如下：

**[工作簿名称]工作表名称!单元格地址**

例如，在工作表 Sheet2 的单元格中输入公式“=Sheet1！A2*3”，其中 A2 是指工作表 Sheet1 中的单元格 A2；输入公式“=[工作簿 2]Sheet1!$E$10”，表示引用工作簿 2 中 Sheet1 工作表中的单元格 E10。

### 5.4.5　公式的复制与填充

输入单元格中的公式，可以通过拖动单元格右下角的填充柄 ，或者从“开始”选项卡上的“编辑”组中选择“填充”进行公式的复制填充。当公式中的单元格区域采用相对地址时，此时自动填充的是公式本身，而不是公式的计算结果。

### 5.4.6　公式审核

Excel 程序在用户输入公式时，会对公式进行审核，以确保数据和公式的正确性。审核公式包括检查并校对数据、查找选定公式引用的单元格、查找引用选定单元格的公式和查找错误等。

1. 公式自动更正

Excel 中的公式以等号“=”开头，输入公式过程中，如果把其中的运算符输入错误或输入与运算符相似的符号，Excel 会自动在工作表中出现修改建议，如图 5-94 所示是在公式中输入两个“=”时弹出的修改提示。

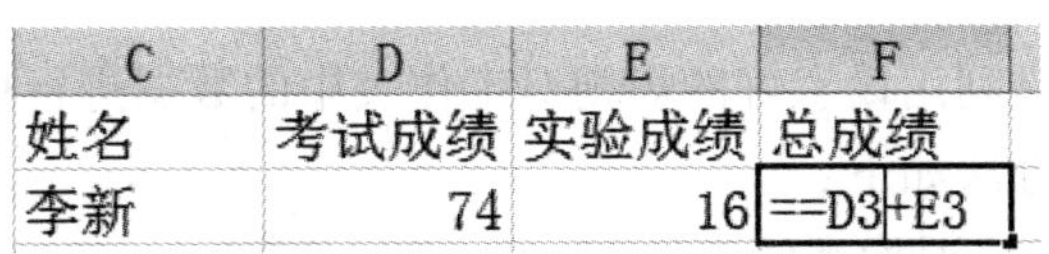

| C | D | E | F |
|---|---|---|---|
| 姓名 | 考试成绩 | 实验成绩 | 总成绩 |
| 李新 | 74 | 16 | ==D3+E3 |

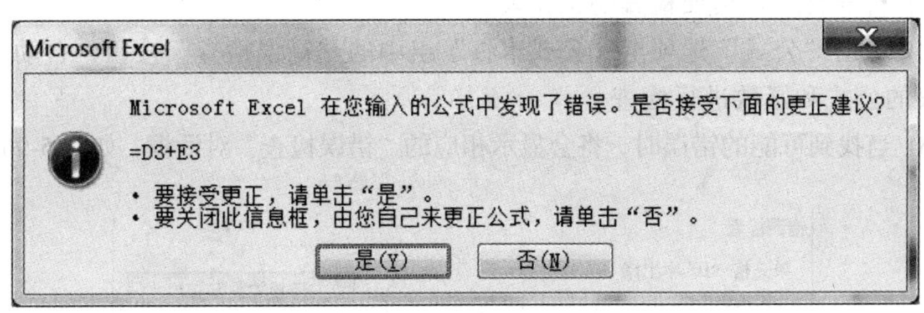


图 5-94　自动更正公式中的错误

2. 审核规则设置

用户可以根据需要对公式的审核规则进行设置，方法如下：

(1) 选择“文件”菜单中的“选项”命令，打开 “Excel 选项”对话框，从左侧类别列表中单击“公式”选项，如图 5-95 所示。

(2)“Excel 选项”对话框右侧“错误检查规则”区域中列举了公式检查的各种规则，用户可以按照需要选中或清除某一检查规则的复选框。

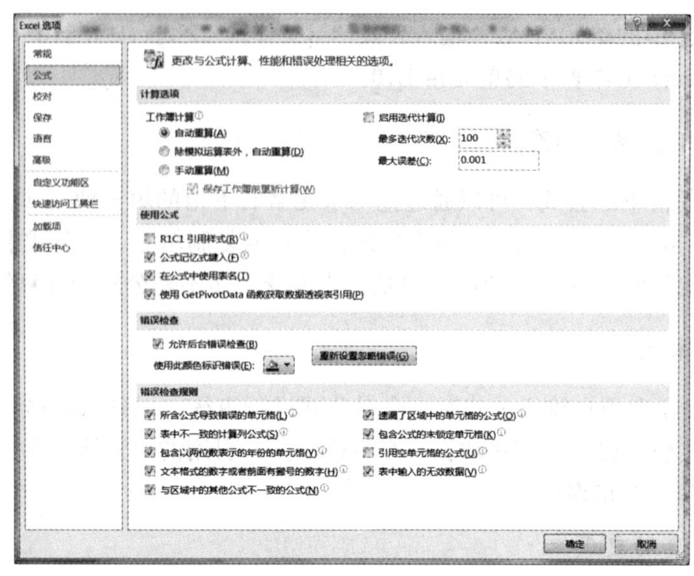


图 5-95　错误检查规则

(3) 单击“确定”按钮完成设置。

3. 错误检查

公式审核主要是利用设置好的规则对工作表中的数据进行检查，找出可能的错误，并进行更正，方法如下：

(1) 打开要进行错误检查的工作表。

(2) 单击“公式”选项卡“公式审核”组中的“错误检查”按钮，自动开始对工作表的公式和函数进行检查。

(3) 当找到可能的错误时，将会显示相应的“错误检查”对话框，如图 5-96 所示。

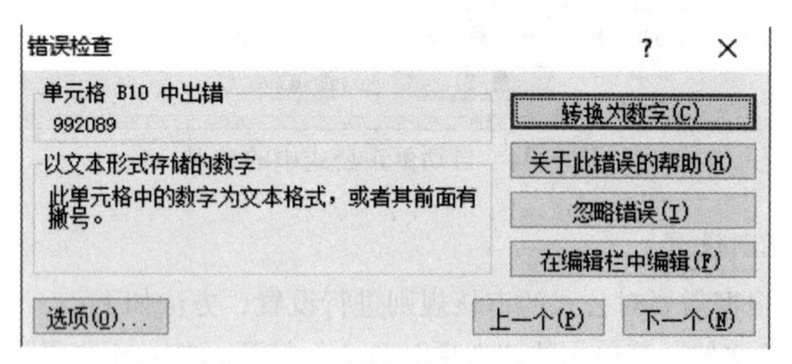


图 5-96　“错误检查”对话框

(4) 在对话框中选择相应的按钮来纠正或忽略错误，通过“上一个”和“下一个”按钮继续检查修正其他错误。

### 4. 通过“监视窗口”监视公式及其结果

当单元格在工作表上不可见时，可以在“监视窗口”工具栏中监视这些单元格及其公式。使用“监视窗口”可以方便地在大型工作表中检查、审核或确认公式计算及其结果。使用“监视窗口”，无需反复滚动或定位到工作表的不同部分。

该工具栏可像其他任何工具栏一样进行移动和固定。例如，可将其固定到窗口的底部。该工具栏可以跟踪单元格的下列属性：工作簿、工作表、名称、单元格、值以及公式。需要特别注意的是，每个单元格只能有一个监视点。

“监视窗口”使用方法如下。

1) 向“监视窗口”中添加单元格

(1) 选择要监视的单元格。如果通过公式选择工作表上的所有单元格，则单击“开始”选项卡“编辑”组中的“查找和选择”按钮，然后单击“定位条件”，选择“公式”，则选择该工作表中所有利用公式计算的单元格。

(2) 单击“公式”选项卡上“公式审核”组中的“监视窗口”按钮，打开如图 5-97 所示“监视窗口”对话框。

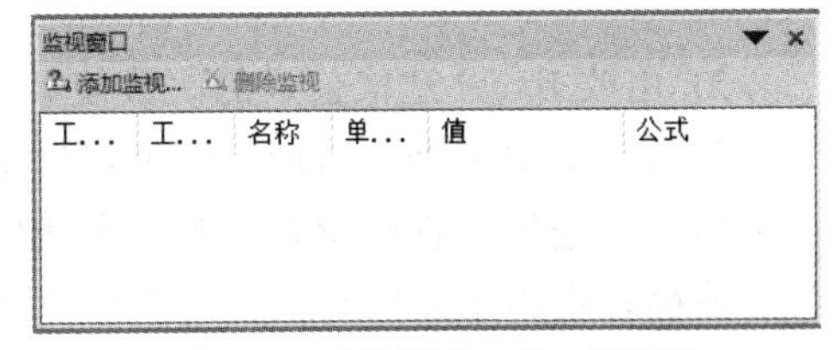


图 5-97　“监视窗口”对话框

(3) 单击“添加监视点” 。

(4) 单击“添加”按钮。

(5) 将“监视窗口”工具栏移动到窗口的顶部、底部、左侧或右侧。

(6) 想更改列的宽度，要拖动列标题右侧的边界。

(7) 想显示“监视窗口”工具栏中的条目引用的单元格，要双击该条目。

备注：仅当其他工作簿处于打开状态时，包含指向这些工作簿的单元格才会显示在“监视窗口”工具栏中。

2) 从“监视窗口”中删除单元格

(1) 如果“监视窗口”工具栏未显示，那么需在“公式”选项卡的“公式审核”组中单击“监视窗口”。

(2) 选择要删除的单元格。

(3) 要选择多个单元格，按下 Ctrl 键并单击所需单元格。

(4) 单击“删除监视”。

### 5. 公式中的循环引用

当公式引用了自己所在的单元格，则无论是直接引用还是间接引用，该公式都会创建循环引用。

1) 定位并更正循环引用

当发生循环引用时，在“公式”标签的“公式审核”组中单击“错误检查”按钮右侧的下拉箭头，在下拉列表指向“循环引用”，弹出的子菜单就会显示当前工作表中发生循环应用的单元格地址，如图 5-98 所示。单击选中发生循环引用的单元格，检查并修正错误即可。

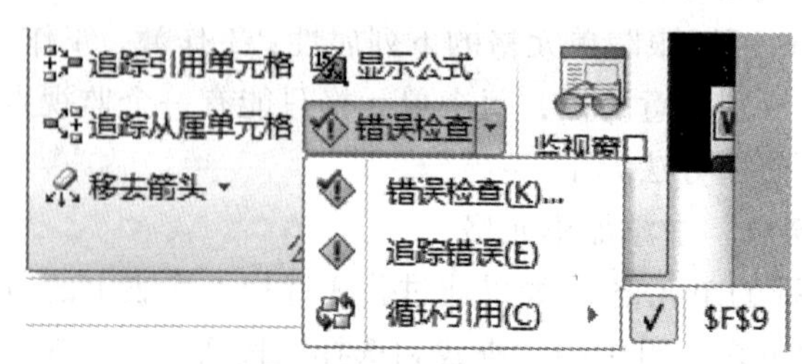


图 5-98　循环引用

2) 更改 Excel 迭代公式的次数使循环引用起作用

如果想要保留循环引用，则可以启用迭代计算，并确定公式重新计算的次数。如果启用了迭代计算但没有更改最大迭代值或最大误差值，则 Excel 会在 100 次迭代后或循环引用中的所有值在两次相邻迭代值之间的差异小于 0.001 时，停止计算。可以通过以下设置控制最大值迭代次数和可接受的差异值：

单击“文件”标签中“选项”命令的“公式”选项，再打开对话框中的“计算选项”区域，单击选中“启用迭代计算”复选框。同时可以修改“最多迭代次数”和“最大误差”，其中，迭代次数越高，计算所需的时间越长；误差值越小，计算结果越精确。

6. 追踪单元格

Excel 提供了利用图形方式显示公式中对象和被引用对象之间的关系，方便用户检查错误，方法如下。

1) 显示某个单元格中公式的引用与被引用

(1) 打开公式所在的工作表，当公式引用了其他工作簿的单元格时，需要同时打开被引用的工作簿。

(2) 选中包含公式的单元格，选择下列操作进行单元格追踪。

① 追踪引用单元格。单击“公式”选项卡“公式审核”组中的“公式审核“按钮，在展开的列表选择“追踪引用单元格”，可以追踪显示为当前公式提供数据的单元格。其中实线箭头显示无错误的单元格；虚线箭头显示导致错误的单元格。如果所选单元格引用了另一工作表或工作簿的单元格，则会显示一个从工作表图标指向所选单元格的黑色箭头。

例如，在 A1 单元格输入公式=B1+Sheet2!B4，单击“追踪引用单元格”则会显示如图 5-99 所示结果，其中影响 A1 单元格结果的为 B1 和另一工作表中单元格。再次单击“追踪引用单元格”可进一步追踪下一级引用单元格。

② 追踪从属单元格。在“公式”选项卡的“公式审核”组中，可以追踪显示引用了该单元格的单元格。若 B1 为当前活动单元格，单击“追踪从属单元格”，则会显示如图 5-100 所示的结果，即 A1 引用了 B1 单元格。再次单击“追踪从属单元格”可进一步标识从属于活动单元格的下一级单元格。

若要取消追踪箭头，则在“公式”选项卡的“公式审核”组中，单击“移去箭头”即可。

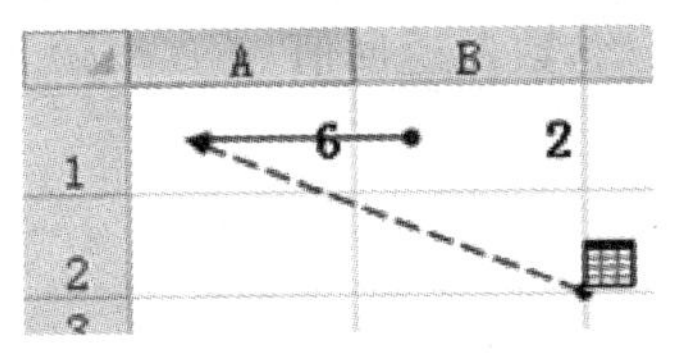

图 5-99　追踪引用单元格

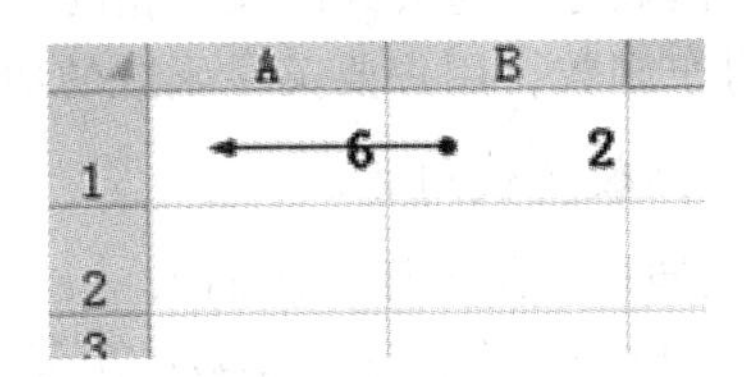

图 5-100　追踪从属单元格

2) 查看工作表中的全部引用关系

(1) 打开要查看的工作表，在一个空单元格中输入等号“=”。

(2) 单击工作表左上角的“全选”按钮，按回车键确认。

(3) 单击选择该单元格，两次单击“公式”选项卡的“公式审核”组中的“追踪引用单元格”。

7. 公式错误信息含义

由于输入错误，Excel 不能识别用户输入的内容，会在单元格中显示错误信息。表 5-6 列出了一些常见错误信息和可能产生的原因。

**表 5-6　常见错误信息**

| 错误显示 | 说明 |
| --- | --- |
| #### | 当某一列的宽度不够而无法在单元格中显示所有字符时，或者单元格包含负的日期或时间值时，Excel 将显示此错误 |
| #div/0! | 当一个数除以零或不包含任何值的单元格时，Excel 将显示此错误 |
| #n/a | 当某个值不允许被用于函数或公式但却被其引用时，Excel 将显示此错误 |
| #name | 当 Excel 无法识别公式中的文本(如区域名称或函数名拼写错误)时，将显示此错误 |
| #null! | 当指定两个不相交的区域的交集时，显示此错误 |
| #num! | 当公式或函数包含无效数值时，显示此错误 |
| #ref! | 当单元格引用无效(如某个公式所引用的单元格被删除)时，显示此错误 |
| #value! | 当公式所包含的单元格有不同的数据类型时，显示此错误 |

用户看到错误信息后，即可对公式进行编辑和修改。

## 5.4.7 函数

1. 函数的概念

函数是一类特殊的、事先编辑好的公式，主要用于处理简单的四则运算不能处理的算法，是为解决复杂计算需求而提供的一种预置算法。

函数格式：函数名([参数 1]，[参数 2]，…)。

说明：括号中函数的参数可以有多个，中间用逗号作为分隔符，其中方括号[ ]中的参数是可选的，函数的参数可以是常量、单元格地址、数组、已定义的名称、公式、函数等。与公式的输入相同，函数的输入同样要以等号“=”开始。

对于函数，用户要关注函数的功能、表示、参数及返回值。

2. 函数的使用方法

1) 通过“函数库”组插入

(1) 单击选定要输入函数的单元格。

(2) 在“公式”选项卡中的“函数库”组中单击某一函数类别名称右侧箭头▾。

(3) 从打开的函数列表中单击所需要的函数。

(4) 按提示输入或选择相应的参数。

(5) 完成函数操作。

2) 通过“插入函数”按钮插入

(1) 单击选择要输入函数的单元格。

(2) 单击“公式”选项卡的“函数库”组中最左边的“插入函数”按钮 $f_x$ ，打开“插入函数”对话框，如图 5-101 所示。

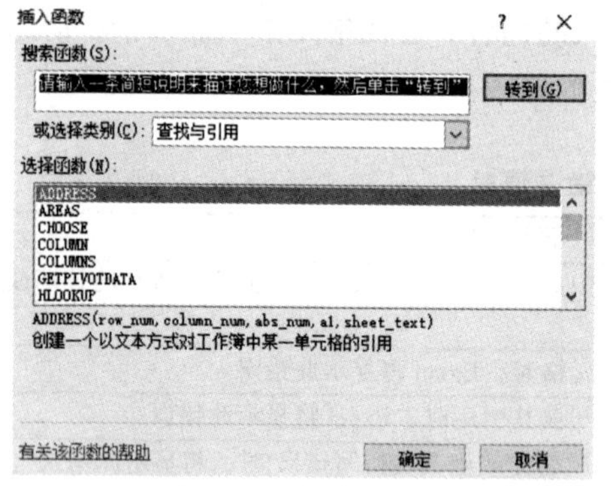


图 5-101 “插入函数”对话框

(3) 用户根据自身对函数的掌握，选择以下操作：

① 如果知道函数名称，则可在“搜索函数”框中输入函数名称，单击“转到”按钮，Excel 自动进行查找并显示函数，用户选择需要的函数。

② 用户也可以在“或选择类别”下拉列表中选择函数类型，然后在“选择函数”列表框选择所需的函数。

(4) 单击“确定”按钮，Excel 打开该函数的设置对话框，用户设置相应的参数，即可完成函数的输入。

3) 直接输入函数

用户如果对函数非常熟悉，可以直接在放置函数的单元格中输入函数，其格式为：=函数名(参数表列)。

输入完成后按回车键即可。

4) 修改函数

在包含函数的单元格双击鼠标左键，进入编辑状态，对函数参数进行修改后按回车键确认。

3. 获取函数帮助

当使用函数时，尤其是不熟悉的函数，可以在使用时查阅相关帮助，获得该函数的功能及参数提示，一般可以使用以下方法获取。

1) 单元格内提示

在单元格中输入函数后可以通过单击函数名的链接查看相关帮助，如图 5-102 所示。

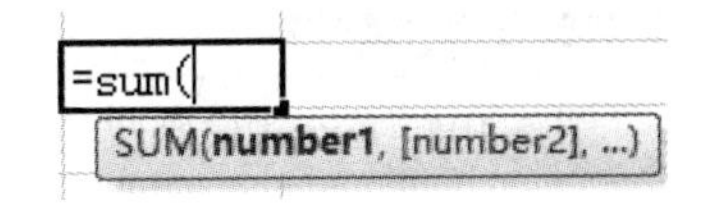


图 5-102　输入函数时获取帮助

2) 函数对话框提示

在插入函数时，如果是通过对话框完成的，则在选择要插入的函数后，可以在对话框中的下方获取简单帮助信息，也可以单击下方链接获得更完整的帮助，如图 5-101 所示，对话框下方显示了对当前选择函数 ADDRESS 的说明。

3) Excel 帮助

按 F1 键或单击 Excel 窗口右上角的“帮助”图标，在打开的 Office 帮助窗口左上角搜索栏里输入函数名，单击“搜索”，即可得到该函数的帮助，如图 5-103 所示。

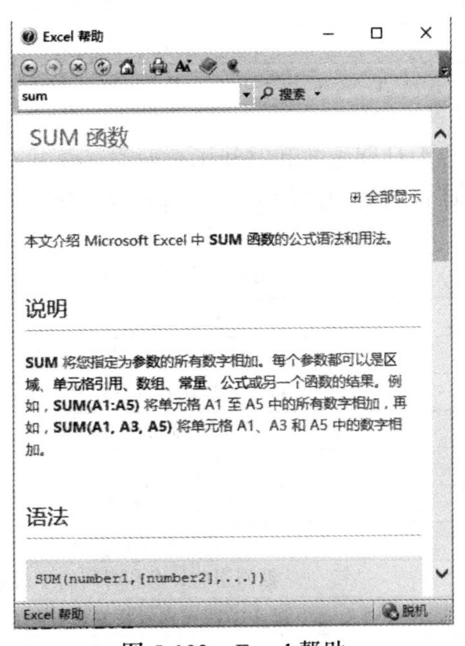


图 5-103　Excel 帮助

4. 函数的分类

Excel 提供了大量的函数，按功能分 13 大类，分别是数据库函数、日期与时间函数、工程函数、财务函数、信息函数、逻辑函数、查找与引用函数、数学与三角函数、统计函数、文本函数、兼容性函数、多维数据集函数以及用户自定义函数，如图 5-104 所示。

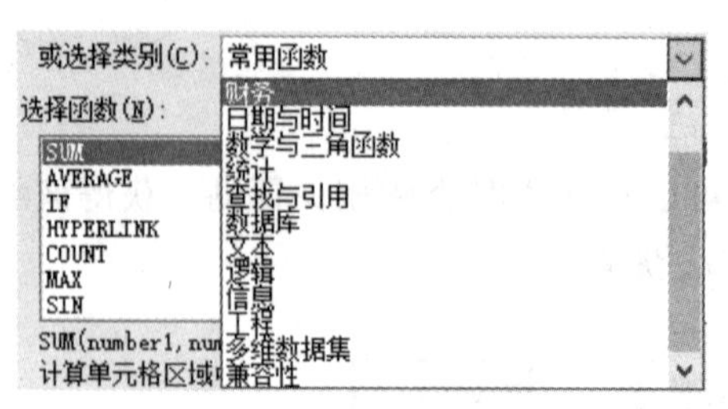

图 5-104　Excel 中函数的分类

下面对各类函数进行简要介绍。

1) 财务函数

财务函数可以进行一般的财务计算，如确定贷款的支付额、投资的未来值或净现值，以及债券或息票的价值。常用的财务函数见表 5-7。

表 5-7　常用的财务函数

| 函数 | 说明 |
| --- | --- |
| FV | 返回一笔投资的未来值 |
| NOMINAL | 返回年度的名义利率 |
| NPER | 返回投资的期数 |
| PMT | 返回年金的定期支付金额 |
| PPMT | 返回一笔投资在给定期间内偿还的本金 |
| PV | 返回投资的现值 |
| RATE | 返回年金的各期利率 |

2) 日期与时间函数

日期与时间函数分为日期函数和时间函数两类，总共有 22 个工作表函数，可以在公式中分析和处理日期值和时间值，常用的时间和日期函数见表 5-8。

表 5-8　常用的时间和日期函数

| 函数 | 说明 |
| --- | --- |
| DATE | 返回特定日期的序列号 |
| DATEVALUE | 将文本格式的日期转换为序列号 |
| DAY | 将序列号转换为月份日期 |
| HOUR | 将序列号转换为小时 |
| MINUTE | 将序列号转换为分钟 |
| MONTH | 将序列号转换为月 |
| NOW | 返回当前日期和时间的序列号 |
| SECOND | 将序列号转换为秒 |
| TIME | 返回特定时间的序列号 |

续表

| 函数 | 说明 |
| --- | --- |
| TODAY | 返回今天日期的序列号 |
| WEEKDAY | 将序列号转换为星期日期 |
| WEEKNUM | 将序列号转换为代表该星期为一年中第几周的数字 |
| WORKDAY | 返回指定的若干个工作日之前或之后的日期的序列号 |
| YEAR | 将序列号转换为年 |
| YEARFRAC | 返回代表 start_date 和 end_date 之间整天天数的年分数 |

3) 数学与三角函数

通过数学与三角函数，可以处理简单的计算，例如，对数字取整、计算单元格区域中的数值总和或复杂计算，常见的数学与三角函数见表 5-9。

**表 5-9　常见的数学与三角函数**

| 函数 | 说明 |
| --- | --- |
| ABS | 返回数字的绝对值 |
| COS | 返回余弦值 |
| RAND | 返回 0 和 1 之间的一个随机数 |
| RANDBETWEEN | 返回位于两个指定数之间的一个随机数 |
| ROUND | 将数字按指定位数舍入 |
| SIN | 返回正弦值 |
| SQRT | 返回正平方根 |
| SUBTOTAL | 返回列表或数据库中的分类汇总 |
| SUM | 求参数的和 |
| SUMIF | 按给定条件对指定单元格求和 |
| SUMIFS | 在区域中添加满足多个条件的单元格 |

4) 统计函数

统计工作表函数用于对数据区域进行统计分析。例如，统计工作表函数可以提供由一组给定值绘制出的直线的相关信息，如直线的斜率和 $y$ 轴截距，或构成直线的实际点数值。常见的统计函数见表 5-10。

5) 查询与引用函数

当需要在数据清单或表格中查找特定数值，或者需要查找某一单元格的引用时，可以使用查询与引用工作表函数。例如，如果需要在表格中查找与第一列中的值相匹配的数值，那么可以使用 VLOOKUP 工作表函数。如果需要确定数据清单中数值的位置，可以使用 MATCH 工作表函数。常用的查询与引用函数见表 5-11。

表 5-10　常见的统计函数

| 函数 | 说明 |
| --- | --- |
| AVERAGE | 返回其参数的平均值 |
| COUNT | 计算参数列表中数字的个数 |
| COUNTA | 计算参数列表中值的个数 |
| COUNTIF | 计算区域内符合给定条件的单元格的数量 |
| COUNTIFS | 计算区域内符合多个条件的单元格的数量 |
| MAX | 返回参数列表中的最大值 |
| MAXA | 返回参数列表中的最大值，包括数字、文本和逻辑值 |
| MIN | 返回参数列表中的最小值 |
| RANK.AVG | 返回一列数字的数字排位 |
| RANK.EQ | |

表 5-11　常用的查询与引用函数

| 函数 | 说明 |
| --- | --- |
| COLUMN | 返回引用的列号 |
| HLOOKUP | 查找数组的首行，并返回指定单元格的值 |
| INDEX | 使用索引从引用或数组中选择值 |
| LOOKUP | 在向量或数组中查找值 |
| MATCH | 在引用或数组中查找值 |
| OFFSET | 从给定引用中返回引用偏移量 |
| ROW | 返回引用的行号 |
| VLOOKUP | 在数组第一列中查找，然后在行之间移动以返回单元格的值 |

6) 数据库函数

当需要分析数据清单中的数值是否符合特定条件时，可以使用数据库工作表函数。例如，在一个包含销售信息的数据清单中，可以计算出所有销售数值大于 1000 且小于 2500 的行或记录的总数。Microsoft Excel 共有 12 个工作表函数用于对存储在数据清单或数据库中的数据进行分析，这些函数的统一名称为 Dfunctions，也称为 D 函数，每个函数均有三个相同的参数：database、field 和 criteria。这些参数指向数据库函数所使用的工作表区域。其中参数 database 为工作表上包含数据清单的区域。参数 field 为需要汇总的列的标志。参数 criteria 为工作表上包含指定条件的区域。

7) 文本函数

通过文本函数，可以在公式中处理文字串。常用的文本函数见表 5-12。

表 5-12　常用的文本函数

| 函数 | 说明 |
| --- | --- |
| CHAR | 返回由代码数字指定的字符 |
| CODE | 返回文本字符串中第一个字符的数字代码 |
| FIND、FINDB | 在一个文本值中查找另一个文本值(区分大小写) |
| LEFT、LEFTB | 返回文本值中最左边的字符 |
| LEN、LENB | 返回文本字符串中的字符个数 |
| MID、MIDB | 从文本字符串中的指定位置起返回特定个数的字符 |
| REPLACE、REPLACEB | 替换文本中的字符 |
| RIGHT、RIGHTB | 返回文本值中最右边的字符 |
| SUBSTITUTE | 在文本字符串中用新文本替换旧文本 |
| TEXT | 设置数字格式并将其转换为文本 |
| TRIM | 删除文本中的空格 |
| VALUE | 将文本参数转换为数字 |

8) 逻辑函数

使用逻辑函数可以进行真假值判断，或者进行复合检验。常用的逻辑函数见表 5-13。

表 5-13　常用的逻辑函数

| 函数 | 说明 |
| --- | --- |
| AND | 如果其所有参数均为 TRUE，则返回 TRUE |
| IF | 指定要执行的逻辑检测 |
| NOT | 对其参数的逻辑求反 |
| OR | 如果任一参数为 TRUE，则返回 TRUE |

9) 信息函数

使用信息工作表函数确定存储在单元格中的数据的类型。信息函数包含一组称为 IS 的工作表函数，在单元格满足条件时返回 TRUE。例如，如果单元格包含一个偶数值，那么 ISEVEN 工作表函数返回 TRUE。如果需要确定某个单元格区域中是否存在空白单元格，那么可以使用 COUNTBLANK 工作表函数对单元格区域中的空白单元格进行计数，或者使用 ISBLANK 工作表函数确定区域中的某个单元格是否为空。

10) 工程函数

工程工作表函数用于工程分析，这类函数中的大多数可分为三种类型：对复数进行处理的函数、在不同的数字系统(如十进制系统、十六进制系统、八进制系统和二进制系统)间进行数值转换的函数、在不同的度量系统中进行数值转换的函数。

11) 用户自定义函数

如果要在公式或计算中使用特别复杂的计算，而工作表函数又无法满足需要，则需要创建用户自定义函数。这些函数称为用户自定义函数，可以通过使用 Visual Basic for Applications 来创建。

### 5.4.8 名称

为单元格或区域指定一个名称，是在公式中实现绝对引用的方法之一。可直接用来快速选定已命名的区域或在公式中引用名称以实现精确引用。

可以定义名称的对象包括：常量、单元格、单元格区域及公式。

1. 名称的语法规则

创建和编辑名称时需要遵循以下语法规则：

(1) 唯一性原则，名称在其适用范围内必须始终唯一，不能重复。

(2) 有效字符，名称中的第一个字符必须是字母、下划线(_)或反斜杠(\)，其余字符可以是字母、数字、句点和下划线。同时，名称中不能使用“C”、“c”、“R”和“r”这四个大小写字母。

(3) 不能与单元格地址相同，如 A1、$B2 等。

(4) 不能使用空格，即名称中不能出现空格字符。

(5) 名称长度有限制，一个名称最多可以包含 255 个西文字符。

(6) 不区分大小写，如“abc”和“Abc”表示同一名称。

2. 命名单元格和区域

1) 利用“名称框”快速定义名称

选择要定义名称的区域，在编辑栏最左侧的名称框输入新的名称即可。

2) 将数据行和列的标题转换为名称

选择要命名的行或列区域(包括标题单元格)，单击“公式”选项卡的“定义的名称”组中“根据所选内容创建”按钮，在弹出的如图 5-105 所示对话框中选中“首行”复选框，单击“确定”按钮，则选定区域被定义该列的标题“姓名”。

单击“公式”选项卡的“定义的名称”组中的“名称管理器”按钮，会弹出如图 5-106 所示的“名称管理器”对话框，可以查看前面定义的区域及名称。

3) 使用“新建名称”对话框定义名称

也可以使用对话框来定义名称，步骤如下：

(1) 选择要定义名称的单元格区域。

(2) 单击“公式”选项卡“定义的名称”组中的“定义名称”按钮，弹出如图 5-107 所示的“新建名称”对话框。

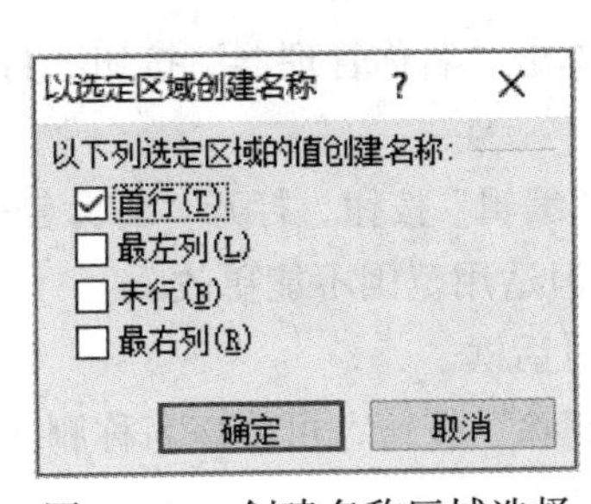


图 5-105　创建名称区域选择

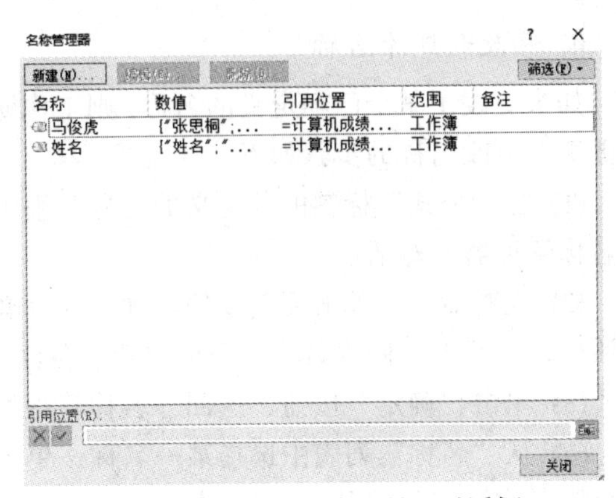


图 5-106　“名称管理器”对话框

(3) 设置对话框中的参数。

(4) 在“引用位置”框中显示当前选择的单元格或区域，如果需要修改命名对象，则可选择下列操作之一：

① 在“引用位置”框单击鼠标左键，然后在工作表中重新选择区域单元格或单元格区域。

② 若要为一个常量命名，则输入等号“=”，然后输入常量值。

③ 若要为一个公式命名，则输入等号“=”，然后输入公式值。

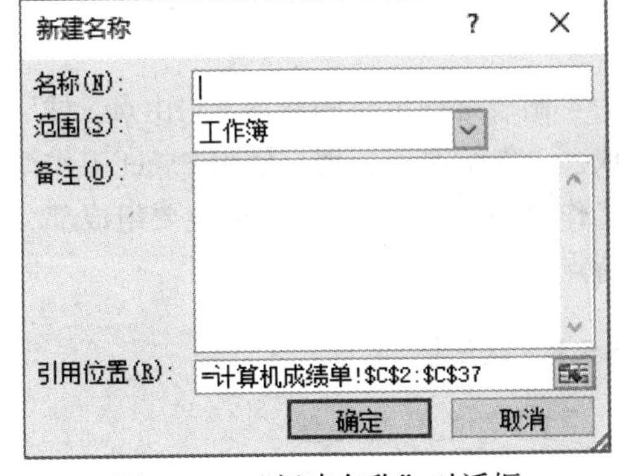


图 5-107　“新建名称”对话框

(5) 单击“确定”按钮，完成设置，返回工作表中。

3. 引用名称

1) 通过“名称框”引用

单击 Excel 表格左上角“名称框”右侧的黑色箭头，打开“名称”下拉列表，其中显示所有已命名的单元格名称(除了常量和公式的名称)，单击选择需要的名称，该名称所引用的单元格区域就会被选中，如果是在公式输入过程中选择名称，该名称就会显示在公式中。

2) 在公式中引用

选择要输入公式的单元格，单击“公式”选项卡“定义名称”组中的“用于公式”，打开名称下拉列表，从中单击选择需要引用的名称，该名称出现在当前单元格的公式中，最后按回车键确认输入即可。

4. 修改和删除名称

如果更改了某个已经定义的名称，则工作簿中所有已引用该名称位置均自动随之更新。更改名称的步骤如下：

(1) 在“公式”标签的“定义的名称”组中，单击“名称管理器”按钮，打开“名称管理器”对话框。

(2) 在对话框中单击要更改的名称，然后单击“编辑”按钮，打开“编辑名称”对话框，按照需要修改名称、引用位置、备注等，但适用范围不能更改。

(3) 单击“确定”按钮，返回“名称管理器”对话框。

(4) 从“名称”列表中选择某一名称，单击“删除”按钮，可将该名称删除。如果该名称已被公式引用，则可能会导致公式出错。

## 5.5　图表的使用

图表是图形化的数据，它由点、线、面等图形与数据文件按特定的方式组合而成。一般情况下，用户使用 Excel 工作簿内的数据制作图表，生成的图表也存放在工作簿中。图表是 Excel 的重要组成部分，具有直观形象、双向联动、二维坐标等特点。

### 5.5.1　认识图表

1. 常见图表类型

Excel 提供了 11 大类图表，每个大类又包含若干个子类型。

(1) 柱形图：用于显示一段时间内的数据变化或说明各项之间的比较情况。在柱形图中，通常沿横坐标轴组织类别，沿纵坐标轴组织数据。

(2) 折线图：可以显示随时间变化的连续数据，通常适用于显示在相等时间间隔下数据的趋势。在折线图中，类别沿水平轴均匀分布，所有的数值沿垂直轴均匀分布。

(3) 饼图：显示一个数据系列中各项数值的大小、各项数值占总和的比例。饼状图中的数据点显示为整个饼图的百分比。

(4) 条形图：显示各持续型数值之间的比较情况。

(5) 面积图：显示数值随时间或其他类别数据变化的趋势线。面积图强调数量随时间变化的程度，也可用于引起人们对总值趋势的注意。

(6) *XY* 散点图：显示若干数据系列中各数值之间的关系，或者将两组数字绘制为 *XY* 坐标的一个系列。散点图有两个数值轴，沿横坐标轴方向显示一组数值数据，沿纵坐标轴方向显示另一组数值数据。散点图通常用于显示和比较数值，如科学数据、统计数据和工程数据等。

(7) 股价图：通常用来显示股价的波动，也可以用于其他科学数据。例如，可以使用股价图来说明每天或每年温度的波动。必须按照正确的顺序组织数据才能创建股价图。

(8) 曲面图：曲面图可以找到两组数据之间的最佳组合。当类别和数据系列都是数值时，可以使用曲面图。

(9) 环形图：像饼图一样，环形图显示各个部分与整体之间的关系，但是它可以包含多个数据系列。

(10) 气泡图：用于比较组成的三个值而非两个值。第三个值确定气泡数据点的大小。

(11) 雷达图：用于比较几个数据系列的聚合值。

2. 图表的组成

图表是由图表区、绘图区、图表标题、图例、坐标轴、数据系列以及网格线等组成，如图 5-108 所示。

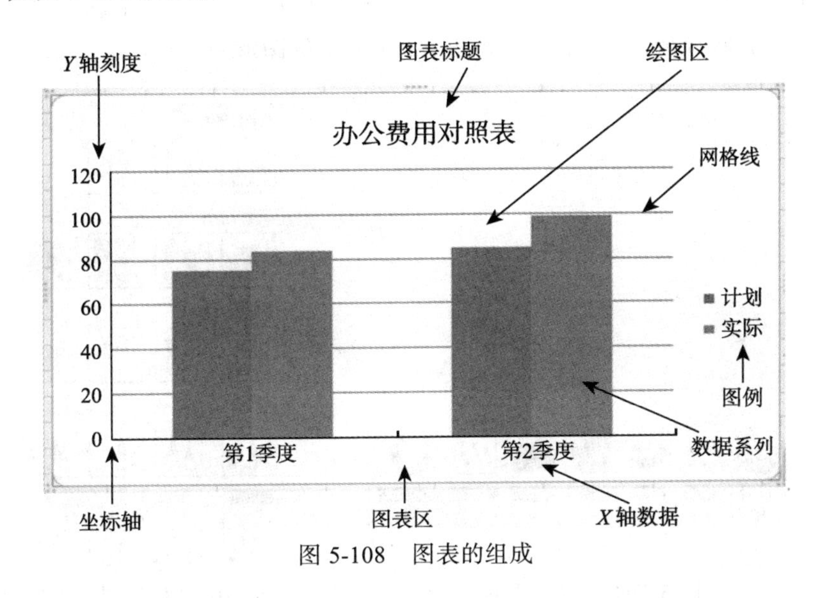


图 5-108　图表的组成

(1) 图表区：是图表最基本的组成部分，是整个图表的背景区域，图表的其他组成部分都汇集在图表区中，如图表标题、绘图区、图例、垂直轴、水平轴、数据系列以及网格线等。

(2) 绘图区：绘图区是图表的重要组成部分，主要包括数据系列和网格线等。

(3) 图表标题：图表标题主要用于显示图表的名称。

(4) 图例：图例是用于表示图表中的数据系列的名称或者分类而指定的图案或颜色。

(5) 垂直轴：可以确定图表中垂直坐标轴的最小和最大刻度值。

(6) 水平轴：水平轴主要用于显示文本标签。

(7) 数据系列：根据用户指定的图表类型以系列的方式显示在图表中的可视化数据。

### 5.5.2 图表的创建与编辑

1. 图表创建

建立图表的一般步骤如下：

(1) 首先选择数据区域，如果需要选择不连续的数据行或列，则先选择第一行或第一列，然后在按 Ctrl 键的同时选择其他行或列，选择时，通常也要选择标题字段。

(2) 选择“插入”选项卡，在如图 5-109 所示的“图表”组中选择图表类型，因为每一大类下有许多子类，因此选择时要确认图表的详细类型。以建立图 5-108 为例，单击“柱形图”按钮，在弹出的如图 5-110 所示下拉菜单中选择“二维柱形图”中的“簇状柱形图”，则建立如图 5-111 所示的图形。

图 5-109 “图表”组

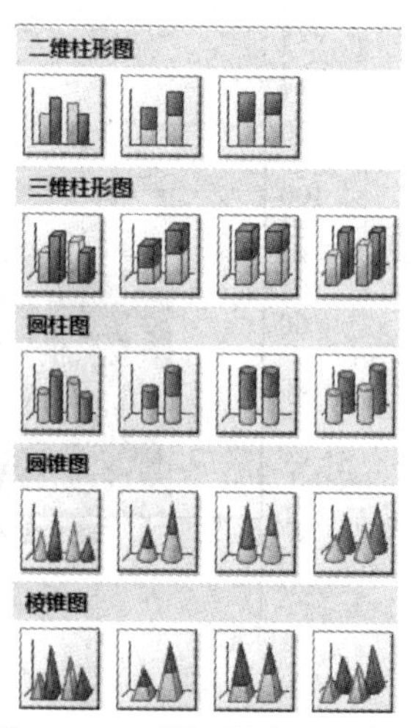


图 5-110 “柱形图”子类型

(3) 单击创建好的图表，功能区会出现一个如图 5-112 所示的“图表工具”选项卡，用户可以通过此选项卡提供的功能对图表进行各种美化和编辑工作，如图 4-112 所示。

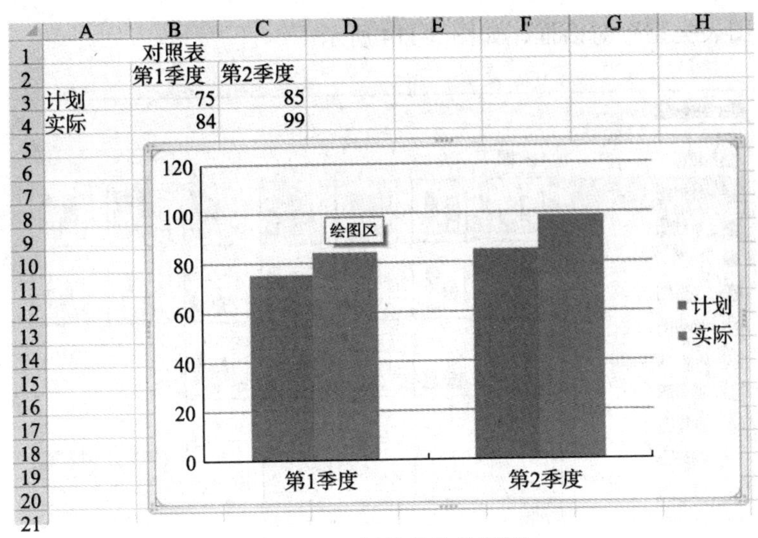


图 5-111　创建好的柱形图

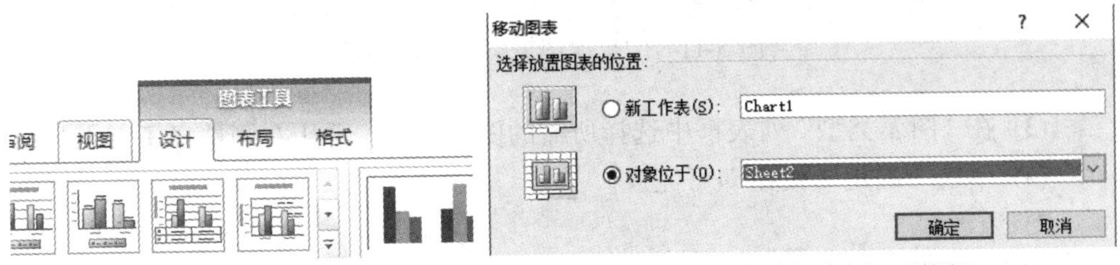


图 5-112　“图表工具”选项卡　　　　图 5-113　“移动图表”对话框

(4) 通常情况下，建立的图表对象和数据源放在同一个工作表中，可以根据需要将图表单独放在一份新的工作表中，在图表上鼠标右键单击，选择“移动图表”对话框，打开如图 5-113 所示对话框，确定图表位置，单击“确定”按钮即可。

2. 图表编辑

通过上述过程创建的图表只包含图表的基本要素，需要进一步对图表进行编辑，以达到更好的表达效果。

1) 图表类型

Excel 提供了若干种标准的图表类型和自定义的类型，用户在创建图表时可以选择所需的图表类型。当对创建的图表类型不满意时，可以更改图表的类型，具体操作步骤如下：

(1) 如果是一个嵌入式图表，则单击将其选定；如果是图表工作表，则单击相应的工作表标签将其选定。

(2) 切换到“设计”选项卡，在“类型”组中单击“更改图表类型”按钮，出现“更改图表类型”对话框，如图 5-114 所示。

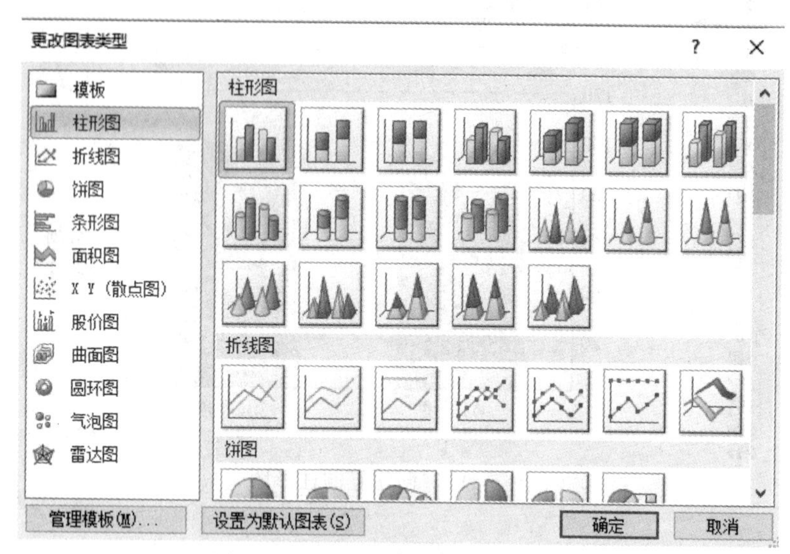


图 5-114 “更改图表类型”对话框

(3) 在“图表类型”列表框中选择所需的图表类型，再从右侧选择子图表类型。

(4) 单击“确定”按钮即可完成。

2) 源数据

在图表创建好后，可以根据需要随时向图表中添加新数据，或者对现有数据进行更改。

(1) 重新添加所有数据。重新添加新数据操作步骤如下：

① 鼠标右键单击图表区，在弹出的快捷菜单中选择“选择数据”命令，或者在“设计”选项卡中单击“选择数据”按钮，打开如图 5-115 所示的“选择数据源”对话框。

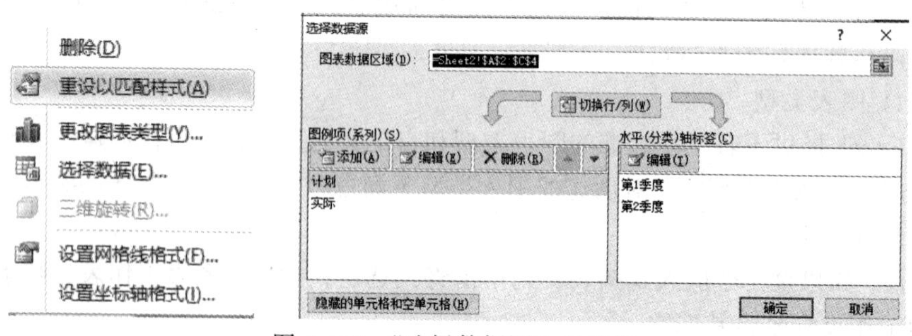


图 5-115 “选择数据源”对话框

② 单击“图表数据区域”右侧的折叠按钮，返回工作表重新选择数据源区域，在折叠的“选择数据源”对话框中显示重新选择后的单元格区域。

③ 单击展开按钮，返回“选择数据源”对话框，将自动输入新的数据区域，并添加相应的图例和水平轴标签。

④ 单击“确定”按钮完成新数据的添加。

(2) 修改数据源。用户可以更改制作图表的数据源，方法如下：

① 选择图表，则制作图表的数据源用不同颜色的方框表示，用鼠标拖动蓝色方框可以更改数据源的大小和范围。

② 通过“选择数据源”对话框可实现对数据源的修改。在“选择数据源”对话框中单击“添加”按钮，打开如图 5-116 所示“编辑数据系列”对话框，设置“系列名称”和“系列值”即可添加新的数据；选择“图例项”中的系列名称，单击“删除”按钮，即可从数据源中删除该数据系列；单击“编辑”按钮，打开如图 5-116 所示对话框，即可编辑数据。

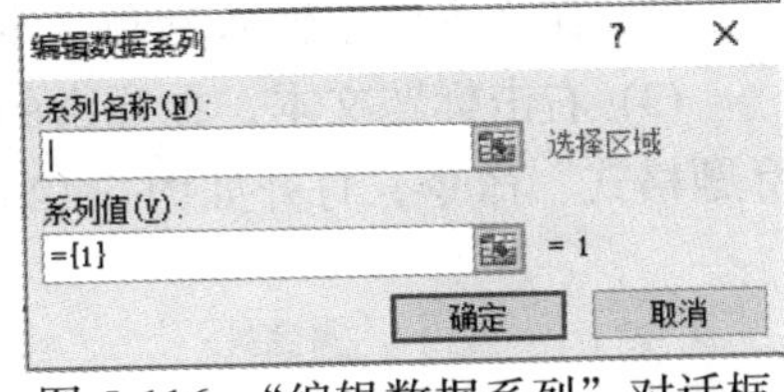

图 5-116　“编辑数据系列”对话框

③ 单击“确定”按钮，完成操作。

(3) 交换图表的行与列。图表创建后，根据需要可以将图表的数据源进行行列交换，打开“选择数据源”对话框，单击“切换行/列”按钮，然后单击“确定”按钮即可。

3) 大小和位置

要调整图表的大小，可以直接将鼠标移动到图表边框的控制点上，当形状变为双向箭头时按住鼠标左键并拖动即可调整图表大小；也可以在“图表工具”中“格式”选项卡的“大小”组中精确设置图表的高度和宽度，如图 5-117 所示。

图表既可和数据源在同一张工作表，也可以独立位于一张工作表。

(1) 在当前工作表中移动。与移动文本框和艺术字等对象的操作相同，只要单击图表区并按住鼠标左键直接拖动到目标位置即可。

(2) 在工作表之间移动，方法如下：

① 选定图表，鼠标右键单击，在弹出的快捷菜单中选择“移动图表”命令。

② 打开如图 5-118 所示的“移动图表”对话框，确定图表的位置。

③ 单击“确定”按钮即可完成图表位置的移动。

4) 图表标题

自动创建的图表没有标题，如需添加标题，并对齐修饰，操作步骤如下：

(1) 选择图表，单击“图表工具”中“布局”选项卡“标签”组中的“图表标题”按钮，从弹出如图 5-119 左图所示的下拉菜单中选择一种放置标题的方式。

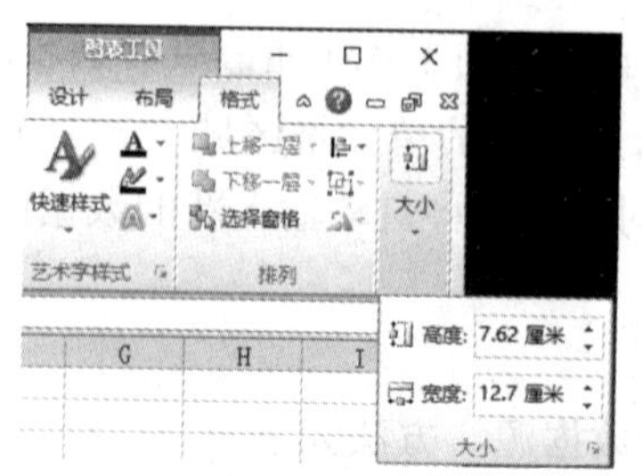


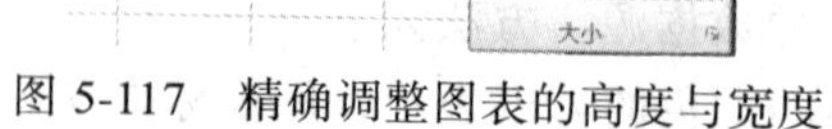


图 5-117　精确调整图表的高度与宽度

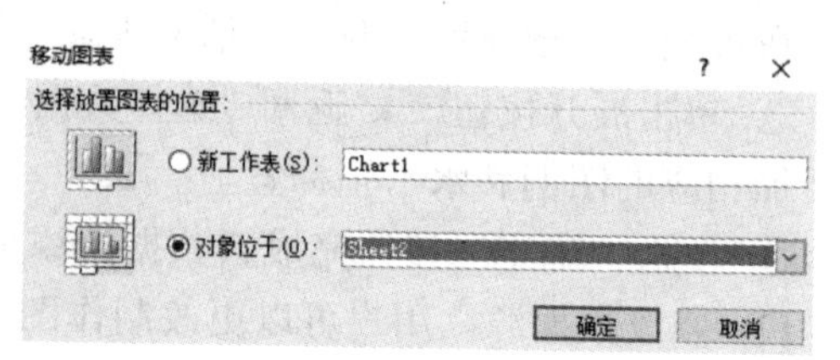


图 5-118　“移动图表”对话框

(2) 在文本框中输入标题文本，如图 5-119 右图所示。

(3) 右击标题文本，在弹出的如图 5-120 左图所示快捷菜单中选择“设置图表标题格式”命令，打开如图 5-120 右图所示的“设置图表标题格式”对话框。

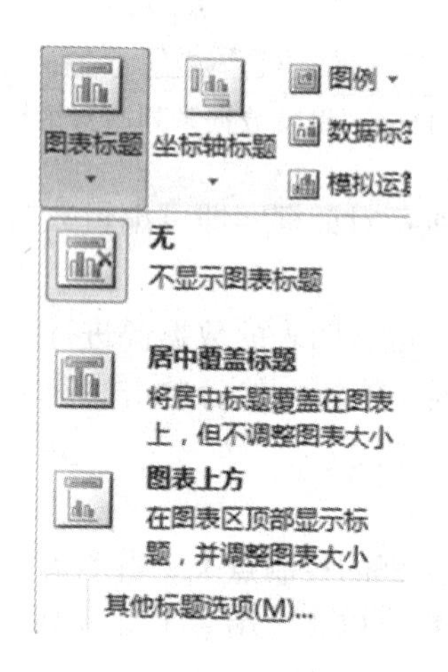


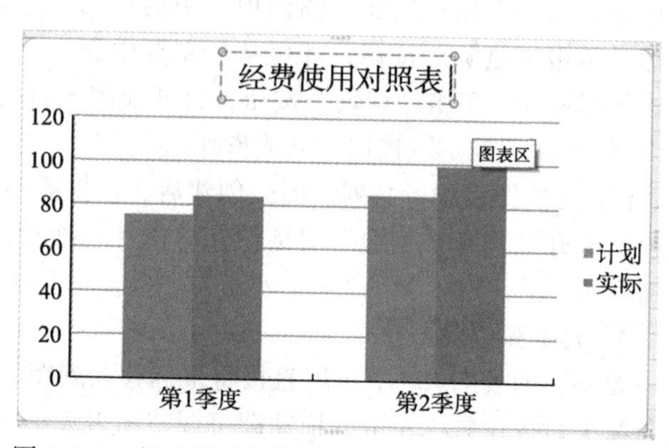


图 5-119　插入图表标题

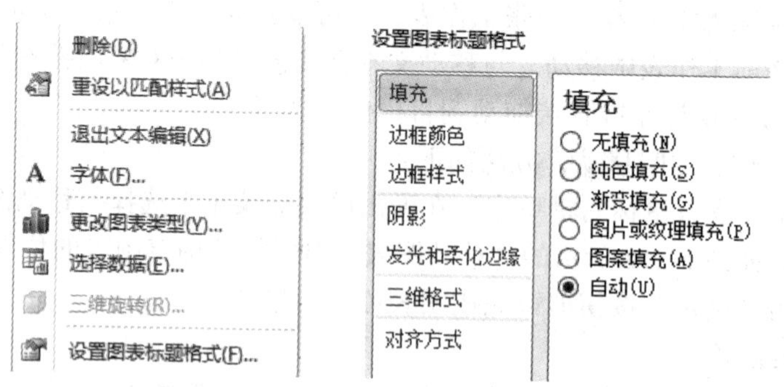


图 5-120　“设置图表标题格式”对话框

(4) 在“设置图表标题格式”对话框中可为标题设置填充、边框颜色、边框样式、阴影、三维格式以及对齐方式等格式。

5) 坐标轴格式及标题

用户可以决定是否在图表中显示坐标轴及显示方式，而为了使坐标轴的内容更加明确，还可以为坐标轴添加标题。设置坐标轴及其标题的操作步骤如下：

(1) 选择图表，单击“图表工具”中“布局”选项卡“坐标轴”组中的“坐标轴”按钮。

(2) 选择设置坐标轴的类型，即横坐标或纵坐标，如图 5-121 左图所示。

(3) 进一步选择坐标轴的详细类型，如图 5-121 右边两图所示。

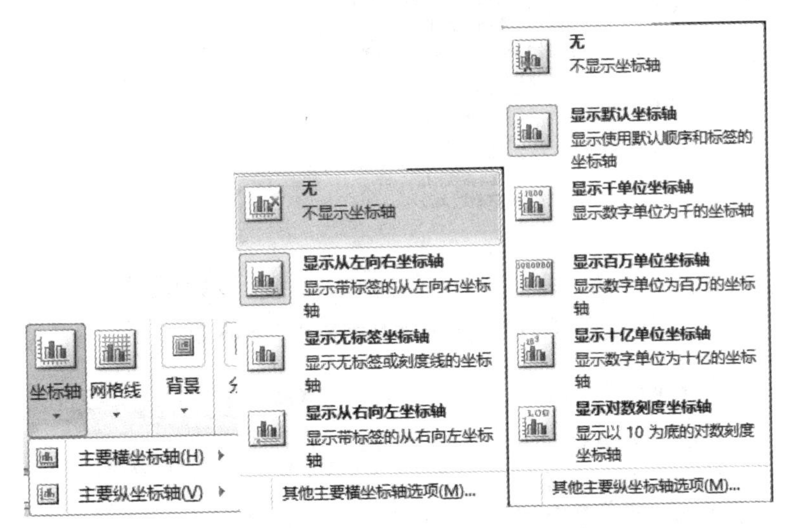


图 5-121　设置坐标轴类型

(4) 如需设置坐标轴标题，可以在“布局”选项卡“标签”组中单击“坐标轴标题”按钮，然后选择设置“主要横坐标轴标题”还是“主要纵坐标轴标题”，再从其子菜单中选择设置项，输入标题即可。

(5) 如需对坐标轴进行编辑，则选择图表中横坐标轴或纵坐标轴，右键单击鼠标，在弹出的快捷菜单中选择“设置坐标轴格式”命令，在打开的如图 5-122 所示的“设置坐标轴格式”对话框中对坐标轴进行设置即可完成格式设置。

6) 图例的设置

图例是对图表中数据系列进行说明的标识。

添加或更改图例的方法如下：

(1) 选择图表。

(2) 单击“图表工具”的“布局”选项卡“标签”组中的“图例”按钮，在弹出的如图 5-123 所示的菜单中选择一种放置图例的方式，Excel 会根据图例的大小重新调整绘图区的大小。

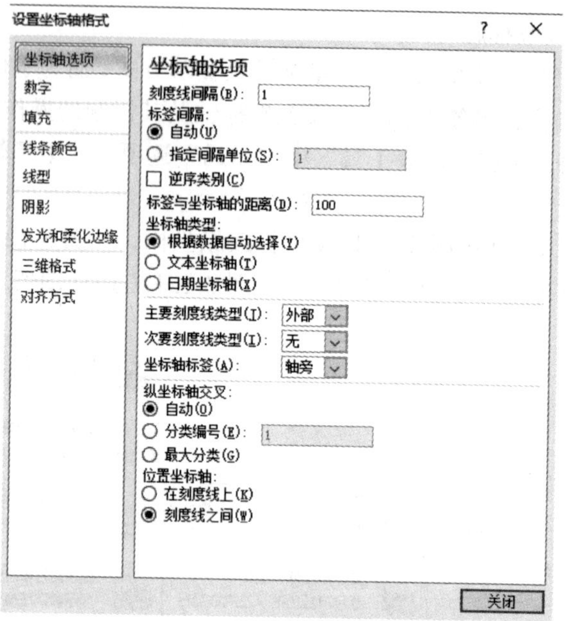

图 5-122 “设置坐标轴格式”对话框

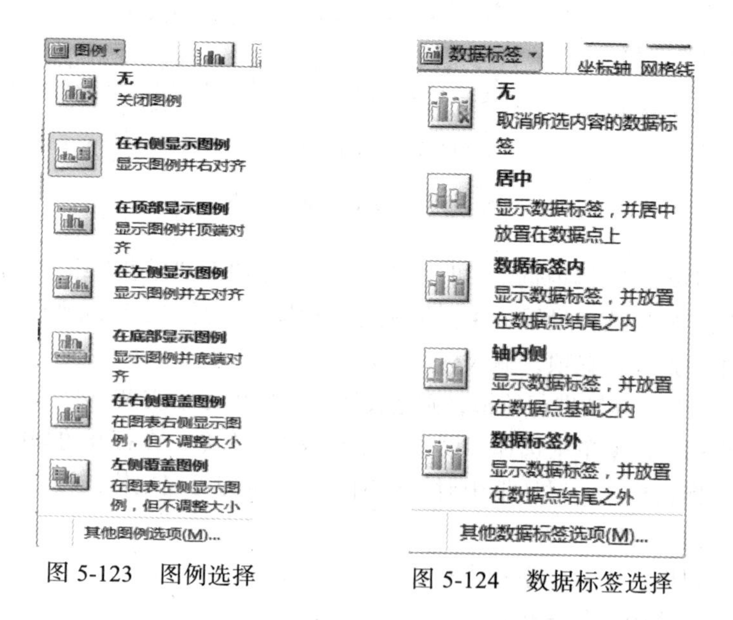


图 5-123 图例选择

图 5-124 数据标签选择

编辑图例的方法如下：

(1) 选择图表中的图例。

(2) 右键单击鼠标，在弹出的快捷菜单中选择“设置图例格式”命令，打开“设置图例格式”对话框。

(3) 进行相应设置，完成操作。

7) 数据标签

数据标签是显示在数据系列上的数据标记(数值)，用户可以为图表中的数据系列、单个数据点或者所有数据点添加数据标签，添加的标签类型由选定数据点相连的图表类型决定。

a. 添加数据标签的方法如下：

(1) 选择需要添加数据标签的对象。

① 选择图表，则对图表所有数据系列添加标签。

② 选择数据系列，则给指定的数据系列添加标签。

③ 选择数据点，则给该数据点添加标签。

(2) 单击“图表工具”中“布局”选项卡“标签”组中的“数据标签”按钮，在弹出的如图 5-124 所示菜单中选择添加数据标签的位置即可。

b. 编辑数据标签格式的方法如下：

(1) 选择数据标签。

(2) 单击“布局”选项卡“标签”组中的“数据标签”按钮。

(3) 选择“其他数据标签选项”命令，打开“设置数据标签格式”对话框。

(4) 对左侧的“标签选项”、“数字”和“对齐方式”等选项进行详细设置。

8) 图表区和绘图区

图表区是放置图表及其他元素的大背景，绘图区是放置图表主体的背景。

设置图表区或绘图区格式的方法如下：

(1) 选择图表区或绘图区，单击“图表工具”中“布局”选项卡“当前所选内容”组中的绘图区箭头▾，打开下拉式列表，选择对象。

(2) 单击“设置所选内容格式”按钮，出现“设置图表区格式”对话框或“设置绘图区格式”对话框。

(3) 在对话框左侧选择设置类型，然后在右侧进行详细设置。

(4) 单击“关闭”按钮，完成操作。

9) 添加趋势线

用户根据需要对数据系列进行预测分析，可以模拟数据的向前或向后走势，Excel 提供了相关功能——趋势线，利用趋势线，可以比较方便地对数据进行回归分析，得到需要的结果。

趋势线功能可以在非堆积型二维面积图、条形图、柱形图、折线图、股价图、气泡图和 *XY* 散点图中为数据系列添加；但不可以在三维图表、堆积型图表、雷达图、饼图或圆环图中添加趋势线。

添加趋势线的方法如下：

(1) 选择图表。

(2) 单击“图表工具”中“布局”选项卡“分析”组中的“趋势线”按钮，在弹出的菜单中选择趋势线类型，若图表有多个数据系列，则弹出如图 5-125 所示对话框，对数据系列进行选择确认。

(3) 数据系列确认完成后，趋势线添加到指定的数据系列上，如图 5-126 所示。

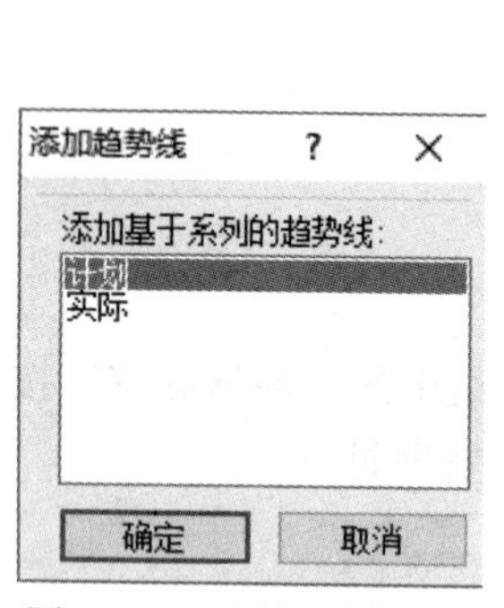


图 5-125 添加趋势线

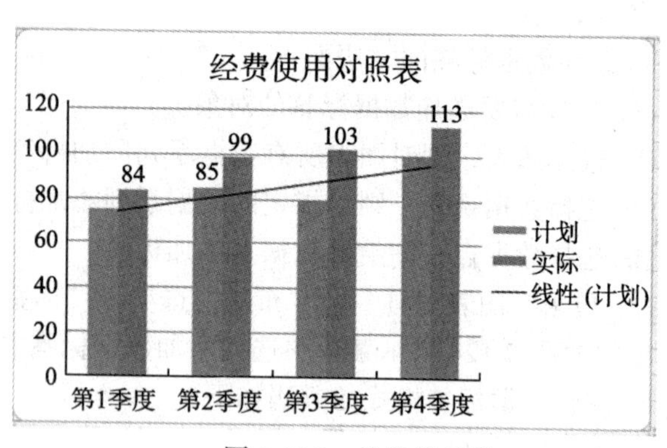


图 5-126 趋势线效果

(4) 在出现的趋势线上单击鼠标右键，在快捷菜单中选择“设置趋势线格式”命令，弹出“设置趋势线格式”对话框，如图 5-127 所示。

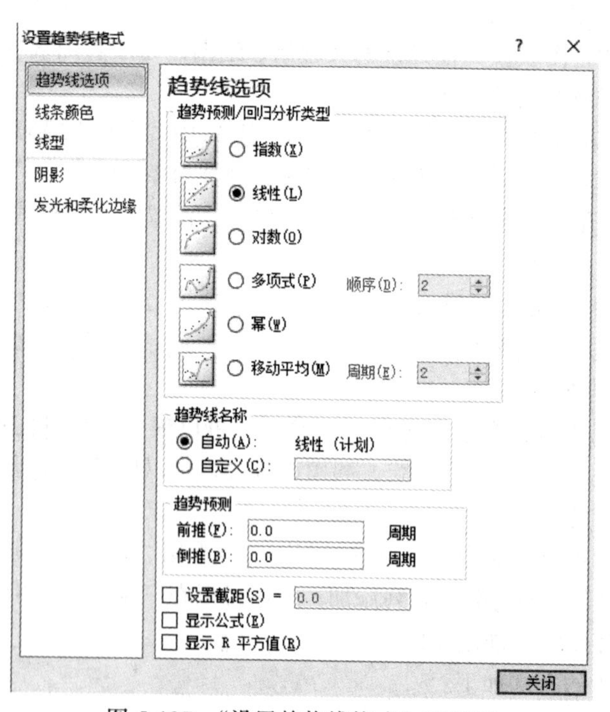


图 5-127 “设置趋势线格式”对话框

(5) 确定趋势线相关设置，特别注意：通过选择“显示公式”，可以了解趋势线的数学模型。

(6) 设置完成后单击“关闭”按钮即可完成设置。

在“设置趋势线格式”对话框中，将“前推”输入框中的数字改为前推的周期数，如“1”，单击“确定”按钮就可以看到趋势线的预测走势。

10) 使用图表模板

将设置的图表样式保留起来以后使用，这就需要图表模板。创建并使用图表模板的操作步骤如下：

(1) 单击图表，在“设计”选项卡的“类型”组中单击“另存为模板”按钮。

(2) 打开“保存图表模板”对话框，在“文件名”文本框中输入图表模板的名称，单击“保存”按钮。

(3) 打开要套用新模板的图表，右键单击图表区，在快捷菜单中选择“更改图表类型”命令，打开“更改图表类型”对话框。选择左侧的“模板”选项，在右侧选择刚刚创建的图表模板。

(4) 单击“确定”按钮后，即可为当前图表套用新模板。

### 5.5.3　迷你图

迷你图是 Excel 2010 中的一个新功能，它是工作表单元格中的一个微型图表，可提供数据的直观表示。使用迷你图可以显示一系列数值的趋势(如季节性增加或减少、经济周期)，或者突出显示最大值和最小值。在数据旁边放置迷你图可达到最佳效果。

1. 迷你图的概念

与 Excel 工作表上的图表不同，迷你图不是对象，它实际上是单元格背景中的一个微型图表。如图 5-128 所示，在单元格 F2 和单元格 F3 中各显示了一个柱形迷你图和一个折线迷你图。这两个迷你图均从单元格 A2 到 E2 中获取数据，并在一个单元格内显示一个图表以揭示股票的市场表现。这些图表按季度显示值，突出显示高值 (3/31/08) 和低值 (12/31/08)，显示所有数据点并显示该年度的向下趋势。

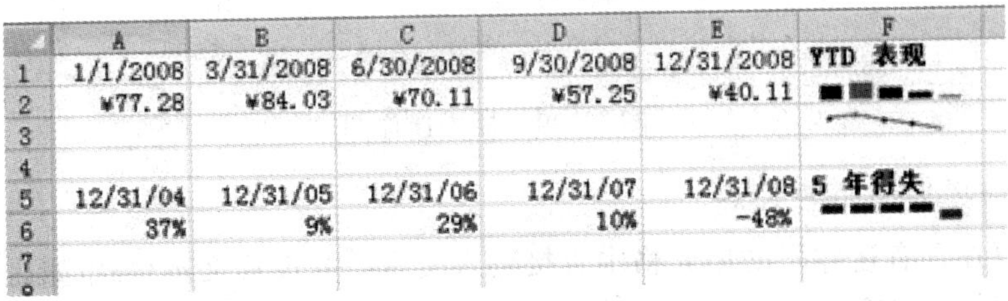

| | A | B | C | D | E | F |
|---|---|---|---|---|---|---|
| 1 | 1/1/2008 | 3/31/2008 | 6/30/2008 | 9/30/2008 | 12/31/2008 | YTD 表现 |
| 2 | ¥77.28 | ¥84.03 | ¥70.11 | ¥57.25 | ¥40.11 | |
| 3 | | | | | | |
| 4 | | | | | | |
| 5 | 12/31/04 | 12/31/05 | 12/31/06 | 12/31/07 | 12/31/08 | 5 年得失 |
| 6 | 37% | 9% | 29% | 10% | -48% | |
| 7 | | | | | | |

图 5-128　迷你图

单元格 F6 中的迷你图揭示了同一只股票 5 年内的市场表现，但显示的是一个盈亏条形图，图中只显示当年是盈利(2004 年到 2007 年)还是亏损(2008 年)。此迷你图使用从单元格 A6 到 E6 的数值。

2. 迷你图的特点

与 Excel 工作表中的图表不同，迷你图不是对象，它实际上是一个嵌入在单元格中的微型图表，因此，可以在单元格中输入文本并使用迷你图作为背景。其作用如下：

(1) 输入行或者列中的数据逻辑性很强，但很难一眼看出数据的分布形态。在数据旁边插入迷你图可以通过清晰简明的图形表示方法显示相邻数据的趋势，而且迷你图只需占用少量空间。

(2) 当数据发生更改时，可以立即在迷你图中看到相应的变化。除了为一行或一列数据创建一个迷你图之外，还可以通过选择与基本数据相对应的多个单元格来同时创建若干个迷你图。

(3) 通过在包含迷你图的单元格上使用填充柄，为以后添加的数据行创建迷你图。

(4) 打印包含迷你图的工作表时，迷你图会同时被打印出来。

3. 创建迷你图

创建迷你图的方法如下：

(1) 选择要在其中插入一个或多个迷你图中的一个空白单元格或一组空白单元格。

(2) 在“插入”选项卡中的“迷你图”组中，单击要创建的迷你图的类型，即“折线图”、“柱形图”或“盈亏图”，如图 5-129 左图所示。

(3) 在打开的如图 5-129 所示的中间图“创建迷你图”对话框中设置参数：

① 在“数据范围”框中，键入包含迷你图所基于的数据的单元格区域。

② 在“位置范围”框中，键入迷你图位置的单元格区域。

(4) 单击“确定”按钮，完成操作，迷你图效果如图 5-129 右图所示。

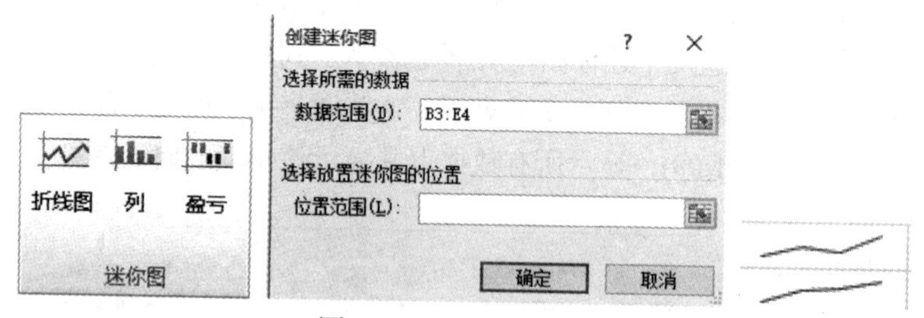


图 5-129 插入迷你图

4. 向迷你图添加文本

可以在含有迷你图的单元格中直接键入文本，并设置文本格式(如更改其字体颜色、字号或对齐方式)，还可以向该单元格应用填充(背景)颜色。

如图 5-130 所示的迷你图中，高值标记显示为绿色，低值标记显示为橙色，所有其他标记均显示为黑色。说明性文本是在单元格中直接键入的。

图 5-130　添加文本

5. 自定义迷你图

创建迷你图之后，可以控制显示的值点(如高值、低值、第一个值、最后一个值或任何负值)、更改迷你图的类型(折线、柱形或盈亏)、从一个库中应用样式或设置各个格式选项、设置垂直轴上的选项，以及控制如何在迷你图中显示空值或零值。

1) 控制显示的值点

可以通过使一些或所有标记可见来突出显示折线迷你图中的各个数据标记(值)。

(1) 选择要设置格式的一幅或多幅迷你图。

(2) 在“迷你图工具”中，单击“设计”选项卡。

(3) 在“显示”组中，选中“标记”复选框以显示所有数据标记。

(4) 在“显示”组中，选中“负点”复选框以显示负值。

(5) 在“显示”组中，选中“高点”或“低点”复选框以显示最高值或最低值。

(6) 在“显示”组中，选中“首点”或“尾点”复选框以显示第一个值或最后一个值。

2) 更改迷你图的样式或格式

使用“设计”选项卡中的样式库(当选择包含迷你图的单元格时，“设计”选项卡将变为可用)。

(1) 选择一个迷你图或一个迷你图组。

(2) 若要应用预定义的样式，则在“设计”选项卡中的“样式”组中，单击某个样式，或单击该框右下角的“更多”按钮以查看其他样式，如图 5-131 所示。

(3) 若要更改迷你图或其标记的颜色，则单击“迷你图颜色”或“标记颜色”，然后单击所需选项。

3) 显示或隐藏数据标记

在使用折线样式的迷你图上，可以显示数据标记以便突出显示各个值。

(1) 在工作表上选择一个迷你图。

(2) 在“设计”选项卡上的“显示”组中，选中任一复选框以显示各个标记(如高值、低值、负值、第一个值或最后一个值)，或者选中“标记”复选框以显示所有标记。

清除复选框将隐藏指定的一个或多个标记。

4) 处理空单元格或零值

可以使用如图 5-132 所示的“隐藏和空单元格设置”对话框(“迷你图工具”、“设计”选项卡、“迷你图”组、“编辑数据”按钮)来控制迷你图如何处理区域中的空单元格(从而控制如何显示迷你图)。

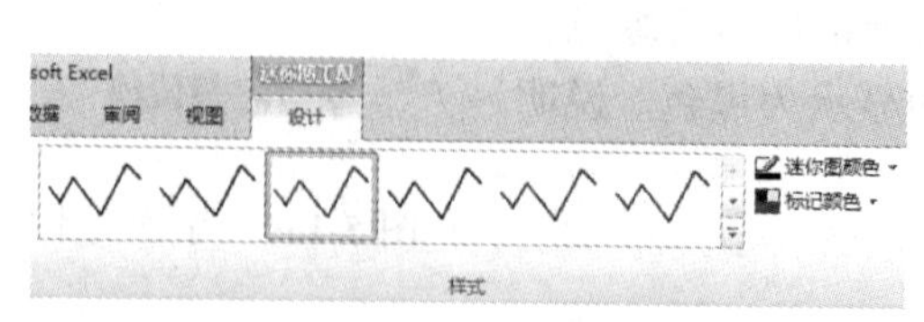

图 5-131　迷你图样式

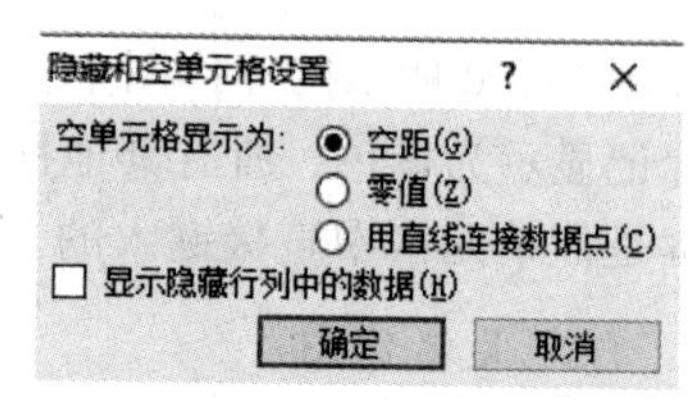


图 5-132　“隐藏和空单元格设置”对话框

## 5.5.4　图表的打印

如果需要将原始数据表和图表一起打印出来，那么只要将活动单元格定位在工作表中任意位置，然后在“文件”菜单中选择“打印”命令，即可在右侧预览区看到原始数据和图表在同一页面中，如图 5-133 所示。

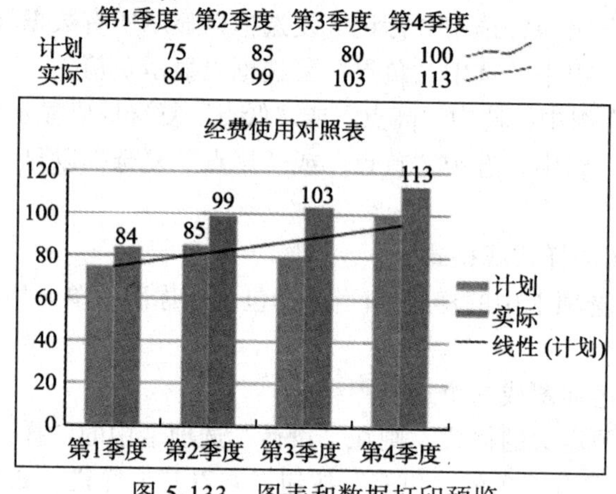


图 5-133　图表和数据打印预览

如果只需要打印出图表而不需要源数据，那么可以先选择图表，然后在“文件”标签中选择“打印”命令，即可在右侧预览区看到页面中只有图表，如图 5-134 所示。

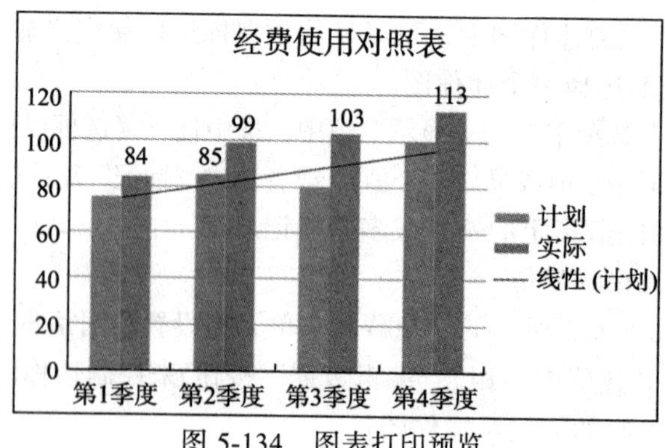


图 5-134　图表打印预览

## 5.6　数据分析和处理

Excel 提供了对输入数据进行组织、整理、排列及分析的工具，用户通过对数据的分析和处理可以获得需要的信息。

要进行数据处理的数据表必须满足一定的条件：

(1) 数据列表一般是一个矩形区域，表中没有空白的行或列。

(2) 数据列要有一个标题行，作为每列数据的标志，即字段名，字段名不能重复。

(3) 数据表中每一行为一条记录，表中不能有完全相同的行存在。

(4) 数据列表中不能有合并的单元格，标题行单元格中不能插入斜线表头。

(5) 每一列有相同的数据格式。

### 5.6.1　排序

排序是数据处理过程中常见的操作，将数据按照某个或多个属性有序排列，有助于快速直观地组织并查找所需数据。

排序通常分为简单排序、多关键字排序和自定义排序。

#### 1. 简单排序

简单排序通常也称为单关键字排序，即数据按照某一个属性进行排列，方法如下：

(1) 打开工作簿文件，选择要排序的数据区域。一般所选区域为连续区域，且有标题行。

(2) 选择要排序的列中的某个单元格，Excel 自动将其周围的连续区域定义为参与排序的区域，且指定首行为标题行。

(3) 单击“数据”选项卡“排序和筛选”组中的升序按钮 A/Z↓(即数据由小到大)或降序按钮 Z/A↓(即数据由大到小)，数据区域将按照所选单元格所在位置属性进行排序。

根据数据类型不同，排序的依据如下：

(1) 如果是对日期和时间进行排序，则按从早到晚的顺序升序或从晚到早的顺序降序排列。

(2) 如果是对文本进行排序，则按字母顺序从 A～Z 升序或从 Z～A 降序。

(3) 如果是对数据进行排序，则按数字从小到大的顺序升序或从大到小的顺序降序排列。

#### 2. 多关键字排序

多关键字排序也称为复杂排序，即数据按照关键字的先后次序进行排序，当第一关键字有多个相同数据时，按照第二关键字排列，第二关键字相同，按照第三关键字排列，依此类推，排序的第一关键字也称为主要关键字。

多关键字排序方法如下：

(1) 选择要排序的数据区域，或者单击该数据区域中的任意一个单元格。

(2) 单击“数据”选项卡“排序和筛选”组中的“排序”按钮，打开如图 5-135 所示的“排序”对话框。

(3) 设置主关键字，根据需要构造复选框中“数据包含标题”，确定主要关键字的名称、排序依据和次序。

(4) 单击“添加条件”按钮，条件列表中新增一行，依次指定排序的关键字名称、排序依据和次序。用同样的方法可以添加排序的第三、第四依据。通过单击“复制条件”后的上下按钮可以切换主要关键字和次要关键字。

(5) 如要对排序条件进行进一步设置，可单击对话框右上方的“选项”按钮，打开如图 5-136 所示的“排序选项”对话框，可详细设置排序的方向和方法等。

(6) 最后单击“确定”按钮，完成排序设置，系统自动进行排序。

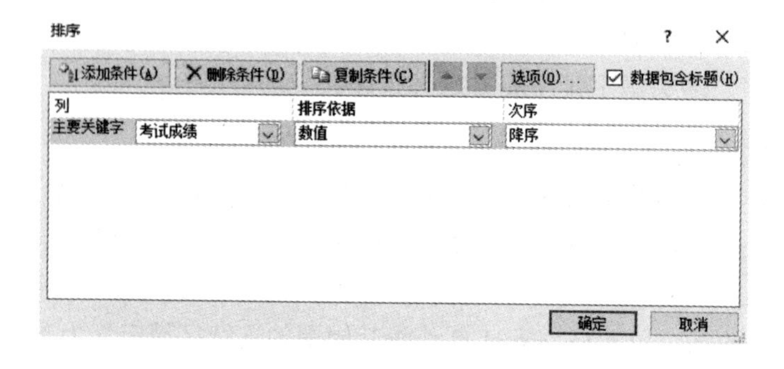


图 5-135 “排序”对话框

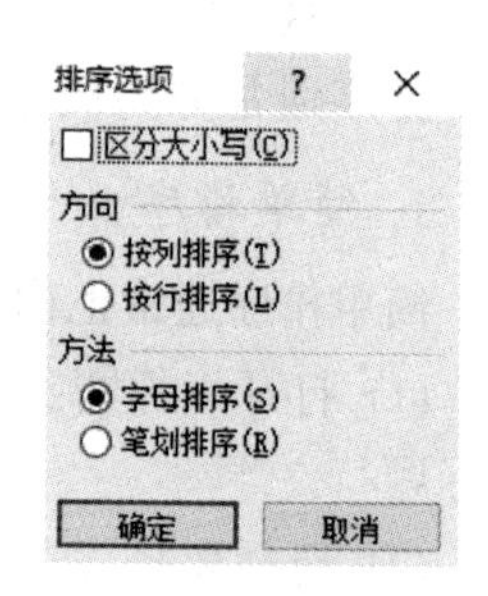


图 5-136 “排序选项”对话框

如果要在更改数据列表中的数据后重新应用排序条件，则可单击排序区域中的任一单元格，然后在“数据”标签的“排序和筛选”组中单击“重新应用”按钮。

### 3. 自定义排序

用户可以自定义数据的先后次序，进行自定义排序，自定义排序只能基于文本、数值以及日期时间数据创建自定义列表，而不能基于格式创建自定义列表。

自定义排序方法如下：

(1) 选择要排序的数据区域，或单击数据列表中的任意单元格。

(2) 单击“数据”选项卡“排序和筛选”组中的“排序”按钮，打开“排序”对话框。

(3) 在排序条件的“次序”列表中，选择“自定义序列”，打开“自定义序列”

对话框。

(4) 从中选择某一序列，如果没有想要的序列，则参照 5.2.2 小节添加一个自定义序列。

(5) 单击“确定”按钮完成操作。

### 5.6.2　筛选

筛选是指批量找出数据列表中符合条件的数据，Excel 提供了自动筛选和高级筛选两种方法。

1. 自动筛选

自动筛选是一种快速筛选方法，方法如下：

(1) 选择数据列表，或用鼠标单击数据列表内任一单元格。

(2) 单击“数据”选项卡“排序和筛选”组中的“筛选”按钮，进入自动筛选状态，在当前数据列表中每个列标题旁都会出现一个筛选按钮箭头。

(3) 设置筛选条件：

① 单击要筛选的列标题后的筛选按钮，打开一个筛选器选择列表，列表下方将显示当前列中包含的所有值。当列中数据格式为文本时，显示“文本筛选”命令；当列中数据格式为数值时显示“数字筛选”命令。当鼠标指向“文本筛选”和“数字筛选”命令时，会打开不同的子菜单以供选择，如图 5-137 所示。

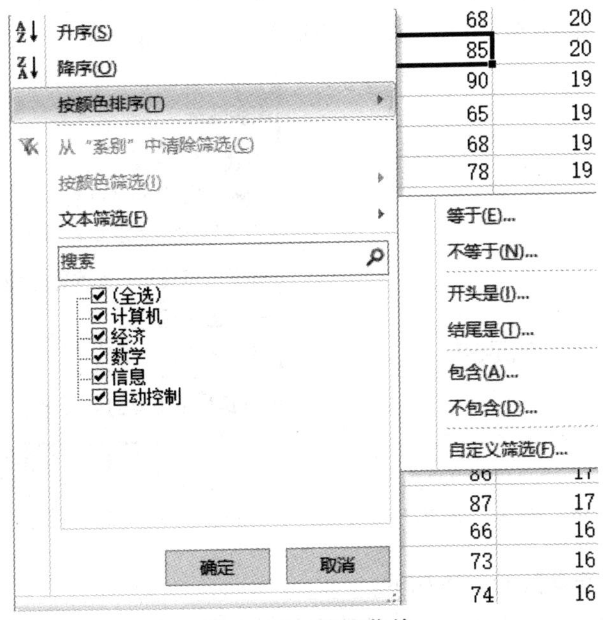


图 5-137　筛选菜单

② 可以同时设置多个字段的筛选条件，但这些字段的条件是并的关系。

(4) 选择数据区任意单元格，再次单击“数据”选项卡“排序和筛选”组中的“筛选”按钮，取消自动筛选状态。

2. 高级筛选

高级筛选可以实现自动筛选的所有功能，而且还可以实现自动筛选无法提供的功能，即字段条件之间或的关系。高级筛选一般分为两个过程实现，第一步构造筛选条件，第二步实现筛选。构建条件规则如下：

(1) 单个条件由两部分组成，即字段名和字段的值。条件区域所有条件的字段名在同一行，该条件对应的值在该字段名下方。

(2) 条件的字段名与包含在数据列表中的列标题一致。

(3) 表示“与(and)”关系的多个条件应位于同一行中，意味着只有这些条件同时满足的数据才会被筛选出来。

(4) 表示“或(or)”关系的多个条件应位于不同的行中，意味着只要满足其中一个条件，数据就会被筛选出来。

高级筛选的过程如下：

(1) 打开要进行高级筛选的工作表。

(2) 表示筛选条件，如图 5-138 所示，表示筛选条件为筛选所有姓“张”的或者“考试成绩大于 80”的同学。

(3) 选择数据区任意单元格，单击“数据”选项卡“排序和筛选”组中的“高级”按钮，打开如图 5-139 所示的“高级筛选”对话框。

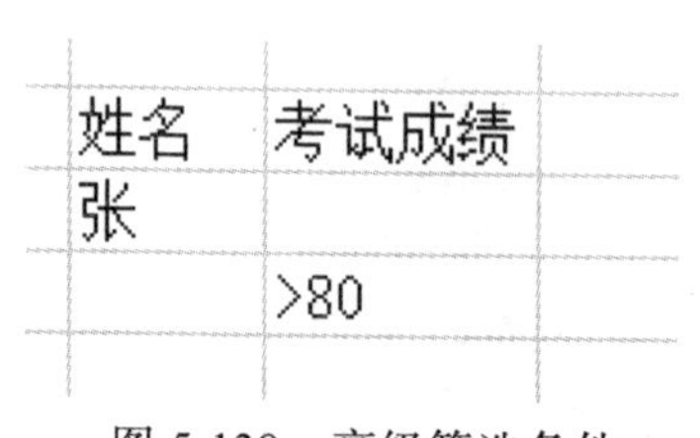

| 姓名 | 考试成绩 |
| --- | --- |
| 张 | |
| | >80 |

图 5-138　高级筛选条件

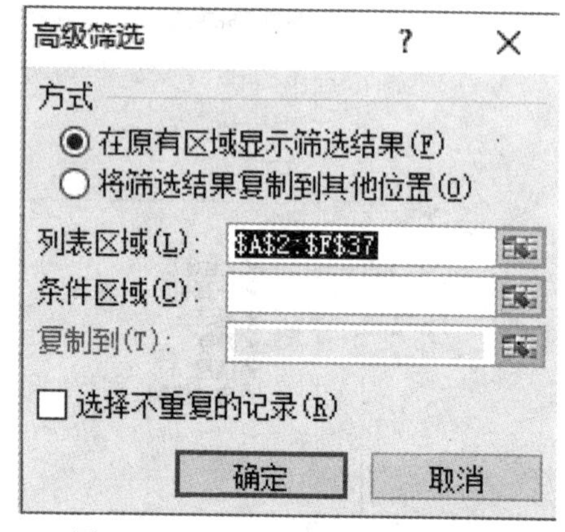


图 5-139　“高级筛选”对话框

(4) 确定筛选参数的方法如下：

① 在“方式”区域选择筛选结构存放的起始位置，默认将在原来数据区直接

显示结果。如果选择“将筛选结果复制到其他位置”，则需要在“复制到”后输入或选择存放筛选结果的起始单元格地址。

② 在“列表区域”自动显示当前数据区域地址，也可以重新定义指定区域。

③ 在“条件区域”单击鼠标，选择输入筛选条件所在的矩形区域地址。

(5) 单击“确定”按钮，符合条件的数据将会在指定区域显示出来，筛选结果如图 5-140 所示。

| | A | B | C | D | E | F |
|---|---|---|---|---|---|---|
| 2 | 系别 | 学号 | 姓名 | 考试成绩 | 实验成绩 | 总成绩 |
| 4 | 自动控制 | 993082 | 黄立 | 85 | 20 | 105 |
| 5 | 计算机 | 992005 | 扬海东 | 90 | 19 | 109 |
| 6 | 自动控制 | 993023 | 张磊 | 65 | 19 | 84 |
| 11 | 经济 | 995014 | 张平 | 80 | 18 | 98 |
| 12 | 信息 | 991125 | 张思桐 | 82 | 18 | 100 |
| 13 | 自动控制 | 993153 | 毛国庆 | 86 | 18 | 104 |
| 14 | 信息 | 991162 | 冯静 | 92 | 17 | 109 |
| 15 | 信息 | 991025 | 张雨涵 | 62 | 17 | 79 |
| 17 | 经济 | 995114 | 高波 | 82 | 17 | 99 |
| 18 | 经济 | 995034 | 郝心怡 | 86 | 17 | 103 |
| 19 | 计算机 | 992032 | 王文辉 | 87 | 17 | 104 |
| 23 | 数学 | 994127 | 李大宇 | 84 | 16 | 100 |

图 5-140　高级筛选结果

3. 清除筛选

在“数据”选项卡“排序和筛选”中单击“清除”按钮可清除工作表中的所有筛选条件并重新显示所有行。

### 5.6.3　分类汇总

分类汇总是将数据列表中的数据先依据一定的标准分组(排序)，然后对同组数据应用分类汇总函数得到相应的统计或计算结果。分类汇总的结果可以按分组明细进行分级显示，以便于显示或隐藏每个分类汇总的明细行。

1. 分类汇总与删除

建立分类汇总分为两步：第一步为进行关键字排序，该关键字和分类汇总关键字必须一致；第二步为进行分类汇总。根据分类汇总的复杂性将分类汇总分为两类：简单分类汇总和复杂分类汇总。

1) 简单分类汇总

简单分类汇总也称为单关键字分类汇总，操作方法如下：

(1) 将要汇总的数据排序(升序降序均可)，进行数据分类，使得相同关键字的数据在一起。

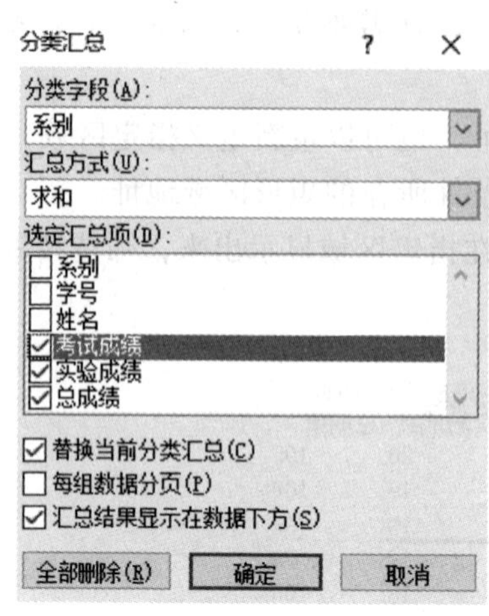


图 5-141 “分类汇总”对话框

(2) 单击“数据”选项卡“分级显示”组中的“分类汇总”按钮，打开如图 5-141 所示的“分类汇总”对话框。

(3) 确定分类汇总选项。

① 在“分类字段”的下拉列表中，单击选择分组依据字段，必须和排序字段一致，如“系别”。

② 在“汇总方式”的下拉列表中选择汇总方式，如“求和”。

③ 在“选定汇总项”列表中，单击列标题前的复选框，选择要参与汇总的列，可以选多列，如考试成绩、实验成绩、总成绩。

④ 其他三个复选框含义如下。

替换当前分类汇总，最后一次汇总结果会覆盖原来已经存在的分类汇总结果，如果不选此项，则在原有基础上新建分类汇总。

每组数据分页，各种不同的分类数据将会被分页保存。

汇总结果显示在数据下方，汇总结果所在行将会显示在原数据的下方。

(4) 单击“确定”按钮，即可对当前数据表按要求进行汇总，如图 5-142 所示，工作表左边出现分级结构，+表示可展开，-表示可折叠。

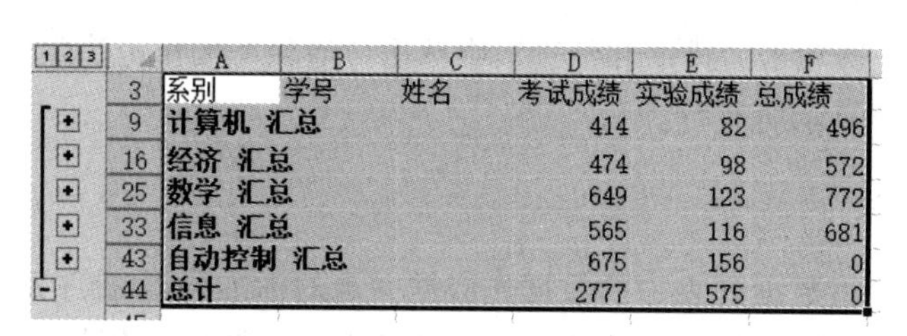

| | A | B | C | D | E | F |
|---|---|---|---|---|---|---|
| 3 | 系别 | 学号 | 姓名 | 考试成绩 | 实验成绩 | 总成绩 |
| 9 | 计算机 汇总 | | | 414 | 82 | 496 |
| 16 | 经济 汇总 | | | 474 | 98 | 572 |
| 25 | 数学 汇总 | | | 649 | 123 | 772 |
| 33 | 信息 汇总 | | | 565 | 116 | 681 |
| 43 | 自动控制 汇总 | | | 675 | 156 | 0 |
| 44 | 总计 | | | 2777 | 575 | 0 |

图 5-142 汇总结果

2) 建立多级分类汇总

先进行复杂排序，即多关键字排序，然后根据第一关键字进行分类汇总，然后根据第二关键字进行分类汇总，注意，在这个过程中，一定要取消“替换当前分类汇总”，依此类推。

3) 删除分类汇总

将光标定位在汇总区域任一单元格，单击图 5-141 中“全部删除”按钮，可以清除所有汇总结果。

2. 分级显示

如果有一个要进行组合和汇总的数据列表，则可以创建分级显示(分级最多为八个级别，每组一级)。每个内部级别在分级显示符号中由较大的数字表示，它们分别显示其前一外部级别的明细数据，这些外部级别在分级显示符号中均由较小的数字表示。使用分级显示可以快速显示摘要行或摘要列，或者显示每组的明细数据。可创建行的分级显示、列的分级显示或者行和列的分级显示。

图 5-143 是一个销售数据的分级显示行，这些数据已按区域和月份进行组合，其中显示了若干个汇总行和明细行，说明如下：

① 表示若要显示某一级别的行，请单击相应的 1、2、3 分层显示符号。

② 表示级别 1,包含所有明细行的总销售额。

③ 表示级别 2，包含每个区域中每个月份的总销售额。

④ 表示级别 3，包含明细行(当前仅第 11～13 行可见)。

⑤ 表示若要展开或折叠分级显示中的数据，请单击加号和减号分层显示符号。

分类汇总的结果可以形成分级显示。另外，还可以为数据列表自行创建分级显示，最多可以分八级。

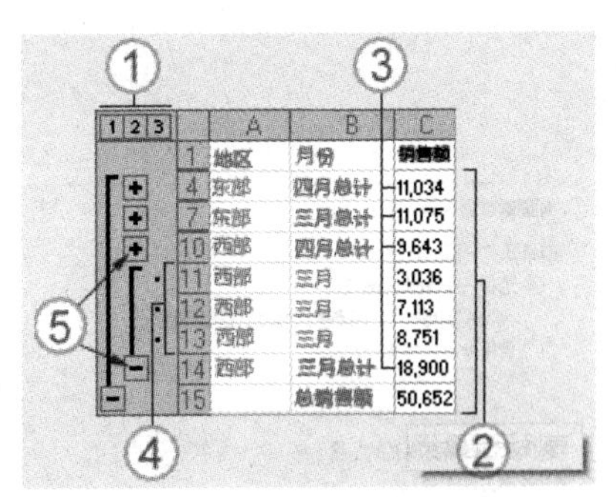


图 5-143　分级显示

### 5.6.4　数据透视表

数据透视表可以对数据表中数据进行全面分析，它有机地结合了分类汇总和合并计算的优点，是一种可以从源数据列表中快速提取并汇总大量数据的交互式表格。使用数据透视表可以汇总、分析、浏览数据以及呈现汇总数据，达到深入分析数值数据、从不同角度查看数据并对相似数据的数值进行比较的目的。

1. 创建数据透视表

创建数据透视表的方法如下。

(1) 将光标定位在数据表中的任一单元格。

(2) 单击“插入”选项卡“表格”组中的“数据透视表”按钮，选择“创建数据透视表”命令，打开如图 5-144 所示对话框。

(3) 指定数据来源。在对话框的“请选择要分析的数据”区域单击选中“选择一个表或区域”单选项，则“表/区域”框自动显示当前已选择的数据区域地址，也可以重新选择区域。

(4) 指定数据透视表存放的位置。在对话框中选择“新工作表”单选框，数据透视表将单独存放在新插入的工作表中；选择“现有工作表”选项，然后在“位置”

框指定放置数据透视表的区域的起始单元格地址，数据透视表将和源数据表位于同一工作表中。

(5) 单击“确定”按钮，Excel 将会在指定位置显示数据透视表布局框架和“数据透视表字段列表”，如图 5-145 所示。

(6) 通过“数据透视表字段列表”向数据透视表添加或删除字段。

① 添加字段：在字段名上右键单击鼠标，在弹出的如图 5-146 所示的菜单命令中，将相应字段分别添加到指定位置中。

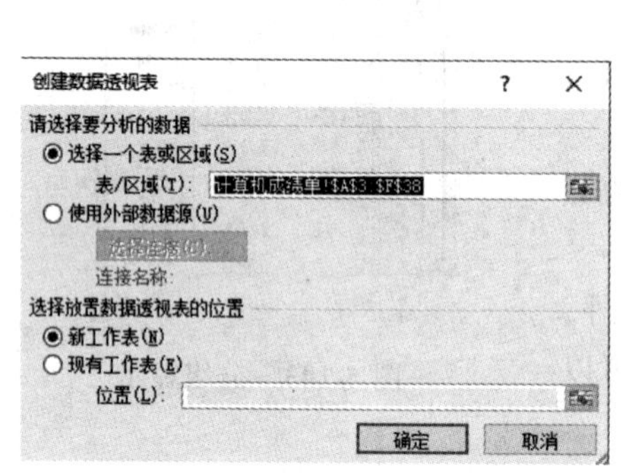


图 5-144　“创建数据透视表”对话框

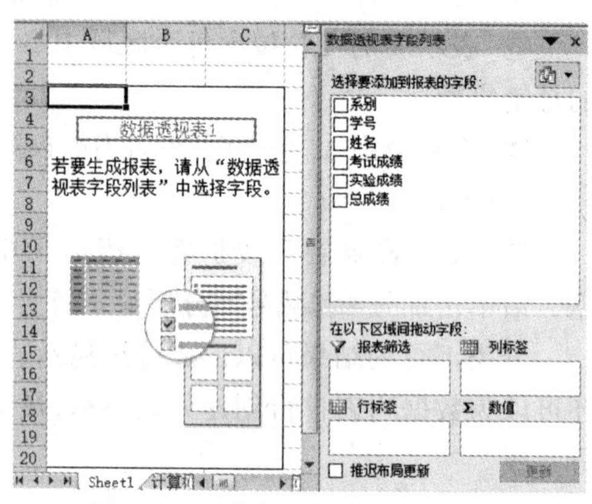


图 5-145　数据透视表布局框架

② 更改汇总方式：单击“数值”框中字段名右侧箭头，在弹出的菜单中选择“值字段设置”，打开如图 5-147 所示对话框，在“计算类型”框中选择汇总方式。

③ 如果要删除字段，只需要在字段列表中单击取消对该字段名复选框的选择即可。

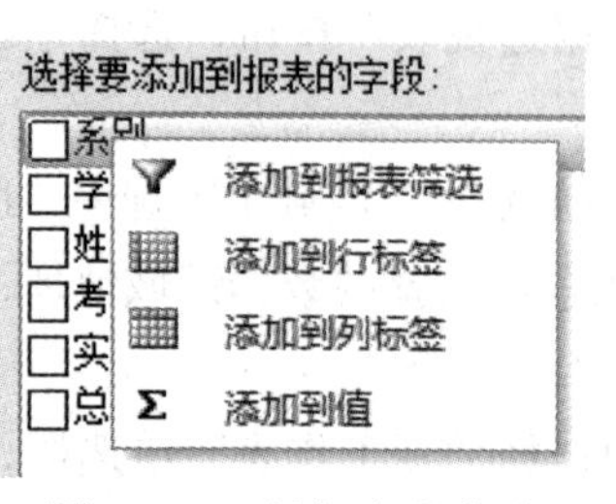


图 5-146　添加字段菜单

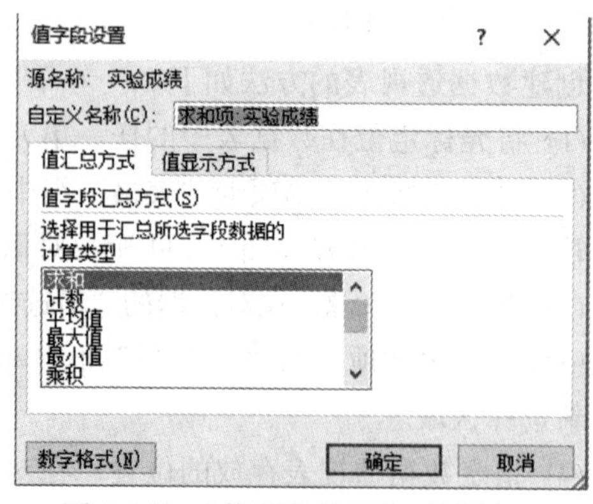


图 5-147　“值字段设置”对话框

(7) 自动生成报表，如图 5-148 所示。

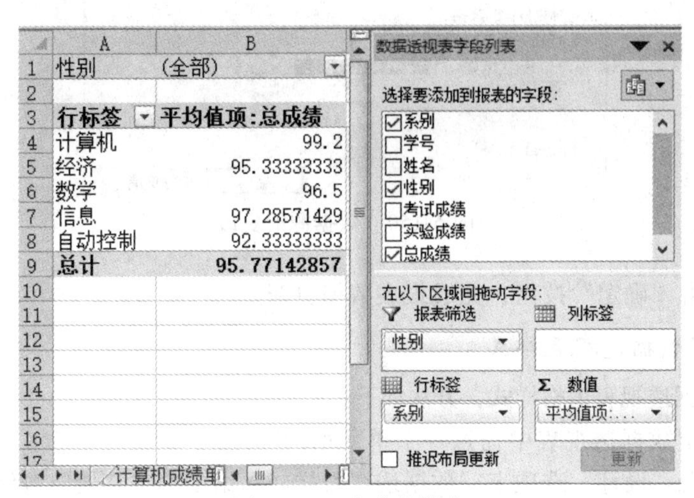

图 5-148　生成的报表

## 2. 更新和维护数据透视表

选择数据透视表中任意单元格，功能区将会出现“数据透视表工具”的“选项”和“设计”两个选项卡，如图 5-149 所示，通过它可以对已生成的数据透视表进行各种操作。

图 5-149　“数据透视表工具”标签组

1) 刷新数据透视表

在创建数据透视表之后，如果对生成报表的数据源进行了更改，那么需要在“数据透视表工具”的“选项”选项卡中单击“数据”组中的“刷新”按钮，所做的更改才能反映到数据透视表中。

2) 更改数据源

如果在源数据区域添加了新的行或者列，则可以通过更改源数据将这些行列加入数据透视表中。具体步骤如下：

(1) 单击“数据透视表工具”的“选项”选项卡“数据”组中的“更改数据源”按钮。

(2) 在展开的下拉列表中选择“更改数据源”命令，打开 “更改数据透视表数据源”对话框，重新选择数据源，将新增的行列包含进去，如图 5-150 所示。

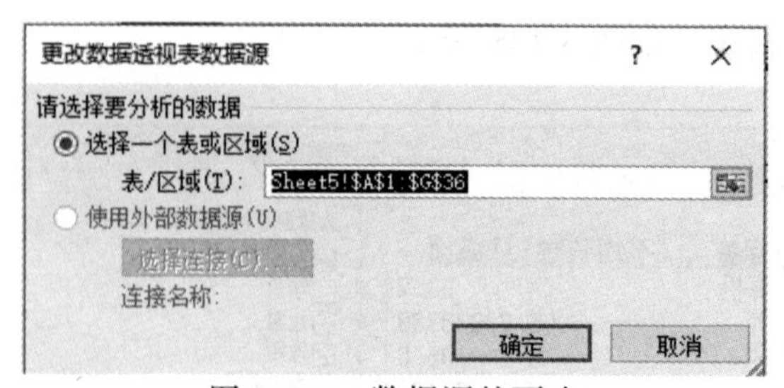


图 5-150　数据源的更改

(3) 单击“确定”按钮，完成报表数据更新。

3. 设置数据透视表样式

设置数据透视表表格样式，方法如下：

(1) 选定数据透视表中任意一个单元格。

(2) 单击“设计”选项卡“数据透视表样式”组中的“其他”按钮，在弹出的如图 5-151 所示列表中选择一种表格样式。

(3) 如果对默认的样式不满意，可以自定义样式。在“其他”按钮菜单中选择“新建数据透视表样式”命令，打开如图 5-152 所示的“新建数据透视表快速样式”对话框。在该对话框中，可以设置所需的表格样式。

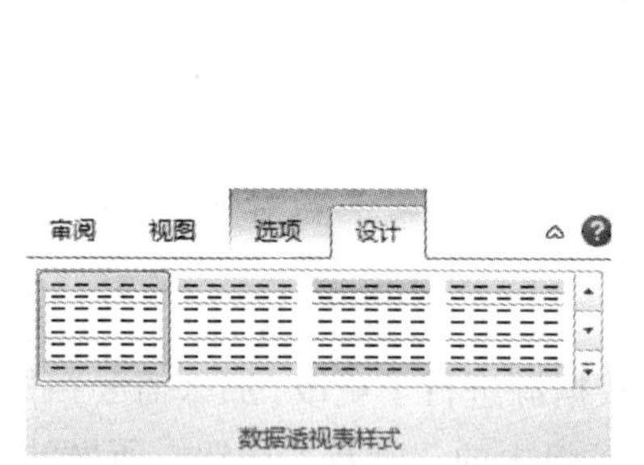


图 5-151　数据透视表样式列表

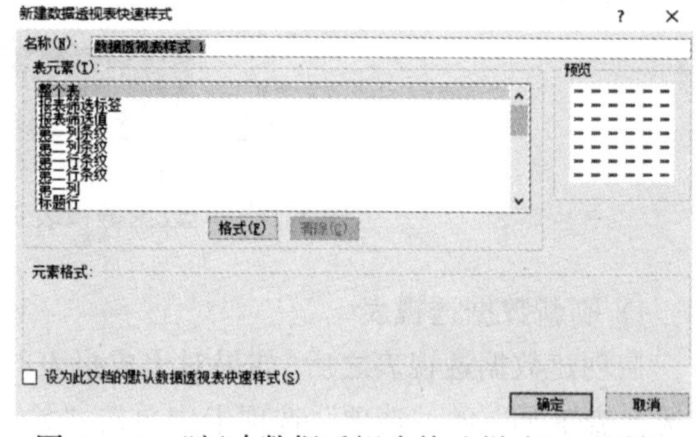


图 5-152　“新建数据透视表快速样式”对话框

4. 切片器

切片器是易于使用的筛选组件，它包含一组按钮，使用户能够快速地筛选数据透视表中的数据，而无需打开下拉列表以查找要筛选的项目。

当用户使用常规的数据透视表筛选器来筛选多个项目时，筛选器仅指示筛选了多个项目，必须打开一个下拉列表才能找到有关筛选的详细信息。然而，切片器可以清晰地标记已应用的筛选器，并提供详细信息，以便能够轻松地了解显示在已筛选的数据透视表中的数据。

切片器通常与在其中创建切片器的数据透视表相关联。但是，也可创建独立的切片器，此类切片器可从联机分析处理 (OLAP) 多维数据集函数引用，也可在以后将其与任何数据透视表相关联。

(1) 切片器通常显示的元素如表 5-14 所示。

(2) 创建切片器。

① 单击要创建切片器的数据透视表中的任意位置。

② 单击“数据透视表工具”中“选项”选项卡上“排序和筛选”组中的“插入切片器”按钮。

**表 5-14　切片器元素**

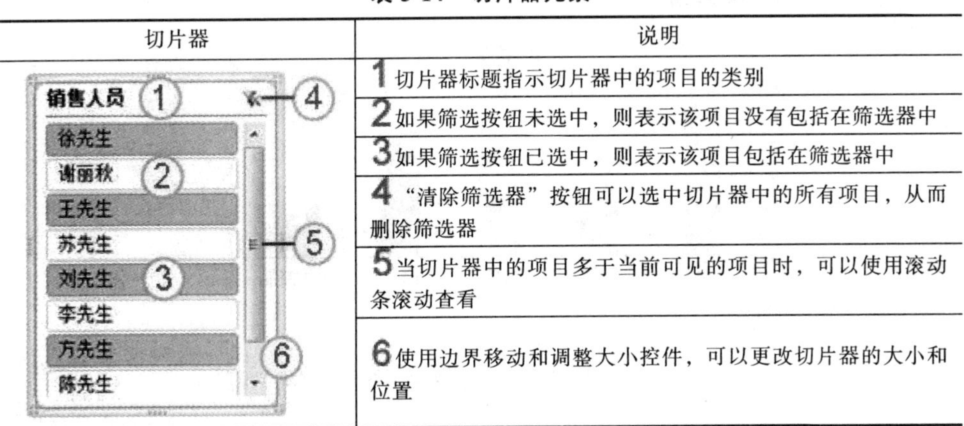


| 切片器 | 说明 |
|---|---|
| | 1 切片器标题指示切片器中的项目的类别 |
| | 2 如果筛选按钮未选中，则表示该项目没有包括在筛选器中 |
| | 3 如果筛选按钮已选中，则表示该项目包括在筛选器中 |
| | 4 “清除筛选器”按钮可以选中切片器中的所有项目，从而删除筛选器 |
| | 5 当切片器中的项目多于当前可见的项目时，可以使用滚动条滚动查看 |
| | 6 使用边界移动和调整大小控件，可以更改切片器的大小和位置 |

③ 在如图 5-153 所示“插入切片器”对话框中，选中要为其创建切片器的数据透视表字段的复选框。

④ 单击“确定”按钮，将为选中的每一个字段显示一个切片器。

⑤ 在每个切片器中，单击要筛选的项目，若要选择多个项目，按住 Ctrl 键，然后单击要筛选的项目。

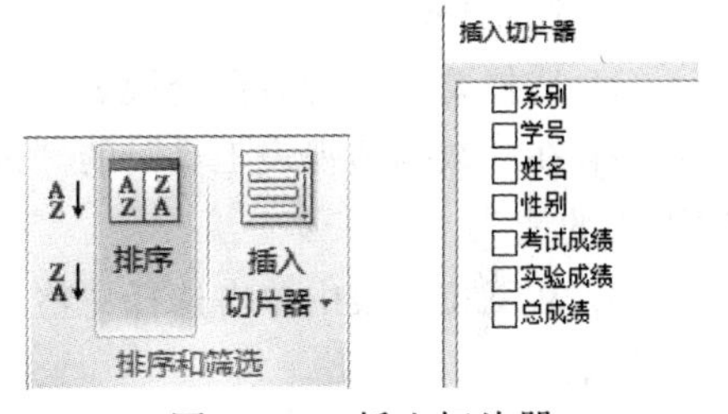


图 5-153　插入切片器

5. 创建数据透视图

数据透视图是以图形形式表示的数据透视表。与图表和数据区域之间的关系相同，各数据透视表之间的字段相互对应。

在数据透视图中，除了具有标准图表的系列、分类、数据标记和坐标轴外，还有一些特殊的元素，如报表筛选字段、值字段、系列字段、项和分类字段等。

创建数据透视图方法如下：

(1) 将光标定位在数据透视表中，单击“数据透视表工具”的“选项”选项卡“工具”组中的“数据透视图”按钮，打开“插入图表”对话框。

(2) 选择相应的图表类型，如“柱形图”下的“簇状柱形图”。

(3) 单击“确定”按钮后，数据透视图会自动生成，如图 5-154 所示。

(4) 在数据透视图中单击鼠标，功能区会出现“数据透视图工具”，包括“设计”、“布局”、“格式”和“分析”四个选项卡。通过这些选项卡，可以对数据透视图进行修饰和设置，方法与普通图表相同。

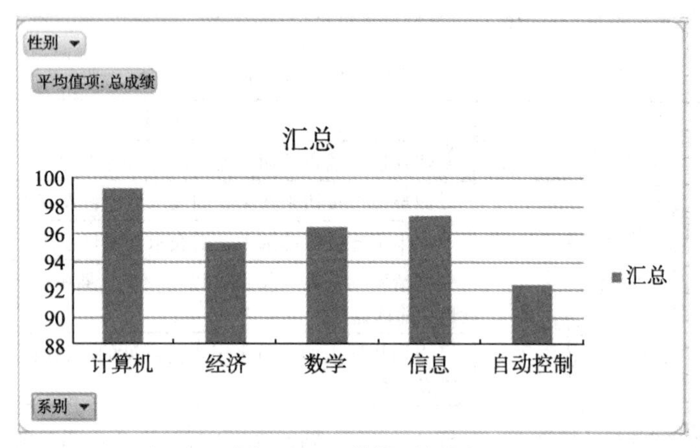


图 5-154　数据透视图

6. 删除数据透视表和数据透视图

1) 删除数据透视表

(1) 选择要删除的数据透视表。

(2) 在“数据透视表工具”的“选项”标签中单击“操作”组中的“选择”按钮下方的箭头。

(3) 从下拉列表中单击选择“整个数据透视表”命令，按 Delete 键删除整个数据透视表。

当删除与数据透视表相关联的数据透视表后，数据透视图变为普通图表，并从源数据区中取值。

2) 删除数据透视图

在数据透视图中单击，然后按 Delete 键即可删除数据透视图，但不会删除相关联的数据透视表。

### 5.6.5　数据的有效性

使用 Excel 的数据有效性功能，可以对输入单元格的数据进行必要的限制，并根据用户的设置，禁止数据输入或让用户选择是否继续输入该数据。例如，可以使用数据有效性将数据输入限制在某个日期范围、使用列表限制选择或者确保只输入正整数。

1) 添加数据有效性

添加数据有效性的方法如下：

(1) 首先选择一个或多个要验证的单元格，然后在“数据”选项卡的“数据工具”组中单击“数据有效性”。

① 当在单元格中输入数据时，“数据”选项卡上的“数据有效性”命令不可用。若要终止数据输入，按 Enter 或 Esc 键。

② 如果工作簿处于共享状态或受保护，则无法更改数据有效性设置。

(2) 在如图 5-155 所示的“数据有效性”对话框中，先单击“设置”选项卡，然后选择所需的数据有效性类型。

例如，如果想让用户输入 5 位数字的账户号码，则在“允许”框中选择“文本长度”，在“数据”框中选择“等于”，在“长度”框中键入 5。

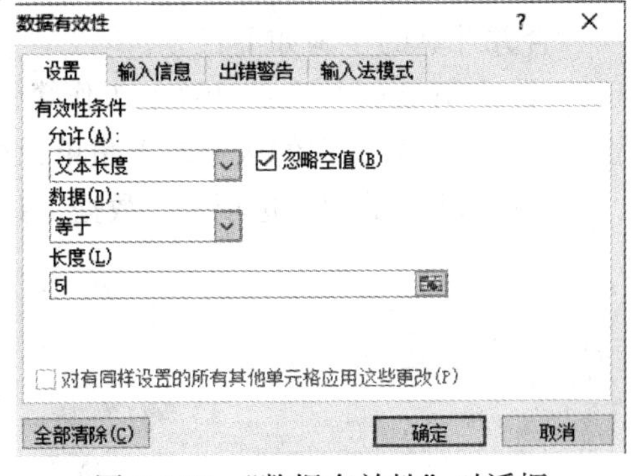


图 5-155　“数据有效性”对话框

(3) 执行下列一项或两项操作：

① 若要在单击单元格时显示输入信息，单击“输入信息”选项卡，再单击“选定单元格时显示输入信息”，然后输入所需的输入信息选项。

② 若要指定用户在单元格中输入无效数据时的响应，单击“出错警告”选项卡，再单击“输入无效数据时显示出错警告”复选框，然后输入所需的警告选项。

2) 数据有效性检验

设置了数据有效性，在对应单元格区域输入内容时，Excel 将按照有效性规则进行检验，如果不符合规则，将要求用户进行更改。

如果对已经输入的数据设置有效性，有效性设置完成后，需要对数据进行有效性检验，单击“数据”选项卡“数据工具”组中“数据有效性”右侧箭头 ▾，在弹出的列表中选择“圈释无效数据”命令，则不符合规则的数据用红色圆圈表示出来，用户根据需要逐一进行修改，符合规则后圆圈消失。

### 5.6.6　合并计算

若要汇总和报告多个单独工作表中数据的结果，可以将每个单独工作表中的数据合并到一个工作表(或主工作表)中。所合并的工作表可以与主工作表位于同一工作簿中，也可以位于其他工作簿中。如果在一个工作表中对数据进行合并计算，则可以更加轻松地对数据进行定期或不定期的更新和汇总。

可以使用两种主要方法对数据进行合并计算。

(1) 按位置进行合并计算。当多个源区域中的数据是按照相同的顺序排列并使用相同的行和列标签时，可使用此方法。例如，当拥有一系列从同一个模板创建的开支工作表时，可使用此方法。

(2) 按分类进行合并计算。当多个源区域中的数据以不同的方式排列，但使用相同的行和列标签时，可使用此方法。例如，在每个月生成布局相同的一系列库存工作表，但每个工作表包含不同的项目或不同数量的项目时，可以使用此方法。

合并计算的步骤如下：

(1) 打开要进行合并计算的工作簿，切换到放置合并数据的主工作表中，单击选中要放置合并数据的区域左上角单元格。

(2) 单击“数据”选项卡“数据工具”组中的“合并计算”按钮，打开“合并计算”对话框，如图 5-156 所示，进行如下设置：

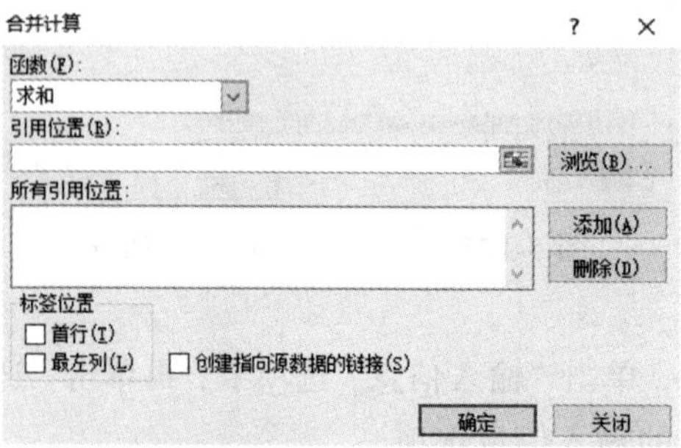

图 5-156 “合并计算”对话框

① 在“函数”下拉框选择一个汇总函数，在“引用位置”框中单击鼠标，输入要合并计算的区域。

② 单击“添加”按钮，选定的合并计算区域显示在“所引用的位置”列表框中。

③ 重复以上两步，以添加其他合并数据区域。

④ 在“标签位置”组下，按照需要单击选中表示标签在数据源区域中所在位置的复选框。

(3) 单击“确定”按钮，完成数据的合并，对合并后的数据表进行修改完善。

### 5.6.7 数据的模拟分析

1. 模拟分析的方法

模拟分析是指通过更改某个单元格中的数值来查看这些更改对工作表中引用该单元格的公式结果的影响过程。通过使用模拟分析工具，可以在一个或多个公式中试用几组不同的值来分析所有不同的结果。

Excel 附带了三种模拟分析工具：方案管理器、模拟运算表和单变量求解。方案管理器和模拟运算表可获取一组输入值并确定可能的结果。单变量求解则是针对希望获取结果的确定生成该结果的可能的各项值。

## 2. 单变量求解

单变量求解是解决假定一个公式想取得某一结果值，其中变量的引用单元格应取值为多少的问题。变量的引用单元格只能是一个，公式对单元格的引用可以是直接的，也可以是间接的。Excel 根据所提供的目标值，将引用单元格的值不断调整，直至达到所要求的公式的目标值时，变量的值才能确定。

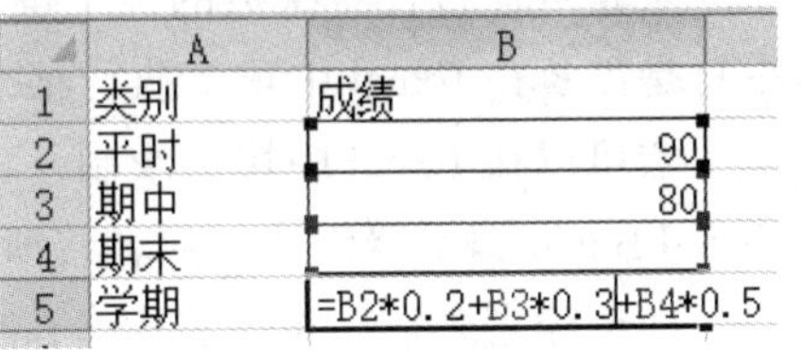

图 5-157　源数据和公式

例如，期末老师处理学期成绩的公式为“学期成绩=平时成绩*0.2+期中考试成绩*0.3+期末考试成绩*0.5”，现在，某学生已经知道平时成绩(90 分)和期中考试成绩(80 分)，现在学生对学期成绩的期望是 90 分，问该学生期末考多少分才能达到期望值。

解决步骤如下：

(1) 在图 5-157 所示的 B5 输入公式“=B2*0.2+B3*0.3+B4*0.5”。

(2) 单击“数据”选项卡“数据工具”组中的“模拟分析”按钮，从弹出的菜单中选择“单变量求解”命令。

(3) 在“单变量求解”对话框中填入内容，如图 5-158 所示，单击“确定”按钮。

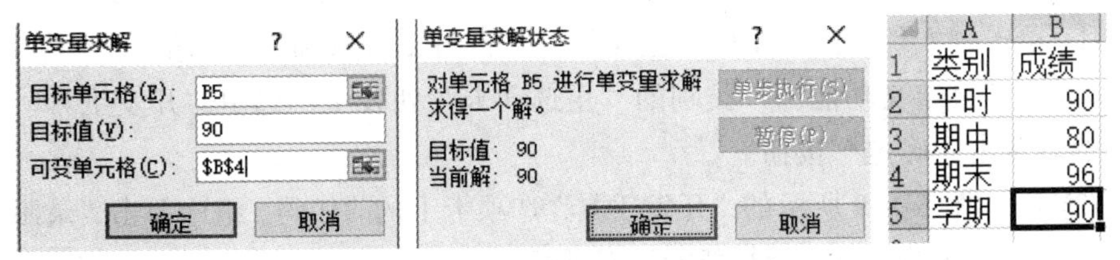

图 5-158　“单变量求解”过程

(4) 在“单变量求解状态”对话框中单击“确定”按钮，则在单元格 B4 中显示数值 96。

## 3. 模拟运算表

模拟运算表是工作表的一个单元格区域，用于显示公式中某些值的更改对公式结果的影响。模拟运算表最多可以处理两个变量，但可以获取与这些变量相关的众多不同的值。模拟运算表依据处理变量个数的不同，分为单变量模拟运算表和双变量模拟运算表两种类型：

(1) 单变量模拟运算表：输入一个变量的不同替换值，并显示此变量对一个或多个公式的影响。

(2) 双变量模拟运算表：输入两个变量的不同替换值，并显示这两个变量对一个公式的影响。

# 5.7　宏的简单应用

宏是可运行任意次数的一个操作或一组操作，可以用来自动执行重复任务。如果总是需要在 Excel 中重复执行某个任务,则可以录制一个宏来自动执行这些任务。

宏可以在 Excel 中快速录制，也可以使用 VBA(Visual Basic for applications)的 Visual Basic 编辑器创建，或者将所有或部分宏复制到新宏中创建一个宏。

在创建宏之后，可以将宏分配给对象(如工具栏按钮、图形或控件)，以便能够通过单击该对象来运行宏。如果不再需要使用宏，则可以将其删除。

## 5.7.1　录制宏

录制宏时，宏录制器会记录完成需要宏来执行的操作所需的一切步骤。记录的步骤中不包括在功能区上导航的步骤。

宏的录制方法通常有三种：

1) 快速录制宏

(1) 如果“开发工具”选项卡不可用，则执行下列操作以显示此选项卡：

① 单击“文件”菜单中的“选项”，打开“Excel 选项”对话框。

② 在“自定义功能区”类别的“主选项卡”列表中，选中“开发工具”复选框，然后单击“确定”按钮。

(2) 在如图 5-159 所示的“开发工具”选项卡上的“代码”组中单击“录制宏”，打开如图 5-160 所示的“录制新宏”对话框。

图 5-159　“代码”组

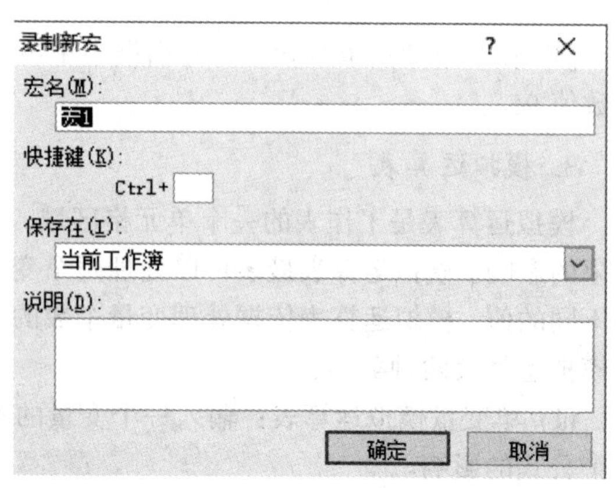


图 5-160　录制新宏

(3) 设置相应参数：

① 在“宏名”框中输入宏的名称。

宏名的第一个字符必须是字母。后面的字符可以是字母、数字或下划线字符。宏名中不能有空格，下划线字符可用作单词的分隔符。如果使用的宏名还是单元格引用，则可能会出现错误消息，指示宏名无效。

② 若要指定用于运行宏的 Ctrl 组合快捷键，在“快捷键”框中键入要使用的任何小写字母或大写字母。当包含该宏的工作簿打开时，该快捷键将覆盖任何对等的默认 Excel 快捷键。

③ 在“保存在”列表中，选择要用来保存宏的工作簿。

④ 在“说明”框中，键入对该宏的描述。

(4) 单击“确定”按钮开始录制。

(5) 执行要录制的操作。

(6) 在“开发工具”选项卡上的“代码”组中，单击“停止录制”按钮 ■。

(7) 提示：也可以单击状态栏左边的“停止录制”按钮 ■。

2) 使用 VBA 创建宏

(1) 显示“开发工具”选项。

(2) 临时将安全级别设置为启用所有宏，执行下列操作：

① 在“开发工具”选项卡上的“代码”组中，单击“宏安全性”。

② 在“宏设置”下，单击“启用所有宏(不推荐，可能会运行有潜在危险的代码)”，然后单击“确定”按钮。

(3) 在“开发工具”选项卡上的“代码”组中，单击“Visual Basic”，打开 VBA 编辑窗口。

(4) 在模块的代码窗口中，键入或复制要使用的宏代码。

(5) 若要从模块窗口中运行宏，按 F5 键。

(6) 编写完宏后，在 Visual Basic 编辑器的“文件”菜单上，单击“关闭并返回 Microsoft Excel”。

3) 复制宏的一部分以创建另一个宏

(1) 显示“开发工具”选项。

(2) 临时将安全级别设置为启用所有宏。

(3) 打开包含要复制的宏的工作簿。

(4) 在“开发工具”选项卡上的“代码”组中，单击“宏”。

(5) 在“宏名”框中，单击要复制的宏的名称。

(6) 单击“编辑”按钮。

(7) 在 Visual Basic 编辑器的代码窗口中，选择要复制的宏所在的行。若要复制整个宏，则在选定区域中包括“Sub”和“End Sub”行。

(8) 在“编辑”菜单中单击“复制”。也可以单击鼠标右键，然后单击“复制”，或者可以按 Ctrl+C 组合键。

(9) 在代码窗口的“过程”框中，单击要在其中放置代码的模块。

(10) 在“编辑”菜单上单击“粘贴”。

① 也可以鼠标右键单击，然后单击“粘贴”，或者可以按 Ctrl+V 组合键。

② 有时候会无法编辑个人宏工作簿文件 (Personal.xlsb)，因为它是一个始终处于打开状态的隐藏工作簿。必须首先使用“取消隐藏”命令显示该工作簿或按 Alt+F11 组合键在 Visual Basic 编辑器中打开它。

### 5.7.2 将宏分配给对象、图形或控件

在工作表上，用鼠标右键单击要向其指定现有宏的对象、图形或控件，然后单击“指定宏”。

在“宏名”框中，单击要分配的宏。

### 5.7.3 删除宏

方法一：

(1) 打开包含要删除的宏的工作簿。

(2) 如果要删除的宏保存在个人宏工作簿 (Personal.xlsb) 中，并且此工作簿被隐藏，则执行下列步骤来取消隐藏该工作簿：

① 在“视图”选项卡上的“窗口”组中，单击“取消隐藏”。

② 在“取消隐藏工作簿”下，单击“PERSONAL”，然后单击“确定”按钮。

方法二：

(1) 在“开发工具”选项卡上的“代码”组中，单击“宏”。

(2) 在“位置”列表中，选择含有要删除的宏的工作簿。例如，单击“当前工作簿”。

(3) 在“宏名”框中，单击要删除的宏的名称。

(4) 单击“删除”按钮。

### 5.7.4 运行宏

宏的运行有多种方法，方法一如下：

(1) 打开包含宏的工作簿。

(2) 在“开发工具”选项卡上的“代码”组中，单击“宏”。

(3) 在“宏名”框中，单击要运行的宏。

(4) 执行下列操作之一：

① 若要在 Excel 工作簿中运行宏，则单击“运行”。

② 可以按 Ctrl+F8 组合键来运行宏，按 Esc 中断宏的执行。

③ 若要从 VBA 模块运行宏，单击“编辑”，然后在“运行”菜单上单击“运行子过程/用户窗体”，或者按 F5 键。

方法二：按 Ctrl 组合快捷键运行宏。

录制宏的过程中，在“录制新宏”对话框中指定 Ctrl 组合快捷键，方可使用。

方法三：通过单击快速访问工具栏上的按钮来运行宏。

若要向快速访问工具栏中添加用来运行宏的按钮，执行下列操作：

(1) 单击“文件”选项卡，再单击“选项”，然后单击“快速访问工具栏”。

(2) 在“从下列位置选择命令”列表中选择“宏”。

(3) 在列表中，单击创建的宏，然后单击“添加”。

(4) 若要更改宏的按钮图像，可以在添加宏的框中选择该宏，然后单击“修改”。

(5) 在“符号”下，单击要使用的按钮图像。

(6) 若要更改将指针停留在按钮上时显示的宏名，可以在“显示名称”框中键入要使用的名称。

(7) 此时，单击“确定”便会将宏按钮添加到快速访问工具栏中。

(8) 在快速访问工具栏上，单击刚才添加的宏按钮。

方法四：通过单击图形对象上的区域来运行宏。

可以在图形上创建一个热点，用户可通过单击该热点来运行宏。

(1) 在工作表中，插入图形对象，如图片、剪贴画、形状或 SmartArt。

(2) 要在现有对象上创建热点，在“插入”选项卡上的“插图”组中单击“形状”，选择要使用的形状，然后在现有对象上绘制形状。

(3) 右键单击创建的热点，然后单击“指定宏”。

(4) 执行下列操作之一：

① 要给图形对象指定现有宏，则双击宏或在“宏名”框中输入宏的名称。

② 要录制一个新宏以将其指定给选定的图形对象，则单击“录制”，在录制宏对话框中键入宏的名称，然后单击“确定”开始录制宏。在录制完宏后，单击“停止录制”(位于“开发工具”选项卡上的“代码”组中)。

提示：也可以单击状态栏左边的“停止录制”。

③ 若要编辑现有宏，可以在“宏名”框中单击宏的名称，然后单击“编辑”。

(5) 单击“确定”。

(6) 在工作表中，选择热点。此时将显示“绘制”工具，其中添加了“格式”选项卡。

(7) 在“格式”选项卡上的“形状样式”组中，单击“形状填充”旁边的箭头，然后单击“无填充”。

(8) 单击“形状轮廓”旁边的箭头，然后单击“无轮廓”。

(9) 完成操作。

## 5.8 数据的共享与协作

在 Excel 中，可以方便地获取来自其他数据源的数据，也可以将 Excel 的数据提供给其他程序使用，以达到资源共享的目的。例如，通过共享工作簿，可以在一定范围内有很多人同时对一个工作簿进行编辑修改，从而实现协同工作；使用宏功能，可以快速执行重复性的工作，以节约工作时间，提高准确度。

### 5.8.1 共享工作簿

共享工作簿是指允许网络上的多位用户同时查看和修订工作簿。

1) 工作簿共享的设定与取消

操作步骤如下：

(1) 打开要共享的工作簿。

(2) 单击“审阅”选项卡“更改”组中的“共享工作簿”按钮，打开“共享工作簿”对话框，如图 5-161 所示。

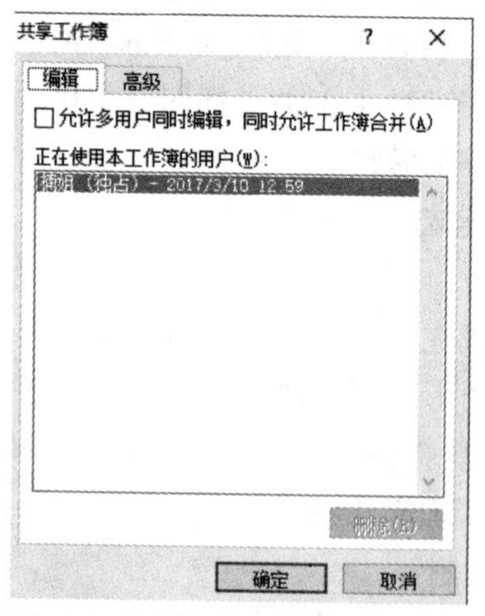


图 5-161 “共享工作簿”对话框

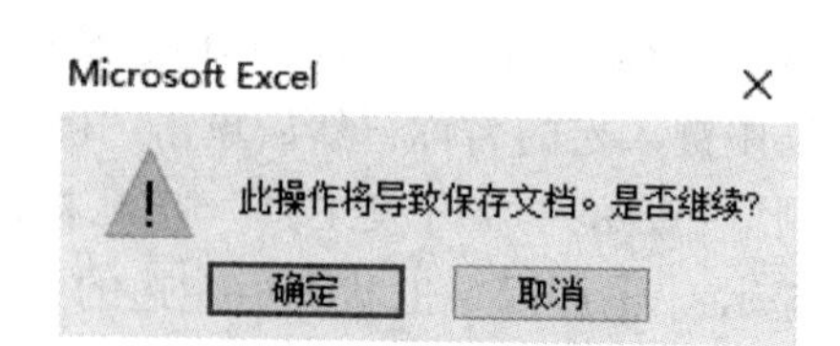


图 5-162 提示保存信息框

(3) 在对话框的“编辑”选项卡中，单击选中“允许多用户同时编辑，同时允许工作簿合并”复选框；在“高级”选项卡中，选择要用于跟踪和更新变化的选项。

(4) 设置完成，单击“确定”按钮，弹出提示保存信息框，如图 5-162 所示,单击“确定”按钮进行保存。

另外，如果该工作簿包含指向其他工作簿或文档的链接，可以通过在“数据”选项卡的“链接”组中，单击“编辑链接”按钮，在打开的对话框中可验证链接并更新任何损坏的链接。

(1) 将该工作簿放到网络上其他用户可以访问的位置，如共享文件夹中。

(2) 要取消共享工作簿，在“共享工作簿”对话框的“编辑”选项卡中，删除当前用户之外的其他用户，然后单击取消“允许多用户同时编辑，同时允许工作簿合并”复选框的选择。

2) 编辑共享工作簿

打开已设置共享的工作簿后，可以与使用常规工作簿一样，在其中输入和更改数据，但不能在共享工作簿中进行如下操作：合并单元格、条件格式、数据有效性、图表、图片、包含图形对象的对象、超链接、方案、外边框、分类汇总、模拟运算表、数据透视表、工作簿保护和工作表保护以及宏。编辑共享工作簿步骤如下：

(1) 打开共享工作簿。

(2) 在“文件”标签上单击“选项”命令，打开“Excel 选项”对话框。在左侧列表中单击“常规”，在右侧窗口最下边“对 Microsoft 进行个性化设置”下的“用户姓名”框输入用户名，用来标识特定用户的工作，单击“确定”按钮，返回工作表中。

(3) 除了可以输入、编辑修改数据外，还可以进行筛选和打印设置以供当前用户个人使用。默认情况下，每个用户的设置都被单独保存。

(4) 通过单击“快速访问工具栏”上的“保存”按钮，可以对自己所做更改进行保存，同时还可以查看其他用户对工作簿所做的最新的编辑修改。

### 5.8.2　修订工作簿

修订可以记录对单元格内容所做的更改，包括移动和复制数据引起的更改，也包括行和列的插入和删除。通过修订可以跟踪、维护和显示有关对共享工作簿所做修订的信息。

修订功能仅在共享工作簿中才可以启用。实际上，在打开修订时，工作簿会自动变为共享工作簿。当关闭修订或停止共享工作簿时，会永久删除所有修订记录。

1) 启用工作簿修订

(1) 打开工作簿，在“审阅”标签的“更改”组中，单击“共享工作簿”，打开“共享工作簿”对话框。

(2) 在该对话框的“编辑”选项卡中，单击选中“允许多用户同时编辑，同时允许工作簿合并”复选框。打开“高级”选项卡，在“修订”区域中的“保存修订记录”框中设定修订记录保留的天数。Excel 默认将修订保留 30 天。

(3) 单击“确定”按钮，完成设置。

2) 工作时突出显示修订

突出显示修订，是用不同颜色标注每个用户的修订内容，当光标停留在修订单元格时以批注形式显示修订的详细信息。其操作步骤如下。

(1) 在“审阅”标签的“更改”组中，单击“修订”按钮，从打开的下拉列表中单击“突出显示修订”命令，打开“突出显示修订”对话框，如图 5-163 所示。

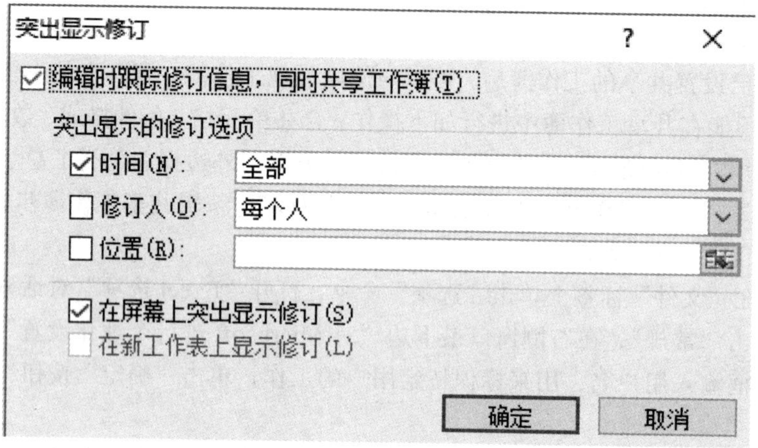

图 5-163 “突出显示修订”对话框

(2) 单击选中“编辑时跟踪修订信息，同时共享工作簿”复选框。在“突出显示的修订选项”区域可进行相关设置：

选中“时间”复选框，在列表框中可设定记录修订的起始时间。

选中“修订人”复选框，在列表框中选择为哪些用户突出显示修订。

选中“位置”复选框，在框中选择或输入需要突出显示修订的工作表区域或单元格引用。

(3) 选中“在屏幕上突出显示修订”复选框，单击“确定”按钮，完成设置。

(4) 在工作表上进行相应的修订，修订位置将以不同颜色突出显示，并自动添加修订批注。

### 5.8.3 添加批注

批注是指在不影响单元格数据的情况下对单元格内容添加解释、说明性的文字，以便于对表格内容的进一步了解。一般可以通过选择“审阅”标签的“批注”组的命令按钮来完成批注的添加、编辑、删除等。

1) 批注的添加和查看

选中要添加批注的单元格，在“审阅”标签的“批注”组中单击“新建批注”按钮，或者在快捷菜单中单击选择“插入批注”命令，在打开的批注文本框输入批注内容，输入完成后在文本框外任意位置单击，结束批注的添加，批注内容自动隐藏，只在当前单元格右上角会显示一个红色的小三角。

当鼠标指向带有批注的单元格时，批注会自动显示出来以供查阅。

2) 显示或隐藏批注

要想批注一直显示在工作表中，可以从“审阅”标签的“批注”组中单击“显示/隐藏批注”按钮，当前单元格的批注会一直显示；单击“显示所有批注”按钮，则当前工作表中所有批注都会一直显示。再次单击“显示/隐藏批注”或“显示所有批注”按钮，取消批注的显示。

3) 批注的编辑与删除

在含有批注的单元格中单击“审阅”标签“批注”组中的“编辑批注”按钮，打开批注框进行修改。单击“审阅”标签“批注”组中的“删除批注”按钮，可将该单元格批注删除。

# 第 6 章　演示文稿制作软件 PowerPoint 2010

## 6.1　PowerPoint 2010 的基础知识

### 6.1.1　演示文稿介绍

PowerPoint 制作的文件称为演示文稿，其后缀名通常为 ppt 或 pptx，也可以保存成 PDF 或图片格式，从 2010 版开始，还可以导出为视频。演示文稿中的每一页称为幻灯片，幻灯片是演示文稿中彼此独立又相互联系的内容。

PowerPoint 作为 Microsoft 公司 Microsoft Office 家族中的一员，在界面上与其他 Office 产品有着很多相似之处。从 2007 版本开始，Office 产品在操作界面上进行了统一优化。2010 版本在界面上相比 2007 版没有太大改动。

标题栏：标识正在运行的程序(PowerPoint)和活动演示文稿的名称。如果窗口未最大化，可拖动标题栏来移动窗口。

功能区：其功能就像菜单栏和工具栏的组合，提供选项卡页面，包括按钮、列表和命令。

快速访问工具栏：包含某些最常用命令的快捷方式。也可自行添加自己常用的快捷方式。

幻灯片/大纲浏览区：包含“幻灯片”和“大纲”两个选项卡，“大纲”选项卡中用于以文本的形式显示或编辑幻灯片的主要内容和逻辑顺序，“幻灯片”选项卡用于显示各个幻灯片的缩略图，可以很方便地进行次序调整、添加、删除等操作，如图 6-1 所示。

工作区：显示活动 PowerPoint 幻灯片的位置。图中显示的是“普通视图”，在其他视图中，工作区的显示也会有所不同，如图 6-2 所示。

备注区：用来注释说明幻灯片编辑区域中的幻灯片。

状态栏：给出当前演示文稿的信息，并提供更改视图和显示比例的快捷方式。

图 6-1　幻灯片/大纲浏览区

图 6-2　工作区

### 6.1.2　演示文稿的视图介绍

PowerPoint 为用户提供了五种演示文稿的视图方式：普通视图、大纲视图、幻灯片浏览视图、备注页视图、阅读视图。用户可以在“视图”选项卡——“演示文稿视图”组中方便地切换视图方式。

1) 普通视图

普通视图是 PowerPoint 2010 默认的视图，是最常用的视图。大多数幻灯片的编辑工作都在此视图下进行，如图 6-3 所示。

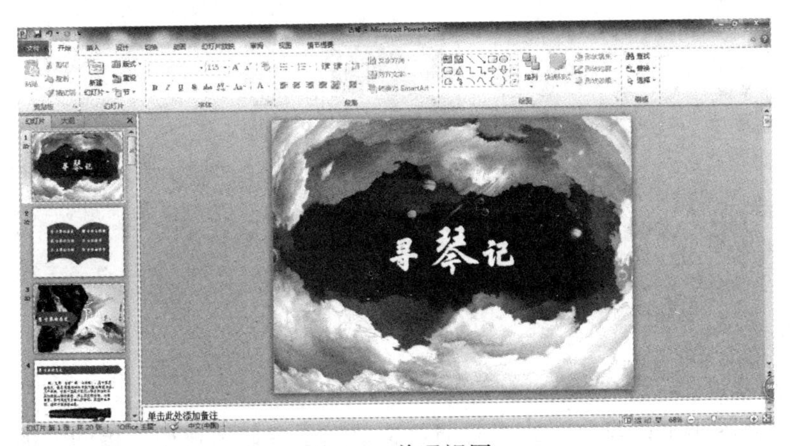


图 6-3　普通视图

2) 大纲视图

普通视图下，单击左侧幻灯片/大纲浏览区即可切换大纲视图。在大纲视图中，按照由小到大的顺序和幻灯片的内容层次的关系显示演示文稿内容，如图 6-4 所示。

3) 备注页视图

“备注”窗格位于“幻灯片”窗格下。可以键入要应用于当前幻灯片的备注。

用户可以将备注打印出来或在放映演示文稿时进行参考，如图 6-5 所示。

如果要以整页格式查看和使用备注，需要在“视图”选项卡上的“演示文稿视图”组中单击“备注页”。

图 6-4　大纲视图

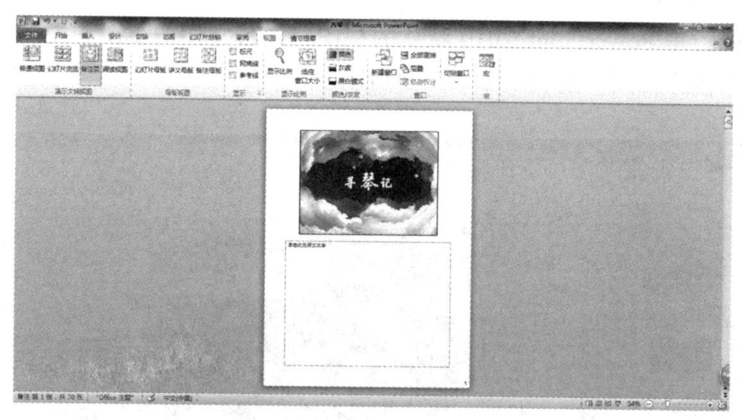


图 6-5　备注页视图

4) 阅读视图

阅读视图用于以窗口形式查看演示文稿，不会显示在相连接的大屏幕等设备上。如果要更改演示文稿，可随时从阅读视图切换至某个其他视图。

注意，放映结束后，会自动退出阅读视图，如需中途退出，应按 Esc 键或单击鼠标右键选择“结束放映”。

5) 幻灯片浏览视图

要观看幻灯片的制作效果，必须要切换到此视图模式，单击窗格里面的幻灯片放映按钮或者按下键盘上的 Shift+F5 组合键都能实现，若要退出幻灯片放映视图，按“Esc”键或单击鼠标右键选择“结束放映”，如图 6-6 所示。

图 6-6 幻灯放映视图

### 6.1.3 创建演示文稿

1. 创建空白演示文稿

常用的创建演示文稿的方法有以下几种：

(1) 通过“文件”→“新建”→“空白演示文稿”→“创建”命令启动程序，如图 6-7 所示。

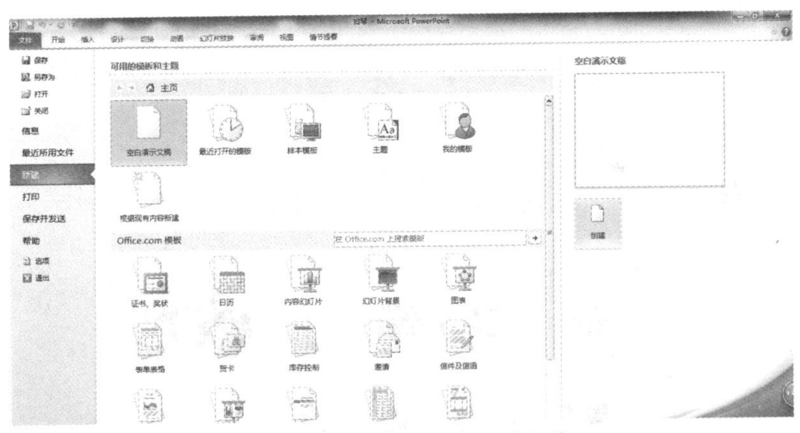


图 6-7 通过菜单创建演示文稿

(2) 通过快速访问工具栏的“新建”按钮，如图 6-8 所示。

注意，如果在快速访问栏找不到“新建”按钮，可以通过自定义快速访问栏添加，如图 6-9 所示。

图 6-8　通过工具栏创建演示文稿

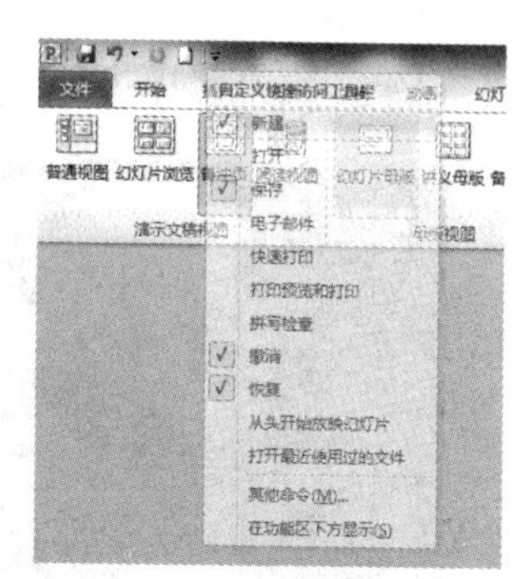


图 6-9　自定义快速访问工具栏

(3) 使用快捷键。快速新建空白的演示文稿时可以使用 Ctrl+N 组合键，程序会弹出一个新建的空白演示文稿。

2. 通过模板创建演示文稿

PowerPoint 2010 软件本身提供了多种类别的演示文稿的模板，通过模板可以快速完成演示文稿的编辑与设计，具体操作如下：

(1) 选择“文件”→“新建”→“样本模板”→“创建”命令，如图 6-10 和图 6-11 所示。

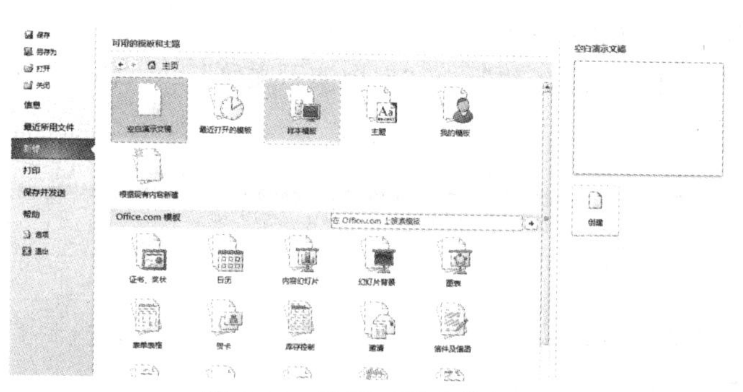

图 6-10　选择“样本模板”

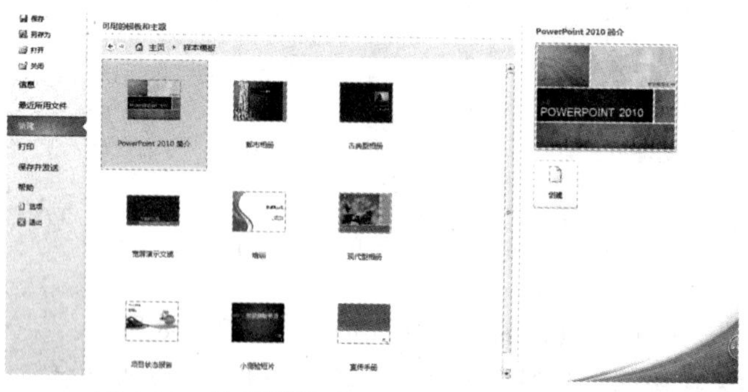


图 6-11　选择模板“PowerPoint 2010 简介”

(2) 根据模板创建好的演示文稿如图 6-12 所示。

图 6-12　创建演示文稿

提示：联网状态下，PowerPoint 2010 还支持通过“office.com 模板”来新建演示文稿，同时，用户可以保存和使用自己的模板，也可以在互联网上搜索相关模板资源。

### 6.1.4　保存演示文稿

演示文稿制作完成后应及时将其保存到计算机中。保存演示文稿有几种常用方法：

(1) 选择“文件”→“保存”命令。

(2) 按下“Ctrl+S”组合键。

(3) 单击快速访问工具栏中的“保存”按钮。

对于已经保存的演示文稿，如果打开并且进行了修改，那么可以通过“文件”→“另存为”命令将修改后的演示文稿另行保存，而不影响原演示文稿的内容。

保存和另存为的可用格式如表 6-1 所示。

**表 6-1　演示文稿格式及说明**

| 扩展名 | 用途 |
|---|---|
| .pptx | PowerPoint 2007 演示文稿，使用了 XML 文件格式和 ZIP 压缩格式 |
| .pptm | 包含 VBA 代码 |
| .ppt | 可在早期版本 PowerPoint(97—2003)中打开 |
| .pdf | 由 Adobe 公司开发的电子文件格式 |
| .wmv | 保存为多种媒体播放器支持的视频格式 |
| .thmx | 包含颜色主题、字体主题和效果主题定义的样式表 |
| .potx | 将演示文稿保存为模板，可以用于将来的演示文稿格式设置 |
| .potm | 包含预先批准的宏的模板，这些宏可以添加到模板中以便在演示文稿中使用 |
| .ppsx | 始终在幻灯片放映视图中打开的演示文稿 |
| .ppsm | 包含预先批准的宏的幻灯片放映，这些宏可以添加到模板中以便在演示文稿中使用 |

注意：虽然 Office 2010 默认每过一定时间间隔自动保存文稿并设有工作恢复功能，但在实际制作演示文稿时，仍建议在制作期间多次及时保存文稿，以免意外情况导致文稿丢失。

### 6.1.5 退出演示文稿

在确认演示文稿已保存的情况下，单击右上方关闭窗口即可退出演示文稿。若未保存，会弹出提示窗口。

## 6.2 演示文稿的基本操作

### 6.2.1 插入幻灯片

PowerPoint 默认新建的演示文稿通常只包含一张幻灯片，远不能满足实际需要，所以可以根据需要向其中插入新的幻灯片。

一般情况下，用户可以通过下列三种方法插入幻灯片。

(1) 依次选择“开始”→“幻灯片”→“新建幻灯片”命令，在下拉列表中选择一种版式插入，如图 6-13 所示。

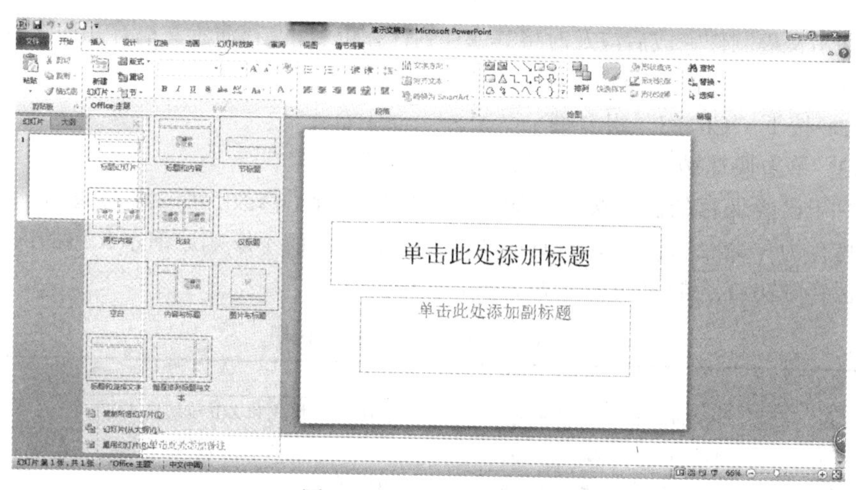


图 6-13 插入新幻灯片

(2) 选择幻灯片，单击鼠标右键，在弹出的菜单中选择“新建幻灯片”，如图 6-14 所示，会默认在选中的这张幻灯片之后插入一张新的幻灯片，新建的幻灯片版式由所选中的幻灯片版式决定。

(3) 按下键盘上的 Ctrl + M 组合键或在选中幻灯片的情况下按下键盘上的 Enter 键。

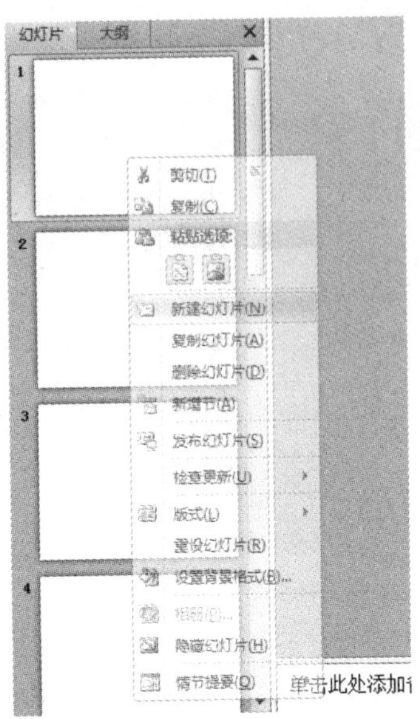


图 6-14　快捷菜单

### 6.2.2　选择、移动幻灯片

1) 选择幻灯片

在演示文稿中需要对某张幻灯片编辑时，首先要选中该幻灯片作为操作对象，方法有以下几种。

(1) 在普通视图或大纲视图中，单击左侧“幻灯片/大纲”窗格中的某一张即可选中，如图 6-15 所示。

若需要选中多张幻灯片，可以按住键盘上的 Ctrl 或是 Shift 键，前者支持不连续选中多张幻灯片，后者支持连续选中。

例如，要选中编号 1 到 10 的幻灯片，可以选中幻灯片 1，然后按住 Shift 键，然后滑轮下滑选中 10，松开 Shift 键即可，如图 6-16 所示。

如果要选中 1、3、5、7 号幻灯片，按下 Ctrl 键不放，依次单击 1、3、5、7 号幻灯片即可，如图 6-17 所示。

(2) 在幻灯片浏览视图下的操作方式也类似，如图 6-18 所示(备注：页视图和阅读视图不支持选中幻灯片)。

图 6-15　选择幻灯片

2) 移动幻灯片

在幻灯片浏览视图或普通视图下，先选中目标幻灯片，然后拖动到目标位置，拖动的过程中，在幻灯片与幻灯片之间会显示出一条竖线，指示此时释放鼠标左键幻灯片插入的位置。

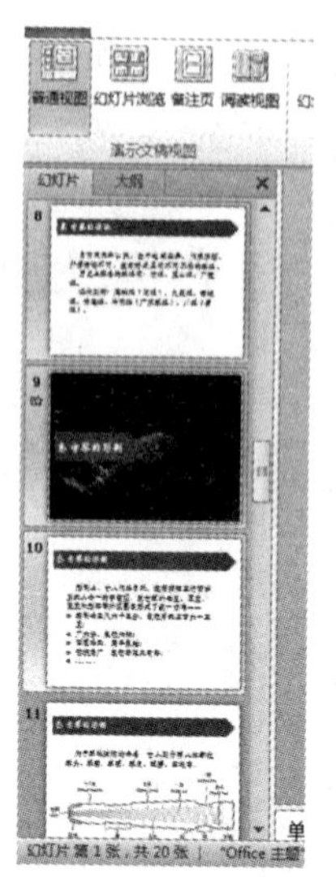
图 6-16 选择连续幻灯片

图 6-17 选择不连续幻灯片

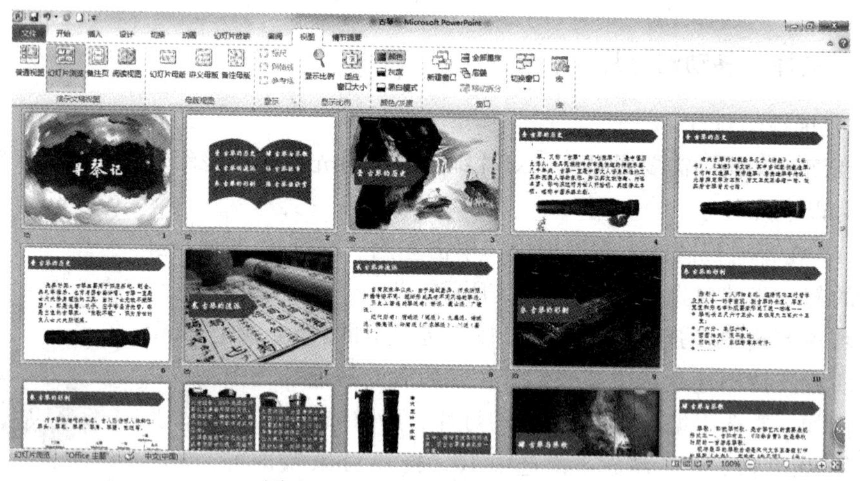
图 6-18 浏览视图选择幻灯片

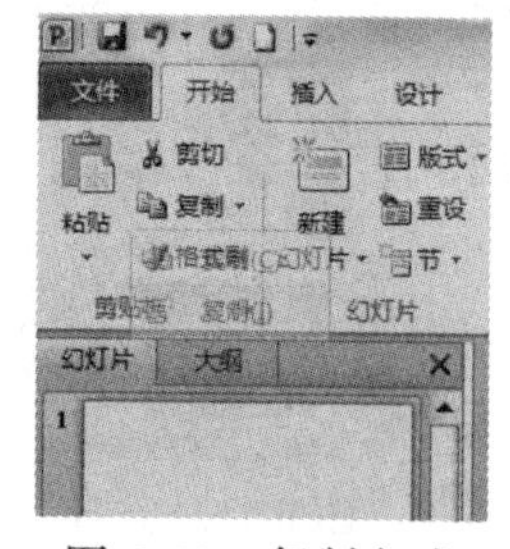
图 6-19 复制方式

### 6.2.3 复制、粘贴幻灯片

PowerPoint 2010 中支持两种复制方式，即复制(C)和复制(I)，如图 6-19 所示。

(1) 前者相当于快捷键 Ctrl+C，会将所选的幻灯片复制到 Windows 剪贴板。

(2) 后者相当于快捷键 Ctrl+D，即复制所选的幻灯片并将副本插入所选的幻灯片之后。

要注意的是，第一个粘贴方式会应用目标主题，可能粘贴后的主题样式与原有的主题样式不相同，第二种粘贴方式使用原幻灯片的主题，粘贴出来一模一样。

### 6.2.4　删除幻灯片

如果在编排的过程中不需要某张或多张幻灯片，就可以把幻灯片从演示文稿中删除。

在普通视图下左侧的“幻灯片/大纲”窗格中选中需要删除的幻灯片，然后单击鼠标右键，在弹出的快捷菜单中选择“删除幻灯片”，如图 6-20 所示。

更常用的简便方法是选中后，按下键盘上的 Delete 键或 Backspace 键删除。同理，在幻灯片浏览视图中仍可以按照以上方法删除。

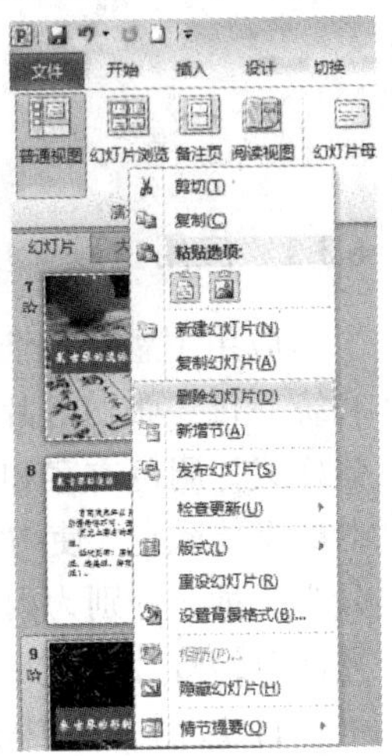


图 6-20　删除幻灯片

### 6.2.5　占位符的使用

PowerPoint 中占位符是一种带有虚线边缘的框，在该框内可以放置标题、正文，或者是图表、表格和图片等对象。熟练地使用占位符是制作演示文稿的基础。

1) 选择和移动占位符

选择占位符：将光标移动到占位符的虚线框上出现，单击即可选中。

移动占位符：与选择占位符类似，将光标移动到占位符的虚线框上，当光标成为“”图形时，按住鼠标左键拖动，到合适的位置释放鼠标即可。也可以单击选中占位符，然后通过键盘上的方向键移动到合适的位置。

2) 调整占位符

可以根据占位符中文字和图片的内容，调整幻灯片边框的大小。

步骤如下：

选中占位符，将鼠标移动到四角或各边中点的拖动点上，当鼠标形状成为“”、“”等双向箭头时，按下鼠标左键鼠标指针形状成为“十”字形，拖动即可调整大小。用户也可以打开“设置形状格式”对话框，选择“大小”，在窗口中更精确地设置占位符的宽和高，如图 6-21 所示。

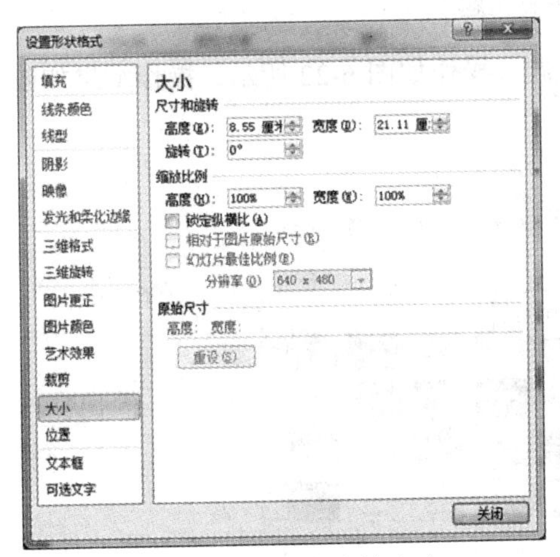


图 6-21　设置占位符大小

3) 删除占位符

选中占位符后，按下键盘上的 Delete 键即可删除占位符。

# 6.3 幻灯片基本制作

## 6.3.1 应用主题

应用主题是使演示文档变得美观的简便方法，可以使用主题功能来快速地美化和统一每一张幻灯片的风格。PowerPoint 2010 提供了多种设计主题，包括背景、字体样式、调色方案和占位符位置。用户可以利用主题使幻灯片拥有美丽的背景、和谐的字体颜色，使内容按照指定的格式排列起来。PowerPoint 2010 中的应用主题可分为三种，分别为内置应用主题、外部应用主题和自定义应用主题。本书从这三个方面对幻灯片的应用主题进行讲解。

1) 应用内置主题

应用内置主题即使用 PowerPoint 2010 中自带的主题，使用起来快捷、简单，而且方便。主要步骤如下：

(1) 单击选项卡中的“设计”选项，出现内置主题，如图 6-22 所示。

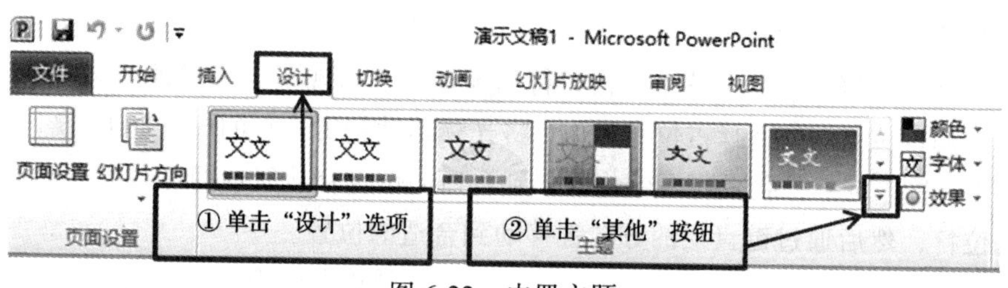


图 6-22 内置主题

(2) 单击“其他”按钮，出现所有主题，操作如图 6-22 所示，操作结果如图 6-23 所示。

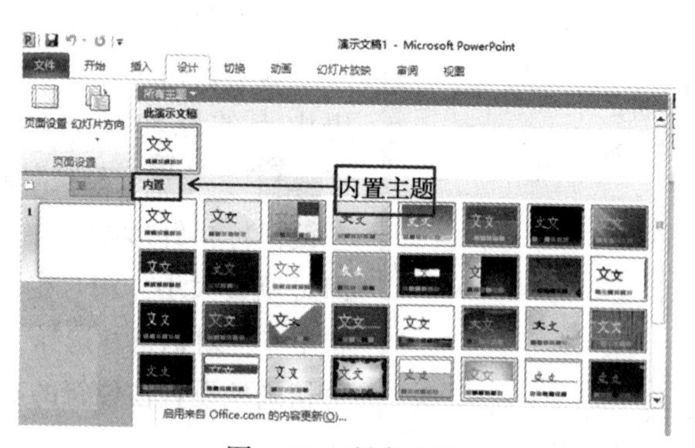


图 6-23 所有主题

(3) 选择主题。鼠标停留在主题上时可以预览应用主题后的效果，选中合适的主题后单击即可应用到全局的文稿(应用到所有的幻灯片)中。设置主题之后幻灯片的效果如图 6-24 所示。

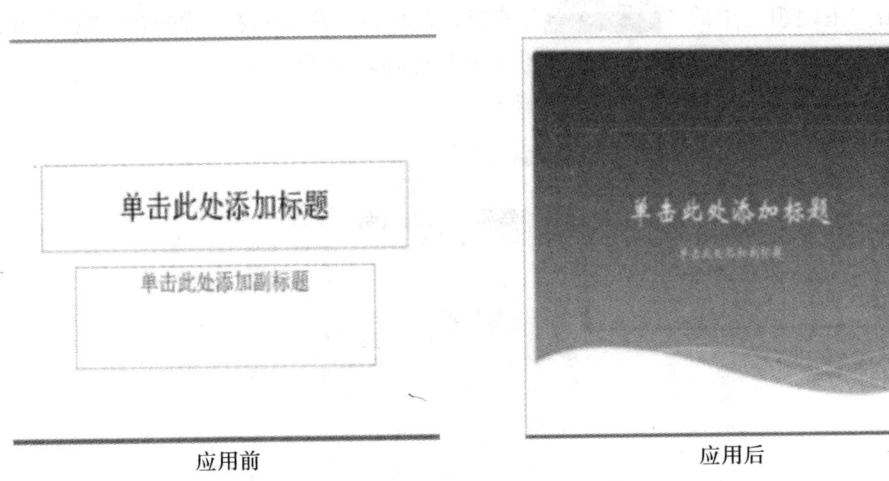


应用前　　　　应用后

图 6-24　主题应用效果

2) 应用外部主题

应用外部主题即使用 PowerPoint 2010 外部的主题，这主要用于内置的主题不能满足用户的需求时，单击“浏览主题”，选中 Office 主题文件来导入，如图 6-25 所示。

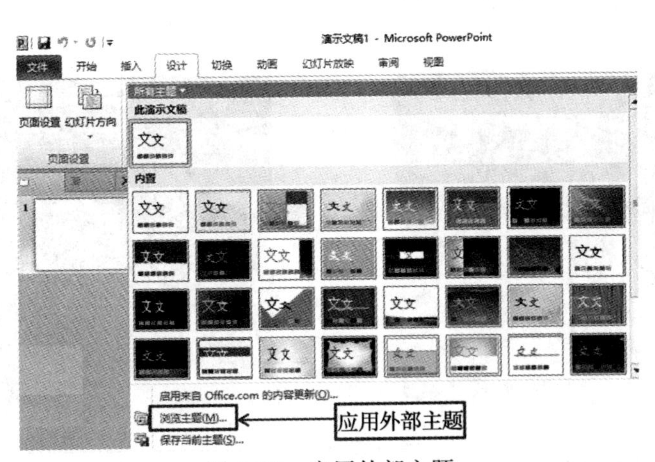


图 6-25　应用外部主题

3) 应用自定义主题

单击选项卡中的“设计”选项，在“主题组”中单击颜色按钮“■颜色▾”、字体按钮“文 字体 ▾”或效果按钮“效果 ▾”，则可以自定义设置幻灯片的颜色、字体和效果。

(1) 自定义颜色。选择已经应用主题的幻灯片，单击选项卡中的“设计”选项，再单击“主题组”中的“颜色”按钮，在颜色列表中选择一种内置颜色，并选择应用范围，应用后幻灯片的背景与文字颜色随之改变。

图 6-26 给出了自定义颜色的步骤。

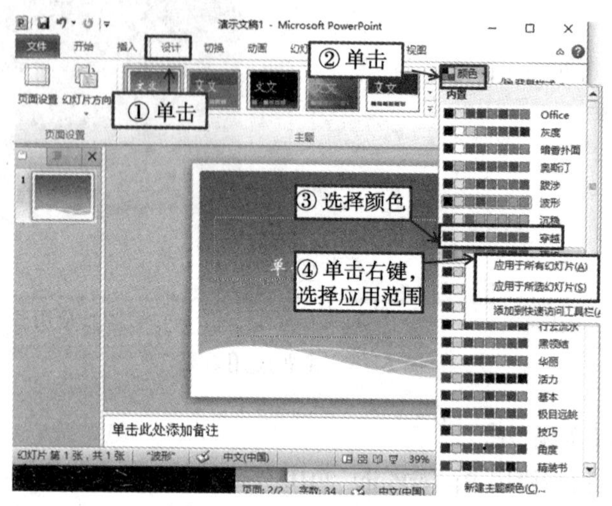

图 6-26　自定义颜色步骤

图 6-27 是自定义颜色的显示效果。

应用前

应用后

图 6-27　自定义颜色效果

另外，在 PowerPoint 2010 中，还提供一种“新建主题颜色”的对话框，用户可自行选择背景、文字等的颜色，如图 6-28 所示。

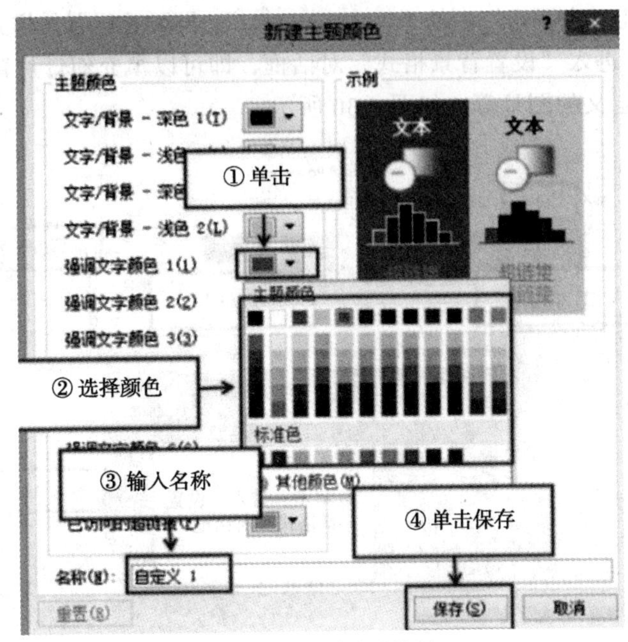


图 6-28　新建主题颜色

(2) 自定义字体。选择已经应用主题的幻灯片，单击选项卡中的“设计”选项，再单击“主题组”中的“字体”按钮，在字体下拉列表框中选择一种想要的内置字体，则幻灯片中相应的字体(如标题、正文)等会随之改变，如图 6-29 所示。

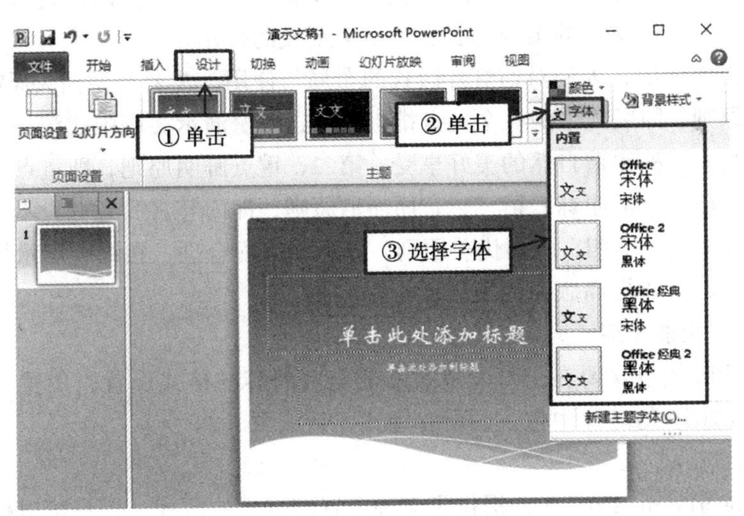


图 6-29　设置主题中字体

(3) 自定义背景效果。选中已经应用主题的幻灯片，单击选项卡中的“设计”选项，接着单击“主题组”中的“背景样式”，即可选择背景样式；或单击“设置背景格式”，进入“设置背景格式”对话框，即可以填充幻灯片背景为纯色、渐变、图案、自定义的图片等，如图 6-30 所示。

图 6-30　设置背景样式

### 6.3.2　版式及其应用

对于幻灯片，版式为幻灯片上的标题、副标题、文本、图片、列表、表格、图表和视频等元素的排版方式。一份演示文稿通常需要保持统一的版式布局，应用何种版式对一份演示文稿的美观与否有着至关重要的作用。

在日常生活中，人们对幻灯片版式的布局与使用，主要遵循四大原则：第一，和谐统一原则，即版式中的各个元素排版和谐，整份演示文稿版式统一，在演示的时候，能给人一种和谐自然的美好享受；第二，重点鲜明原则，即重点突出，能让重点内容抓住观众的眼球；第三，布局简洁原则，即内容言简意赅，不烦琐，文字简练，中心突出；第四，画面优美原则，即色彩搭配合理，在结合展示特点的主题的前提下，尽可能提高版面的美观度。

1) 版式元素介绍

幻灯片版式包含要在幻灯片上显示的全部内容的格式设置、位置和占位符，PowerPoint 2010 幻灯片中包含的所有版式元素如图 6-31 所示。

2) 内置版式

在 PowerPoint 2010 中，提供了多种内置幻灯片的版式，用户可以根据自己的需要进行选择，也可根据自己的需要自定义创建版式，本书就内置版式进行讲解，自定义版式的制作方法可参考其他书籍。图 6-32 展示了 PowerPoint 2010 中的所有内置版式。

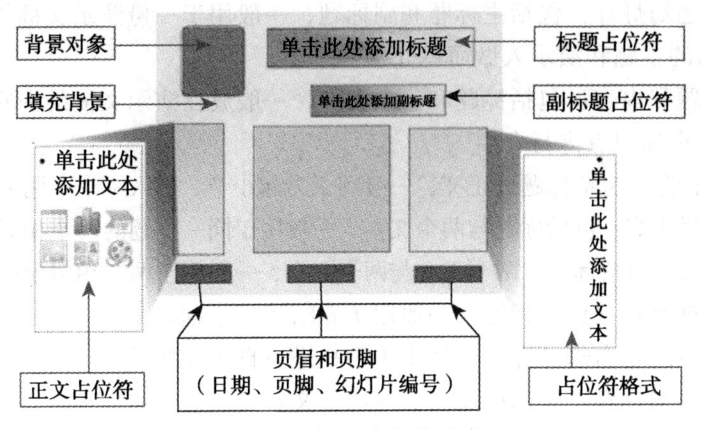


图 6-31　幻灯片版式元素

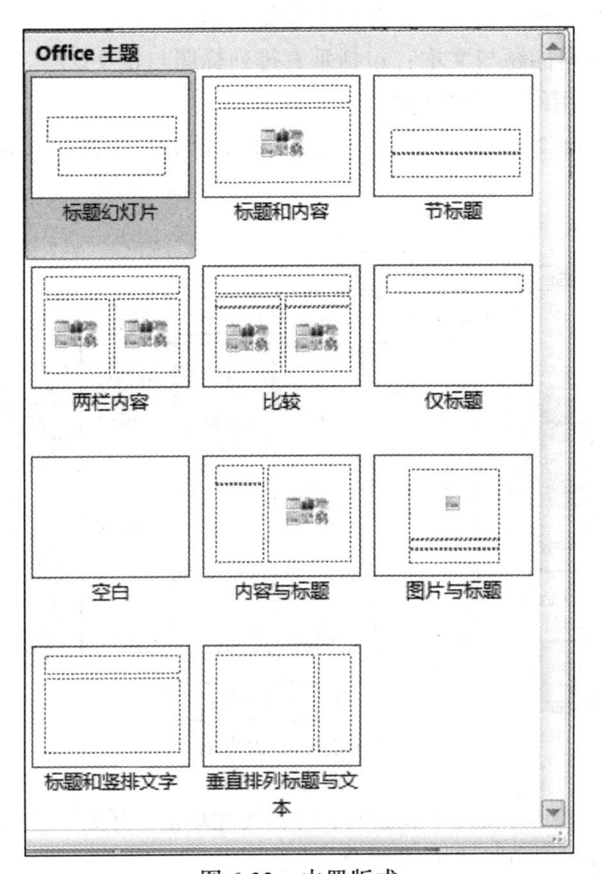


图 6-32　内置版式

不同的版式有不同的内容及使用场景，下面将对 PowerPoint 2010 中的内置版式进行简单的介绍。

(1) 标题幻灯片：包括主标题和副标题，一般用于一份演示文稿的第一张幻灯片，对演示的主题和演示人做简单介绍。

(2) 标题和内容：包括标题和一个文本，一般放在演示文稿的中间幻灯片中，用于对某个小知识点进行介绍。

(3) 节标题：包括标题和正文，一般用于另起小节，进入一个主题中的小节演示。

(4) 两栏内容：包括标题与两个文本，一般用于同一主题的两个相似模块的演示。

(5) 比较：包括标题、两个正文与两个文本，一般用于两个相似模块的比较演示。

(6) 仅标题：只包含标题，一般用于介绍演示主题。

(7) 空白：空白幻灯片，一般用于用户进行自定义版式的设计。

(8) 内容与标题：包括标题、文本与正文。

(9) 图片与标题：包括图片与文本，一般主要用于对图片进行讲解的演示。

(10) 标题与竖排文字：包括标题与竖排文本。

(11) 垂直排列标题与文本：包括垂直排列标题与正文。

3) 更改或应用幻灯片的版式

在 PowerPoint 2010 中，对幻灯片版式的更改和应用都比较简单，具体操作如图 6-33 所示。

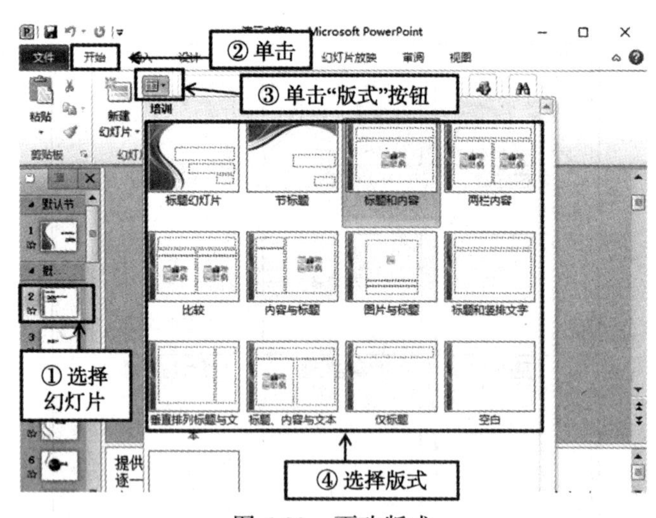


图 6-33　更改版式

当用户对所使用的版式不满意时，可直接在单击“开始”选项后，单击“重设”按钮，对所选幻灯片的版式进行重设。

### 6.3.3　创建幻灯片母版

1) 幻灯片母版介绍

幻灯片母版是幻灯片层次结构中的顶层幻灯片，用于存储有关演示文稿的主题和幻灯片版式的信息，包括背景、颜色、字体、效果、占位符的大小和位置，每个演示文稿至少包含一个幻灯片母版。幻灯片母版用来定义整个演示文稿的幻灯片页面格式，对幻灯片母版的任何更改都将影响基于这一母版的所有幻灯片。幻灯片母版通常用来统一整个演示文稿的幻灯片格式，一旦修改了幻灯片母版，则所有采用这一母版建立的幻灯片格式也随之发生改变，可快速统一演示文稿的格式等要素。

PowerPoint 模板的核心是幻灯片母版，要查看母版，需要切换视图，操作方法如图 6-34 所示。

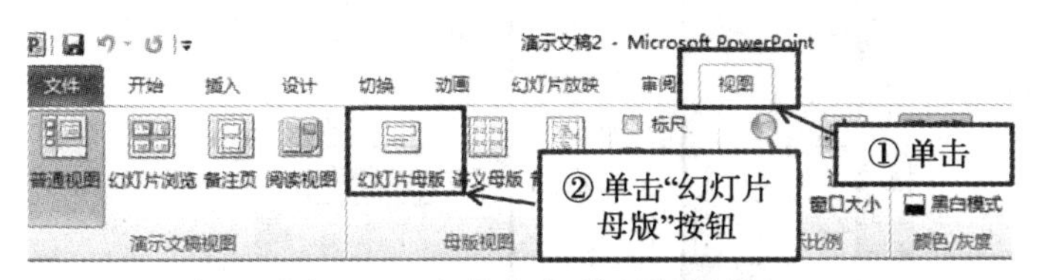


图 6-34　切换幻灯片母版视图

2) 制作幻灯片母版

一份良好的演示文稿离不开幻灯片母版的制作，幻灯片母版制作步骤如下：

(1) 新建一个空白演示文稿。

(2) 单击选项卡中的“视图”选项，接着单击“母版视图”组中的“幻灯片母版”按钮，进入幻灯片母版设置状态，如图 6-35 所示。

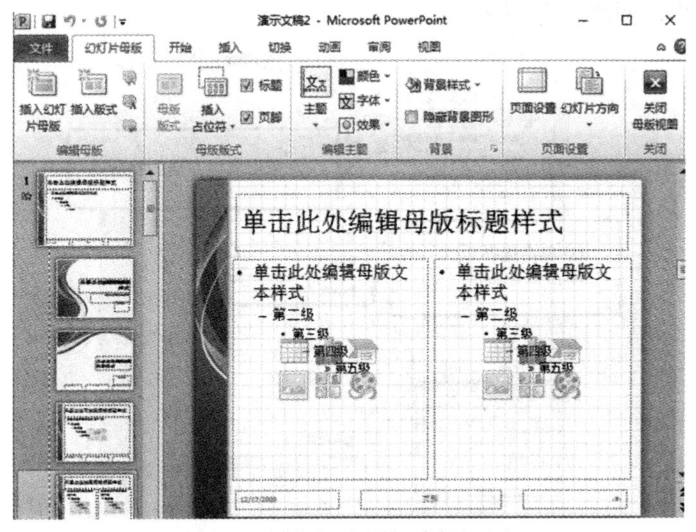


图 6-35　幻灯片母版编辑视图

(3) 在幻灯片母版视图中，左侧窗口显示的是不同类型的幻灯片母版缩略图，如选择标准幻灯片等，右侧窗口为编辑区。选择左侧的某种幻灯片类型，如“标题幻灯片”，即可在右侧的编辑区对母版进行编辑。

当用户在母版中单击选择任意对象时，功能区将出现“绘图工具 格式”选项卡，用户可以利用选项卡中的命令对幻灯片母版进行设计。

(4) 当用户在对母版进行编辑时，可单击选项卡中的“插入占位符”选项，利用其中的各种命令在母版中添加或修改占位符，如图 6-36 所示。

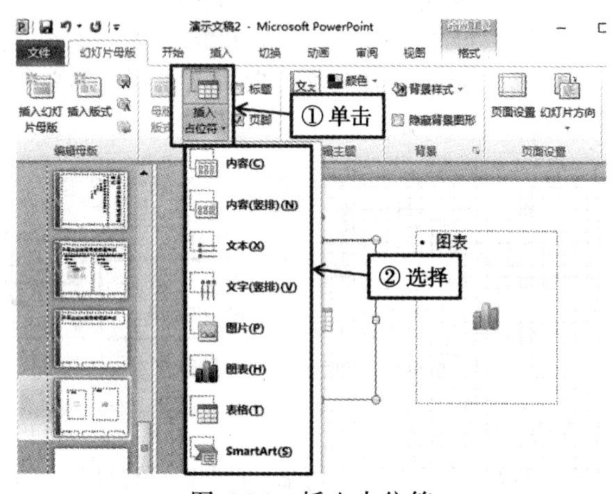


图 6-36　插入占位符

(5) 若要删除默认幻灯片母版附带的任何内置幻灯片版式，在幻灯片缩略图窗格中选择所要删除版式，单击鼠标右键，从快捷菜单中选择“删除版式”命令，即可删除该版式，如图 6-37 所示。

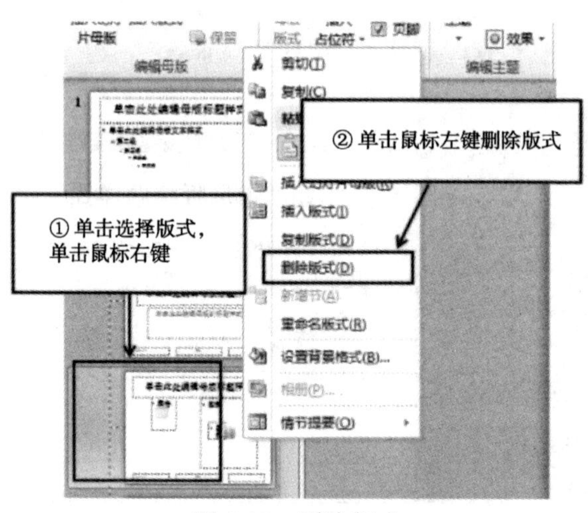


图 6-37　删除版式

(6) 在“幻灯片母版”选项卡中，使用“编辑主题”组中的“主题”列表中的选项，可以应用主题或对主题的颜色、字体、效果和背景进行设计和更改，如图 6-38 所示。

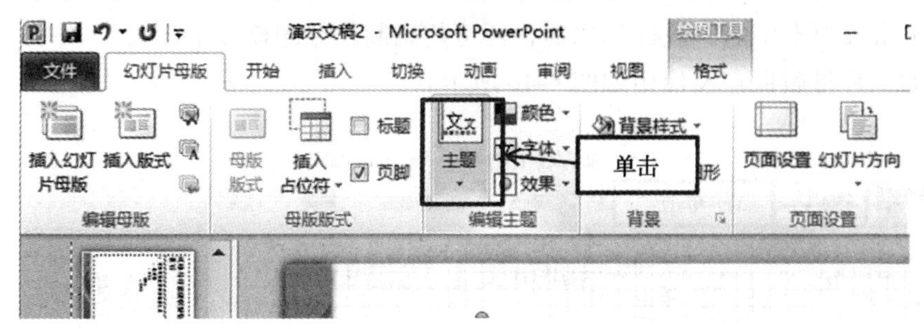


图 6-38　编辑主题

(7) 在“幻灯片母版”选项卡中，使用“页面设置”组中的“幻灯片方向”列表中的选项可以设置演示文稿中所有幻灯片的页面方向。

(8) 在“幻灯片母版”选项卡中，使用“编辑母版”组中的命令，可以进行母版的插入、删除、重命名等操作。

(9) 完成设置之后，重命名自定义的版式，关闭幻灯片母版视图，就可以在“开始”选项卡的“幻灯片”组中的“版式”中使用。例如，将先前所做的母版命名为“演示”，即可使用该母版，如图 6-39 所示。

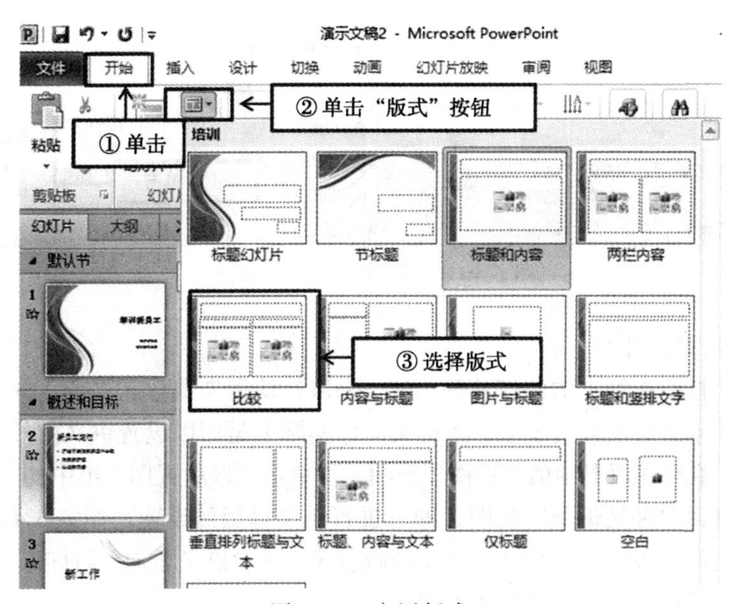


图 6-39　应用版式

3) 保存幻灯片母版

做好母版后，单击选项卡中的“文件”选项，选择“另存为”命令，保存为“PowerPoint 模板(*.potx)”类型，输入文件名，单击“保存”按钮。保存后单击“幻灯片母版”选项卡，单击“关闭”组中的“关闭母版视图”按钮，在普通视图下，单击选项卡中的“设计”选项，便可使用制作好的模板了。

幻灯片母版保存及使用如图 6-40 所示。

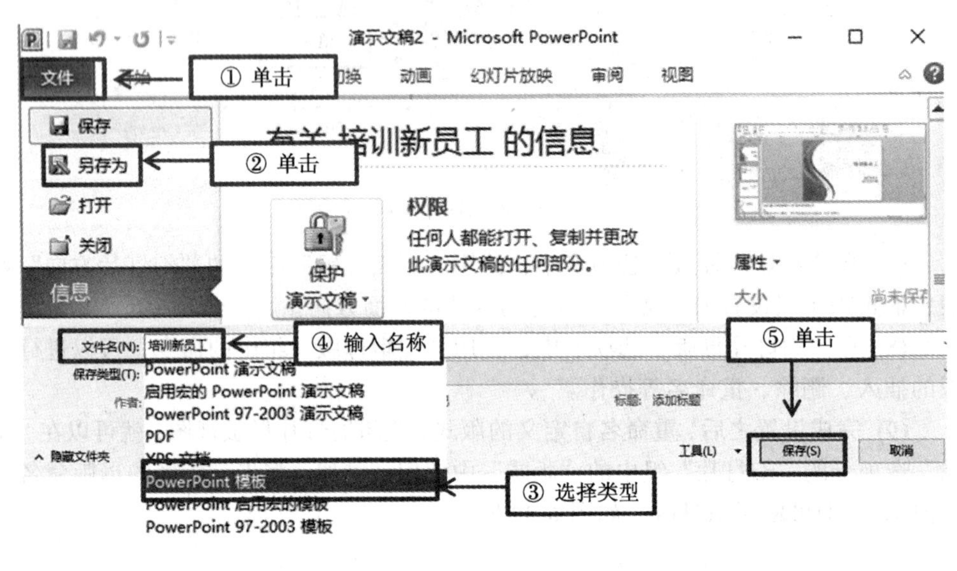


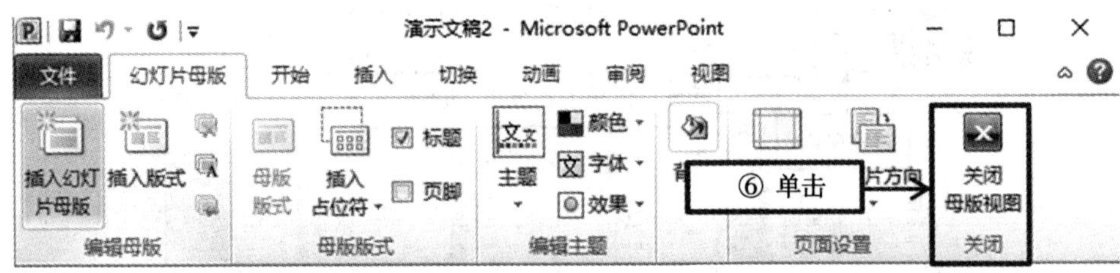


图 6-40　幻灯片母版保存及使用

4) 设置讲义母版

讲义是打印在纸上的幻灯片的内容，一般在演示文稿放映之前，将演示文稿的重要内容打印出来发放给观众，而讲义母版实际上是用以设置讲义的外观样式，操作步骤为：单击选项卡中的“视图”选项，再单击“母版视图”组中的“讲义母版”按钮，切换到“讲义母版”视图，即可进行讲义母版的设置，如图 6-41 所示。

在讲义母版视图下，类似幻灯片母版设置，可对讲义方向、幻灯片方向、页眉、页脚、主题等进行设置，如图 6-42 所示。

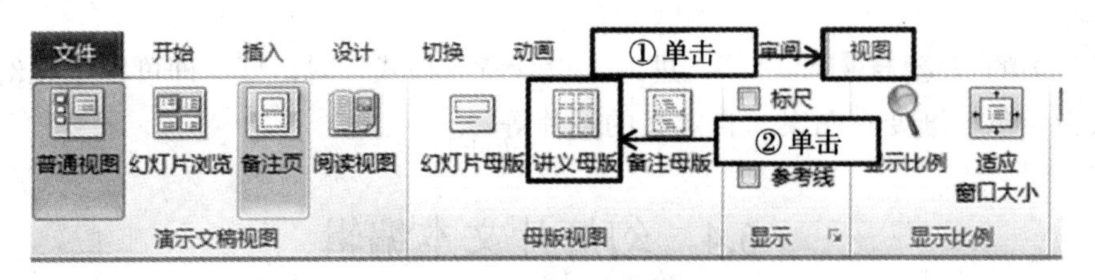


图 6-41　讲义母版

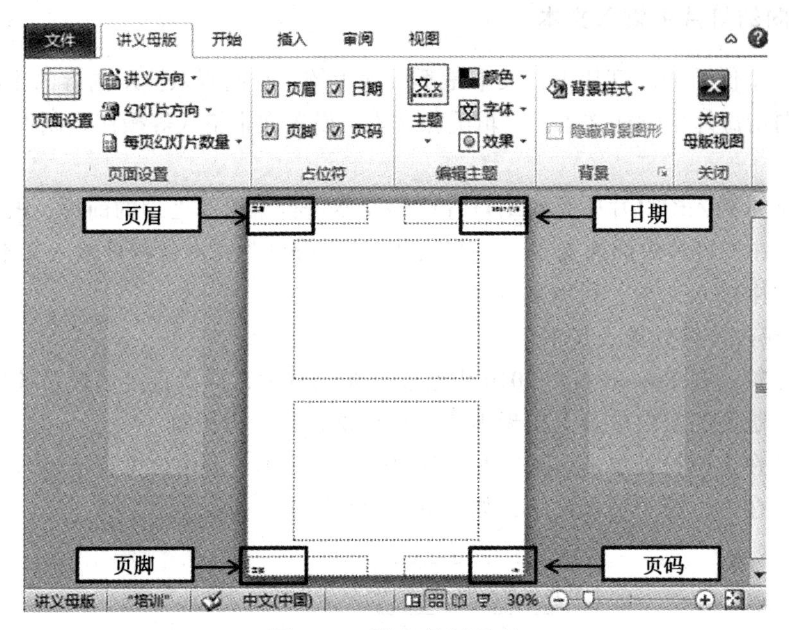


图 6-42　讲义母版要素

### 6.3.4　背景设置

一份美观的演示文稿，不仅取决于文稿的内容，更取决于幻灯片的背景，在 PowerPoint 2010 中，为幻灯片的背景设置提供了多种方法，既可使用内置背景，也可自定义背景。

1) 使用内置背景

PowerPoint 2010 提供了内置的背景，用户使用起来非常快捷方便。首先单击选项卡中的“设计”选项，接着单击“背景”组中的“背景样式 ▾”按钮，当鼠标停留在背景样式上时，可进行预览，最后选择想要应用的背景颜色。

2) 自定义背景

在 PowerPoint 2010 中，自定义背景为用户提供了多种设置背景的方法。主要步骤为：选中已经应用主题的幻灯片，单击选项卡中的“设计”选项，接着单击“主题组”中的“背景样式”，进入“设计背景格式”对话框，即可以填充幻灯片背景为纯色、渐变、图案、自定义的图片等。

# 6.4　幻灯片文本编辑

## 6.4.1　向幻灯片中输入文本

在一个优秀的幻灯片中，文本是不可缺少的，是向观众演示内容的主题之一。因此，向幻灯片中添加文本、编辑美化文本、设置文本格式等操作是制作幻灯片的基础。

将文本插入幻灯片中是对幻灯片中的文本进行编辑和处理的前提，PowerPoint 2010 中，在幻灯片中插入文本一般有三种方式，分别为在占位符处输入文本、在“大纲”窗格中插入文本、利用文本框输入文本。

1) 在占位符处输入文本

占位符：在 PowerPoint 2010 中建立一张幻灯片，或者直接选择系统提供的版式，会在版面的空白位置上出现虚线的矩形框，称为占位符。

通常在占位符处单击，原先占位符中的文字会消失，用户可直接输入需要编辑的文字，在占位符中输入文字，如图 6-43 所示。

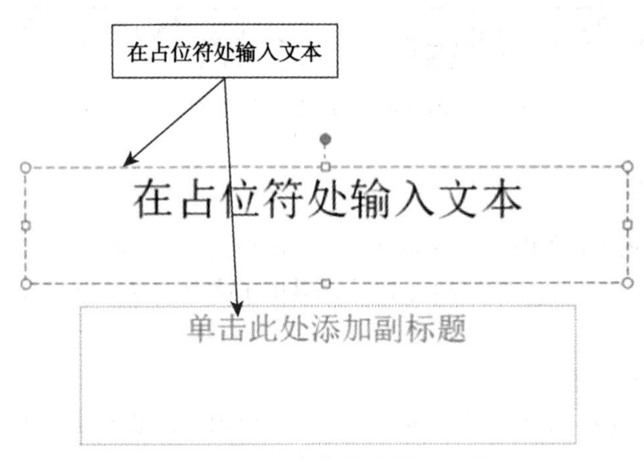


图 6-43　在占位符中输入文字

2) 在“大纲”窗格中插入文本

除了利用在占位符处插入文本之外，在 PowerPoint 2010 中还可以在“大纲”窗格中直接输入文本。通过这种方法用户对所输入的文本的层次结构一目了然，可以从全局考虑幻灯片的显示效果。所以，在“大纲”窗格中插入文本适用于层次较多、结构复杂的文本内容，如图 6-44 所示。

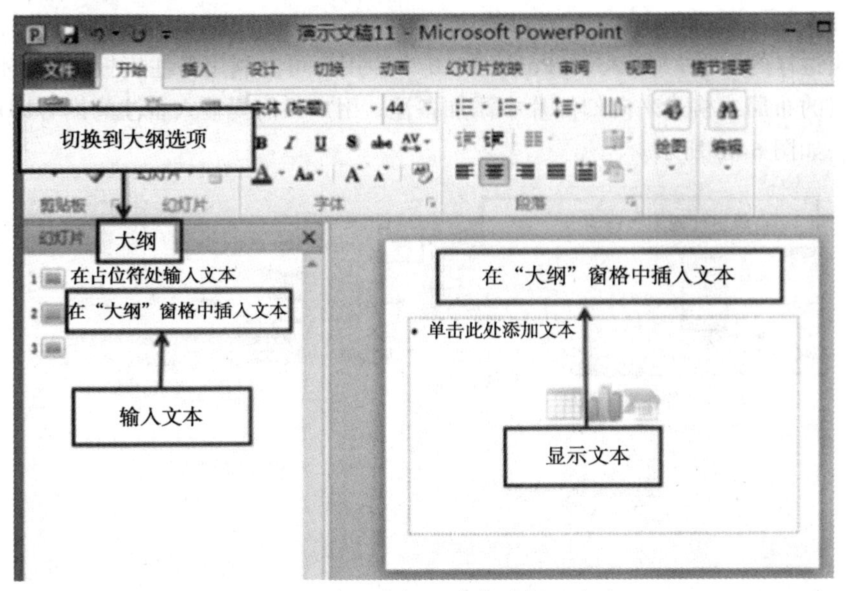


图 6-44　在“大纲”窗格中插入文本

3) 利用文本框输入文本

在 PowerPoint 2010 中，利用文本框输入文本是最方便并使用最广泛的。使用文本框可以在任意位置插入文本，操作如图 6-45 所示。

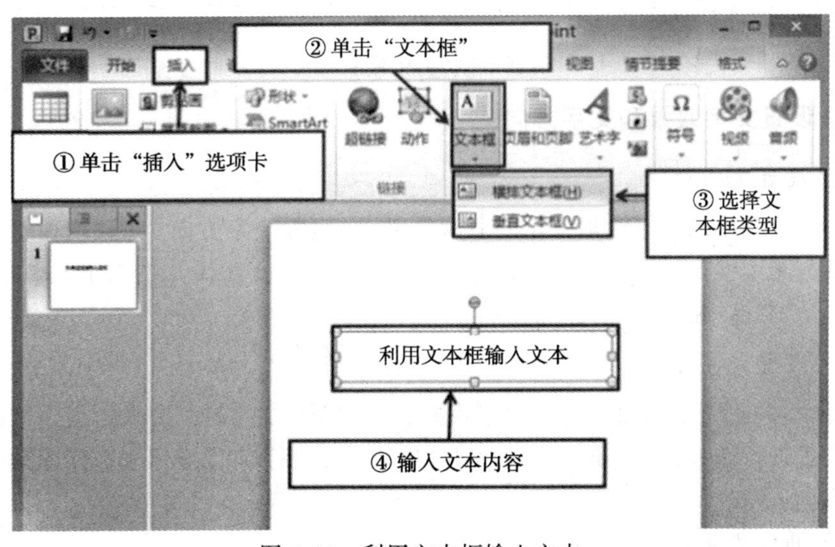


图 6-45　利用文本框输入文本

### 6.4.2　为幻灯片添加备注

在文稿演示过程中，演示者可能由于紧张或一些突发情况，忘记所要讲的内容，为解决这样的问题，在 PowerPoint 2010 中，用户可以利用备注模板中已经设定了备注页的布局或格式来向幻灯片中添加备注，用户只需要输入备注的内容即可，操作方法如图 6-46 所示。

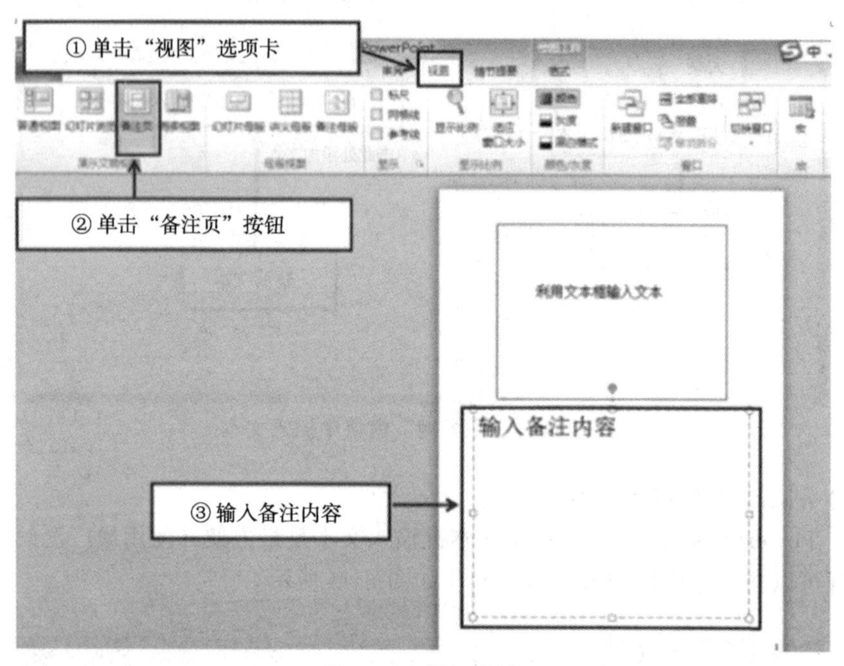


图 6-46　添加备注

### 6.4.3　设置文字效果和文字方向

1. 设置文字效果

对幻灯片中的文字添加一定的显示效果，或变换文字方向，可以增加幻灯片的美观性和阅读性，有助于吸引观众的注意力。PowerPoint 2010 中的文字效果有加粗、斜体、下划线、删除线、文字阴影等。

2. 设置文字方向

在 PowerPoint 2010 中，提供了横向和纵向两种文字排列方式，用户可根据自己的需求进行选择，可通过选择文本框和使用“文字方向”按钮来选择或更改文字排列方向。

1) 通过文本框

在向幻灯片中插入文本框时，有“横排文本框”和“垂直文本框”两种选择，在“垂直文本框”里输入文字时，文字的移动方向朝下，换行的方向朝左，在“横排文本框”输入内容时，文字移动方向朝右，换行方向朝下，如图 6-47 所示。

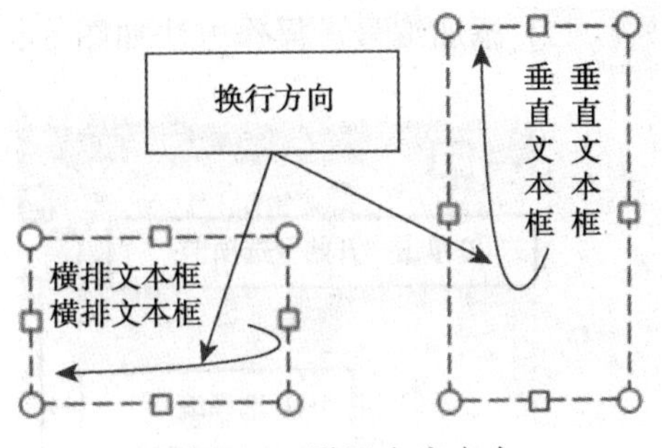


图 6-47　设置文字方向

2) 使用“文字方向”按钮

在 PowerPoint 2010 中，如果想要改变已经编辑好的文本的方向，可单击选项卡中的“开始”选项，再单击“段落”组中的“文字方向”按钮，在下拉列表中选择文字排列方式，共有“横排”、“竖排”、“所有文字旋转 90°”、“所有文字旋转 270°”和“堆积”五个方式，如图 6-48 所示。除了这些设置方式之外，还可以单击“文字方向”列表底部的“其他选项”，调整文字的方向。

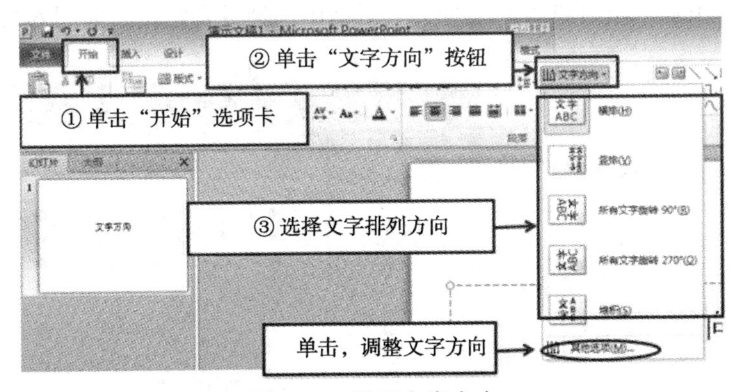


图 6-48　设置文字方向

### 6.4.4　为文本添加项目符号和编号

在幻灯片制作的过程中，添加项目符号和编号，可以使文本层次分明，使观众易于理解演讲者所讲信息。在 PowerPoint 2010 中，为文本添加符号和编号的具体步骤如下。

(1) 添加项目符号。操作方法如图 6-49 所示。

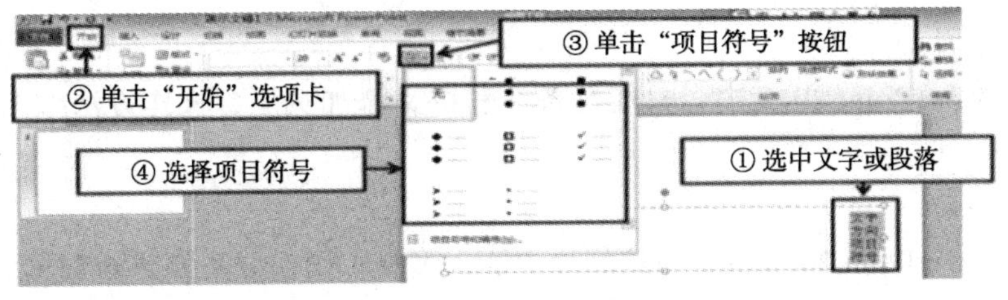


图 6-49　添加项目符号

(2) 添加编号。操作方法如图 6-50 所示。

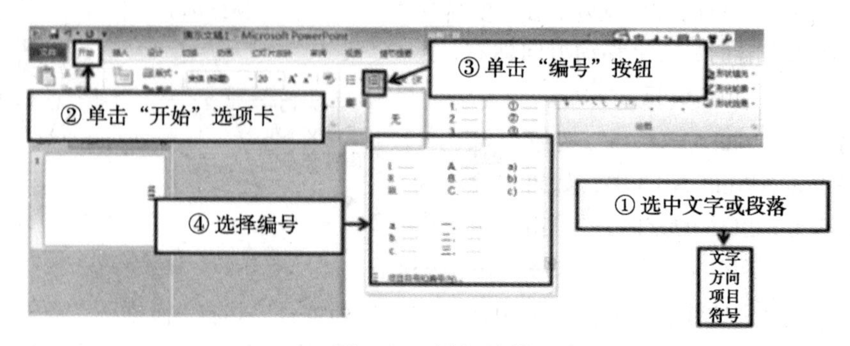


图 6-50　添加编号

(3) 当这些项目符号无法满足用户需求时，单击列表下方的“项目符号和编号…”，在弹出的“项目符号和编号”对话框中选择或自定义，如图 6-51 所示。

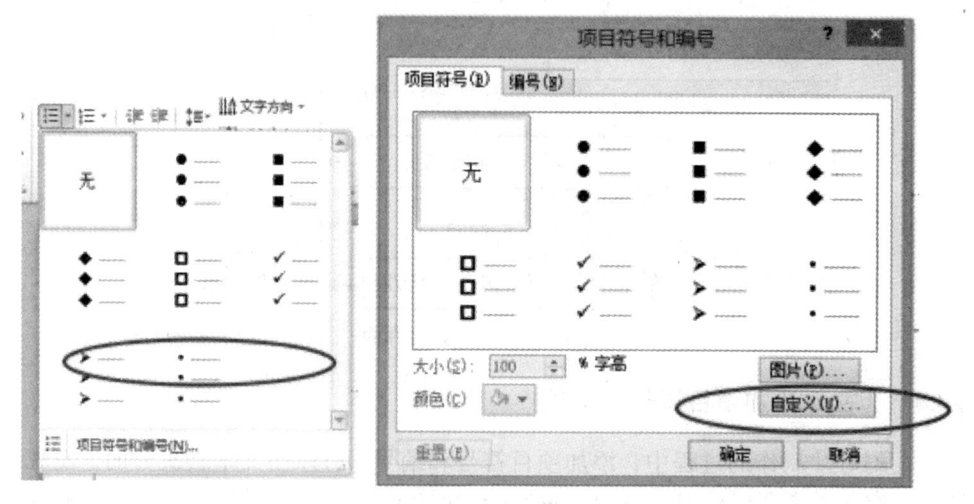


图 6-51　自定义项目符号和编号

### 6.4.5　添加页眉和页脚

1) 页眉

在 PowerPoint 2010 中，只能给备注和讲义添加页眉，操作方法如图 6-52 所示。

2) 页脚

在 PowerPoint 2010 中，向幻灯片中插入页脚，操作方法如图 6-53 所示。

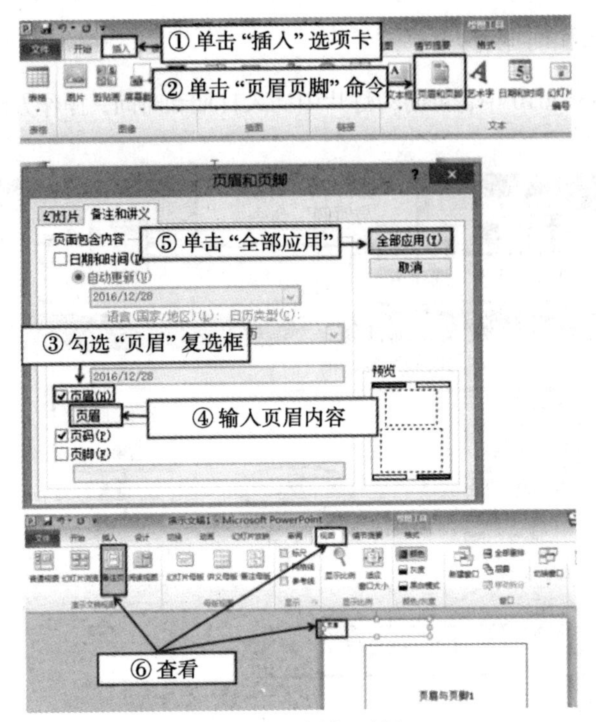


图 6-52　添加页眉

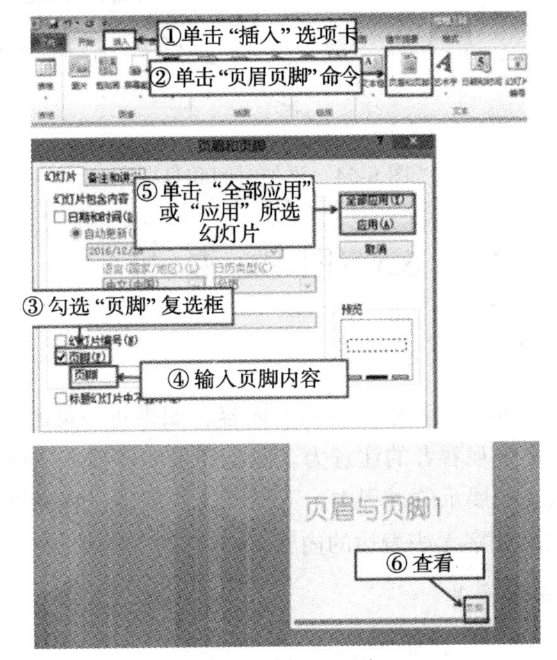


图 6-53　插入页脚

### 6.4.6　添加日期和时间

在 PowerPoint 2010 中，可向幻灯片中插入日期和时间，操作方法如图 6-54 所示。

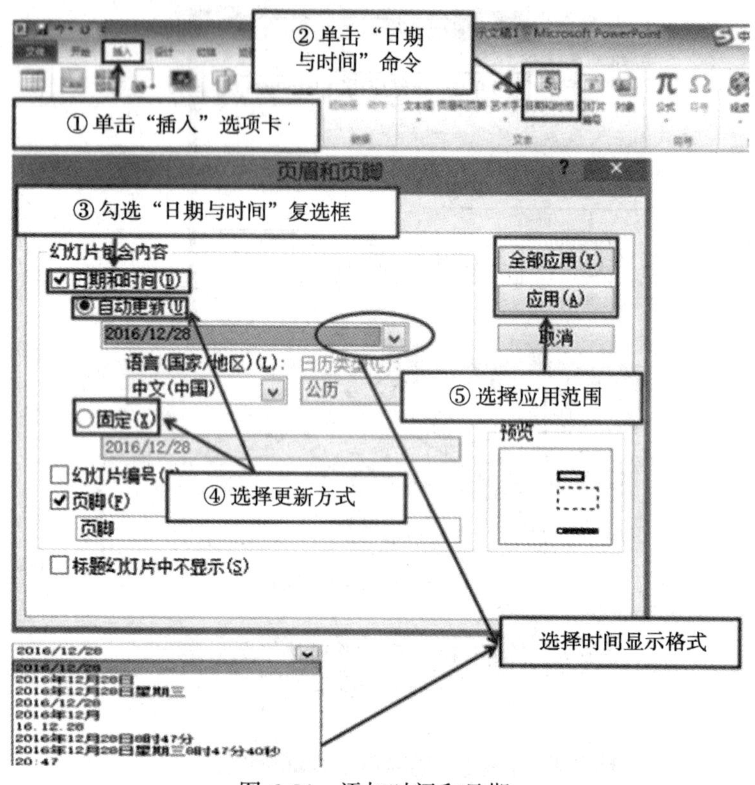


图 6-54　添加时间和日期

## 6.5　图 文 混 排

### 6.5.1　插入和编辑图片

幻灯片的功能是向观看者展示提纲和内容，如果每一页的幻灯片都布满文字，则显得乏味，无法集中观看者的注意力。但是如果能够插入一些图片，则会使幻灯片的界面更加丰富。在展示的过程中，不仅可以使演讲过程充满趣味，还能扩充幻灯片的内容，呈现出文字无法表达的内容。

1. 为幻灯片添加图片

1) 使用“插入图片”按钮

有的幻灯片版式直接提供了“插入图片”按钮，在“开始”→“版式”命令下选择带有插入图片的版式即可。用户单击这个按钮即可快速插入图片，如图 6-55 所示。在弹出的“插入图片”对话框中，打开图片所在路径，选中图片，单击“插入”按钮，如图 6-56 所示。插入图片完成后，如图 6-57 所示。

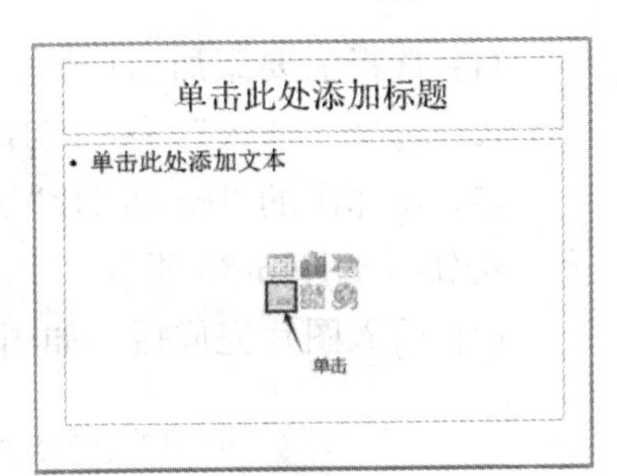


图 6-55　插入图片

2) 利用“插入”选项卡

如果没有“插入图片”按钮，就不能直接插入图片，此时就需要用到通用的插入功能。操作步骤如下：

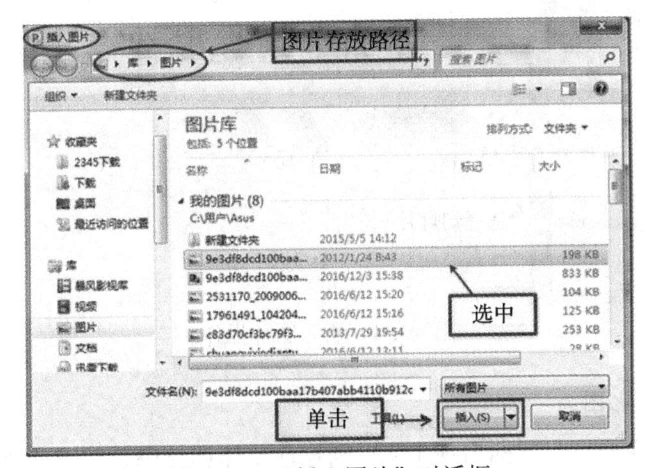


图 6-56　“插入图片”对话框

图 6-57　插入图片效果

(1) 选择需要添加图片的幻灯片。

(2) 选择“插入”→“图片”命令，如图 6-58 所示。

(3) 在弹出的“插入图片”对话框中，打开图片所在路径，选中图片，单击“插入”按钮，如图 6-56 所示。

(4) 插入图片完成后，如图 6-57 所示。

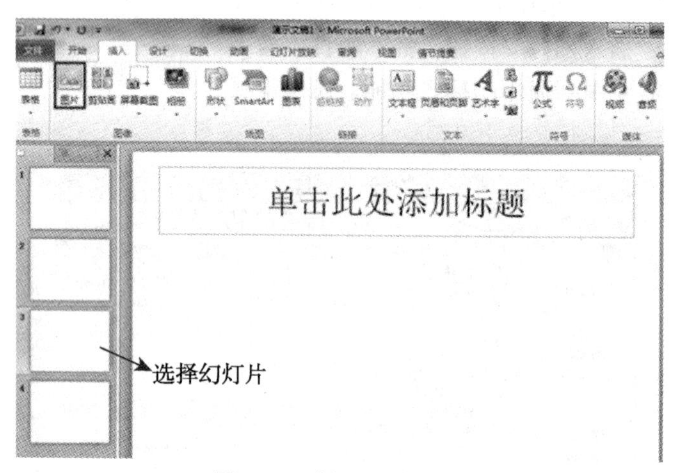


图 6-58　插入图片操作

2. 编辑美化图片

插入图片完成后，光标出现十字，则拖动整体调整图片位置，拖动图片边缘或调整图片大小。

单击“图片工具”→“格式”选项卡，选择“图片样式”组中合适的图片样式应用到该图片。在“图片工具 格式”工具栏中除了图片样式组，还提供了调整、排列、大小这三组完备的图片处理功能。

### 6.5.2　艺术字的使用

添加艺术字也是 PowerPoint 2010 版本所具备的一项强大的文字处理功能。除了程序内置的 30 种艺术字样式，使用者还可以根据需要对文字的字形、字号、形状、颜色添加特殊的效果，并且能将文字以图形图片的方式进行编辑。

为文本添加艺术字效果有两种方式。

1) 直接插入艺术字

艺术字插入过程如图 6-59 所示。

2) 为文本应用艺术字样式

更改艺术字样式的操作方法如图 6-60 所示。

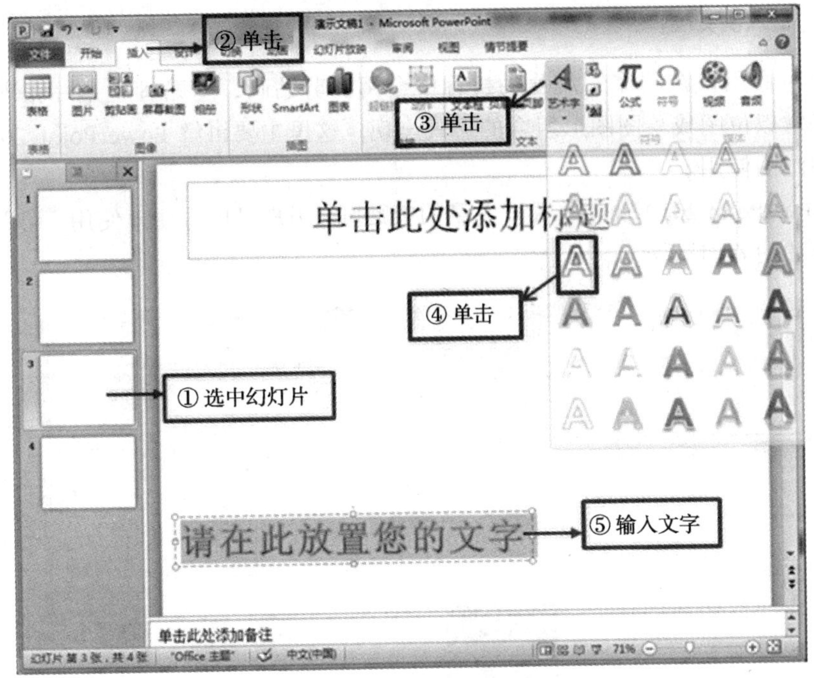


图 6-59　直接插入艺术字

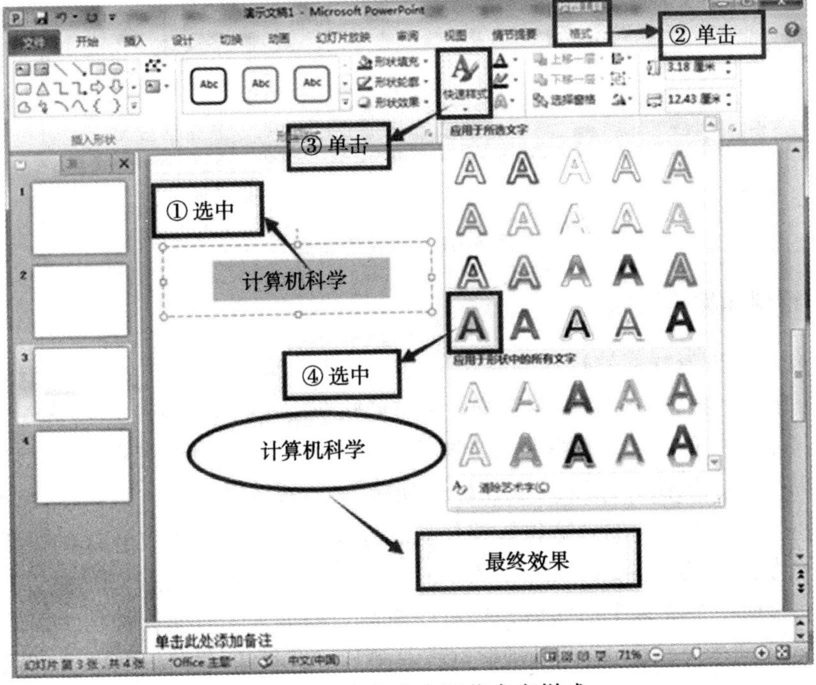


图 6-60　为文本应用艺术字样式

### 6.5.3 插入剪贴画

有时候用户在制作幻灯片的过程中会用到剪贴画，剪贴画就是一张现成的图片，经常以位图或绘图图形组合的形式出现。这里主要讲解 PowerPoint 2010 版本中剪贴画的使用。

PowerPoint 2010 软件内置了大量的剪贴画，用户可以方便地使用。插入剪贴画的步骤如图 6-61 所示。

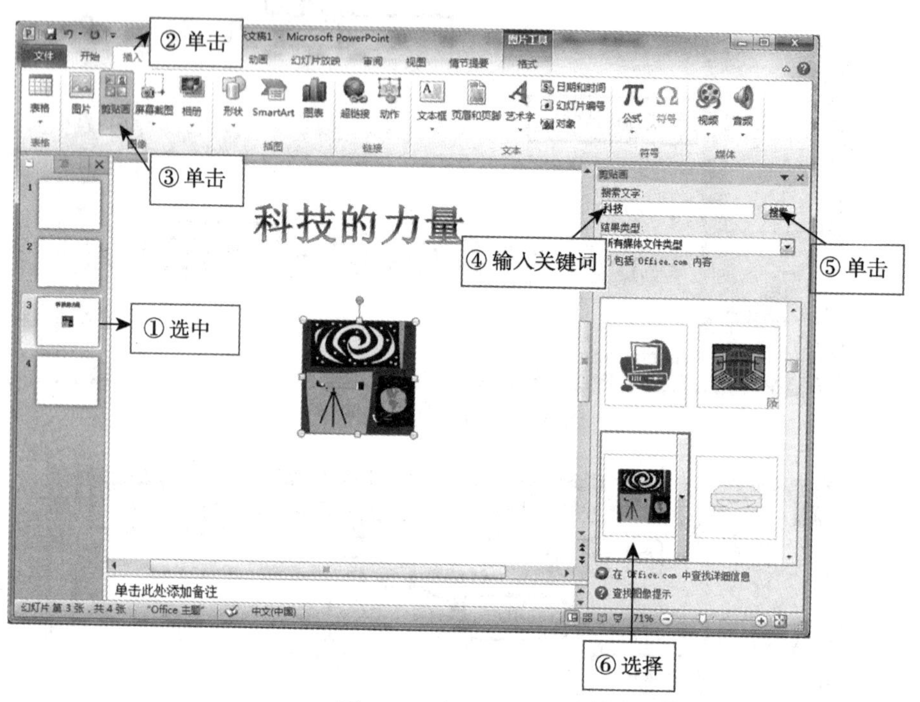


图 6-61 插入剪贴画

### 6.5.4 绘制和编辑形状

绘制和编辑形状在幻灯片的制作过程中也是必不可少的，它的操作步骤如下：

(1) 单击“插入”→“插图”组中的“形状”按钮的下拉列表，打开形状列表，从中选择需要的形状，可用的形状包括线条、基本几何形状、箭头、公式形状、流程图形状、星、旗帜和标注，如图 6-62 所示。

(2) 在选中幻灯片的合适位置按住鼠标拖动即可绘制。用户可以在幻灯片中添加一个形状，或者合并多个形状以生成一个绘图或一个更为复杂的形状。

(3) 添加一个或多个形状后，还可以在其中添加文字、项目符号、编号和快速样式。若要创建规范的正方形或圆形(或限制其他形状的尺寸)，在拖动鼠标的同时按住 Shift 键。

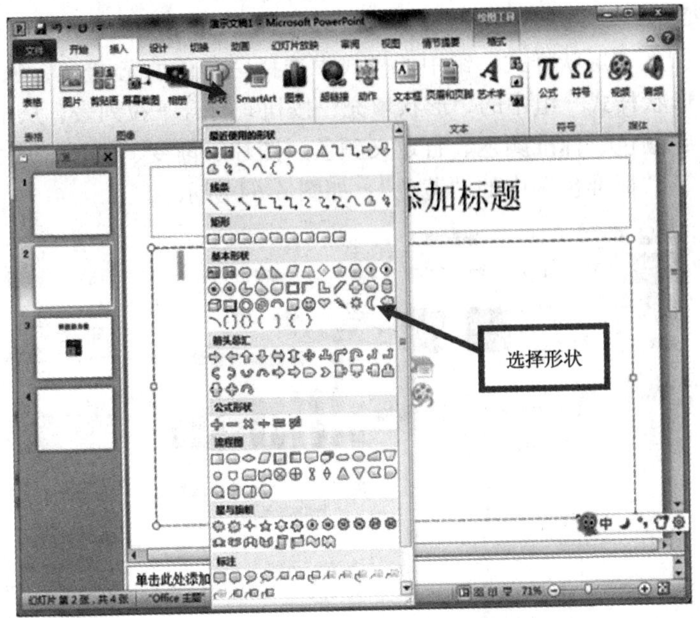


图 6-62　选择插入图形形状

以下实例演示在幻灯片中插入一个“太阳形”，最终呈现出一个太阳。

(1) 打开演示文稿，选择某一张幻灯片，如选中版式为空白的幻灯片。

(2) 单击“插入”→“插图”组中的“形状”按钮下拉列表中“基本形状”类别中的“太阳形”，此时指针变成“十”字形状。按下 Shift 键的同时按住鼠标拖动即可绘制出一个标准太阳图形，如图 6-63 所示。

图 6-63　绘制“太阳形”形状

(3) 改变形状颜色：选中绘制的“太阳”图形，单击功能区出现“绘图工具 格式”选项卡，从“形状样式”组中的样式中选择“彩色填充-橙色，强调颜色 6”。然后单击“形状样式”组中的“形状填充”按钮，打开下拉列表，从中选择要给形状填充的主题颜色、标准颜色、自定义颜色、图片、渐变、纹理，从中选取一个。例如，选择了“标准色”中的“黄色”，如图 6-64 所示。

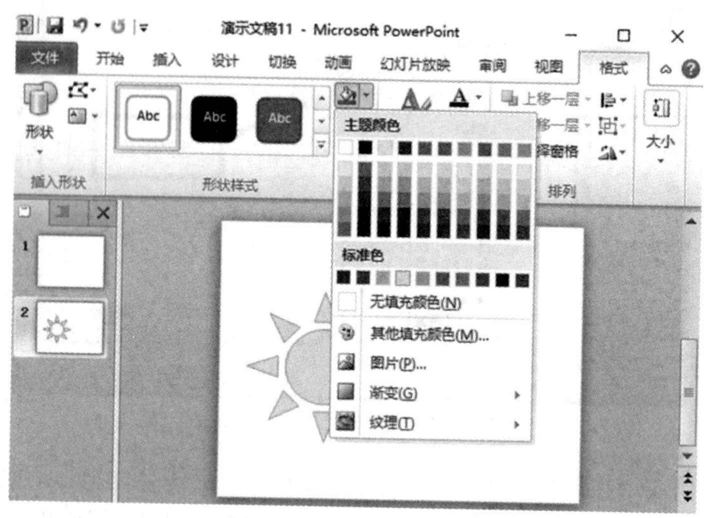


图 6-64　改变形状颜色

(4) 改变形状轮廓颜色：单击“形状轮廓”颜色按钮旁的下拉菜单，从中选择轮廓颜色。例如，选择“标准色”中的“红色”，如图 6-65 所示。

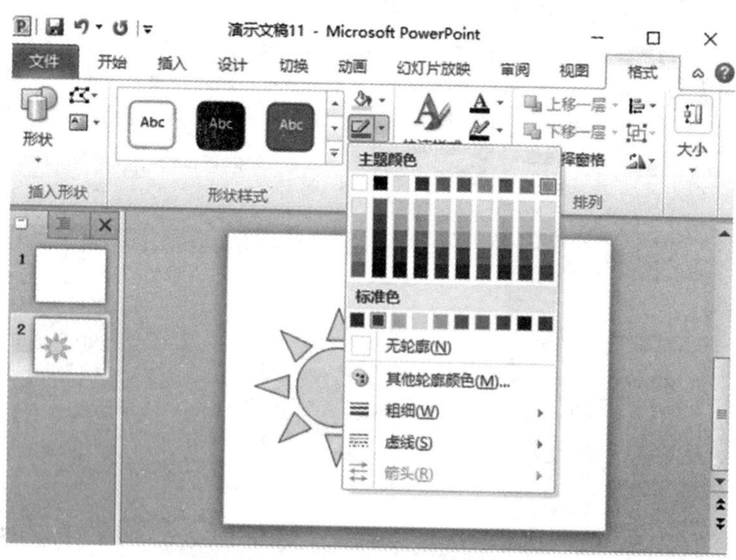


图 6-65　改变形状轮廓

(5) 添加形状效果：PowerPoint 2010 默认提供了许多效果可供选择，单击“形状效果”按钮，从下拉列表中选择用户需要的颜色，如“预设”中的“预设 5”，如图 6-66 所示。

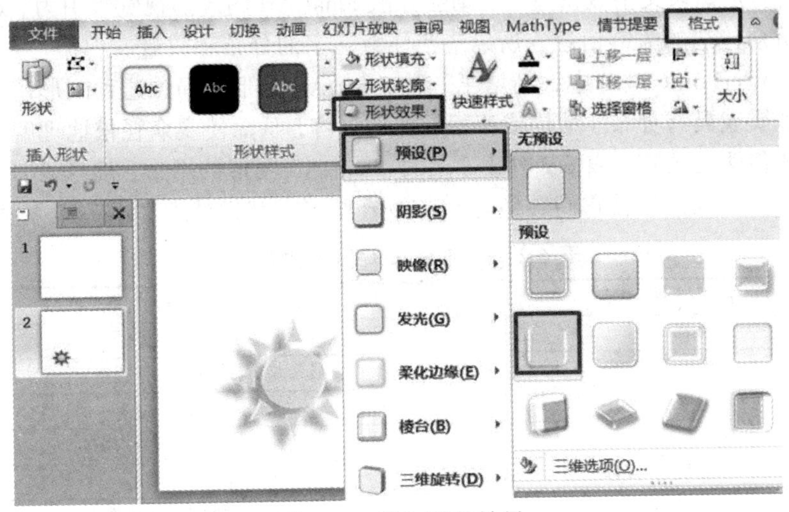


图 6-66　添加形状效果

(6) 排列形状：选中需要移动的形状，单击“排列”组中的各种调整按钮，如用户最初绘制了一个“月亮”图形，但被后来绘制的“太阳”图形挡住了。需要调整“月亮”到“太阳”前，需要如下操作：

选中“太阳”图形，单击“排列”组中的“下移一层”按钮(也可以选择“月亮”图形，单击“排列”组中的“上移一层”按钮)，如图 6-67 所示。

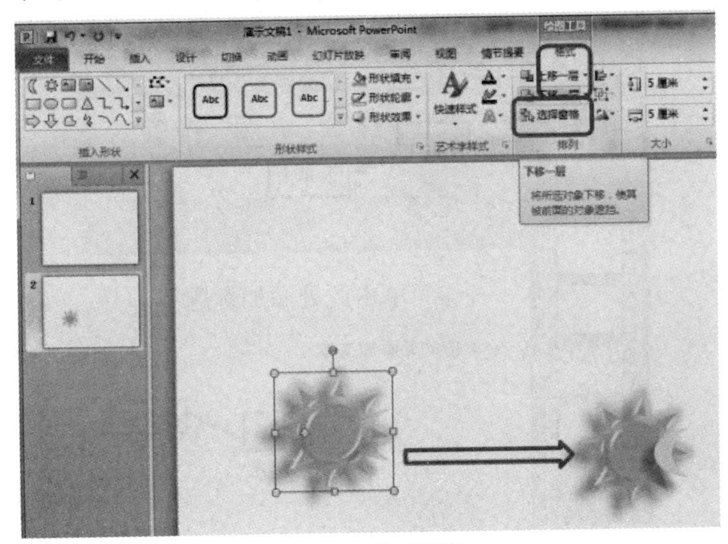


图 6-67　排列形状

### 6.5.5 SmartArt 的使用

使用 SmartArt 图形的目的是通过一定个数的形状和文字量来向观看者表达一些要点。但是如果文字数量过多，则会分散 SmartArt 图形的视觉吸引力，难以传达需要向听众传达的关键信息，所以应当注意文字的分布和数量。

在 PowerPoint 2010 中，新增了一种 SmartArt 图形布局，这种图形用于简洁并且直观地展现具有分布、结构或流程规律的内容，从而使观众轻松地理解幻灯片中用户需要传达的内容。表 6-2 列出了各种 SmartArt 图形的用途。而且，如果幻灯片上有图片，可以快速将它们转换为 SmartArt 图形，就像处理文本一样方便。

**表 6-2　各种 SmartArt 图形的用途**

| 使用类型 | 图形用途 |
| --- | --- |
| 列表 | 显示无序信息 |
| 流程 | 显示步骤(如流程、日程等) |
| 循环 | 连续流程 |
| 层次结构 | 决策树或创建组织结构图 |
| 关系 | 图示连接 |
| 矩阵 | 各部分与整体的关联性 |
| 棱锥图 | 与顶部(底部)最大部分的比例关系 |
| 图片 | 带图片形状的绘制 |

创建 SmartArt 图形的基本步骤如下：

(1) 在左侧幻灯片栏中选中待插入的幻灯片，然后单击“插入”→“插图组”中的“SmartArt”按钮(或在包含 SmartArt 占位符的幻灯片中直接单击占位符)，如图 6-68 所示。

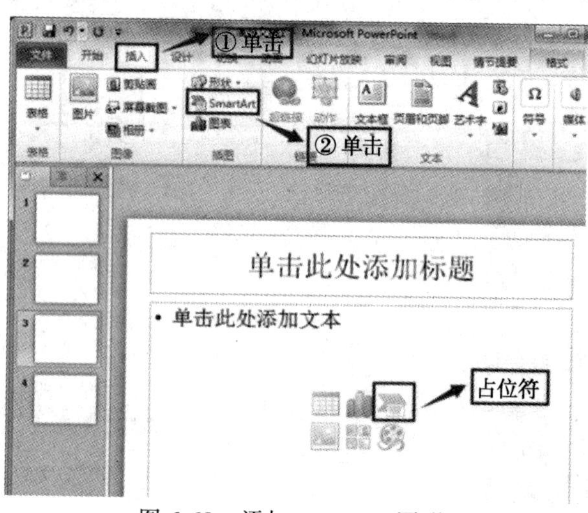


图 6-68　添加 SmartArt 图形

(2) 弹出插入选项对话框，根据相应的内容选取最佳匹配的 SmartArt 图形。例如，选择“关系”中的“基本维恩图”，用来说明一个人的三种身份。单击“确定”按钮，插入所选幻灯片中，如图 6-69 所示。

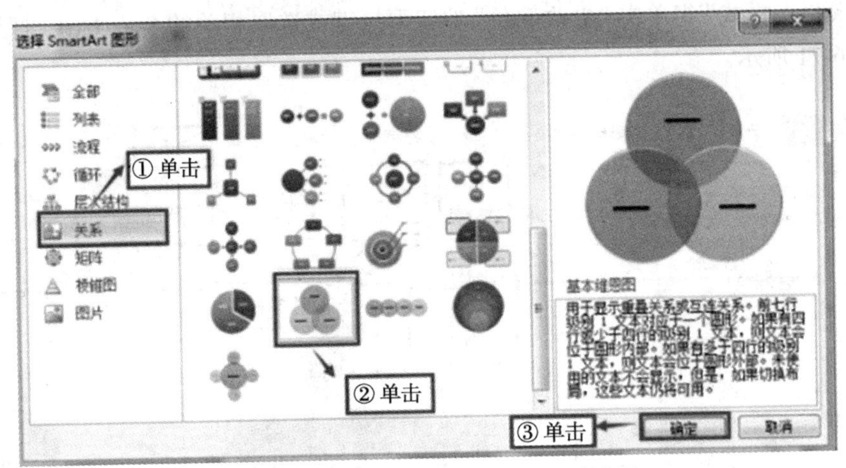


图 6-69　“选择 SmartArt 图形”对话框

(3) 单击插入的 SmartArt 图形中的文字区域“[文本]”输入相应文字，或单击图形旁边的文本窗格图标输入相应文字，最后拖动边框调整图形的大小、位置等，如图 6-70 所示。

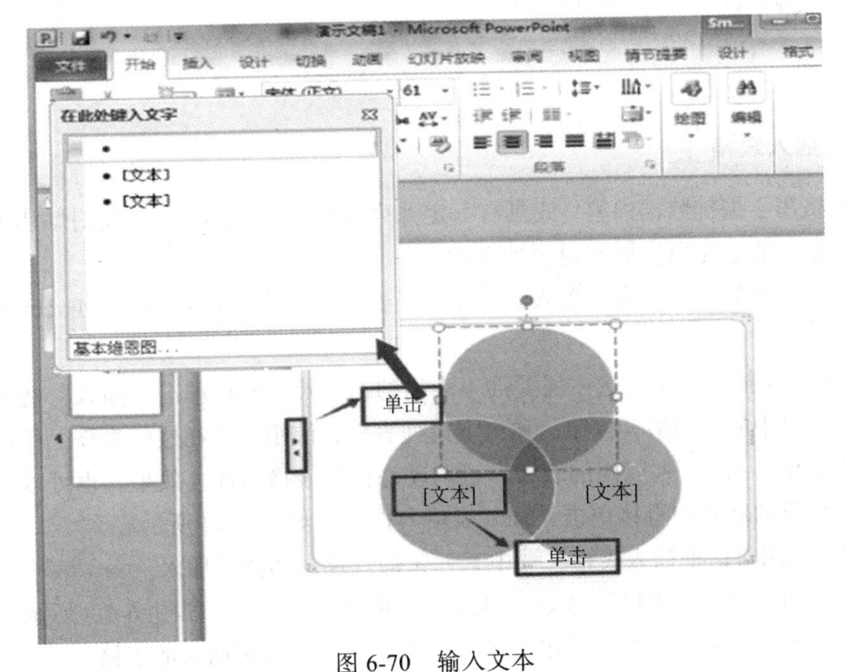


图 6-70　输入文本

(4) 直接插入的 SmartArt 图形并不一定可以满足用户的表达需求，如形状个数不足，就可以单击“SmartArt 工具”→“设计”→创建图形组“添加形状”按钮右侧的下拉列表，从中选取插入形状的位置。当样式色彩比较单一时，用户可在“SmartArt 样式”组单击“更改颜色”按钮下拉键或选取相关的 SmartArt 图形样式，如图 6-71 所示。

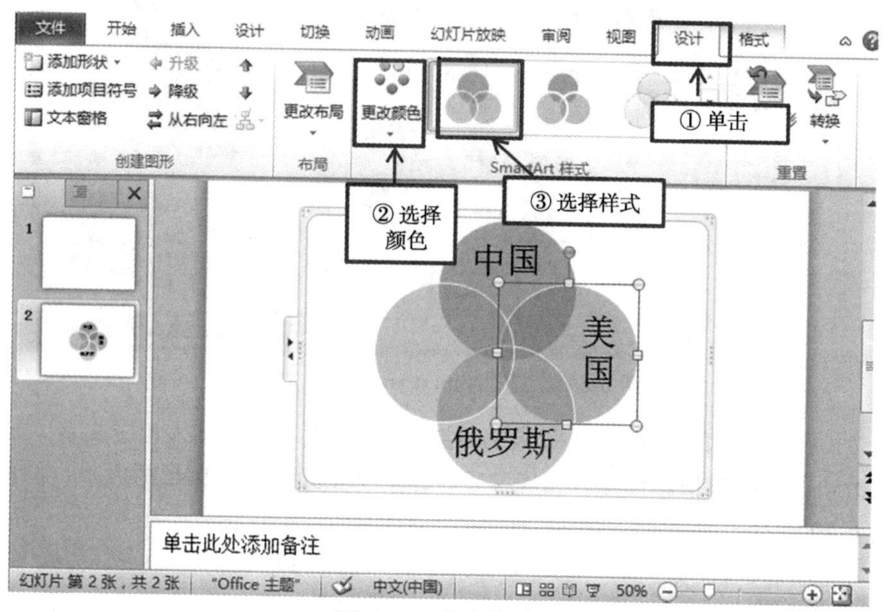


图 6-71　美化样式

### 6.5.6　插入表格

表格用于编排数据内容，或具有一定并列或顺序规律的文本。在幻灯片中合理使用表格，能够让内容展现得更加合理。

插入表格的方法有直接插入、利用对话框插入、绘制表格和插入 Excel 电子表格。

(1) 直接插入表格：选中需要插入表格的幻灯片，然后单击“插入”选项卡→“表格”组中的“表格”按钮，弹出下拉列表框，使用鼠标在这些表格上移动，可快速绘制出 8 行 10 列以内的表格，可以动态预览表格的插入效果。也可以在含有表格占位符的版式中直接单击“插入表格”按钮，如图 6-72 所示。

(2) 利用对话框插入表格：选中某一张幻灯片，选择“插入”→“表格”组中的表格按钮→“插入表格”命令，输入插入的行数和列数，如图 6-73 所示，输入列数为“5”，行数为“2”，单击“确定”按钮，可以看到插入的表格。

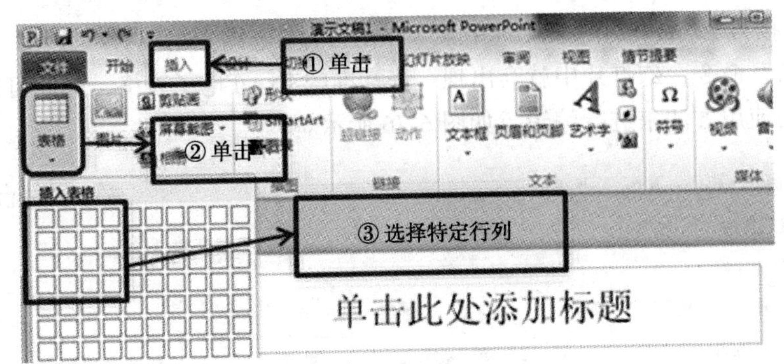

图 6-72　直接插入表格

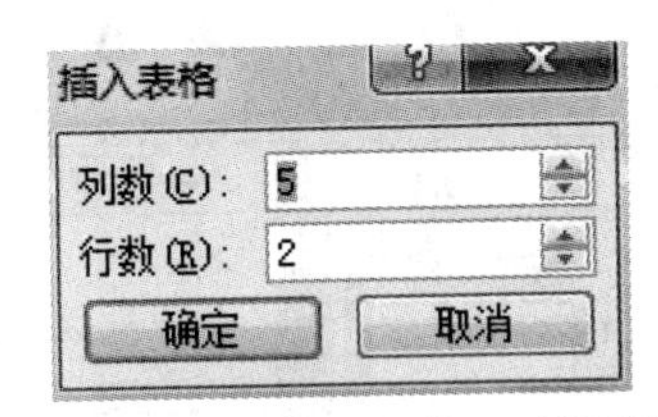

图 6-73　“插入表格”对话框

插入表格之后可以利用鼠标调整表格的大小、单元格与单元格之间的距离、移动表格的位置等，如图 6-74 所示。

(3) 绘制表格：选中某一张幻灯片，选择“插入”→“表格”组中的表格按钮→“插入表格”命令，光标就会变成铅笔形状，然后用户就可以根据自己的需要手动绘制表格。如果对默认的格式不满意还可以进行加工，单击表格，然后单击“表格工具”栏的“设计”→“表格样式”对表格进行设计。在“艺术字样式”组则可以选择快速样式或自己任意修改字体大小形状。在“绘图边框”组就可以对表格进行设计和修改了，如图 6-75 所示。

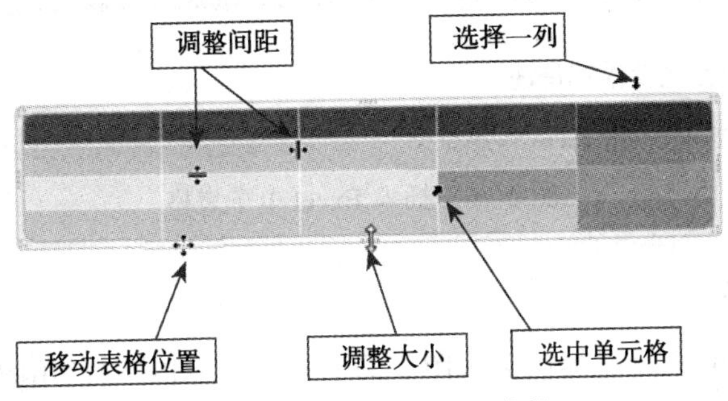

图 6-74　利用鼠标调整表格

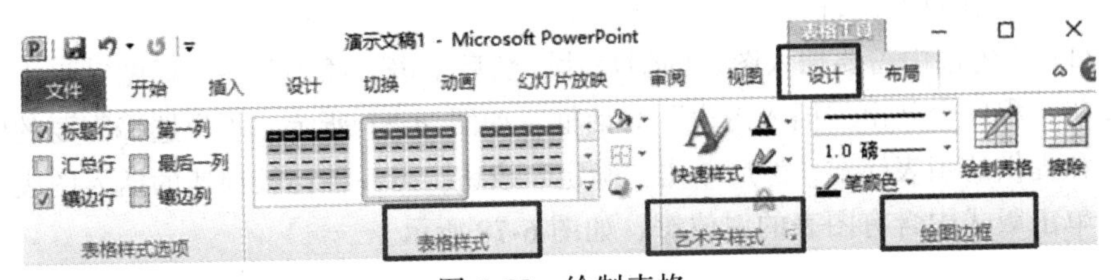

图 6-75　绘制表格

(4) 插入 Excel 电子表格：选中某一张幻灯片，选择“插入”→“表格”→“Excel 电子表格”命令，幻灯片中就会出现一张标准的 Excel 电子表格，对此可以参考电子表格的使用方法来进行编辑，如图 6-76 所示。

图 6-76　插入 Excel 电子表格

### 6.5.7　插入图表

PowerPoint 2010 仍然提供插入图表的功能，在幻灯片中使用图表可以将数据直观地呈现，使观看者更加清晰地了解幻灯片的内容。

插入图表的步骤如下：

(1) 首先选中需要插入图表的幻灯片，然后单击“插入”→“插图”组中的图表按钮，程序会弹出“插入图表”对话框，如图 6-77 所示。用户选择需要的图表类型和提供的图表样式，然后单击“确定”按钮。另一种比较快速的插入图表方式是：单击版式中含有图表的占位符，如图 6-78 所示。

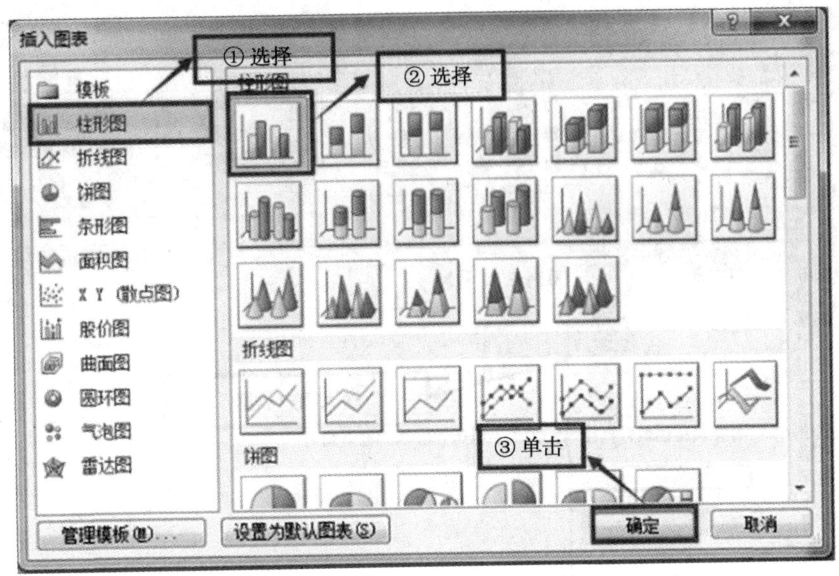


图 6-77　“插入图表”对话框

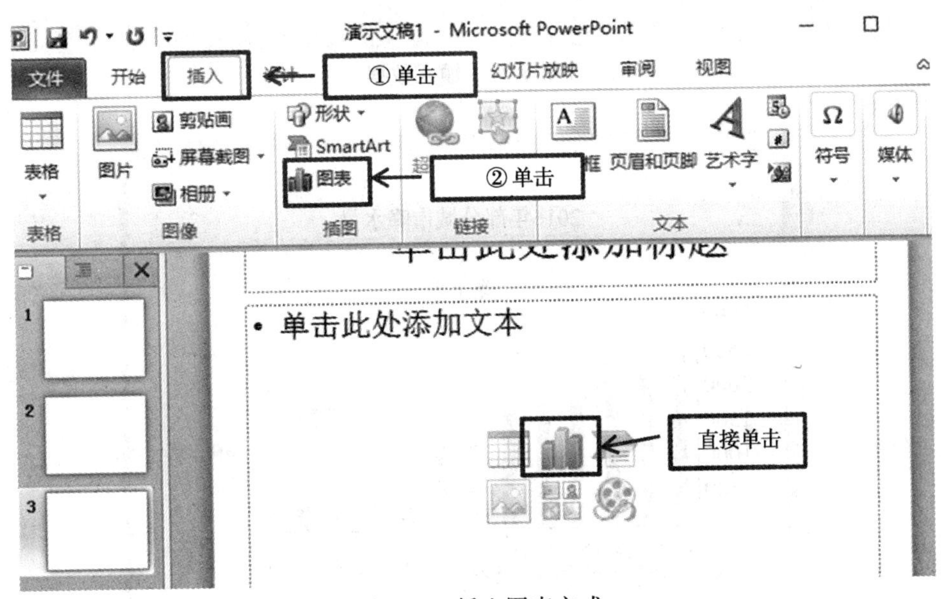


图 6-78　插入图表方式

(2) 在弹出的 Excel 表格中用户输入自己的数据。例如，要显示 2016 年部分省会城市的降水量，输入数值。选择柱形图里的簇状柱形图，从表格数值的最右下角移动蓝色边框，使系列 2 和系列 3 不包含在内，如图 6-79 所示。操作完成之后，关闭 Excel。此时可以看到插入的图表，如图 6-80 所示。

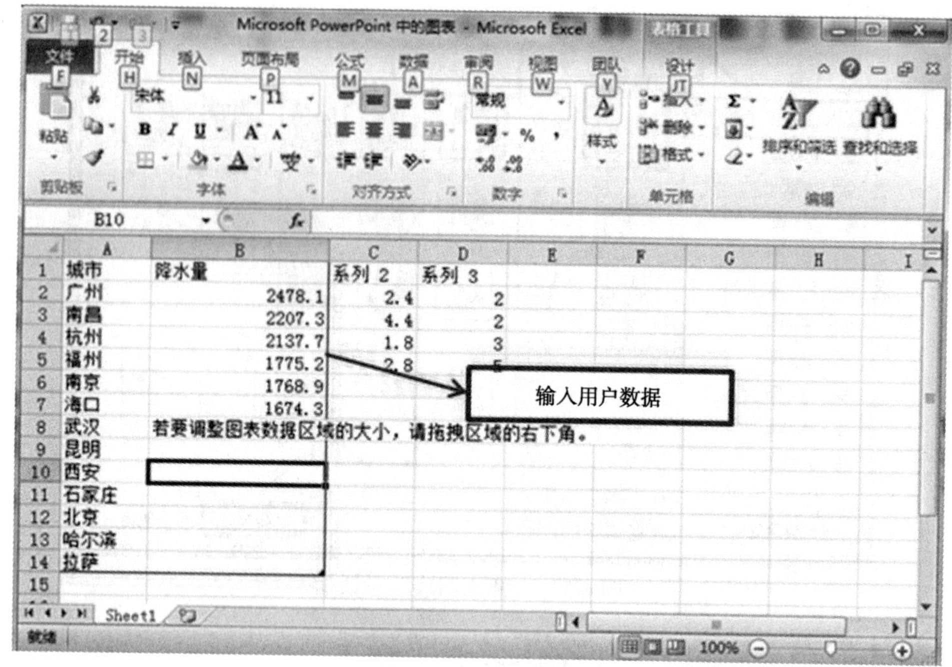


图 6-79　输入数据

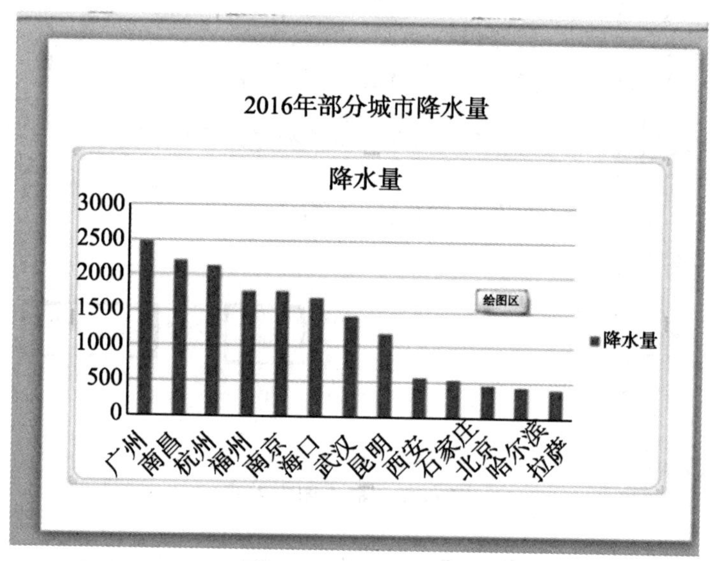


图 6-80　插入的图表

(3) 选中图表，可以看到选项卡上出现了“图表工具→设计/布局/格式”选项卡，利用这些选项卡可以美化调整表格，如图 6-81 所示。

图 6-81　“图表工具”选项卡

# 6.6　添加媒体文件

### 6.6.1　插入音频

使用者在制作幻灯片时，有时需要插入一些音频文件，以达到意想不到的效果。插入的音频文件可以是来自系统的文件，也可以是用户自己录制的音频文件，对于插入的声音文件还可以根据需要进行剪裁。

1. 插入来自文件的音频

操作步骤如下：

(1) 选中需要添加音频的幻灯片，单击“插入”→“媒体组”中的“音频”按钮下方的下拉列表，从中选择“文件中的音频”(或者直接单击“音频”图标按钮)，如图 6-82 所示。

图 6-82　插入文件中的音频

(2) 在弹出的“插入音频”对话框中浏览插入音频的地址，找到音频文件，然后“选中该文件”，单击“插入”按钮，如图 6-83 所示。

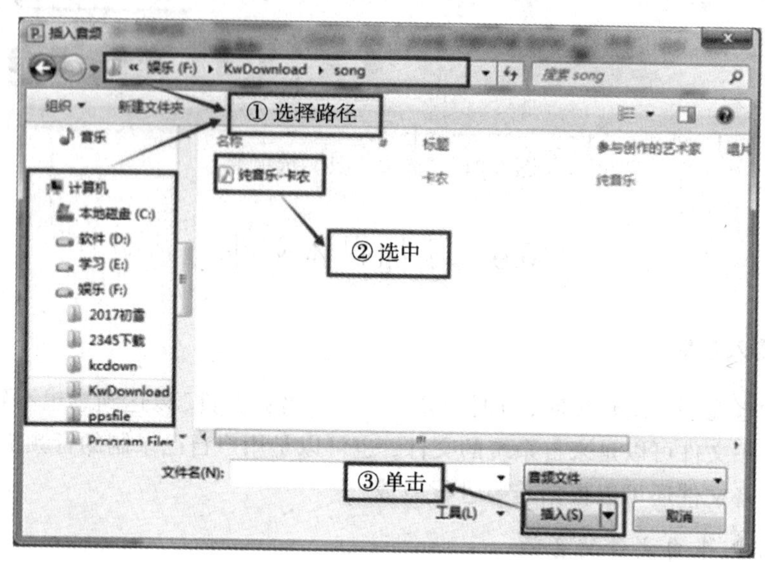


图 6-83　“插入音频”对话框

(3) 插入音频后，选中音频，利用“音频工具 播放”选项卡设置音频播放的细节，如图 6-84 所示。设置播放选项的操作如下：

① 在幻灯片上，选中声音图标。然后单击下方的播放按钮，可以预览播放效果。

② 如果要从播放第一张幻灯片开始时就播放声音，需要把音频插入第一张幻灯片，然后在“音频选项”组中设置声音“开始”形式为“自动”。

③ 如果需要手动播放，请在“音频选项”组中设置声音“开始”形式为“单击时”。

④ 如果需要在演示文稿切换到下一张时播放声音(此时未切换到，已在插入音频的幻灯片中开始播放)，要在“音频选项”组中设置声音“开始”形式为“跨幻灯片播放”。

⑤ 如果需要播放时幻灯片中不显示声音图标，要在“音频选项”组选中“放映时隐藏”复选框。

⑥ 如果需要连续播放声音，直到停止播放(如演示文稿放映结束)，需在“音频选项”组选中“循环播放，直到停止”复选框。

⑦ 在选择了“自动”开始播放，并且选中了“循环播放，直到停止”时，进入下一张幻灯片后，声音将终止。

图 6-84　设置播放

2. 录制音频

除了直接插入来自文件中的音频，有时根据需要插入录制音频能达到更好的效果。另外，还可以将旁白插入演示文稿中，以便演讲者或缺席者在日后观看。

操作步骤如下：

单击“插入”→“媒体”组中的“音频”按钮的下拉按钮，在弹出的下拉菜单中选择“录制音频”命令，弹出如图 6-85 所示的“录音”对话框。在“录音”对话框的“名称”文本框中输入声音的名称，单击“开始录制”按钮，开始录制；单击“停止”按钮，停止录音；单击“播放”按钮，检查音频的录制效果。

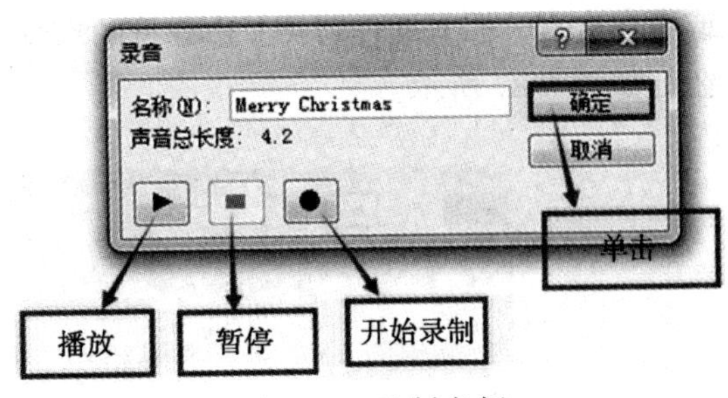


图 6-85　录制音频

录制好的音频插入幻灯片之后，选中音频，利用“音频工具 播放”选项卡设置音频播放的细节。

3. 剪裁音频

对于插入幻灯片的音频文件，无论是来自文件中的音频还是录制的音频，最后都可以根据实际的放映需要进行剪裁，只保留下需要播放的某个声音片段。

操作步骤如下：

选中声音图标后，单击“音频工具 播放”→“编辑”组中的“剪辑音频”按钮，弹出如图 6-86 所示的“剪裁音频”对话框，从左向右拖动绿色的标记，确定

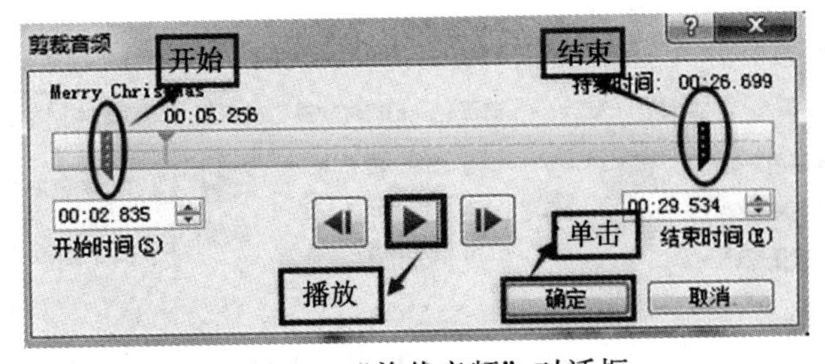


图 6-86　“剪裁音频”对话框

裁剪的音频起始位置；从右向左拖动红色标志，确定裁剪的结尾。两个标志之间的长度就是裁剪的音频，可以单击中间的“播放”测试裁剪效果，也可以在“开始时间”和“结束时间”输入或调整裁剪音频的具体时间。单击“确定”按钮插入编辑好的声音文件。

### 6.6.2 插入视频

在幻灯片中插入视频文件，可以让演示文稿更加生动有趣，给观看者带来不一样的体验。PowerPoint 2010 提供了多种兼容的视频格式，如.swf、.flv、.mp4、.avi、.wmv 等。插入视频文件操作如下：

(1) 单击“插入”→“媒体”组中“视频”的下拉按钮，选择不同来源的视频，或者在含有“插入媒体剪辑”占位符的幻灯片版式中直接单击“插入媒体剪辑”按钮，如图 6-87 所示。

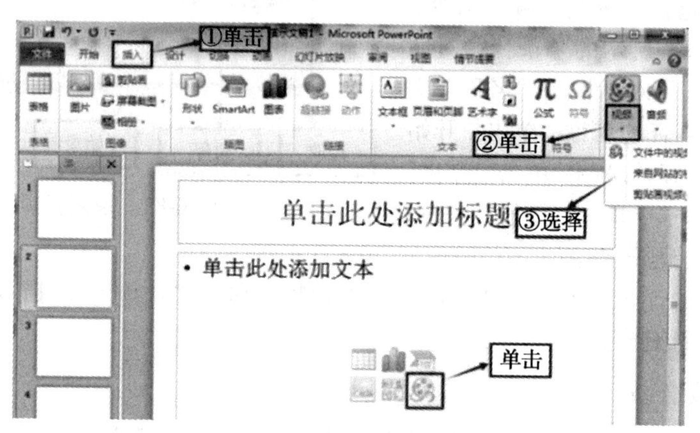


图 6-87 插入视频文件

(2) 选中插入的视频，利用“视频工具 格式”选项卡设置视频边框、形状、效果等。利用“视频工具 播放”选项卡设置视频的播放选项，与音频的设置类似，如图 6-88 所示。

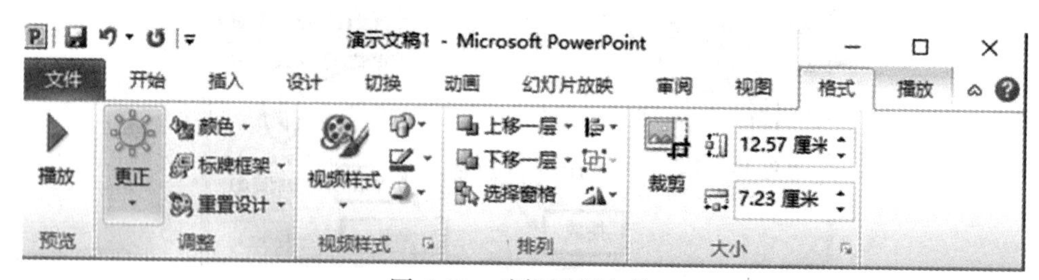


图 6-88 编辑视频文件

# 6.7　使 用 动 画

用户可以为幻灯片的标题、副标题、文本或图片等对象添加动画效果，从而使幻灯片的放映生动活泼。

PowerPoint 2010 演示文稿中的动画效果分为 PowerPoint 2010 自定义动画以及 PowerPoint 2010 切换效果两种动画效果。

## 6.7.1　自定义动画

可以将 PowerPoint 2010 演示文稿中的文本、图片、形状、表格、SmartArt 图形和其他对象制作成动画，赋予它们进入、退出、大小或颜色变化甚至移动等视觉效果。让观众将注意力集中在要点上，也可以提高观众对演示文稿的兴趣。

“进入”效果。确定动画的对象，单击“动画”选项，选择“动画”类型，如对象“进入”动画的“轮子”效果。还可以在“动画”选项中进一步调整动画的参数，如动画持续时间、开始与延迟，如图 6-89 所示。

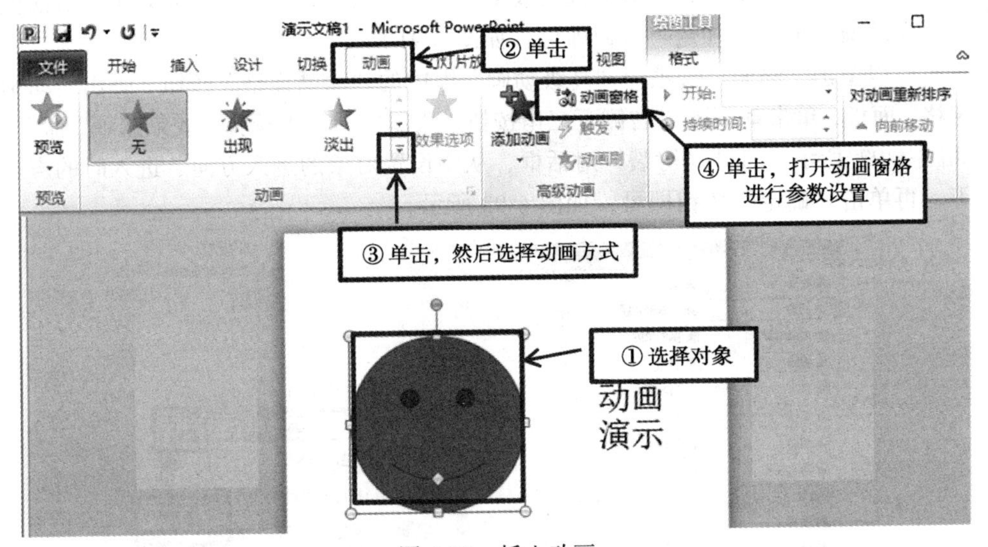


图 6-89　插入动画

可以通过单击“动画”组中的“其他”按钮，展开所有内置的动画效果，如图 6-90 所示。

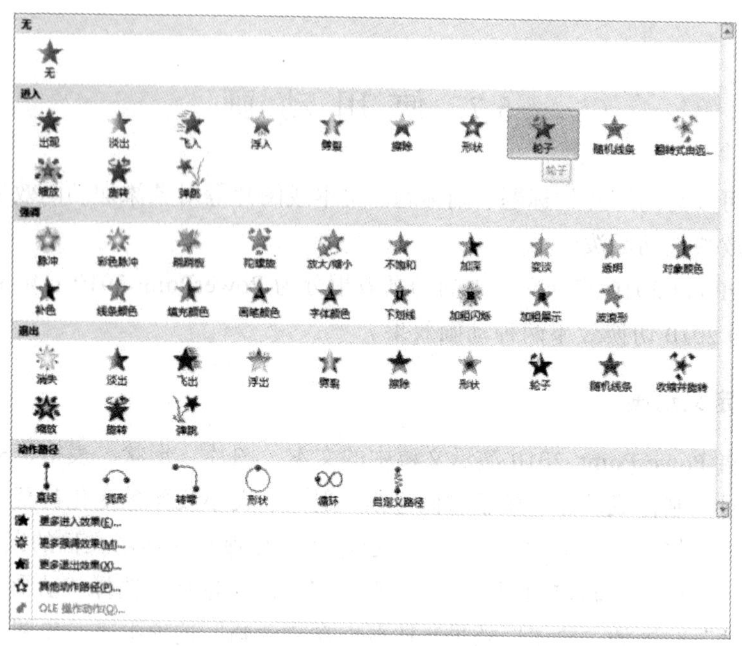


图 6-90　内置动画

还可以在列表中选择“更多进入效果”命令，然后在“更改进入效果”对话框中选择动画，单击“确定”按钮即可，如图 6-91 所示。

可以单击“动画”选项→“高级动画”组中的“动画窗格”按钮，弹出“动画窗格”面板，单击动画效果右侧下三角按钮，从下拉列表中选择“效果选项”命令，如图 6-92 所示。打开“劈裂”对话框，从中设置对象的进入方向、进入时的声音等，再单击“确定”按钮即可，如图 6-93 所示。

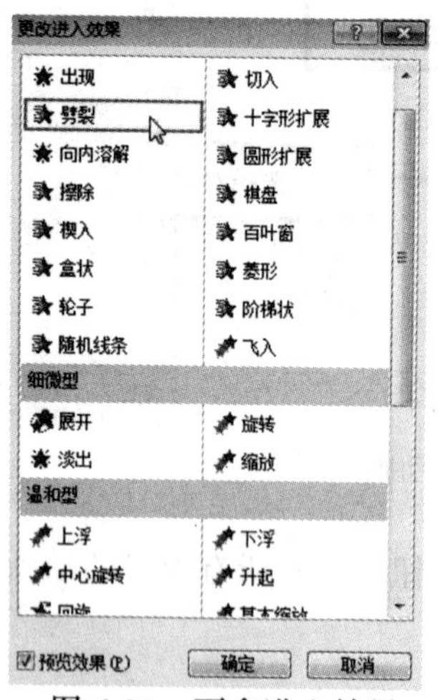


图 6-91　更多进入效果

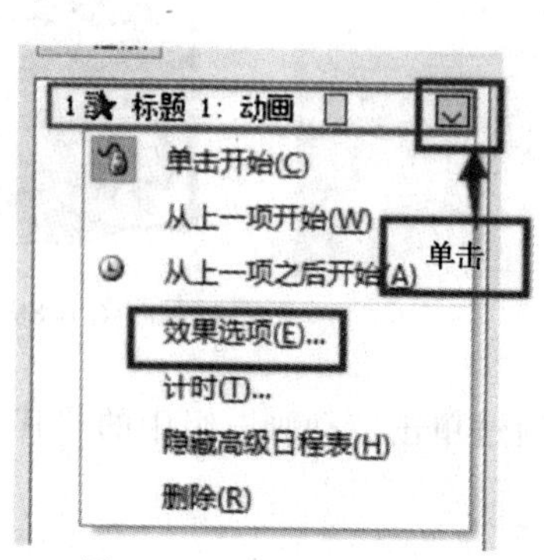


图 6-92　“动画窗格”

也可以直接单击“效果选项”来设置对象的进入方向，如图 6-94 所示。

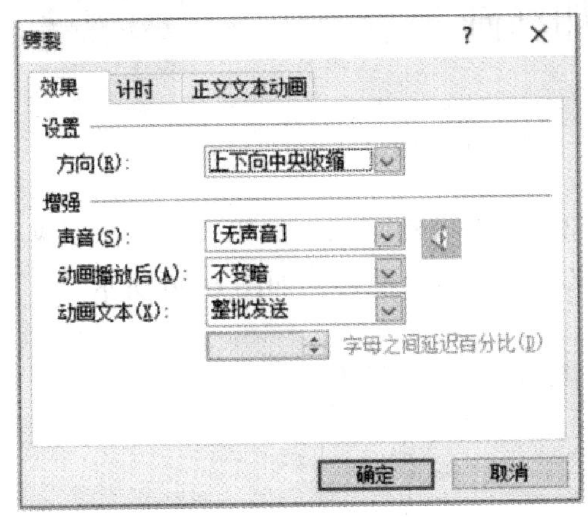


图 6-93　“劈裂”对话框

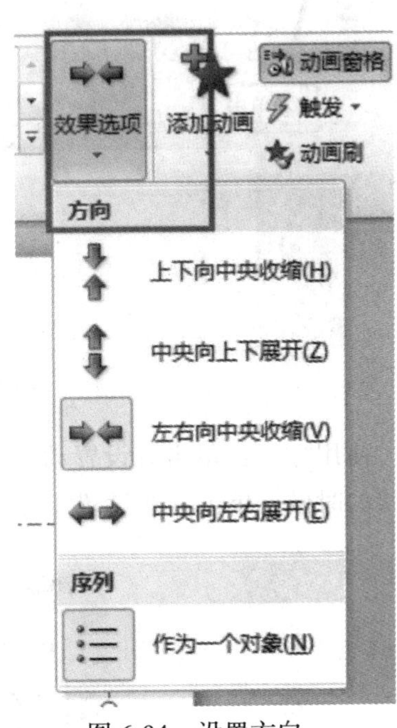


图 6-94　设置方向

动画还有“强调”效果、“退出”效果和“动作路径”效果，其设置方法和“进入”效果动画设置基本相同。四类动画效果及其作用如表 6-3 所示。

**表 6-3　四类动画效果及其作用**

| 动画效果 | 作用 |
|---|---|
| 进入效果 | 可以使对象逐渐淡入焦点、从边缘飞入幻灯片或者跳入视图中等 |
| 退出效果 | 让对象飞出幻灯片、从视图中消失或者从幻灯片旋出 |
| 强调效果 | 包括使对象缩小或放大、更改颜色或沿着其中心旋转 |
| 动作路径效果 | 可以使对象上下移动、左右移动或者沿着星形或圆形图案移动(与其他效果一起) |

以上四种自定义动画，可以单独使用任何一种动画，也可以将多种效果组合在一起。例如，可以对某个标题应用“飞入”进入效果及“放大/缩小”强调效果，使它在从左侧飞入的同时逐渐放大。

幻灯片自定义动画技巧：“动画刷”。“动画刷”是一个能复制一个对象的动画，并应用到其他对象的动画工具。在菜单“动画”的“高级动画”里面的“动画刷”如图 6-95 所示。

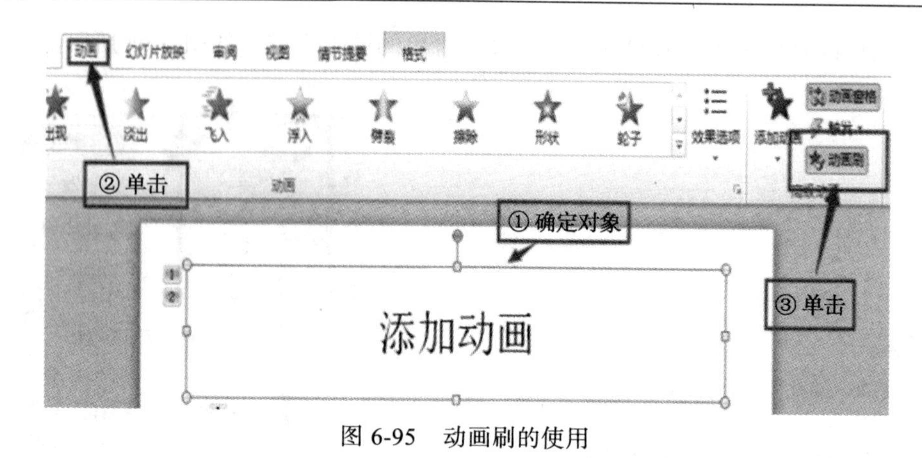

图 6-95　动画刷的使用

使用方法：单击有设置动画的对象，双击“动画刷”按钮，当鼠标变成刷子形状的时候，单击需要设置相同自定义动画的对象便可，如图 6-96 所示。

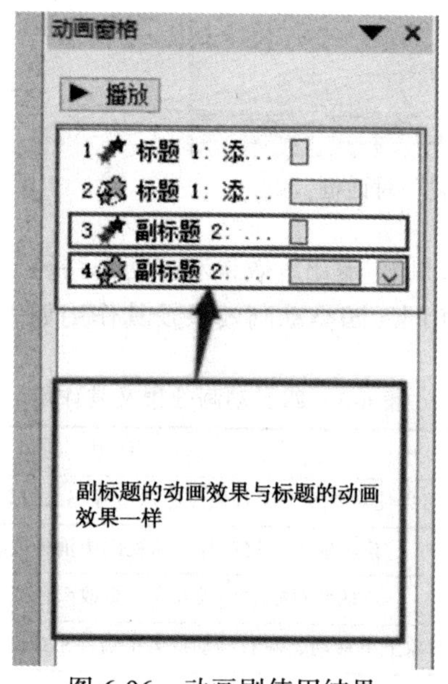

图 6-96　动画刷使用结果

### 6.7.2　切换效果

在演示文稿放映过程中由一张幻灯片进入另一张幻灯片就是幻灯片之间的切换。为了使幻灯片更具有趣味性，在幻灯片切换时可以使用不同的技巧和效果。

幻灯片在放映过程中，用一般的方式切换幻灯片显得单一、不灵活，设置“幻灯片切换效果”后，采用变化的设置方式动态地显示幻灯片的内容，可活跃演示文稿的氛围，吸引观众的注意力，加强观众的视觉印象，加强幻灯片的放映效果。

操作步骤如下：

(1) 打开要设置切换方式的演示文稿，在普通视图下，选中某一张或几张幻灯片。

(2) 单击“切换”选项，打开“切换方式”的其他按钮，会展开所有内置的“切换效果”列表框，如图 6-97 所示。

(3) 在该列表框中选择“碎片”的切换效果，单击之后会出现预览。也可以单击“预览”按钮预览动画的应用效果，如图 6-98 所示。

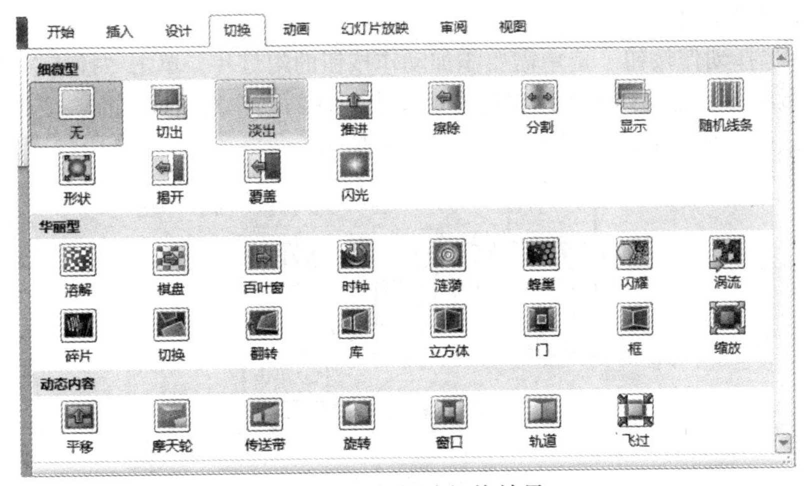


图 6-97　幻灯片切换效果

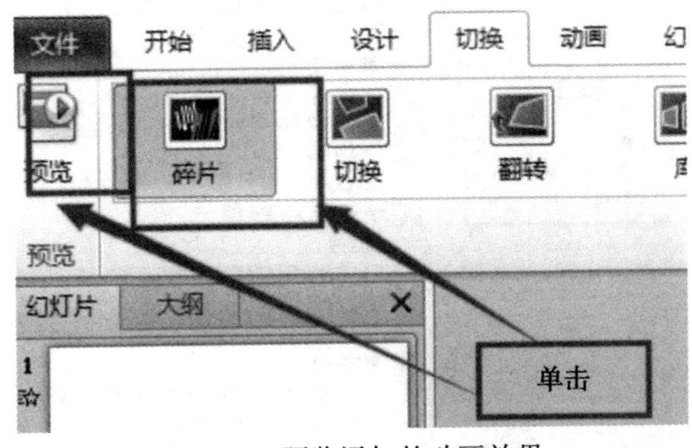


图 6-98　预览添加的动画效果

(4) 如需要进一步调整，可以打开效果选项，对所选切换的变体进行更改，利用“切换”选项卡更详细地设置切换声音、切换时间、换片方式等效果，如图 6-99 所示。

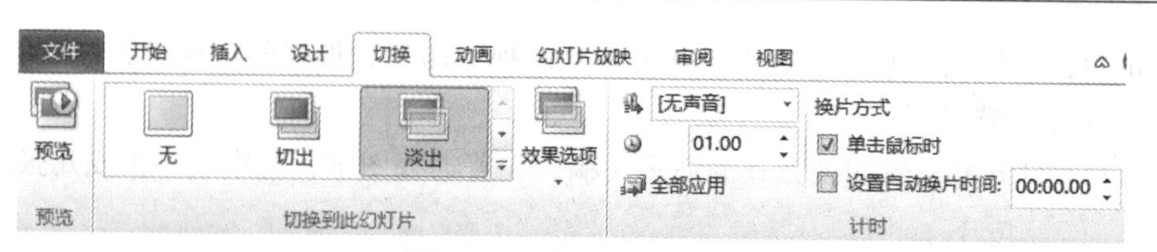


图 6-99 “切换”选项卡

### 6.7.3 制作交互式幻灯片

动作按钮通常用于快速在上一张或下一张幻灯片之间切换，也可以自定义从哪张幻灯片跳转到哪张幻灯片。

操作步骤如下：

(1) 选择动作按钮。选中需要添加动作按钮的幻灯片，单击“插入”选项卡，单击“形状”按钮，列表中用鼠标左键单击选择的动作按钮，鼠标会变为“+”字形，用鼠标在页面上拉动即可，如图 6-100 所示。

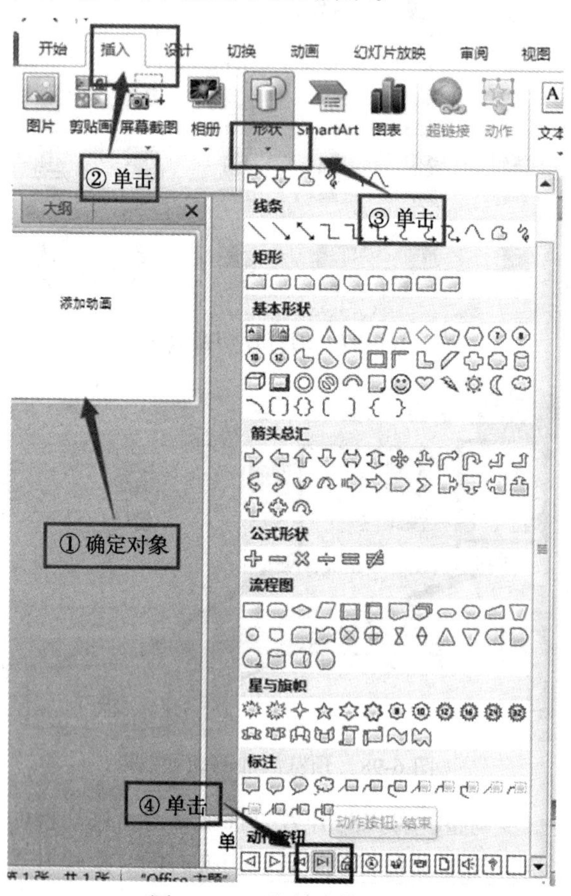


图 6-100 绘制动作按钮

(2) 插入动作按钮并定义按钮动作：定义链接到的对象。可以选择当鼠标单击按钮时发生的动作，如超链接到某处，如图 6-101 所示。

如果需要单击动作按钮时有声音，可以选中“播放声音”前的复选框，并打开下拉列表从中选择声音，如“打字机”、“爆炸”、“抽气”等，如图 6-102 所示。

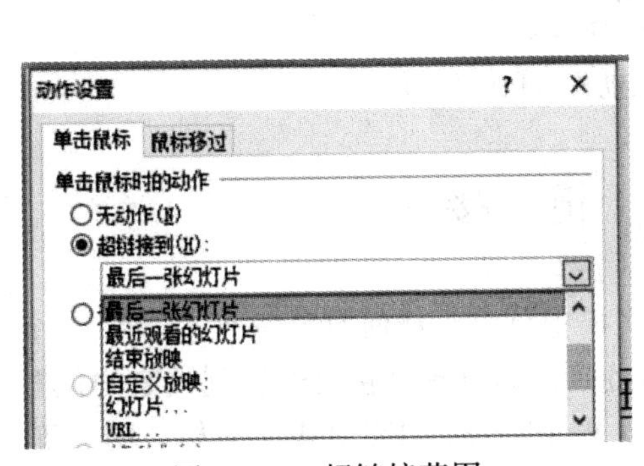


图 6-101　超链接范围

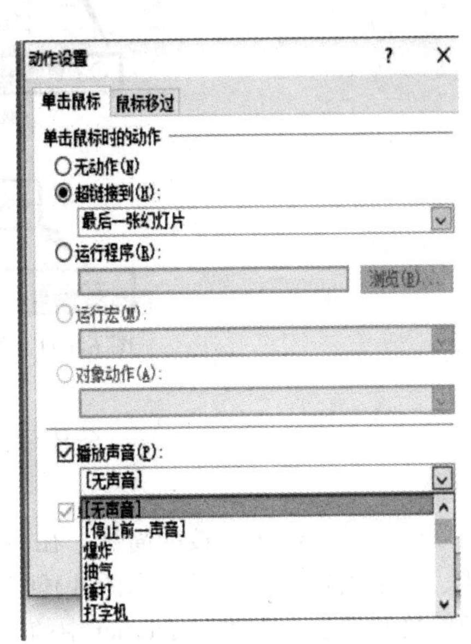


图 6-102　动作按钮的播放声音

图 6-103 给出了动作按钮的默认设置。

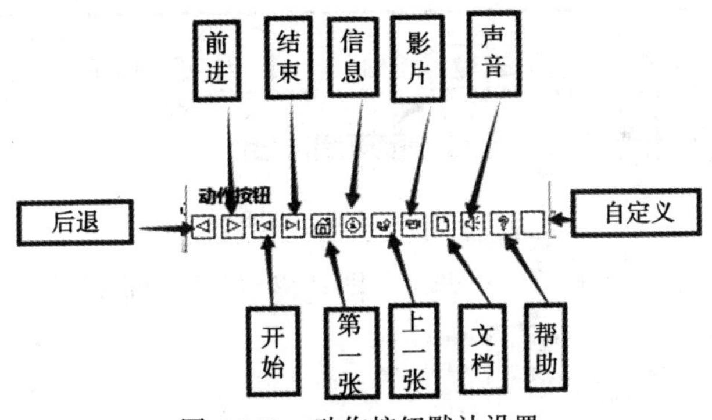


图 6-103　动作按钮默认设置

当不需要动作按钮时，可以用鼠标右键单击对象，然后单击“取消超链接”，再删除动作按钮图标即可，如图 6-104 所示。

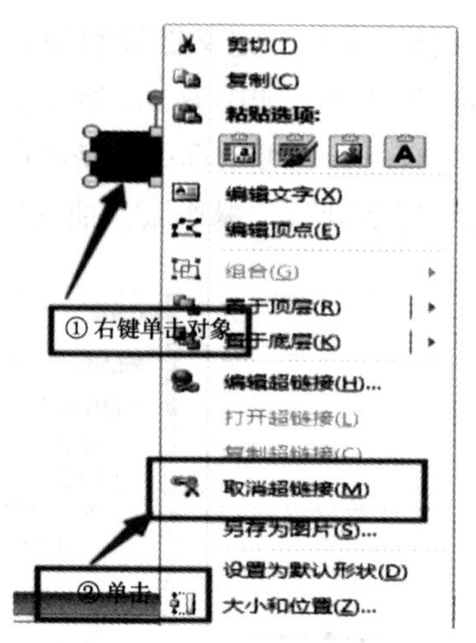


图 6-104　取消动作按钮的作用

# 6.8　超　链　接

超链接是超级链接的简称，在演示文稿中可以对任何对象(一个文本、一个形状、一个表格、一个图形和图片)创建超链接。通过超链接可跳转到设定的位置以及链接其他演示文稿、Internet 中的网站、Word 文档、Excel 电子表格、网页等。

1) 插入超链接

方法一：选中对象(文字或图片等)，单击“插入”，单击“超链接”按钮(快捷键为 Ctrl+K)，弹出“插入超链接”对话框，根据需要进行选择，如图 6-105 所示。

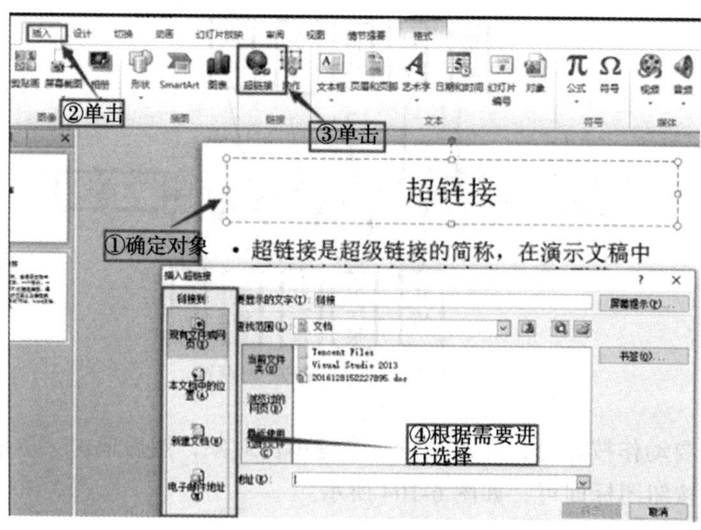


图 6-105　设置超链接(方法一)

方法二：选中对象(文字或图片等)，单击鼠标右键，单击“超链接”，弹出“插入超链接”对话框，再根据需要进行选择，如图 6-106 所示。

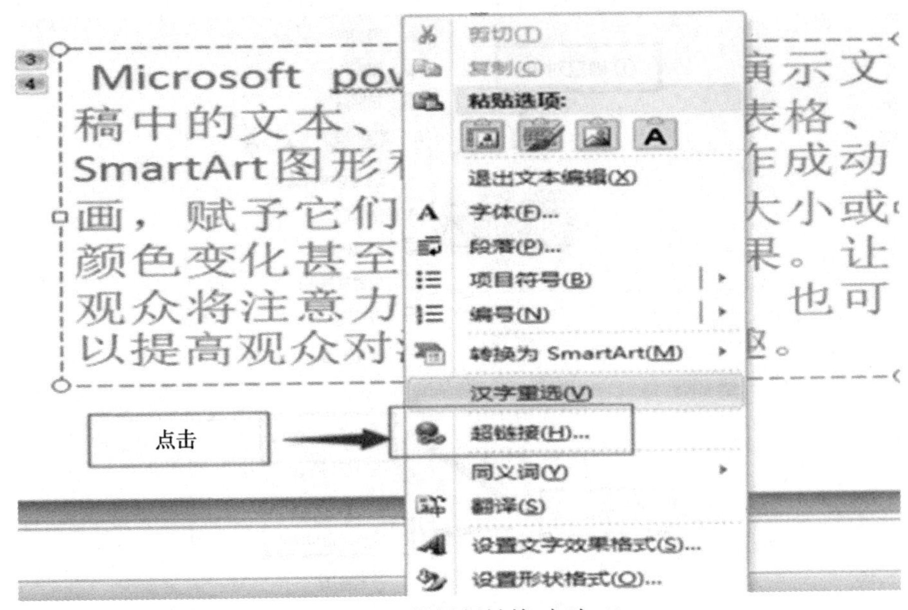


图 6-106　设置超链接(方法二)

“插入超链接”对话框的“链接到:”对象列表中包含“现有文件或网页”、“本文档中的位置”、“新建文档”和“电子邮件地址”四个选项。

(1) 单击“现有文件或网页”→“当前文件夹”、“浏览过的页”或“近期文件”，选中后即可显示出用户“原有文件或网页”、“浏览过的页”或“近期文件”，可根据需要进行选择。

(2) 单击“本文档中的位置”选项，出现“请选择文档中的位置”列表，可从列表中选择幻灯片，实现幻灯片放映中的跳转。

(3) 单击“新建文档”选项，显示“新建文档名称”文本框，可输入新建文档的名称，根据需要设置新文档保存的完整路径，完成超链接的创建。

(4) 单击“电子邮件地址”选项，显示“电子邮件地址文本框”、“主题文本框”和“最近用过的电子邮件地址”框，链接到电子邮件。

**注意**：由于链接本身的特点，在复制含链接方式的演示文稿时，一定要同时将源文件同时复制，并且设置合适的链接路径，否则在另一台计算机上演示时，会发生找不到链接对象的错误。

2) 编辑和取消超链接

在超链接对象上单击鼠标右键，从快捷菜单中选择“编辑超链接”或“取消超链接”，编辑超链接会弹出“编辑超链接”对话框，与“插入超链接”类似，如图 6-107 所示。

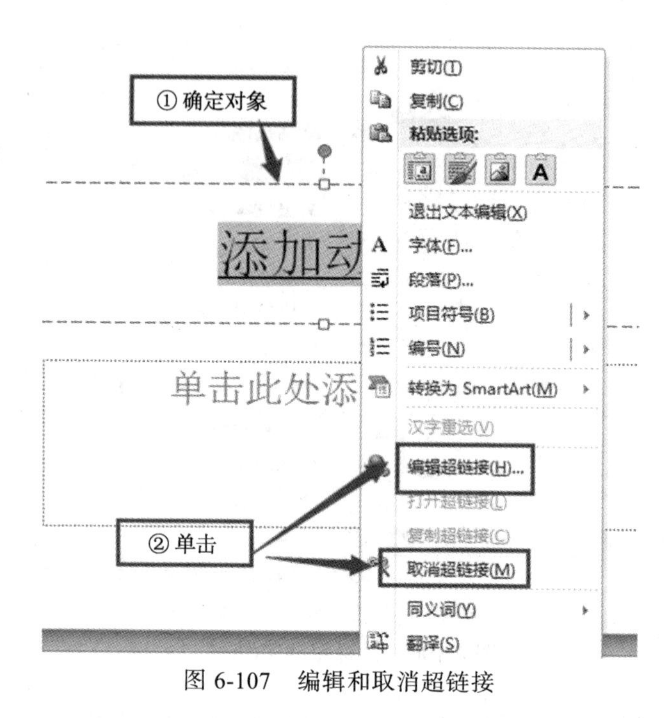


图 6-107　编辑和取消超链接

# 6.9　演示文稿的放映、打包和打印

## 6.9.1　放映演示文稿

用户可以在“幻灯片放映”选项卡中选择“从头开始”放映或者“从当前幻灯片开始”放映制作好的演示文稿。PowerPoint 2010 也为用户提供了许多其他放映方式，使放映幻灯片的方法更加灵活高效。

1) 广播幻灯片

当用户想将自己的幻灯片远程播放给其他查看者时，可以使用广播幻灯片方式。单击“幻灯片放映”选项卡中的“广播幻灯片”，选择“启动广播”按钮，系统连接到 PowerPoint broadcast service 后，将生成一个链接地址，如图 6-108 所示。

将此链接地址发送给远程查看者，远程查看者通过浏览器打开网址后，用户单击“开始放映幻灯片”，此时远程查看者可同步观看用户放映的幻灯片。

放映结束后，用户单击“结束广播”命令，可对幻灯片继续进行完善处理，如图 6-109 所示。

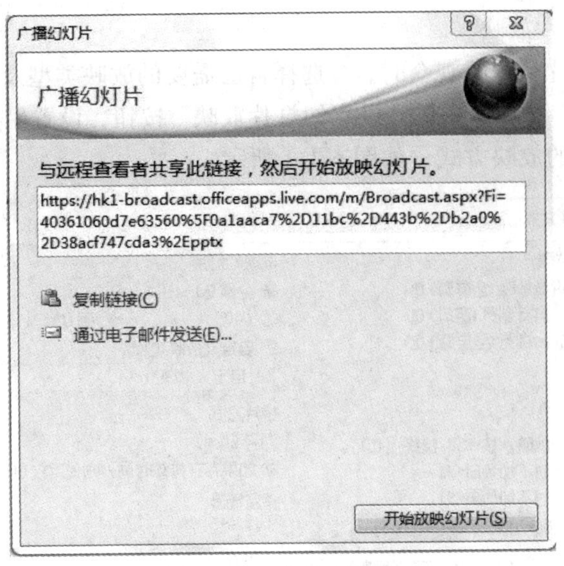


图 6-108　广播幻灯片

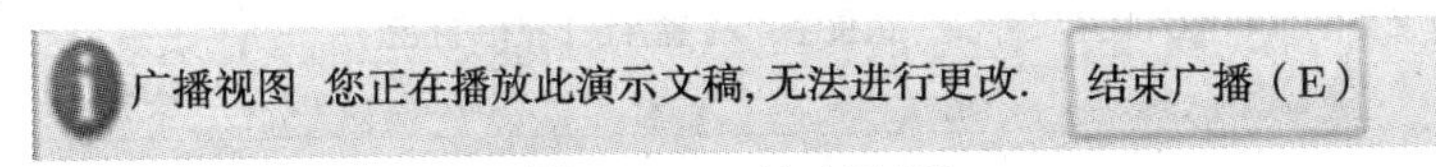


图 6-109　结束广播

2) 自定义幻灯片放映

用户可以自行定义幻灯片的放映顺序以及选择放映哪些幻灯片。具体操作为：单击“幻灯片放映”选项卡中的“开始放映幻灯片”组中的“自定义幻灯片放映”按钮，选择“自定义放映”。

单击“自定义放映”，选择新建，出现如图 6-110 所示对话框。将想要放映的幻灯片添加进“在自定义放映中的幻灯片”中，确定添加无误后，单击“确定”按钮。

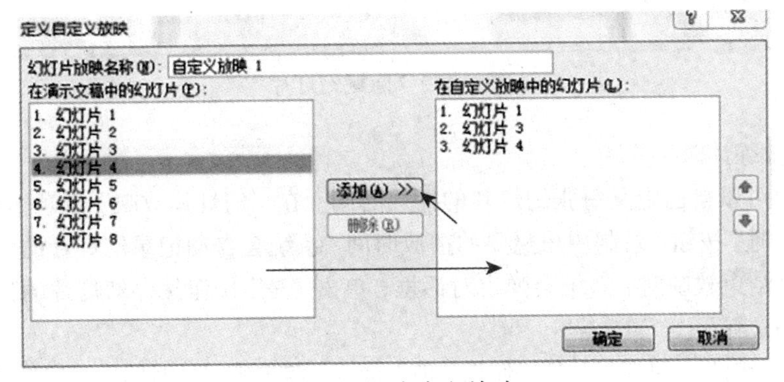


图 6-110　自定义放映

3) 设置幻灯片放映

用户将幻灯片呈现给观众时，可选择自己需要的放映类型及放映方式。通过单击“幻灯片放映”选项卡中的“设置幻灯片放映”按钮，设置用户想要放映的幻灯片以及适合自己的放映方式，如图 6-111 所示。

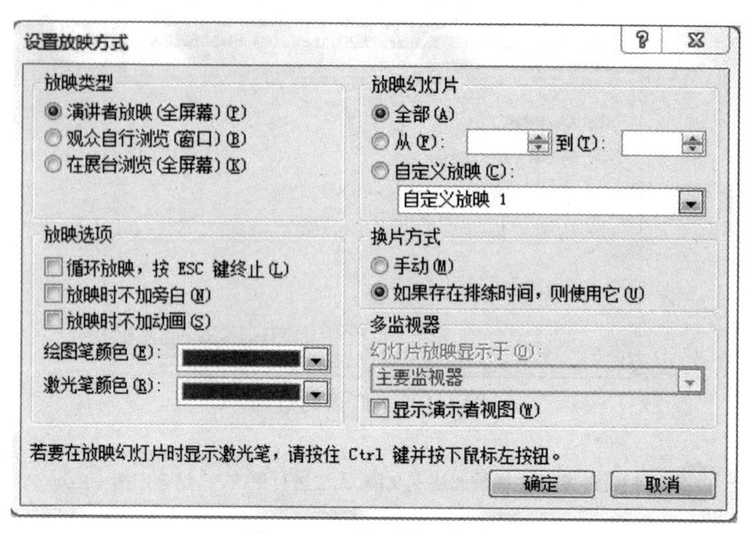


图 6-111　设置放映方式

4) 隐藏幻灯片

当用户不想放映某一页或几页幻灯片时，可在该页选择“幻灯片放映”选项卡中的“隐藏幻灯片”选项，将该页隐藏，如图 6-112 所示，再次单击该按钮可取消隐藏幻灯片设置。

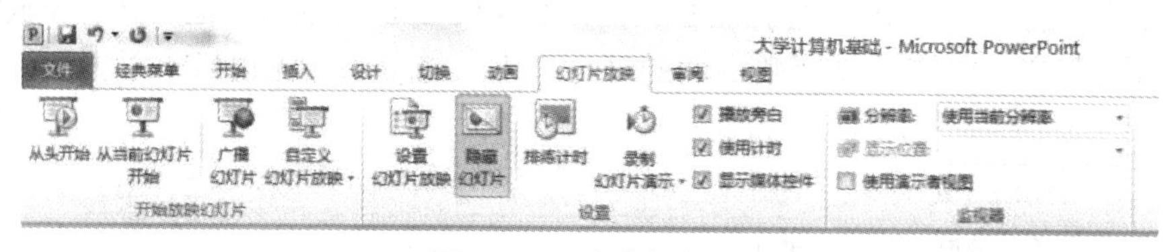


图 6-112　隐藏幻灯片

5) 排练计时

用户可以自己定义每张幻灯片的播放时间。在“幻灯片放映”选项卡中，单击“排练计时”按钮，录制用户想要的播放时间。系统会自动记录幻灯片的切换时间，按 Esc 键结束放映时，系统会弹出对话框，单击“是”按钮保存幻灯片的排练时间，如图 6-113 所示。

结束计时后，可通过执行“使用计时”命令，将排练好的时间用在幻灯片播放中。

图 6-113　排练计时

6) 启动幻灯片放映

在“幻灯片放映”选项卡中选择“从头开始”或者“从当前幻灯片开始”放映制作好的演示文稿。在放映过程中，使用 Home、End、Page Up、Page Down、Enter、Backspace 键、键盘上的字母键(如 N 键表示下一张幻灯片，W 键和 B 键使得当前幻灯片成为空白页和黑色等)以及四个方向键，或者单击幻灯片等都可以控制幻灯片动画、幻灯片之间的放映切换。

### 6.9.2　打包演示文稿

1) 将演示文稿打包成 CD

当用户想在其他计算机或设备放映演示文稿时，为了防止放映演示文稿的设备上没有安装 PowerPoint 或者字体不全而无法放映或正常播放，此时只需要将演示文稿打包即可。具体操作如下：

(1) 打开“文件”选项卡，选择“保存并发送”。

(2) 双击“将演示文稿打包成 CD”命令，如图 6-114 所示。

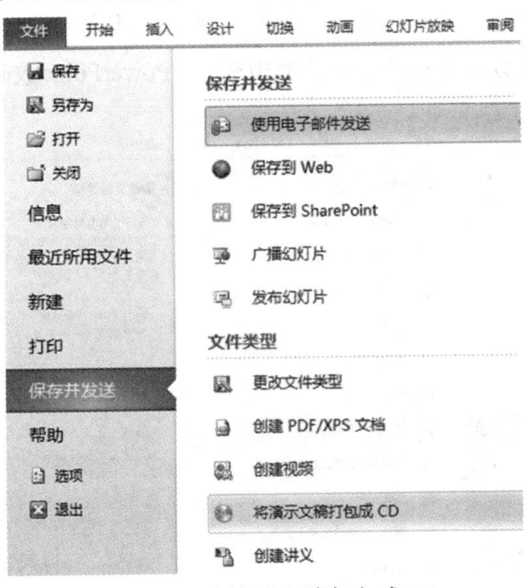


图 6-114　将演示文稿打包成 CD

(3) 在弹出的“打包成 CD”对话框中，单击“选项”按钮，选中“链接的文件”和“嵌入的 TrueType 字体”复选框。为了增加文件的安全性，可以设置密码保护文件。在“增强安全性和隐私保护”选项区中设置密码，单击“确定”按钮保存设置，如图 6-115 所示。

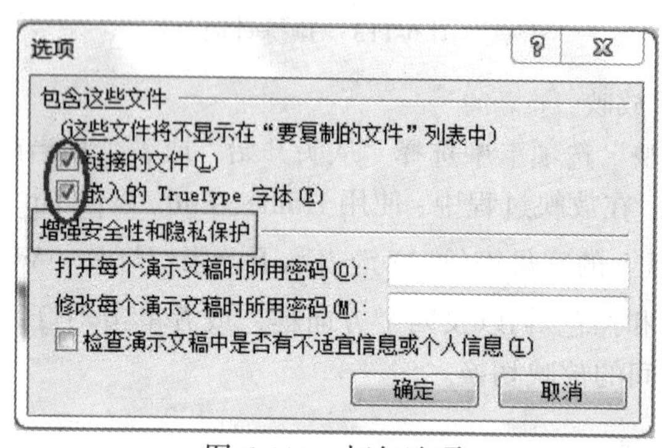


图 6-115　打包选项

(4) 在“打包成 CD”对话框中单击“复制到文件夹”，确定文件存储位置。完成后系统会弹出对话框询问用户是否要在包中包含链接文件，单击“是”按钮。

2) 将演示文稿转换成直接放映格式

在一些未安装 PowerPoint 应用程序的设备上，直接放映格式的演示文稿也可以进行放映。具体操作如下：

打开“文件”选项卡，选择“保存并发送”，在“更改文件类型”中双击“PowerPoint 放映”，如图 6-116 所示；在打开的对话框中选择“PowerPoint 放映”，如图 6-117 所示。

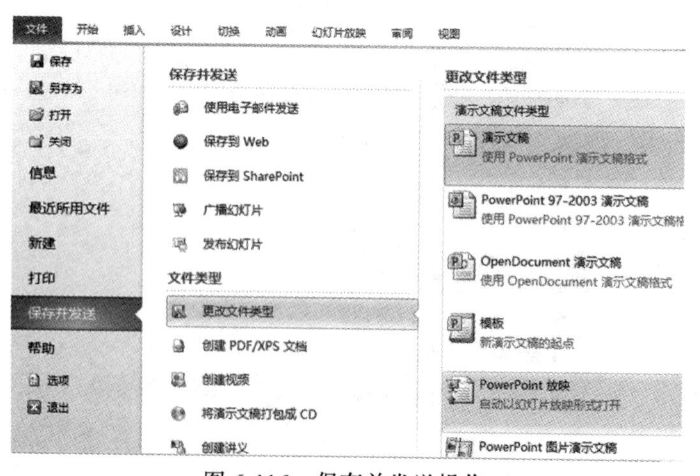


图 6-116　保存并发送操作

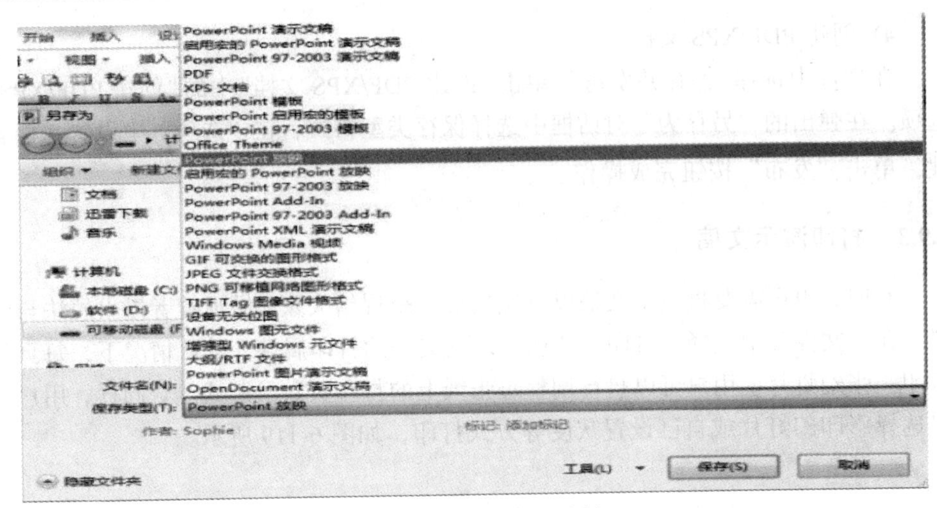

图 6-117　保存类型选择

3) 将演示文稿发布为视频

用户也可以将演示文稿创建为视频，用播放器进行播放。打开“文件”选项卡中的“保存并发送”，单击“创建视频”中的“创建视频”选项，设置好保存路径即可，如图 6-118 所示。

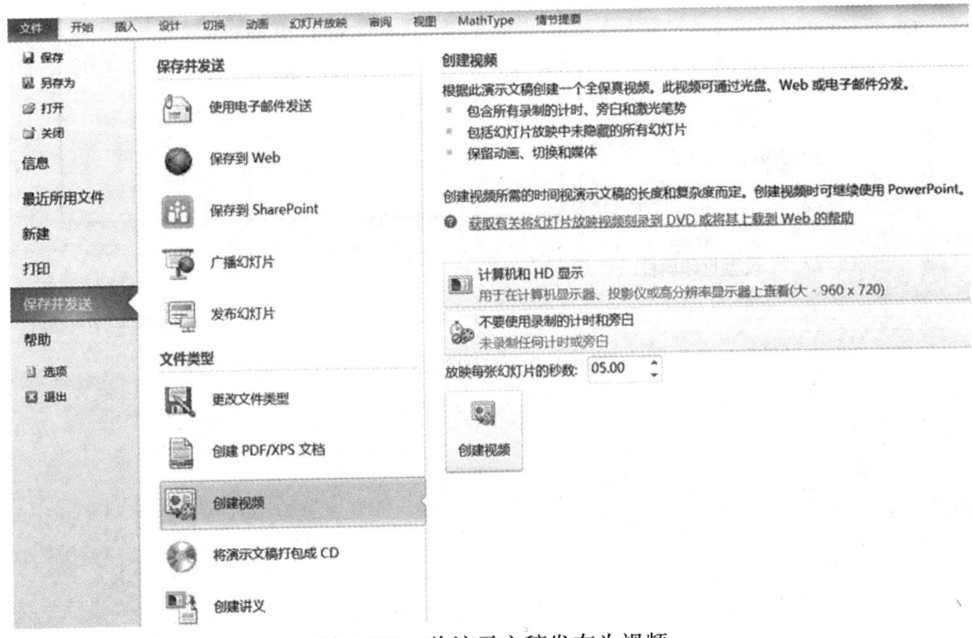

图 6-118　将演示文稿发布为视频

4) 创建 PDF/XPS 文档

在文件中选择“保存并发送”，单击“创建 PDF/XPS 文档”中的“创建 PDF/XPS”选项。在弹出的“另存为”对话框中选择保存类型格式，在“选项”中设置文档属性，单击“发布”按钮完成操作。

### 6.9.3 打印演示文稿

有时，用户需要将演示文稿以纸质的形式呈现给大家，供观看者提出想法与建议。在“文件”中选择“打印”选项，设置文稿的打印属性。默认情况下，每页只打印一张幻灯片。用户可以自行调整每张纸上的打印页数及版式等。同样，用户可以选择彩印幻灯片或自己设置灰度等方式打印，如图 6-119 所示。

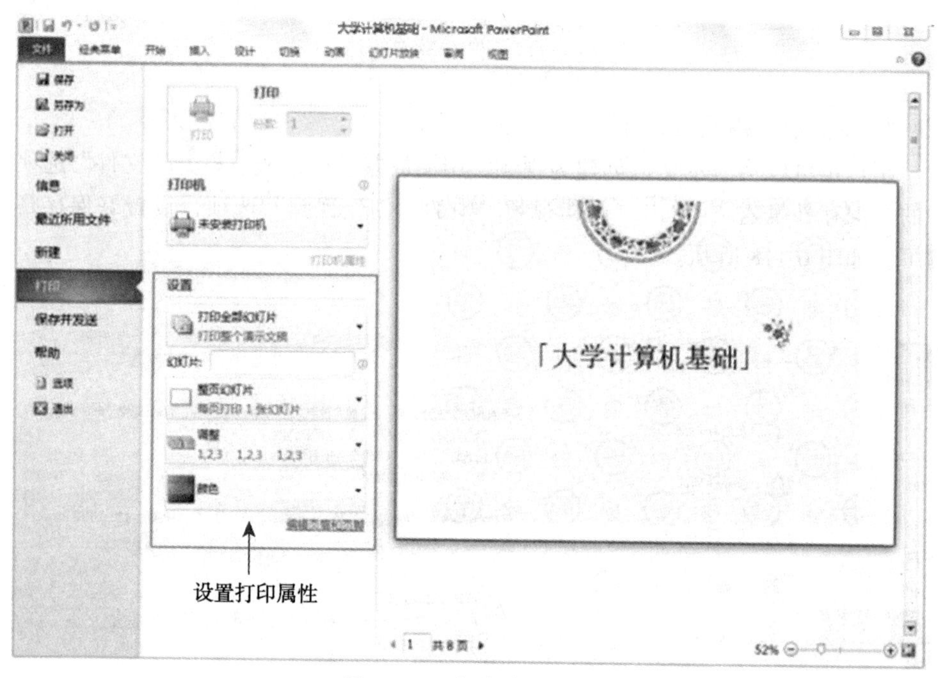


图 6-119 打印演示文稿

# 第 7 章　Internet 基础及应用

## 7.1　计算机网络基础知识

随着人类社会的不断进步，以及计算机及通信技术的迅猛发展，人们对信息的需求越来越强烈，为了更加有效地传播和处理信息，计算机网络应运而生。计算机网络已经渗透到政治、经济、军事、教育、生产及科学技术等各个领域，密切融入每个人的生活中。信息时代的人们频繁地使用着计算机网络，享受着计算机网络带来的便利，可以说当今人们已经离不开计算机网络。

### 7.1.1　数据通信的基本概念

数据通信是通信技术和计算机技术相结合而产生的一种新的通信方式。要在两地间传输信息必须有传输信道，根据传输媒体的不同，有有线数据通信与无线数据通信之分。但它们都是通过传输信道将数据终端与计算机连接起来，而使不同地点的数据终端实现软、硬件和信息资源的共享。

1. 数据通信的基本模型

数据通信是依照一定的通信协议，利用数据传输技术在两个终端之间传递数据信息的一种通信方式和通信业务。数据通信系统是通信系统中的一部分。计算机网络中，数据通信系统是把数据源计算机所产生的数据迅速、可靠、准确地传输到信宿(目的)计算机或专用外设。一般可以将数据通信系统分为数据终端设备、通信控制器、通信信道、数据通信设备等，如图 7-1 所示。

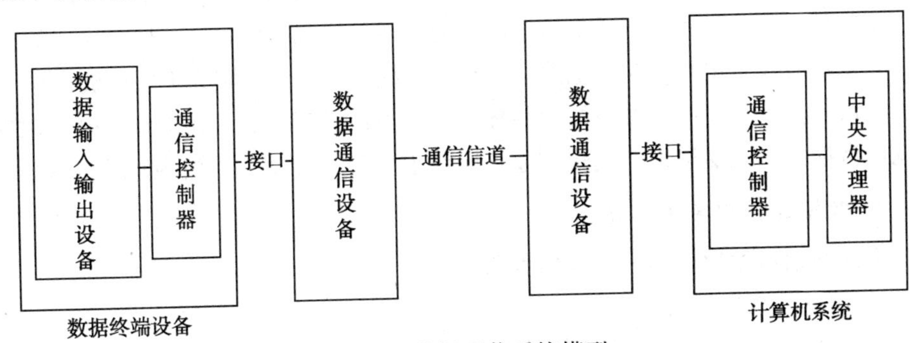


图 7-1　数据通信系统模型

1) 数据终端设备

数据终端设备(data terminal equipment, DTE)是数据通信系统中的端设备或端系统，它可以是一个数据源(数据的发生者)，也可以是一个数据宿(数据的接收者)，或者两者都是。它属于用户范畴，可以是大型计算机、中型计算机、小型计算机，也可以是只接收数据的设备，如打印机等。数据终端设备种类繁多，且功能差别较大。数据终端通过数据电路连接计算机系统。在数据通信网络中，计算机和终端都称为网络的数据终端设备。

2) 数据通信设备

数据通信设备(data communication equipment，DCE)是指数据通信系统中交换设备、传输设备和终端设备的总称，指利用有线、无线的电磁或光发送、接收或传送二进制数据的硬件和软件系统组成的电信设备。DCE 的功能就是完成数据信号的变换。因为传输信道可能是模拟的，也可能是数字的，DTE 发出的数据信号不适合信道传输，所以要把数据信号变成适合信道传输的信号。

3) 通信控制器

由于数据通信是计算机与计算机或计算机与终端间的通信，为了有效、可靠地进行通信，通信双方必须按一定的规程进行，如收发双方的同步，差错控制，传输链路的建立、维持和拆除及数据流量控制等，这一功能就是由网络中的通信控制器来完成的。在通信控制器中实现上述功能不像传统电话通信那样靠硬件来实现，在计算机网络的数据通信中，通信控制器是通过一种称为“协议”的软件来实现的。不同的网络，在通信控制器中可能会有不同的协议软件。

4) 通信信道

通信信道(communication channel)是数据传输的通路，在计算机网络中信道分为物理信道和逻辑信道。物理信道是指用于传输数据信号的物理通路，它由传输介质与有关通信设备组成；逻辑信道是指在物理信道的基础上，发送与接收数据信号的双方通过中间节点所实现的逻辑通路，由此为传输数据信号形成的逻辑通路。

根据传输媒介的不同，通信信道可分为无线信道和有线信道。目前采用的有线信道有双绞线及其电缆、同轴电缆、波导、光缆；无线信道则为无线电波的中、长波地表波传播，超短波及微波视距传播，短波电离层反射，超短波流星余迹散射，对流层散射，电离层散射，超短波超视距绕射，波导传播，光波视距传播等。

2. 数据通信中常用术语

下面介绍数据通信的一些常用术语。

1) 信息、数据和信号

信息(information)是被人感知的关于客观事物的反映。计算机网络通信的目的就是交换信息。

数据(data)是信息的表现形式，是信息的载体，它可以是数字、文字、声音、图像等多种不同的形式。数据需要转化为信号才能进行传输。数据可以分为模拟数据和数字数据。

信号(signal)是数据在传输过程中的电磁波表现形式。信号按其因变量的取值是否连续，可分为模拟信号和数字信号。模拟信号是指信号的因变量完全随时间连续变化的信号，它分布于自然界的各个角落，如语音信号、电视图像信号、温度和压力传感器的输出信号等。数字信号是指信号的因变量是离散的、不随时间连续变化的信号，是人为抽象出来的，如电报、数字电话、数字电视的信号等。

2) 调制和解调

调制就是用基带信号去控制载波信号的某一个或某几个参量的变化，将信息荷载在其上形成已调信号传输，调制可以通过使高频载波随信号幅度的变化而改变载波的幅度、相位或者频率来实现。调制过程用于通信系统的发端。在接收端需将已调信号还原成要传输的原始信号，也就是将基带信号从载波中提取出来以便预定的接收者(信宿)处理和理解的过程，该过程称为解调。

3) 带宽与传输速率

带宽(bandwidth)是指信号所占据的频带宽度。在描述信道时，带宽是指能够有效通过该信道的信号的最大频带宽度。对于模拟信号，带宽又称频宽，以赫兹(Hz)为单位，如模拟语音电话的信号带宽为 3400Hz。对于数字信号，带宽是指单位时间内链路能够通过的数据量，通常以 bit/s(bit per second)表示，即每秒可传输的比特数。

在计算机系统中，用带宽作为标识总线和内存性能的指标之一。

总线带宽是指总线在单位时间内可以传输的数据总量，等于总线位宽与工作频率的乘积。例如，对于 64 位、800MHz 的前端总线，它的数据传输率就等于 64bit × 800MHz ÷ 8(Byte)=6.4GB/s。

内存带宽是指内存总线所能提供的数据传输能力。例如，DDR400 内存的数据传输频率为 400MHz，那么单条模组就拥有 64bit × 400MHz ÷ 8(Byte)=3.2GB/s 的带宽。

4) 数据传输方式

数据传输方式是数据在信道上传送所采取的方式。按数据传输的顺序可以分为并行传输和串行传输；按数据传输的流向和时间关系可以分为单工、半双工和全双工数据传输。

串行传输即串行通信，是指使用一条数据线，将数据一位一位地依次传输，每一位数据占据一个固定的时间长度。其只需要少数几条线就可以在系统间交换信息，特别适用于计算机与计算机、计算机与外设之间的远距离通信，如图 7-2 所示。该方法易于实现，缺点是要解决收、发双方码组或字符的同步，需外加同步措施。串行传输应用比较广泛。

并行传输是将数据以成组的方式在两条以上的并行信道上同时传输。例如，采用 4 单位代码字符可以用 4 条信道并行传输，一条信道一次传送一个字符，如图 7-3 所示。因此不需采取另外措施就实现了收发双方的字符同步。其缺点是传输信道多，设备复杂，成本较高，故较少采用。

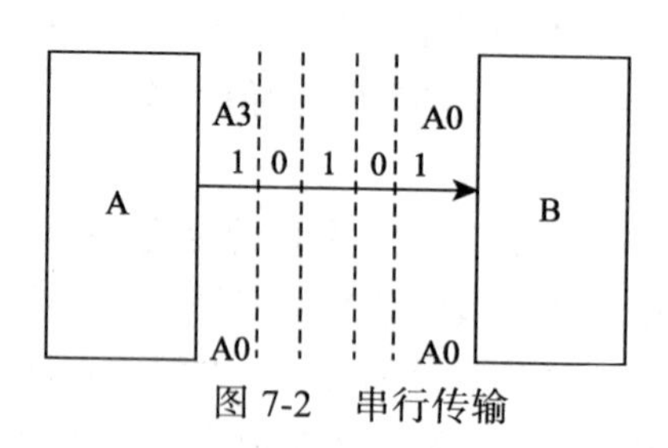

图 7-2　串行传输

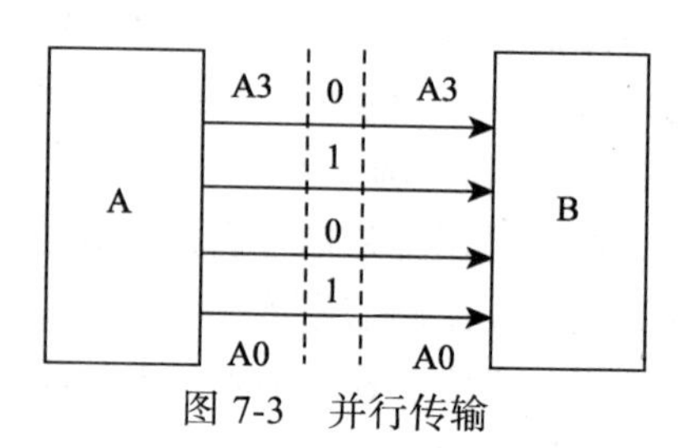

图 7-3　并行传输

单工数据传输是指单向信道，发送端和接收端的身份是固定的，发送端只能发送信息，不能接收信息；接收端只能接收信息，不能发送信息，数据信号仅从一端传送到另一端，即信息流是单方向的，如遥控器等。

半双工数据传输是指发送端和接收端都可以收发消息，但不能同时进行，如对讲机。

全双工数据传输是指发送端和接收端可以同时收发消息，如电话机等移动通信系统。

### 7.1.2　计算机网络的定义和发展

1. 计算机网络概述

关于计算机网络的最简单定义是：一些相互连接的、以共享资源为目的的、自治的计算机的集合。

另外，从广义上看，计算机网络是以传输信息为基础目的，用通信线路将多个计算机连接起来的计算机系统的集合。一个计算机网络组成包括传输介质和通信设备。

从用户角度看，计算机网络是这样定义的：存在着一个能为用户自动管理的网络操作系统，由它调用完成用户所调用的资源，而整个网络像一个大的计算机系统一样，对用户是透明的。

从整体上说，计算机网络是指将地理位置不同的具有独立功能的多台计算机及其外部设备，通过通信线路连接起来，在网络操作系统、网络管理软件及网络通信协议的管理和协调下，实现资源共享和信息传递的计算机系统，从而实现众多的计算机方便地互相传递信息，共享硬件、软件、数据信息等资源，如图 7-4 所示。

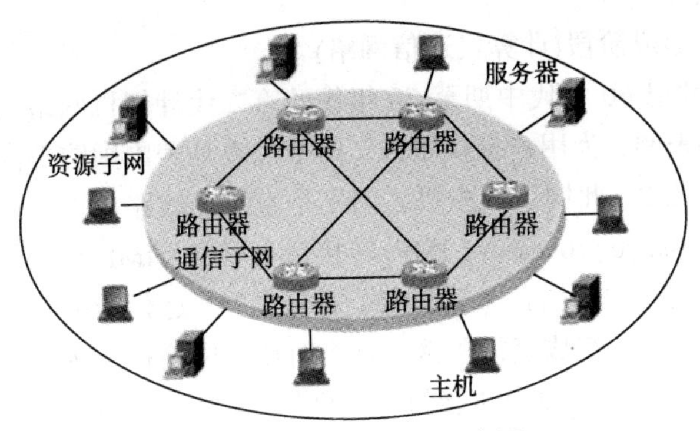


图 7-4　计算机网络示意图

2. 计算机网络的产生和发展

1) 计算机网络的产生

计算机网络是通信技术与计算机技术密切结合的产物，产生计算机网络的基本条件是通信技术与计算机技术的结合。通信技术为计算机之间的数据传送和交换提供了必要的手段，计算机技术的发展渗透到通信技术中，有效提高了通信性能。

2) 计算机网络的发展

纵观计算机网络的发展历史可以发现，它和其他事物的发展一样，也经历了从简单到复杂，从低级到高级的过程。在这一过程中，计算机技术与通信技术紧密结合，相互促进，共同发展，最终产生了计算机网络。总体来看，网络的发展可以分为四个阶段。

第一阶段：诞生阶段(计算机终端网络)。

1954 年美国军方的半自动地面防空系统(semi-automatic ground environment, SAGE)将远距离的雷达和测控仪器所探测到的信息通过线路汇集到基地的一台 IBM 计算机上进行集中信息处理，再将处理过的数据通过通信线路传送回各自的终端(terminal)。这种把终端设备和计算机通过通信线路连接起来的形式可以看成一个简单的计算机网络。

20 世纪 60 年代中期之前的第一代计算机网络是以单个计算机为中心的远程联机系统。典型应用是由一台计算机和全美范围内 2000 多个终端组成的飞机订票系统，其终端是一台计算机的外部设备，包括显示器和键盘，无 CPU 和内存。随着远程终端的增多，在主机前增加了前端机(front end processor，FEP)。当时，人们把计算机网络定义为“以传输信息为目的而连接起来、实现远程信息处理或进一步达到资源共享的系统”，但这样的通信系统已具备网络的雏形。早期的计算机为了提高资源利用率，采用批处理的工作方式。为适应终端与计算机的连接，出现了多重线路控制器。

第二阶段：形成阶段(计算机通信网络)。

兴起于 20 世纪 60 年代中期至 70 年代的第二代计算机网络是以多个主机通过通信线路互联起来的，为用户提供服务，典型代表是美国国防部高级研究计划局协助开发的 ARPANET。此网络的主机之间不是直接用线路相连，而是由接口报文处理机(interface message processor，IMP)转接后互联的。IMP 和它们之间互联的通信线路一起负责主机间的通信任务，构成了通信子网。通信子网互联的主机负责运行程序，提供资源共享，组成资源子网。这个时期，网络概念为“以能够相互共享资源为目的互联起来的具有独立功能的计算机的集合体”，形成了计算机网络的基本概念。 ARPANET 是以通信子网为中心的计算机网络的成功案例。ARPANET 主机之间不是直接用线路相连，而是由 IMP 转接后互联的。IMP 和它们之间互联的通信线路一起负责主机间的通信任务。ARPANET 在网络的概念、结构、实现和设计方面奠定了计算机网络的基础，标志着计算机网络的发展进入第二代， ARPANET 是现代 Internet 的雏形。

第三阶段：互联互通阶段(开放式的标准化计算机网络)。

20 世纪 70 年代末至 90 年代的第三代计算机网络是具有统一的网络体系结构并遵守国际标准的开放式和标准化的网络。由于 ARPANET 的成功，各大计算机公司随后陆续推出了自己的网络体系结构及实现这些结构的软硬件产品，比较著名的是 DEC 公司的数字网络体系结构(digital network architecture，DNA)和 IBM 公司的系统网络结构(system network architecture，SNA)。由于没有统一的标准，不同厂商的产品之间互联很困难，人们迫切需要一种开放性的标准化实用网络环境，这样两种国际通用的最重要的体系结构应运而生，即 TCP/IP 体系结构和国际标准化组织的 OSI 体系结构。从此，计算机网络走上了标准化的轨道。人们把体系结构标准化的计算机网络称为第三代计算机网络。

第四阶段：高速计算机网络技术阶段(新一代计算机网络)。

20 世纪 90 年代至今的第四代计算机网络，由于局域网技术发展成熟，出现了光纤及高速网络技术、多媒体网络、智能网络，整个网络就像一个对用户透明的大的计算机系统，发展为以 Internet (因特网)为代表的互联网。Internet 的建立把分散在世界各地的网络连接起来，形成了一个跨越国界、覆盖全球的网络。Internet 成为人类历史上容量最大、最重要的知识库。现今，Internet 在地域、用户、功能和应用等方面的功能不断拓展，网上传输的信息也不仅限于数字和文字信息，图形、图像、视频以及声音等多媒体信息在网上广泛传播，网络服务层出不穷，对人类生活产生的影响与日俱增。

### 7.1.3　计算机网络的功能和应用

通过以上介绍，对计算机网络已经有了一个初步的认识，那么网络的存在对人们来说有什么价值呢，或者说计算机网络能够为人们提供哪些有用的功能与应用呢？总体来说，计算机网络可归纳为具有信息交换、资源共享、均衡负荷和分布式处理、提高系统的可靠性和可用性等功能。

1. 计算机网络的功能

1) 信息交换

信息交换是计算机网络最基本的功能，可以完成网络中各个节点之间的通信，如图 7-5 所示。人们需要经常同他人交换信息，计算机网络是最快捷、最方便的途径。人们可以通过计算机网络收发电子邮件、发布新闻消息、进行网上购物、实现远程教育等。

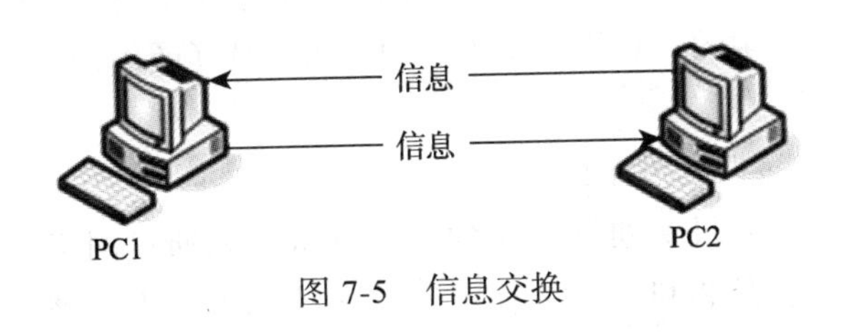


图 7-5　信息交换

2) 资源共享

资源共享是网络的基本功能之一。计算机网络的资源主要包括硬件资源和软件资源。硬件资源包括处理机、大容量存储器、打印设备等，软件资源包括各种应用软件、系统软件和数据等。资源共享功能不仅使得网络用户可以克服地理位置上的差异，共享网络中的资源，还可以充分提高资源的利用率，如图 7-6 所示。

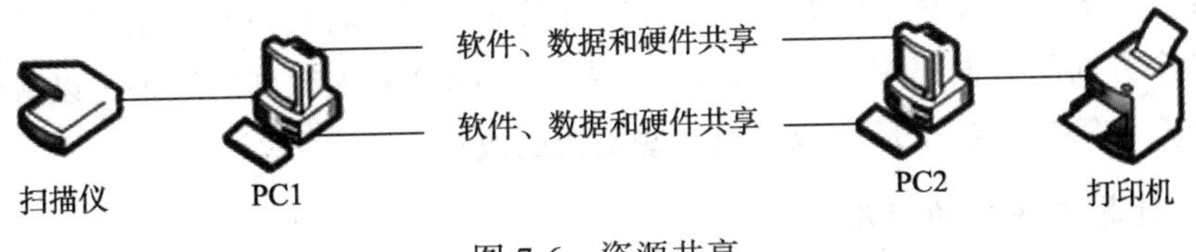


图 7-6　资源共享

3) 分布式处理

分布式处理是指当网络中的某个节点的性能不足以处理某项复杂的计算或数据处理任务时，可以通过调用网络中的其他计算机，通过分工合作来共同完成的处理方式，使整个系统功能大大增强，如图 7-7 所示。

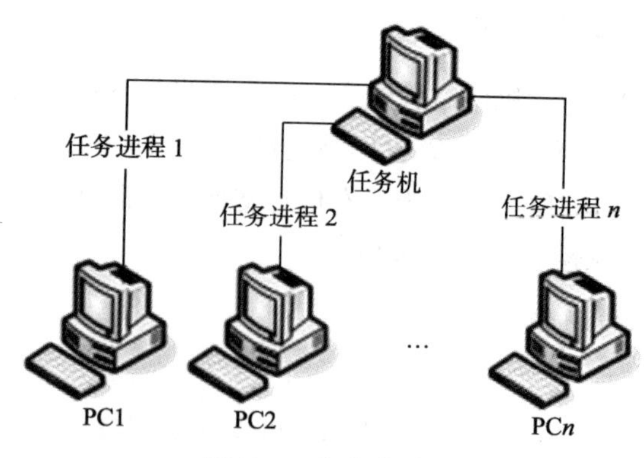


图 7-7　分布式处理

4) 均衡负荷

均衡负荷是指当网络的某个节点系统的负荷过重时，新的作业可以通过网络传送到网中其他较为空闲的计算机系统去处理。在幅员辽阔的国家，还可以利用时差来均衡日夜负荷。

5) 提高系统可靠性和可用性

提高可靠性表现在计算机网络中的各计算机可以通过网络彼此互为后备机，一旦某台出现故障，故障机的任务就可由其他计算机代为处理，避免了单机后无后备机情况下，某台计算机出现故障导致系统瘫痪的现象，大大提高了系统可靠性。提高计算机可用性是指当网络中某台计算机负担过重时，网络可将新的任务转交给网络中较空闲的计算机完成，这样就能均衡各计算机的负载，提高每台计算机的可用性。

6) 集中式管理

以网络为基础，可以将从不同计算机终端上得到的各种数据收集起来，并进行整理和分析等综合处理。例如，一个企业可以通过网络将其进货、生产、销售和财务等各个方面的数据集中在一起，这些数据通过综合处理得到的结果可以帮助企业调整生产和管理的各个环节或作出一些重要的决策。

2. 计算机网络的应用

计算机网络在资源共享和信息交换方面所具有的功能，是其他系统所不能替代的。计算机网络所具有的高可靠性、高性能价格比和易扩充性等优点，使得它在工业、农业、交通运输、邮电通信、文化教育、商业、国防以及科学研究等各个领域、各个行业获得了越来越广泛的应用。我国有关部门也已制订了“金桥”、“金关”和

“金卡”三大工程，以及其他一些金字号工程，这些工程都是以计算机网络为基础设施，为促使国民经济早日实现信息化的主干工程，也是计算机网络的具体应用。总之，计算机网络技术在社会生活中的各个方面得到越来越多的应用，成为每个人学习、工作、学习中不可缺少的一部分，如方便的信息检索、现代化的通信方式、办公自动化、电子商务与电子政务、企业的信息化、远程教育与 E-learning、丰富的娱乐和消遣等。

### 7.1.4　计算机网络的分类

由于计算机网络的广泛使用，针对不同需求的各种类型的计算机网络也越来越多。对网络的分类方法很多，从不同角度观察网络和划分网络，有利于了解网络系统的各种特性。

1. 按覆盖范围分类

根据地理范围进行分类，计算机网络可以分为局域网、城域网和广域网。需要注意的是，这是一种不精确的分类标准，随着计算机网络技术的发展，它们之间的差异也在逐渐减小。

1) 个人区域网

个人区域网就是在个人工作地方把属于个人使用的电子设备(如便携式计算机等)用无线技术连接起来的网络，因此也称为无线个人区域网，其范围在 10m 左右。

2) 局域网

局域网一般用于微型计算机或工作站通过高速通信链路相连(速率通常在 10Mbit/s 以上)但地理上局限在较小的范围内(1km 左右)。在一个大学校园范围内的计算机网络通常称为校园网。实质上校园网是由若干个小型局域网连接而成的一个规模较大的局域网，也可将校园网视为一种介于普通局域网和城域网之间规模较大的、结构较复杂的局域网络。

3) 城域网

城域网的作用范围一般是一个城市，可跨越几个街区甚至整个城市，其作用距离为 5～50km。城域网可以为一个或几个单位共有，但也可以是一种公用设施，用来将多个局域网进行互联。

4) 广域网

广域网也称为远程网，它所覆盖的地理范围从几千米到几十千米。广域网覆盖一个国家、地区，或横跨几个洲，形成国际性的远程网络。一般用于将各个局域网和小的广域网互联起来，构成一个大的广域网。广域网具有覆盖范围广、用户数量多、传输速率不高、出错率较高、网络延时大等特点。

2. 按交换方式分类

按交换方式进行分类，可以分为三类：电路交换、报文交换、分组交换。

1) 电路交换

电路交换最早出现在电话系统中，早期的计算机网络就是采用此方式来传输数据的，数字信号经过变换成为模拟信号后才能在线路上传输。

2) 报文交换

报文交换是一种数字化网络。当通信开始时，源计算机发出的一个报文被存储在交换机里，交换机根据报文的目的地址选择合适的路径发送报文，这种方式称为存储-转发方式。

3) 分组交换

分组交换采用报文传输，但它不是以不定长的报文作为传输的基本单位，而是将一个长的报文划分为许多定长的报文分组，以分组作为传输的基本单位，其灵活性高且传输效率高。这不仅大大简化了对计算机存储器的管理，而且也加速了信息在网络中的传播速度。由于分组交换优于线路交换和报文交换，具有许多优点，所以它已成为计算机网络的主流。

3. 按拓扑结构分类

拓扑(topology)概念源自数学的图论，是一种研究与大小形状无关的点、线、面特点的方法。将网络中的计算机等设备抽象为点，网络中的通信媒体抽象为线，从拓扑学的角度来看计算机网络，它就是由点和线组成的几何图形，从而可以抽象出计算机网络系统的具体结构。这种用拓扑学方法描述网络结构的方法称为网络的拓扑结构。

1) 总线型拓扑结构

用一条称为总线的中央主电缆将相互之间以线性方式连接的工作站连接起来的布局方式称为总线型拓扑。总线型拓扑结构是一种共享通路的物理结构，这种结构中总线具有信息的双向传输功能，普遍用于局域网的连接，总线一般采用同轴电缆或双绞线，如图 7-8 所示。

总线型拓扑结构的优点是：扩充或删除一个节点很容易，不需要停止网络的正常工作，节点的故障不会影响整个系统。由于各个节点共用一个总线作为数据通路，信道的利用率高。结构简单灵活、便于扩充、可靠性高、响应速度快；设备量少、价格低、安装使用方便、共享资源能力强、便于广播式工作。

总线型结构也有其缺点：与信道共享，连接的节点不宜过多，并且总线自身的故障可以导致系统的崩溃，总线长度有一定限制，一条总线只能连接一定数量的节点。

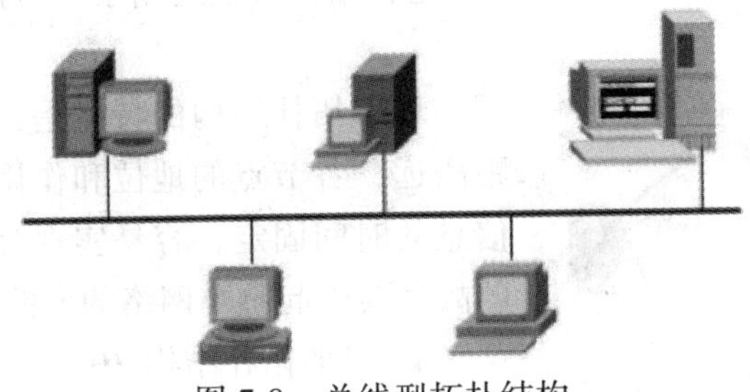

图 7-8　总线型拓扑结构

2) 星形拓扑结构

星形布局是以中央节点为中心与各节点连接而组成的，各个节点间不能直接通信，而是经过中央节点控制进行通信。这种结构适用于局域网，特别是近年来连接的局域网大都采用这种连接方式。这种连接方式以双绞线或同轴电缆作为连接线路，如图 7-9 所示。

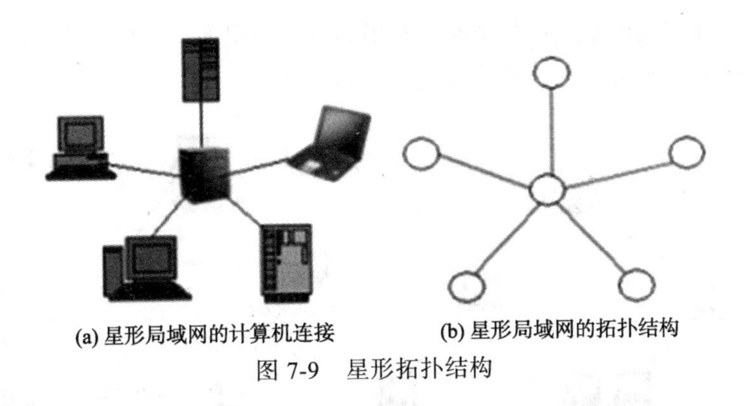

(a) 星形局域网的计算机连接　　(b) 星形局域网的拓扑结构

图 7-9　星形拓扑结构

星形拓扑结构的优点是：安装容易，结构简单，费用低，通常以集线器(hub)作为中央节点，便于维护和管理。中央节点的正常运行对网络系统是至关重要的，便于管理、组网容易、网络延迟时间短、误码率低。

星形拓扑结构的缺点是：共享能力较差、通信线路利用率不高、中央节点负担过重。

3) 环形拓扑结构

环形网中各节点通过环路接口连在一条首尾相连的闭合环形通信线路中，环路上的任何节点均可以请求发送信息。请求一旦被批准，便可以向环路发送信息。一个节点发出的信息必须穿越环中所有环路接口，信息流中目的地址与环上某节点地址相符时，即被该节点的环路接口接收，而后信息继续流向下一环路接口，直到流回发送该信息的环路接口节点为止。这种结构特别适用于实时控制的局域网系统，如图 7-10 所示。

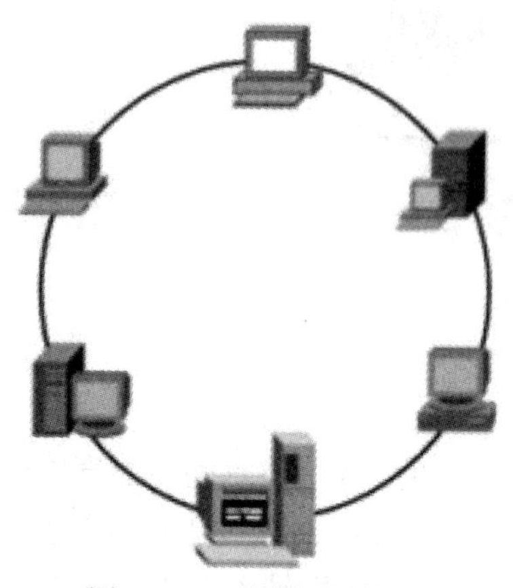

图 7-10　环形拓扑结构

环形拓扑结构的特点是：传输速率高，传输距离远，各节点的地位和作用相同，各节点传输信息的时间固定，容易实现分布式控制，但站点的故障会引起整个网络的崩溃。

4) 树形拓扑结构

树形拓扑结构是一种按照层次进行连接的分级结构。在树形拓扑结构中，信息交换主要在上、下节点之间进行，相邻节点或同层节点一般不进行数据交换，如图 7-11 所示。

树形拓扑结构的优点：容易扩展、故障也容易分离处理；具有一定的容错能力、可靠性强、便于广播式工作、容易扩充。

树形拓扑结构的缺点：整个网络对根的依赖性很大，一旦网络的根发生故障，整个系统就不能正常工作；联系固定、专用性强。

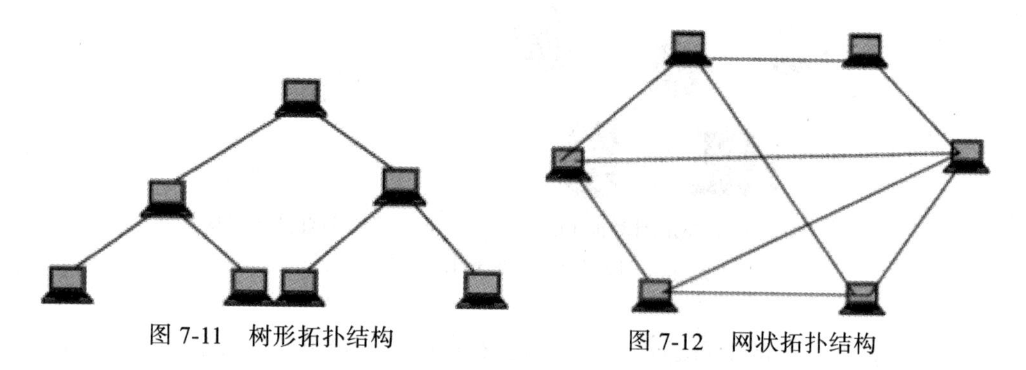

图 7-11　树形拓扑结构　　　　图 7-12　网状拓扑结构

5) 网状结构

网状结构是将多个子网或多个网络连接起来构成的网际拓扑结构。在一个子网中，集线器和中继器将多个设备连接起来，而桥接器、路由器及网关则将子网连接起来，如图 7-12 所示。

网状拓扑结构的优点：可靠性高、资源共享方便、在好的通信软件支持下通信效率高。

网状拓扑结构的缺点：价格昂贵、结构复杂、软件控制烦琐。

4. 其他分类方式

除了上述几种分类方法外，还有一些常见网络分类方法，例如，按网络使用途径可以分为公用网和专用网；按网络组件关系可以分为对等网和基于服务器的网络；按传输媒介可以分为有线网和无线网等。

### 7.1.5 计算机网络的组成

计算机网络系统由网络硬件和网络软件构成。网络硬件包括计算机、传输介质和连接设备。网络软件包括网络操作系统、网络协议和网络应用软件。

1. 网络硬件

计算机网络硬件是计算机网络的物质基础，一个计算机网络就是通过网络设备和通信线路将不同地点的计算机及其外围设备在物理上实现连接。因此，网络硬件主要包括计算机、传输介质、网络连接设备等。

1) 计算机

根据网络中计算机的作用，可以将计算机分为服务器和工作站。

(1) 服务器(server)。在计算机网络中，服务器是专门用于提供服务的计算机。服务器是网络控制的核心，其性能直接影响网络的整体性能。在网络环境下，根据服务器提供的服务类型不同，服务器一般分为文件服务器、域名服务器、数据库服务器、打印服务器和通信服务器等，如图 7-13 所示。

图 7-13 服务器

(2) 工作站(workstation)。在计算机网络中，工作站是指只使用服务器提供的服务而不提供网络服务的计算机。工作站是用户入网操作的节点。用户既可以运行工作站上的网络软件，共享网络上的公共资源，也可以不进入网络而单独工作。工作站一般是普通计算机，如图 7-14 所示。根据软、硬件平台的不同，工作站一般分为基于精简指令系统(RISC)架构的 UNIX 系统工作站和基于 W ndows、Intel 的 PC 工作站。

图 7-14　工作站

2) 传输介质

网络传输介质是指在网络中传输信息的载体，常用的传输介质分为有线传输介质和无线传输介质两大类。不同的传输介质，其特性也各不相同，它们不同的特性对网络中数据通信质量和通信速度有较大影响。

常见的有线介质有双绞线、同轴电缆和光缆等。

(1) 双绞线。顾名思义，双绞线就是两条相互绝缘的导线按一定距离绞合到一起，它可使外部的电磁干扰降到最低限度以保护数据信息，如图 7-15 所示。

双绞线既能用于传输模拟信号，也能用于传输数字信号，其带宽取决于铜线的直径和传输距离。但是许多情况下，几千米范围内的传输速率可以达到几兆比特每秒。由于其性能较好且价格便宜，双绞线得到广泛应用，双绞线可以分为非屏蔽双绞线和屏蔽双绞线两种，屏蔽双绞线的性能优于非屏蔽双绞线。双绞线共有 6 类，其传输速率为 4～1000Mbit/s。

图 7-15　双绞线

图 7-16　同轴电缆

(2) 同轴电缆。同轴电缆(coaxial cable)是指有两个同心导体，而导体和屏蔽层又共用同一轴心的电缆。最常见的同轴电缆由绝缘材料隔离的铜线导体组成，在里层绝缘材料的外部是另一层环形导体及其绝缘体，然后整个电缆由聚氯乙烯或特氟绝材料的护套包住，如 7-16 所示。同轴电缆的抗干扰性比双绞线强，传输速率与双绞线相当，但价格较高。

(3) 光缆。光缆是一定数量的光纤按照一定方式组成缆心，外包有护套，有的还包覆外护层，用以实现光信号传输的一种通信线路，如图 7-17 所示。

按照传输性能、距离和用途的不同，光缆可以分为用户光缆、市话光缆、长途光缆和海底光缆。

按照光缆内使用光纤的种类不同，光缆又可以分为单模光缆和多模光缆。

按照光缆内光纤纤芯的多少，光缆又可以分为单芯光缆、双芯光缆等。

在计算机网络中，无线传输可以突破有线网的限制，利用空间电磁波实现站点之间的通信，可以为广大用户提供移动通信。无线传输的介质有无线电波、红外线、微波、卫星和激光。在局域网中，通常只使用无线电波和红外线作为传输介质。无线传输介质通常用于广域互联网的广域链路的连接。

(1) 微波通信。微波通信利用地面微波进行。由于地球表面呈弧形曲面，而微波沿直线传播，所以如果微波塔相距太远，地表就会挡住微波的去路。因此，隔一段距离就需要一个中继站，微波塔越高，传输的距离越远。微波通信被广泛用于长途电话通信、监察电话、电视传播和其他方面的应用，如图 7-18 所示。

图 7-17　光缆　　图 7-18　微波通信

(2) 卫星通信。卫星通信简单地说就是地球上(包括地面和低层大气中)的无线电通信站间利用卫星作为中继而进行的通信，如图 7-19 所示。

(3) 无线电波和红外通信。无线电波是指在自由空间(包括空气和真空)传播的射频频段的电磁波。无线电技术是通过无线电波传播声音或其他信号的技术，如图 7-20 所示。

红外线通信是一种利用红外线传输信息的通信方式，其可传输语言、文字、数据、图像等信息，如图 7-21 所示。

3) 网络连接设备

网络连接设备是把网络中的通信线路连接起来的各种设备的总称，这些设备包括网络适配器、调制解调器、集线器、交换机和路由器等。

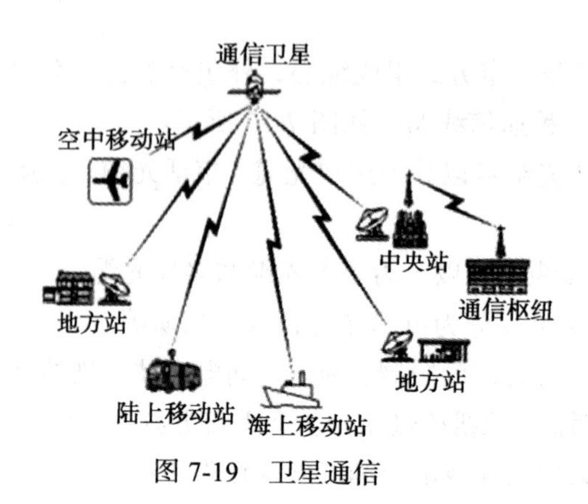


图 7-19　卫星通信

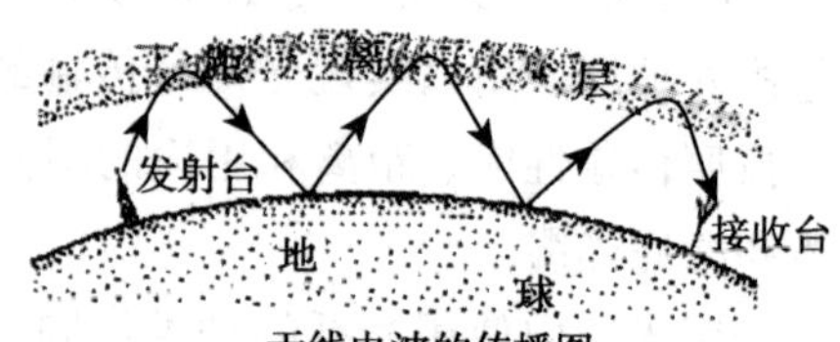


无线电波的传播图

距地面 60~800km 高度范围的大气，因受太阳紫外线和宇宙射线的作用，大气中的氧和氮的分子被分解为离子，大气处于电离状态，所以称为电离层。电离层能反射无线电波，人们能听到很远地方电台的广播，就是电离层的作用

图 7-20　无线电波

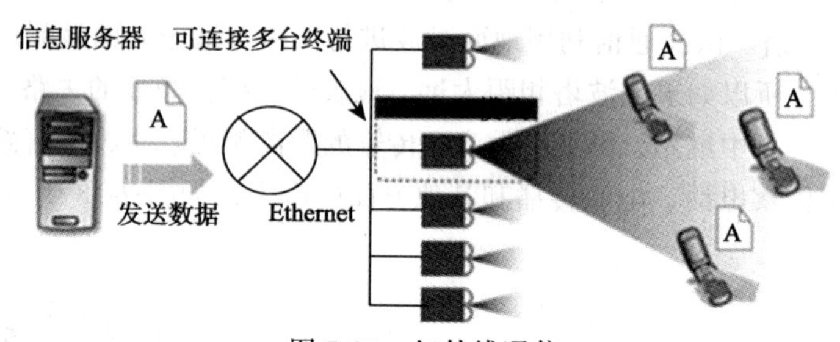


图 7-21　红外线通信

(1) 网络适配器。网络适配器，也称为网卡或网络接口卡(network interface card，NIC)，是工作在链路层的网络组件，也是局域网中连接计算机和传输介质的接口，不仅能实现与局域网传输介质之间的物理连接和电信号匹配，还涉及帧的发送与接收、帧的封装与拆封、介质访问控制、数据的编码与解码以及数据缓存的功能等。

网卡通常插在主机的主板扩展槽中，现在常用的网卡接口为 RJ–45 接口，使用双绞线连接集线器，再通过集线器与其他计算机相连。目前主要使用 PCI 总线结构的网卡，如图 7-22 所示。

(2) 调制解调器。调制解调器(modulator-demodulator，modem)，俗称“猫”，是一种计算机硬件，它能把计算机的数字信号翻译成可沿普通电话线传送的模拟信号，而这些模拟信号又可被线路另一端的另一个调制解调器接收，并译成计算机可懂的语言。这一简单过程完成了两台计算机之间的通信。

不同的应用场合，不同的传输媒体，使用不同的调制解调器，如电话调制解调器、ADSL 调制解调器、光纤调制解调器等。图 7-23 是一台光纤调制解调器。

图 7-22　PCI 网卡

图 7-23　光纤调制解调器

(3) 集线器。集线器是构成局域网的最常用的连接设备之一。集线器是局域网的中央设备，它的每一个端口可以连接一台计算机，局域网中的计算机通过它来交换信息。常用的集线器可通过两端装有 RJ-45 连接器的双绞线与网络中计算机上安装的网卡相连，每个时刻只有两台计算机可以通信，如图 7-24 所示。

图 7-24　集线器

(4) 交换机。交换机又称交换式集线器，在网络中用于完成与之相连的线路之间的数据单元的交换，是一种基于 MAC(网卡的硬件地址)识别，完成封装、转发数据包功能的网络设备。在局域网中可以用交换机来代替集线器，其数据交换速度比集线器快得多。这是因为交换机存储着网络内所有计算机的硬件地址表，通过检查数据帧的发送地址和目的地址，在发送计算机和接收计算机之间建立临时的交换路径，可使数据帧直接由源计算机到达目的计算机，如图 7-25 所示。

图 7-25　交换机

(5) 路由器。路由器是一种连接多个网络或网段的网络设备，它能将不同网络或网段之间的数据信息进行“翻译”，以使它们能够相互“读”懂对方的数据，实现不同网络或网段间的互联互通，从而构成一个更大的网络，如图 7-26 所示。

图 7-26　路由器

2. 网络软件

网络软件一般是指系统的网络操作系统、网络通信协议和应用级的提供网络服务功能的专用软件。

1) 网络操作系统

具有网络功能的操作系统称为网络操作系统。网络操作系统是网络的灵魂和心脏，是向网络上的其他计算机提供服务的特殊的操作系统。目前应用较为广泛的网络操作系统有 Microsoft 公司的 Windows Server 系列，Novell 公司的 NetWare、UNIX 和 Linux 等。

(1) Windows 类。对于这类操作系统相信用过计算机的人都不会陌生，这是全球最大的软件开发商——Microsoft 公司开发的。Microsoft 公司的 Windows 系统不仅在个人操作系统中占有绝对优势，它在网络操作系统中也具有非常强劲的力量。这类操作系统在整个局域网配置中是最常见的，但由于它对服务器的硬件要求较高，且稳定性不是很高，所以 Microsoft 公司的网络操作系统一般只是用在中低档服务器中，高端服务器通常采用 UNIX、Linux 或 Solaris 等非 Windows 操作系统。在局域网中，Microsoft 公司的网络操作系统主要有 Windows NT Server 4.0、Windows 2000 Server/Advance Server 和 Windows 2003 Server/ Advance Server 等，工作站系统可以采用任一 Windows 或非 Windows 操作系统，包括个人操作系统，如 Windows 9x/ME/XP 等。

(2) UNIX 操作系统。目前常用的 UNIX 系统版本主要有 Unix SUR4.0、HP-UX 11.0、SUN 的 Solaris8.0 等。其支持网络文件系统服务，提供数据等应用，功能强大，由 AT&T 和 SCO 公司推出。这种网络操作系统的稳定性和安全性非常好，但由于它多数是以命令方式来进行操作的，不容易掌握，特别是初级用户。因此，小型局域网基本不使用 UNIX 作为网络操作系统，UNIX 一般用于大型的网站或大型的企、事业局域网中。

(3) Linux 操作系统。Linux 是芬兰赫尔辛基大学 Linux Torvalds 开发的具有 UNIX 操作系统特征的操作系统。Linux 操作系统的最大特征在于其源代码向用户完全公开，任何一个用户都可以根据自己的需要修改 Linux 操作系统的内核，所以 Linux 操作系统的发展速度非常迅猛。

2) 网络通信协议

网络通信协议是一种网络通用语言，为连接不同操作系统和不同硬件体系结构的互联网络提供通信支持，是一种网络通用语言，如 NetBEUI、IPX/SPX、TCP/IP 等。

(1) NetBEUI。NetBEUI(netbios enhanced user interface)，即 NetBios 增强用户接口协议，是一种短小精悍、通信效率高的广播型协议，安装后不需要进行设置，特别适合在“网络邻居”之间传送数据。

(2) IPX/SPX。IPX/SPX(Internetwork packet exchange/sequences packet exchange)，即网际包交换/顺序包交换，是 Novell 公司的通信协议集。IPX/SPX 具有强大的路由功能，适合在大型网络中使用。当用户端接入 NetWare 服务器时，IPX/SPX 及其兼容协议是最好的选择。但在非 Novell 网络环境中，一般不使用 IPX/SPX 协议。

(3) TCP/IP。TCP/IP 协议是一组包括一百多个不同功能的工业标准协议，其中最主要的是 TCP(transmission control protocol)和 IP(Internet protocol)协议。

TCP/IP(传输控制协议/网际互联协议)具有很强的灵活性，支持任意规模的网络，几乎可连接所有服务器和工作站。其中，TCP 用于保证被传送信息的完整性，IP 负责将消息从一个地方传送到另一个地方。

3) 网络应用软件

网络应用软件是指能够为网络用户提供各种服务的软件，用于提供或获取网络上的共享资源，如浏览软件、传输软件、远程登录软件等。它是目前种类最繁多、变化最快、用户最关心的一类网络软件。

## 7.2　Internet 基础

### 7.2.1　Internet 简介

Internet，中文正式译名为因特网，又称国际互联网。它是由使用公用语言互相通信的计算机连接而成的全球网络。一旦连接到它的任何一个节点上，就意味着该计算机已经连入 Internet。

### 1. Internet 的起源与发展

20 世纪 70 年代初，美国国防部组建了一个叫 ARPANET 的网络，其初衷是要避免传统网络中主服务器负担过重，一旦出问题，全网都要瘫痪的问题。Internet 可分为以下几个阶段。

1) Internet 的雏形阶段

1969 年,美国国防部高级研究计划局(Advance Research Projects Agency, ARPA)开始建立一个命名为 ARPANET 的网络。当时建立这个网络的目的是军事需要，计划建立一个计算机网络，当网络中的一部分被破坏时，其余网络部分会很快建立起新的联系。人们普遍认为这就是 Internet 的雏形。

2) Internet 的发展阶段

美国国家科学基金会(National Science Foundation, NSF)在 1985 开始建立计算机网络 NSFNET。NSF 规划建立了 15 个超级计算机中心及国家教育科研网，用于支持科研和教育的全国性规模的 NSFNET，并以此作为基础，实现同其他网络的连接。NSFNET 成为 Internet 上主要用于科研和教育的主干部分，代替了 ARPANET 的骨干地位。1989 年 MILNET(由 ARPANET 分离出来)实现和 NSFNET 连接后，就开始采用 Internet 这个名称。自此以后，其他部门的计算机网络相继并入 Internet，ARPANET 即宣告解散。

3) Internet 的商业化阶段

20 世纪 90 年代初，商业机构开始进入 Internet，使 Internet 开始了商业化的新进程，成为 Internet 大发展的强大推动力。1995 年，NSFNET 停止运作，Internet 即彻底进入商业化阶段。

### 2. Internet 在我国的发展

Internet 在我国的发展可以追溯到 1986 年。当时，中国科学院等一些科研单位通过国际长途电话拨号到欧洲一些国家，进行国际联机数据库检索。这可以说是我国使用 Internet 的开始。1994 年 4 月，中国科学院计算机网络信息中心通过 64 kbit/s 的国际线路连到美国，四大骨干网联入国际互联网，这四大骨干网分别是中国公用计算机互联网(ChinaNET)、中国国家计算机与网络设施(NCFC)、中国教育和科研计算机网(CERNET)和中国国家公用经济信息通信网(ChinaGBN)。

1) 中国公用计算机互联网

中国公用计算机互联网(简称中国公用互联网)，是由中国邮电电信总局负责建设、运营和管理，面向公众提供计算机国际联网服务，并承担普遍服务义务的互联网络。2003 年 3 月，原信息产业部将南方 21 省资源、原 ChinaNET 品牌归属中国电信(图 7-27)。

2) 中国国家计算机与网络设施

中国国家计算机与网络设施又称中国科技网，是由中国科学院主持的全国性网络，是全国第一个示范性网络，如图 7-28 所示。

图 7-27　中国电信

3) 中国教育和科研计算机网

中国教育和科研计算机网是由国家投资建设、教育部负责管理、清华大学等高等学校承担建设和管理运行的全国性学术计算机互联网络。CERNET 分四级管理，分别是全国网络中心、地区网络中心和地区主节点、省教育科研网、校园网。全国网络中心设在清华大学，负责全国主干网运行管理，如图 7-29 所示。

图 7-28　中国科技网

图 7-29　中国教育和科研计算机网

4) 中国国家公用经济信息通信网

中国国家公用经济信息通信网又称中国金桥信息网，它是中国国民经济信息化的基础设施，是建立金桥工程的业务网，支持“金关”、“金税”、“金卡”等“金”字头工程的应用。金桥工程是为国家宏观经济调控和决策服务，同时也为经济和社会信息资源共享和建设电子信息市场创造条件。目前该网络已初步形成了全国骨干网、省网和城域网三层网络结构，其中骨干网和城域网已初具规模，覆盖城市超过 100 个。

3. Internet 提供的服务

当进入 Internet 后，就可以利用其中各个网络和各种计算机上无穷无尽的资源，同世界各地的人们自由通信和交换信息，以及去做通过计算机能做的各种各样的事情，享受 Internet 提供的各种服务。常见的 Internet 服务包括 WWW 服务、信息检索服务、文件传输服务、电子邮件服务、远程登录服务、即时通信服务以及 BBS 服务等。

1) WWW 服务

万维网(World Wide Web，WWW)是 Internet 上的一个大型信息媒介，由分布在全球的 Web 服务器组成的超文本资源大集合，是人们登录 Internet 后最常用的 Internet 的功能。人们连入 Internet 后，有一半以上的时间都是在与各种各样的 Web 页面打交道。在基于 Web 方式下，人们可以浏览、搜索、查询各种信息，发布自己的信息，与他人进行实时或者非实时的交流、游戏、娱乐、购物等。

2) 电子邮件服务

在 Internet 上，电子邮件是使用最多的网络通信工具，它是互联网应用最广的服务。可以通过电子邮件系统同世界上任何地方的朋友交换电子邮件。无论对方在哪个地方，只要他也可以连入 Internet，你发送的信只需要几分钟的时间就可以到达对方的手中。电子邮件可以是文字、图像、声音等多种形式。同时，用户可以通过电子邮件服务得到大量免费的新闻、专题邮件，并实现轻松的信息搜索。

3) 文件传输服务

Internet 上常有大量文件需要传输，文件传输协议(FTP)能使用户登录到 Internet 的一台远程计算机，把其中的文件传送回自己的计算机系统，或者反过来，把本地计算机上的文件传送并装载到远方的计算机系统。利用这个协议，可以下载免费软件，或者上传自己的主页。

4) 远程登录服务

远程登录就是通过 Internet 进入和使用远距离的计算机系统，就像使用本地计算机一样。远端的计算机可以在同一间屋子里，也可以远在数千千米之外，其使用的工具是 Telnet。它在接到远程登录的请求后，就试图把所在的计算机同远端计算机连接起来。一旦连通，你的计算机就成为远端计算机的终端。可以实时使用远程计算机上对外开放的全部资源，也可以查询数据库、检索资料或利用远程计算机完成大量的计算工作。

### 7.2.2　TCP/IP 协议

TCP/IP，即传输控制协议/网际互联协议，是 Internet 最基本的协议、Internet 国际互联网络的基础，由网络层的 IP 协议和传输层的 TCP 协议组成。TCP/IP 定义了电子设备如何连入因特网，以及数据如何在它们之间传输的标准。通俗地讲，TCP 负责发现传输的问题，一有问题就发出信号，要求重新传输，直到所有数据安全正确地传输到目的地。而 IP 是给因特网的每一台联网设备规定一个地址。

1) IP 协议

IP 协议是 TCP/IP 协议族中的网络层协议，它的主要作用是将不同类型的物理网络互联在一起。为了达到这个目的，需要将不同格式的物理地址转换为统一的 IP 地址，将不同格式的帧(物理网络传输的数据单元)转换为“IP 数据报”，从而屏蔽下层物理网络的差异，向上层传输层提供 IP 数据报，实现无连接数据报传送服务。

2) TCP 协议

TCP 是面向连接的通信协议，通过三次握手建立连接，完成通信后要拆除连接，由于 TCP 是面向连接的，所以只能用于端到端的通信。TCP 提供的是一种可靠的数据流服务，采用“带重传的肯定确认”技术来实现传输的可靠性。TCP 还采用一种称为“滑动窗口”的方式进行流量控制，窗口实际上是表示接收能力，用以限制发送方的发送速度。如果 IP 数据包中有已经封好的 TCP 数据包，那么 IP 将把它们向“上”传送到 TCP 层。TCP 将包排序并进行错误检查，同时实现虚电路间的连接。TCP 数据包中包括序号和确认，所以未按照顺序收到的包可以被排序，而损坏的包可以被重传。TCP 将它的信息送到更高层的应用程序，如 Telnet 的服务程序和客户程序。应用程序轮流将信息送回 TCP 层，TCP 层便将它们向下传送到 IP 层、设备驱动程序和物理介质，最后到接收方。

3) UDP 协议

UDP 是面向无连接的通信协议，UDP 数据包括目的端口号和源端口号信息，由于通信不需要连接，所以可以实现广播发送。UDP 通信时不需要接收方确认，属于不可靠的传输，可能会出现丢包现象，实际应用中要求程序员编程验证。UDP 与 TCP 位于同一层，但它不管数据包的顺序、错误或重发。因此，UDP 不被应用于使用虚电路的面向连接的服务，而是主要用于面向查询-应答的服务，如 NFS，相对于 FTP 或 Telnet，这些服务需要交换的信息量较小。使用 UDP 的服务包括 NTP(网络时间协议)和 DNS(DNS 也使用 TCP)。

4) ICMP 协议

ICMP 与 IP 位于同一层，它被用来传送 IP 的控制信息，主要是提供有关通向目的地址的路径信息。ICMP 的“Redirect”信息通知主机通向其他系统的更准确的路径，而“Unreachable”信息则指出路径有问题。另外，如果路径不可用，ICMP 可以使 TCP 连接“体面地”终止。Ping 是最常用的基于 ICMP 的服务。

### 7.2.3　IP 地址

Internet 通过路由器将成千上万个不同类型的物理网络互联在一起，是一个超大规模的网络，为了使信息能够准确到达 Internet 上指定的目的节点，必须给 Internet

上每个节点(主机、路由器等)指定一个全局唯一的地址标识，就像每一部电话都具有一个全球唯一的电话号码一样，在Internet通信中，可以通过IP地址和域名，实现明确的目的地指向。

IP地址是指互联网协议地址，是IP address的缩写。IP地址是IP协议提供的一种统一的地址格式，它为互联网上的每一个网络和每一台主机分配一个逻辑地址，以此来屏蔽物理地址的差异。IP协议主要有两个版本，即IPv4和IPv6，其最大区别在于地址表示方式不同。目前Internet广泛使用的是IPv4。

1) IP地址结构

IP地址由网络地址和主机地址两部分组成，如图7-30所示。每个IP地址都包含网络ID和主机ID两部分，网络ID标识在同一个物理网络上的所有宿主机，主机ID标识该物理网络上的每一个宿主机，于是整个Internet上的每个计算机都依靠各自唯一的IP地址来标识。

| 网络地址 | 主机地址 |
| --- | --- |

图7-30　IP地址结构

2) IPv4表示方法

在IPv4中IP地址共32位，采用“点分十进制法”表示，即以符号“.”划分成四段十进制数表示。每段数字的取值只能为0~255，如202.117.144.2、192.168.0.110等。

3) IP地址分类

最初设计互联网络时，为了便于寻址以及层次化构造网络，每个IP地址包括两个标识码(ID)，即网络ID和主机ID。同一个物理网络上的所有主机都使用同一个网络ID，网络上的一个主机(包括网络上的工作站、服务器和路由器等)有一个主机ID与其对应。Internet委员会定义了五种IP地址类型以适合不同容量的网络，即A类~E类。其中A、B、C三类最为常用，如图7-31所示。D、E类为特殊地址。

| | | | |
| --- | --- | --- | --- |
| A类 | 0 | 网络地址（7位） | 主机地址（24位） |
| B类 | 10 | 网络地址（14位） | 主机地址（16位） |
| C类 | 110 | 网络地址（21位） | 主机地址（8位） |

图7-31　IP地址分类

对于因特网IP地址中特定的专用地址有特殊的含义：

(1) 主机地址全为“0”。无论哪一类网络，主机地址全为“0”表示指向本网，常用在路由表中。

(2) 主机地址全为“1”。主机地址全为“1”表示广播地址，向特定的所在网上的所有主机发送数据包。

(3) 4 字节 32 位全为“1”。若 IP 地址 4 字节 32 位全为“1”，表示仅在本网内进行广播发送。

(4) 网络号 127。TCP/IP 协议规定网络号 127 不可用于任何网络。其中有一个特别地址 127.0.0.1，称为回送地址(loopback)，它将信息通过自身的接口发送后返回，可用来测试端口状态。

随着 Internet 的快速发展，采用 32 位地址方案的 IPv4 出现了地址紧张的情况，于是下一代 IP 地址 IPv6 的研究被提上日程。

4) IP 地址的分配和管理

为了保证 Internet 中每台主机的 IP 地址的唯一性，IP 地址不能随意定义，Internet 上主机的 IP 必须向 Internet 域名与地址管理机构(ICANN)提出申请才能得到。

5) IPv6 简介

IPv4 为 TCP/IP 族和整个 Internet 提供了基本的通信机制。在 IPv4 中，IP 地址理论上可以标识的地址数为 $2^{32}$=4294967296 个，但采用 A、B、C 三类编址方式后，可用的地址数目实际上已经远远不能满足 Internet 蓬勃发展的要求，严重制约了互联网的应用和发展。因此，互联网工程任务组(Internet engineering task force，IETF)设计出下一代网际协议规范 IPv6(Internet protocol version 6)。

IPv6 最大的变化就是使用了更大的地址空间，IPv6 地址长度为 128 位，而 IPv4 仅 32 位。这种方案被认为足够在可以预测的未来使用。IPv6 二进位制下为 128 位长度，以 16 位为一组，每组以冒号“:”隔开，可以分为 8 组，每组以 4 位十六进制方式表示。例如，2001:0db8:85a3:08d3:1319:8a2e:0370:7344 是一个合法的 IPv6 地址。

IPv6 并非简单的 IPv4 的升级版本，作为互联网领域迫切需要的技术体系和网络体系，IPv6 比任何一个局部技术都更为迫切和急需。这是因为，其不仅能够解决互联网 IP 地址的大幅短缺问题，还能够降低互联网的使用成本，带来更大的经济效益，并有利于社会进步。

(1) 在技术方面，IPv6 能让互联网变得更大。互联网基于 IPv4 协议，但除了预留部分供过渡时期使用的 IPv4 地址外，全球 IPv4 地址即将分配殆尽。而随着互联网技术的发展，各行各业乃至个人对 IP 地址的需求还在不断增长。在网络资源竞争的环境中，IPv4 地址已经不能满足需求，而 IPv6 恰能解决网络地址资源数量不足的问题。

(2) 在经济方面，IPv6 也为除计算机外的设备连入互联网在数量限制上扫清了障碍，这就是物联网产业发展的巨大空间。如果说 IPv4 实现的只是人机对话，而

IPv6 则扩展到任意事物之间的对话，它将服务于众多硬件设备，如家用电器、传感器、远程照相机、汽车等。它将无时不在、无处不在地深入社会的每个角落。因此，其经济价值不言而喻。

(3) 在社会方面，IPv6 还能让互联网变得更快、更安全。下一代互联网将把网络传输速度提高 1000 倍以上，基础带宽可能会达 40G 以上。IPv6 使每个互联网终端都可以拥有一个独立的 IP 地址，保证了终端设备在互联网上具备唯一真实的“身份”，消除了使用 NAT 技术对安全性和网络速度的影响。其所能带来的社会效益将无法估量。

当然，IPv6 并非十全十美，不可能解决所有问题，它只能在发展中不断完善，但从长远看，IPv6 有利于互联网的持续健康发展。今天，我们已经具备世界上其他技术强国所没有的得天独厚的优势。尽管从 IPv4 过渡到 IPv6 需要时间和成本，发展不可一蹴而就，但跨入 IPv6 时代，比挑战更多的是其所带来的巨大机遇。

### 7.2.4　域名系统

域名系统(domain name system，DNS)是因特网的一项核心服务，它作为可以将域名和 IP 地址相互映射的一个分布式数据库，能够使用户更方便地访问互联网，而不用去记住能够被机器直接读取的 IP 数串。

DNS 提供一种分布式的层次域名结构。位于最顶层的域名称为顶级域名，顶级域名有两种划分方法：按地理区域划分和按机构分类划分。地理区域是为每个国家或地区设置的，如.cn 代表中国、.jp 代表日本、.uk 代表英国、.us 代表美国等，如表 7-1 所示；机构分类域定义了不同的机构分类，主要包括.com(商业类)、.net(网

**表 7-1　以国别区分的部分顶级域名**

| 序号 | 顶级域名(字母序) | 含义 | 序号 | 顶级域名(字母序) | 含义 |
|---|---|---|---|---|---|
| 1 | au | 澳大利亚 | 11 | kr | 韩国 |
| 2 | br | 巴西 | 12 | lu | 卢森堡 |
| 3 | ca | 加拿大 | 13 | my | 马来西亚 |
| 4 | cn | 中国 | 14 | nl | 荷兰 |
| 5 | de | 德国 | 15 | nz | 新西兰 |
| 6 | es | 西班牙 | 16 | pt | 葡萄牙 |
| 7 | fr | 法国 | 17 | se | 瑞典 |
| 8 | gb | 英国 | 18 | sg | 新加坡 |
| 9 | in | 印度 | 19 | su | 俄罗斯 |
| 10 | jp | 日本 | 20 | us | 美国 |

络机构）、.org（非营利组织）、.edu（教育类）、.gov（政府部门）等，如表 7-2 所示。顶级域名下定义了二级域名结构，如在中国的顶级域名 cn 下又设立了 com、net、org、gov、edu 等组织机构类二级域名，如表 7-3 所示；以及按照各个行政区划分的地理域名，如.bj 代表北京、.sh 代表上海等，如表 7-4 所示。

**表 7-2　组织机构型域名**

| 序号 | 域名 | 含义 | 序号 | 域名 | 含义 |
|---|---|---|---|---|---|
| 1 | arc | 康乐活动 | 8 | int | 国际机构 |
| 2 | arts | 文化娱乐 | 9 | mil | 军事类 |
| 3 | com | 商业类 | 10 | net | 网络机构 |
| 4 | edu | 教育类 | 11 | nom | 个人类 |
| 5 | firm | 公司企业 | 12 | org | 非营利组织 |
| 6 | gov | 政府部门 | 13 | stor | 销售单位 |
| 7 | info | 信息服务 | 14 | web | WWW 相关单位 |

**表 7-3　中国互联网络二级类别域名**

| 序号 | 域名 | 含义 | 序号 | 域名 | 含义 |
|---|---|---|---|---|---|
| 1 | ac | 科研机构 | 4 | gov | 政府部门 |
| 2 | com | 工商金融 | 5 | net | 网络机构 |
| 3 | edu | 教育机构 | 6 | org | 非营利机构 |

**表 7-4　中国互联网络二级行政域名**

| 序号 | 域名 | 含义 | 序号 | 域名 | 含义 | 序号 | 域名 | 含义 |
|---|---|---|---|---|---|---|---|---|
| 1 | ah | 安徽 | 13 | hk | 香港 | 25 | sd | 山东 |
| 2 | bj | 北京 | 14 | hl | 黑龙江 | 26 | sh | 上海 |
| 3 | cq | 重庆 | 15 | hn | 湖南 | 27 | sn | 陕西 |
| 4 | fj | 福建 | 16 | jl | 吉林 | 28 | sx | 山西 |
| 5 | gd | 广东 | 17 | js | 江苏 | 29 | tj | 天津 |
| 6 | gs | 甘肃 | 18 | jx | 江西 | 30 | tw | 台湾 |
| 7 | gx | 广西 | 19 | ln | 辽宁 | 31 | xj | 新疆 |
| 8 | gz | 贵州 | 20 | mo | 澳门 | 32 | xz | 西藏 |
| 9 | ha | 河南 | 21 | nm | 内蒙古 | 33 | yn | 云南 |
| 10 | hb | 湖北 | 22 | nx | 宁夏 | 34 | zj | 浙江 |
| 11 | he | 河北 | 23 | qh | 青海 | | | |
| 12 | hi | 海南 | 24 | sc | 四川 | | | |

# 7.3 Internet 应用

## 7.3.1 万维网

随着计算机网络技术的发展，人们对信息的获取已不再满足于传统媒体等单向传输的获取方式，而是希望具有更多的主观选择和交互，能够更加及时、迅速和便捷地获取信息。在万维网流行之前，网络上也能提供各种类别的信息资源，但往往需要用户只用专门的软件或协议。1993 年，万维网技术有了突破性进展，它解决了远程信息服务中的文字显示、数据连接以及图像传递问题。从此以后，万维网逐渐流行起来，成为 Internet 上使用最广泛的一种应用。

1. 万维网的基本组成

环球信息网(World Wide Web，WWW)又称 Web、万维网、3W 网等，是指在 Internet 上以超文本为基础形成的信息网(主要表现为各个网站及其超链接关系)。WWW 不是独立于 Internet 的另一个网络，也不是普通意义上的物理网络，而是一个由许多互相链接的超文本文档组成的、建立在 Internet 上的全球性的、交互的、动态的分布式信息服务系统。

从用户的角度来看，万维网就是一个全球范围内 Web 页面的集合，这些 Web 页面简称网页。网页中一般含有文字、图像、动画、声音等元素，通过超文本链接实现页面间的跳转，用户可以跟随超链接，来到它所指向的页面，从而获取互动的、丰富多彩的资源。万维网将大量信息分布于整个 Internet 上，以客户/服务器模式工作，如图 7-32 所示。

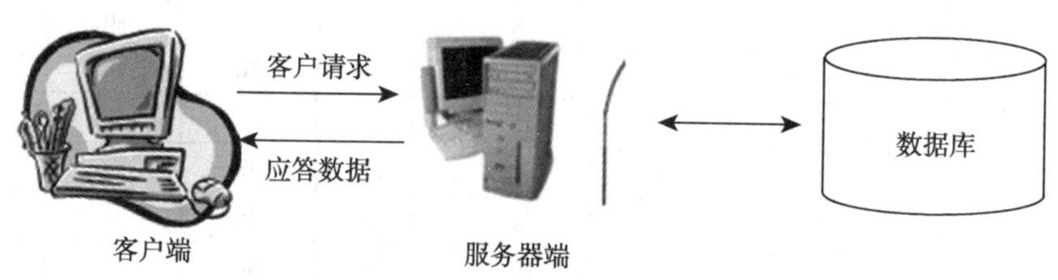


图 7-32　WWW 的客户/服务器工作模式

Web 服务器是用于发布信息的平台，各 Web 服务器独立管理自己的网页，网页文件存储在 Web 网站服务器上，通过超文本传输协议(hypertext transfer protocol，HTTP)传送给用户，用户可以通过浏览器搜索或浏览万维网上的各种信息。

超文本传输协议(HTTP)是用于从 Web 服务器传输超文本到本地浏览器的传送

协议，它可以使浏览器更加高效，使网络传输减少。它不仅能保证计算机正确快速地传输超文本文档，还可以确定传输文档中的哪一部分，以及哪部分内容首先显示(如文本先于图形)等。图 7-33 表示了用户在访问清华大学网站时的工作过程。

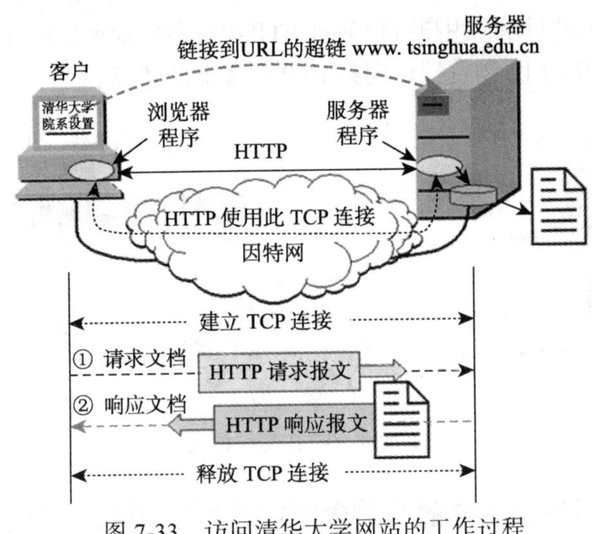


图 7-33　访问清华大学网站的工作过程

2. 统一资源定位器

统一资源定位器(uniform resource locator，URL)是对可以从互联网上得到的资源的位置和访问方法的一种简洁的表示，是互联网上标准资源的地址。互联网上的每个文件都有一个唯一的 URL,它包含的信息指出文件的位置以及浏览器处理它的方式。URL 由资源类型、存放资源的主机域名和资源文件名构成。

URL 的标准格式为

Protocol://Machine Address:Port/Path/Filename

说明：

(1) Protocol：访问时所使用的协议，如 http、ftp、telnet、mailto 等。

(2) MachineAddress：文档所在的机器，可以是域名或者 IP 地址。

(3) Port：请求数据的数据源端口号，端口号通常是默认的，如 ftp 的 20 端口，默认端口一般省略。

(4) Path/Filename：网页在 Web 服务器硬盘中的路径和文件名。

例如，陕西师范大学 URL 为：http://www.snnu.edu.cn。

3. 文件传输协议

文件传输协议(file transfer protocol，FTP)使得主机间可以共享文件，如图 7-34

所示。FTP 使用 TCP 生成一个虚拟连接用于控制信息，然后再生成一个单独的 TCP 连接用于数据传输。控制连接使用类似 Telnet 协议在主机间交换命令和消息。FTP 是 TCP/IP 网络上两台计算机传送文件的协议，是在 TCP/IP 网络和 Internet 上最早使用的协议之一。FTP 客户机可以给服务器发出命令来下载文件、上传文件以及创建或改变服务器上的目录。用户可以通过 FTP 服务器的地址访问并使用 FTP 服务，如图 7-35 表现了使用 IE 浏览器访问某 FTP 服务器的状态。

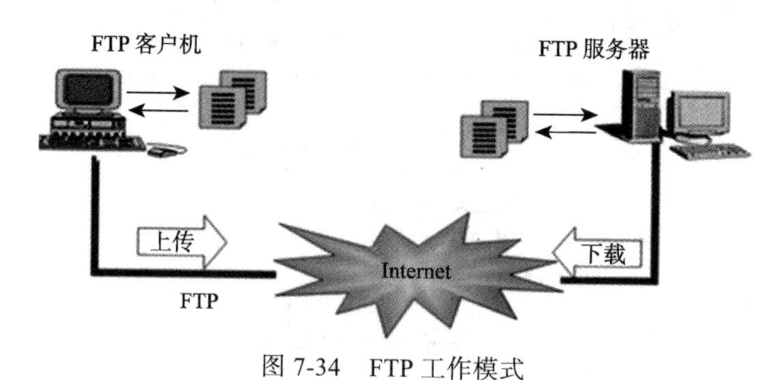


图 7-34　FTP 工作模式

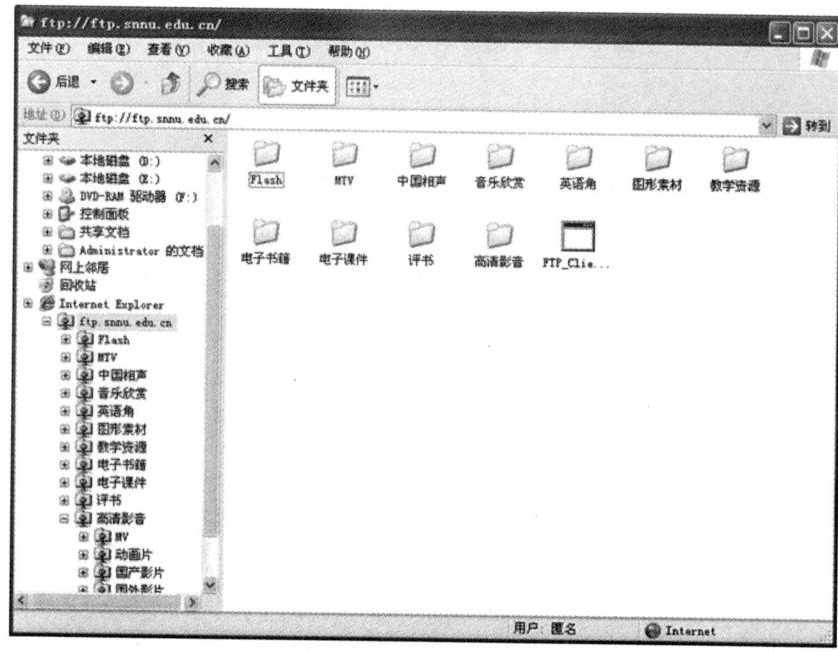


图 7-35　使用 IE 浏览器访问 FTP 服务器

4. 浏览器的使用

1) 浏览器简介

浏览器是指可以显示网页服务器或者文件系统的 HTML 文件内容、并让用户与这些文件交互的一种软件。网页浏览器主要通过 HTTP 协议与网页服务器交互并获取网页，这些网页由 URL 指定。一个网页中可以包括多个文档，每个文档都是分别从服务器获取的。大部分浏览器本身除了支持 HTML 之外的格式，如 JPEG、PNG、GIF 等图像格式，还扩展支持众多插件(plug-ins)。另外，许多浏览器还支持其他 URL 类型及其相应的协议，如 FTP、Gopher、HTTPS(HTTP 协议的加密版本)。HTTP 内容类型和 URL 协议规范允许网页设计者在网页中嵌入图像、动画、视频、声音、流媒体等。

个人计算机上常见的网页浏览器包括 Microsoft 公司的 Internet Explorer、Mozilla 的 Firefox、Apple 的 Safari、Opera、Google Chrome、360 安全浏览器、搜狗高速浏览器、腾讯 TT、傲游浏览器、百度浏览器等，浏览器是最经常使用到的客户端程序。图 7-36 列出了一些常用浏览器的 Logo。

图 7-36　常用的几种浏览器

2) Internet Explorer 的使用

Internet Explorer 浏览器即 IE 浏览器，是 Microsoft 公司集成在 Windows 操作系统上的浏览器，如图 7-37 所示。

IE 浏览器包含“文件”、“编辑”、“查看”、“收藏夹”、“工具”和“帮助”等六个菜单。使用“文件”菜单(图 7-38)中的“另存为”命令可以保存感兴趣的网页，“打开”命令可以打开已经保存的网页，“打印”命令可以打印网页等。

使用“编辑”菜单可以复制/粘贴网页上的内容和查找网页上感兴趣的词语。

使用“查看”菜单(图 7-39)可对浏览的网页进行刷新或停止操作，进行网页的缩放显示、调节文字大小、改变文字编码、查看网页源代码等。

图 7-37　IE 浏览器应用界面

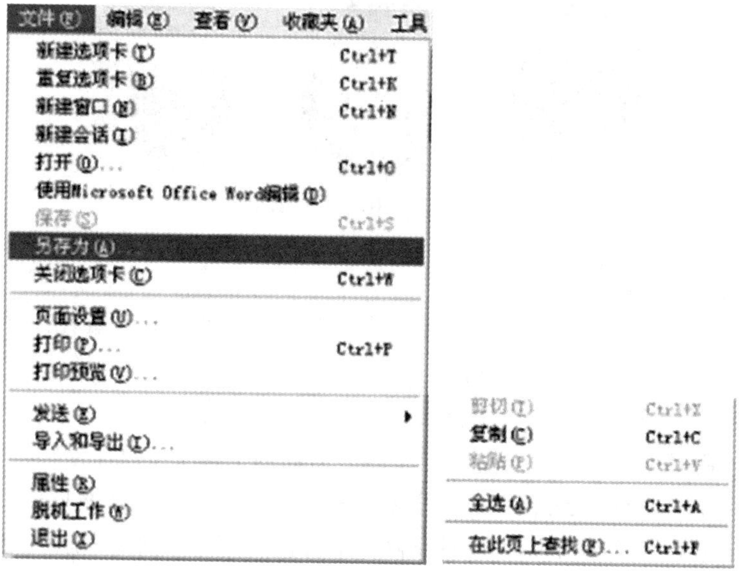

文件(F)　编辑(E)　查看(V)　收藏夹(A)　工具

新建选项卡(T)　Ctrl+T
重复选项卡(B)　Ctrl+K
新建窗口(N)　Ctrl+N
新建会话(I)
打开(O)...　Ctrl+O
使用Microsoft Office Word编辑(D)
保存(S)　Ctrl+S
另存为(A)...
关闭选项卡(C)　Ctrl+W
页面设置(U)...
打印(P)...　Ctrl+P
打印预览(V)...
发送(E)
导入和导出(I)...
属性(R)
脱机工作(W)
退出(X)

剪切(T)　Ctrl+X
复制(C)　Ctrl+C
粘贴(P)　Ctrl+V
全选(A)　Ctrl+A
在此页上查找(F)...　Ctrl+F

图 7-38　“文件”菜单和“编辑”菜单

使用“收藏夹”菜单可以将感兴趣的网址存储在收藏夹中，方便下次访问，如图 7-40 所示。

使用“工具”菜单(图 7-41)可以删除浏览的历史记录、选择阻止程序的弹出方式以及设置 Internet 选项等。

“帮助”菜单(图 7-42)有助于深入了解 IE 浏览器的使用等。

当需要保存网页上的某幅图片时，可以在该图片上单击鼠标右键，在弹出的快捷菜单中选择“图片另存为...”命令来保存该图片，如图 7-43 所示。

“Internet 选项”对话框中常用的是“常规”和“安全”选项卡，“常规”选项卡[图 7-44 (a)]可以设置浏览器的启动主页、删除历史记录、更改网页的字体和语言等。通过“安全”选项卡[图 7-44 (b)]可以设置 Internet 和本地 Intranet 的安全级别、添加可信站点和受限站点等。

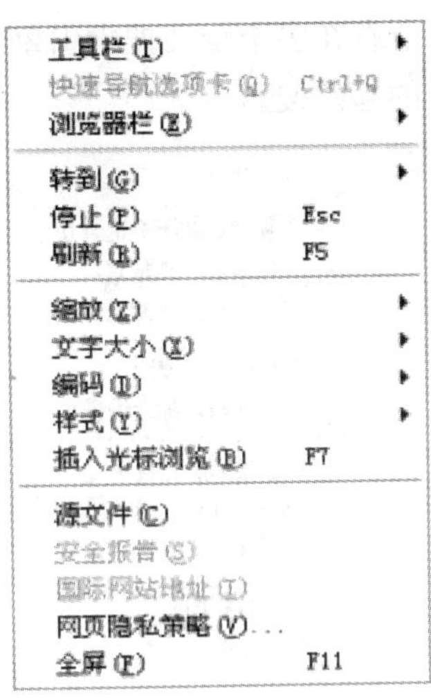

图 7-39　“查看”菜单

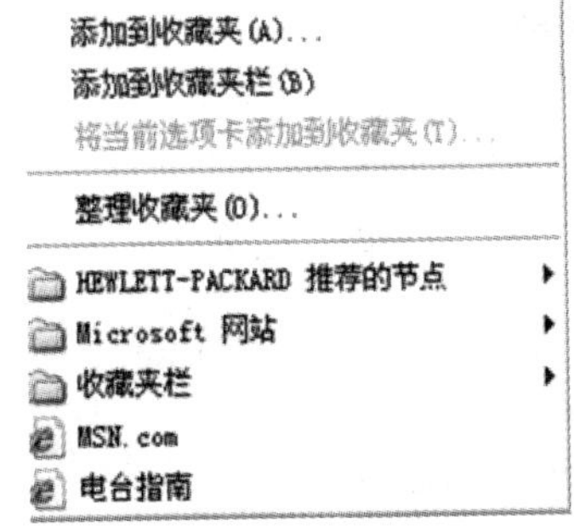

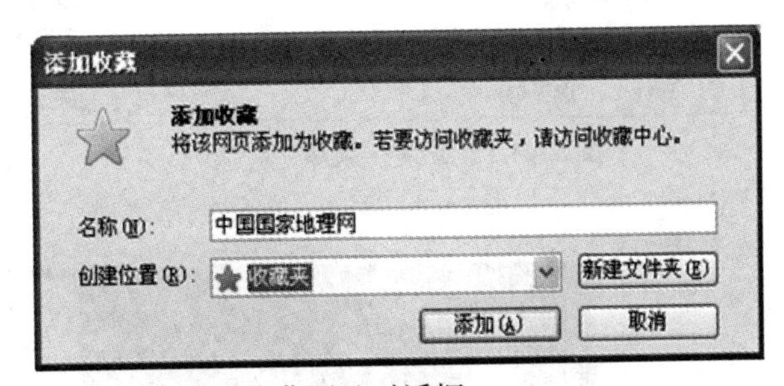

图 7-40　“收藏夹”菜单及收藏网址对话框

3) 信息检索

通过 Internet 进行信息检索的一个重要手段是搜索引擎，搜索引擎既有供用户检索的界面，又有供检索服务的网站，所以可把搜索引擎称为 Internet 上具有检索功能的软件。图 7-45 为几种常见的搜索引擎。

搜索引擎的使用技巧如下。

(1) 正确选择搜索引擎。当用户尚未形成明确的检索概念，或仅对某一专题做泛泛浏览时，可先用目录搜索引擎的合适类目进行逐个浏览，直到发现相关的网址。

若需进一步检索，则再从这些网址中寻找合适的检索关键词，利用全文搜索引擎或元搜索引擎进行检索。当用户已经明确了检索词，但对全文搜索引擎不够熟悉或想节省在多个全文搜索引擎之间进行转换的时间时，则可选用元搜索引擎进行试探性的起始搜索。

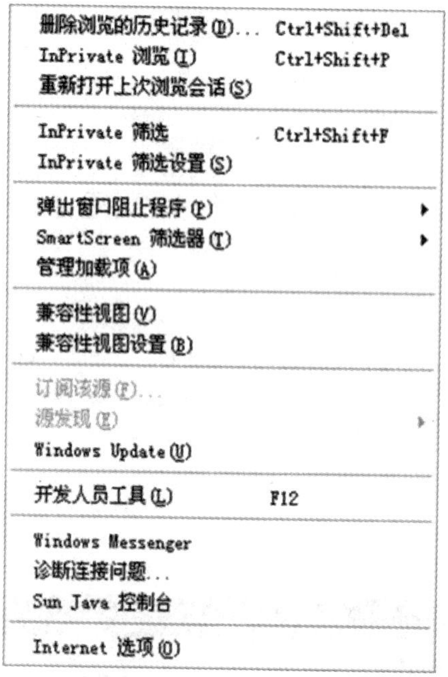
删除浏览的历史记录(D)... Ctrl+Shift+Del
InPrivate 浏览(I) Ctrl+Shift+P
重新打开上次浏览会话(S)
InPrivate 筛选 Ctrl+Shift+F
InPrivate 筛选设置(S)
弹出窗口阻止程序(P)
SmartScreen 筛选器(T)
管理加载项(A)
兼容性视图(V)
兼容性视图设置(B)
订阅该源(F)...
源发现(E)
Windows Update(U)
开发人员工具(L) F12
Windows Messenger
诊断连接问题...
Sun Java 控制台
Internet 选项(O)

图 7-41 “工具”菜单

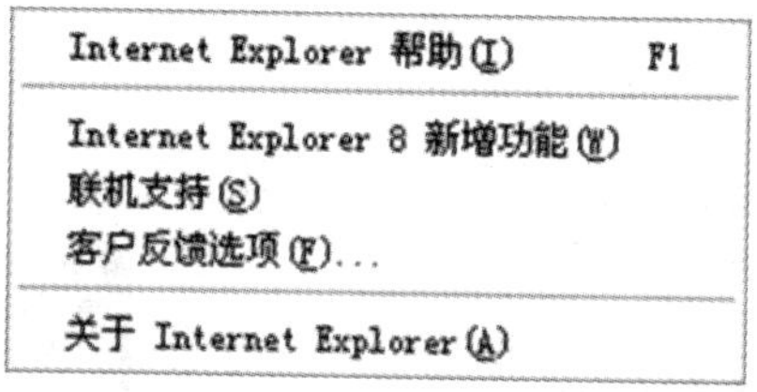
Internet Explorer 帮助(I) F1
Internet Explorer 8 新增功能(W)
联机支持(S)
客户反馈选项(F)...
关于 Internet Explorer(A)

图 7-42 “帮助”菜单

打开链接(O)
在新选项卡中打开链接(W)
在新窗口中打开链接(N)
目标另存为(A)...
打印目标(P)
显示图片(H)
图片另存为(S)...
电子邮件图片(E)...
打印图片(I)...
转到图片收藏(G)
设置为背景(G)

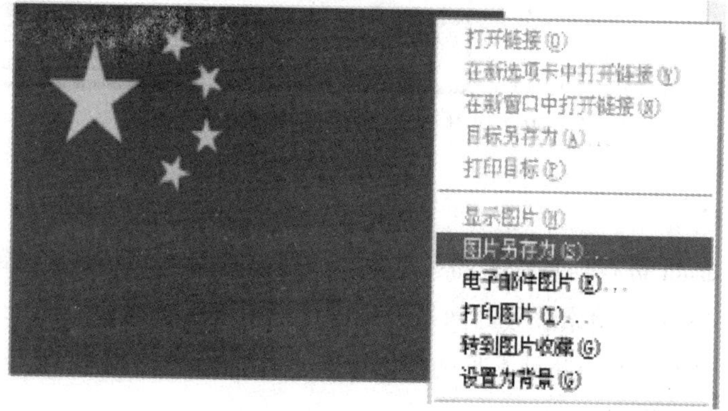

图 7-43 网页中图片的保存

(2) 选择合适的关键词。关键词是搜索引擎对网页进行分类的依据，选择合适

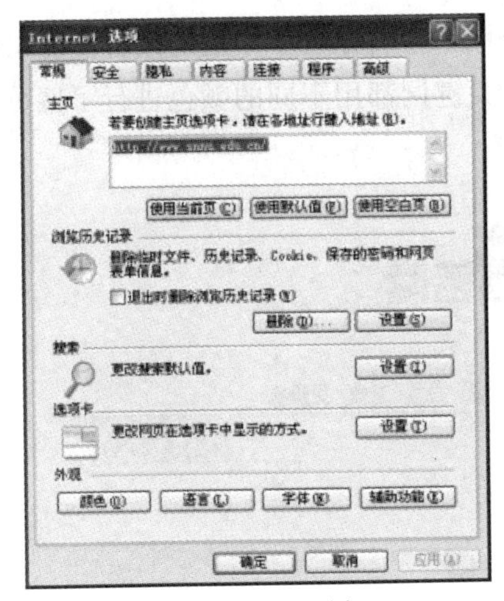


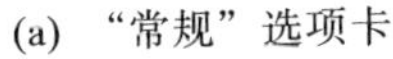
(a) “常规”选项卡

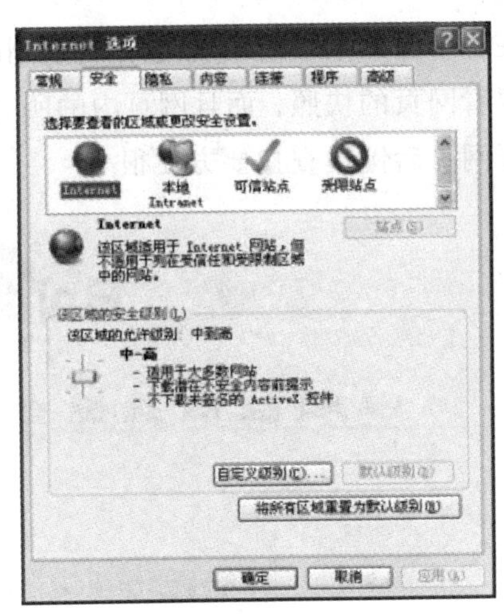


(b) “安全”选项卡

图 7-44 “Internet 选项”对话框

的关键词可以用较短的时间检索到更多的信息，关键词的选择可以从以下几个方面考虑：

①明确使用布尔运算符。各搜索引擎一般都支持使用布尔运算符进行检索。布尔运算符主要包括“与”、“或”和“非”，不同的搜索引擎有不同的表示方法。通常，用户在检索时需要用不同的布尔运算符把检索词与检索词连接起来，这样可以更为准确地表达检索要求，使检索结果更符合用户要求。

②用双引号进行精确检索。当用户输入较长的检索词时，搜索引擎往往会反馈大量不需要的信息。如果要查找的是一个特定的词组、短语或一句确定的句子，最好的办法就是将它们加上西文双引号，这样得到的结果会完全符合双引号中的关键词，精确度更高。

③避免使用太常见的关键词。搜索引擎对常见的检索存在缺陷，因为这些词出现的频率较高，用它们进行检索往往无法找到有用的内容。当检索结果太多太乱时，应该尝试使用更多的关键字，或使用布尔运算符“非”来缩小检索范围。

④尝试使用近义词。如果检索返回的结果较少，可以适当扩大检索范围。除了去掉一些修饰词外，还可以尝试使用近义词。如用“计算机”代替“电脑”就可以找到不同的信息。

(3) 合理利用“网页快照”。在利用 Internet 检索信息时，经常会遇到检索到的网页无法打开的情况，原因可能是网站已经搬走，转向地址未知，或是该网页已经从搜索引擎的数据库中删除了。如果检索时使用的是百度、搜狗、必应等搜索引擎，可以在每个检索结果后发现类似“网页快照”、“缓存页”等超链接，单击超链接就可以观看网页的快照，而且网页内的所有关键词都用不同的颜色进行了区分，比直接打开网页后慢慢查找要方便很多。

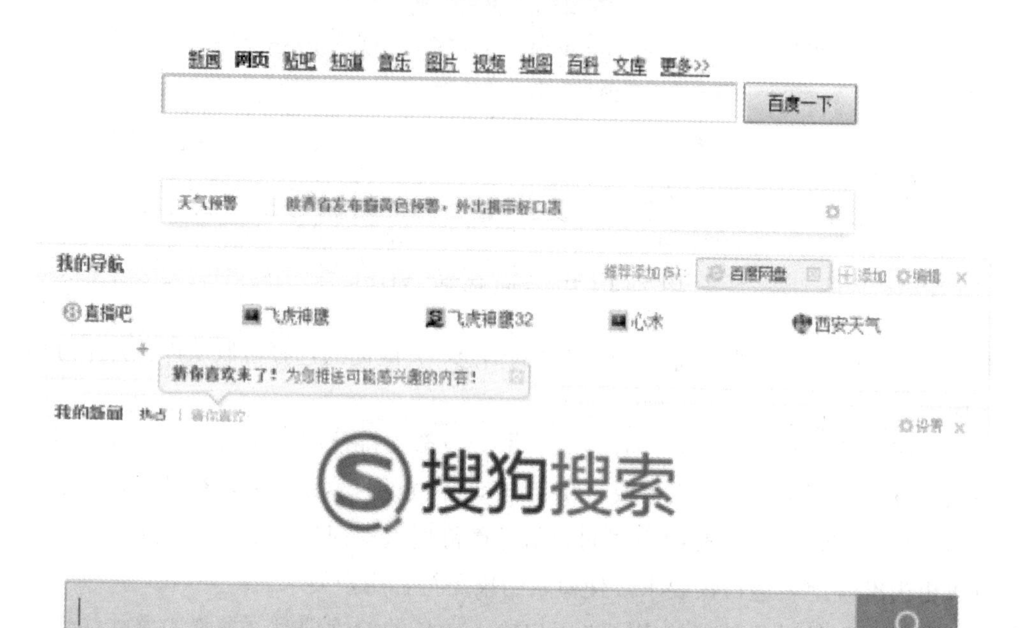

图 7-45　常用的百度、搜狗和必应搜索引擎

(4) 研究每种搜索引擎的帮助说明。百度、搜狗和必应等搜索引擎都提供了高级检索功能，有些还附有详细的使用说明及检索技巧。花点时间了解一下相关内容，将有助于快速、高效地检索到所需的信息资源。

### 7.3.2　电子邮件

1. 电子邮件概述

电子邮件(E-mail)是一种用电子手段提供信息交换的通信方式。电子邮件利用计算机的存储、转发原理，克服时间、地理上的差距，通过计算机终端和通信网络进行文字、声音、图像等信息的传递，已成为 Internet 上使用最多和最受欢迎的服务之一。

电子邮件系统按客户/服务器模式工作，它分为邮件服务器端和邮件客户端两部分。处理电子邮件的计算机称为邮件服务器(mail server)，它包括接收邮件服务器和发送邮件服务器两种。

1) 接收邮件服务器

接收邮件服务器是将对方发给用户的电子邮件暂时寄存在服务器邮箱中，直到用户从服务器上将邮件取到自己计算机的硬盘上。

多数接收邮件服务器遵循邮局协议(post office protocol version 3，POP3)，所以被称为 POP3 服务器。

2) 发送邮件服务器

发送邮件服务器是让用户通过它们将用户写的电子邮件发送到收信人的接收邮件服务器中。

发送邮件服务器遵循简单邮件传输协议(simple mail transfer protocol，SMTP)。SMTP 是最早出现的、目前使用最普遍最基本的电子邮件服务协议。主要保证电子邮件能够可靠高效地传送。SMTP 主要应用在两种情况：一是电子邮件从客户端传输到服务器；二是邮件从一个服务器转发到另一个服务器。当收信人和发信人在同一个网络上时，SMTP 服务器把邮件直传发送到收信人信箱；当双方不在同一网络时，发信方的 SMTP 服务器作客户端，将邮件发送给收信人所在网络的 SMTP 邮件服务器。

每个邮件服务器在 Internet 上都有一个唯一的 IP 地址，如 smtp.163.net、pop.163. net 等。发送和接收邮件服务器可以由一台计算机来完成。

2. E-mail 地址

通过邮局发信时，需要在信封上写上收信人和发信人的地址。“电子邮局”同样要求用户给出正确的地址，才能将邮件送到目的地。

与 E-mail 地址不可分割的概念还有 E-mail 账号(也可称为用户名)。E-mail 账号是用户在网上接收 E-mail 时所需的登录邮件服务器的账号，包括一个用户名和一个密码。

E-mail 地址采用基于 DNS 所用的分层的命名方法，其结构为

用户名@计算机名. 组织结构名. 网络名. 最高层域名

用户名就是用户在站点主机上使用的登录名，@表示 at(即中文“在”的意思)，其后是使用的计算机名和计算机所在域名。例如，dap@public.zz. ha. cn，表示用户名的 dap 在中国(cn)河南(ha)郑州(zz)ChinaNet 服务器上的电子邮件地址。

3. 电子邮件系统的工作过程

使用电子邮件的用户需要在计算机中安装一个电子邮件客户端软件，如 Outlook、Foxmail、网易邮箱等。客户端软件由两部分组成，一部分是邮件的读写程序，负责撰写、编辑、阅读邮件；另一部分是邮件收发程序，负责与邮箱服务器的交互信息工作，包括发送邮件和取出邮件。

电子邮件系统的工作过程如下：

(1) 发送方将写好的邮件通过邮件客户端程序发送给自己的邮件服务器(SMTP 服务器)。

(2) 发送方邮件服务器接收用户送来的邮件，并根据收件人地址发送到接收端的邮件服务器(POP3 服务器)。

(3) 接收方的邮寄服务器接收其他服务器发来的邮件，并根据收件人地址将邮件发送到相应的邮箱中。

(4) 接收方可以在任何时间或任何地点从邮件服务器中读取邮件。

图 7-46 是电子邮件服务的工作过程。

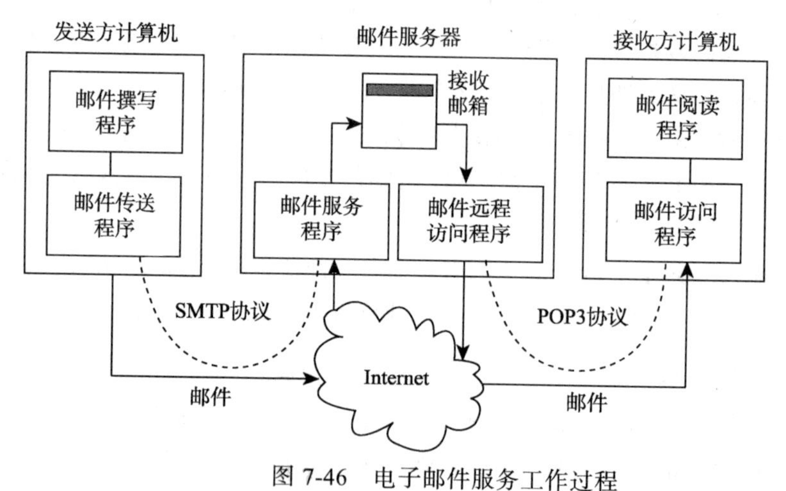


图 7-46 电子邮件服务工作过程

4. 通过 Web 方式收发电子邮件

提供邮件服务的网站有很多，如新浪、网易、腾讯、微软等都提供了免费和

收费的邮箱服务。下面以网易邮箱为例介绍如何在 Web 页面上进行电子邮件收发。

首先在浏览器地址栏中输入地址“mail.163.com”，打开网易邮箱登录界面，如图 7-47 所示，输入账号(如 MyMail@163.com)和密码并单击“登录”按钮。

图 7-47　网易邮箱的 Web 登录界面

登录成功后进入邮箱应用界面，如果要收信件，可以直接单击左侧的“收件夹”，如果有新的邮件，邮件标题通常会加粗显示，如图 7-48 所示。单击邮件标题链接即可看到邮件正文。

如果要发送邮件，在左侧单击写信，进入信件编辑界面，如图 7-49 所示。

在收件人栏目里填入收信人地址，当有多个收件人时，可以填入多个收件人地址，之间用逗号或分号隔开，也可以在抄送人栏目里填入其他收信人地址；输入主题和邮件正文；如果有需要，可以单击“添加附件”将一些容量较小的文件(不同的服务商文件容量上限有所不同，如有的规定单个附件不能超过 20MB)作为附件发送给收件人，上述步骤完成后单击“发送”按钮完成邮件发送。

以上只是最简单的邮件的收发步骤，如果要充分利用服务商所提供的功能，可以参照该邮箱的使用帮助，或者购买其增值服务。

图 7-48　网易邮箱主应用界面

图 7-49　信件编辑界面

### 7.3.3　远程登录

远程登录(Telnet)是指本地计算机连接到远端的计算机上，作为这台远程主机的终端，可以实时使用远程计算机上对外开放的全部资源，也可以查询数据库、检索资料或利用远程计算机完成大量的计算工作，如图 7-50 所示。使用快捷键 Win+R 打开运行窗口，输入 mstsc，进入远程桌面连接。图 7-51 为远程桌面连接，图 7-52 为远程桌面的设置。

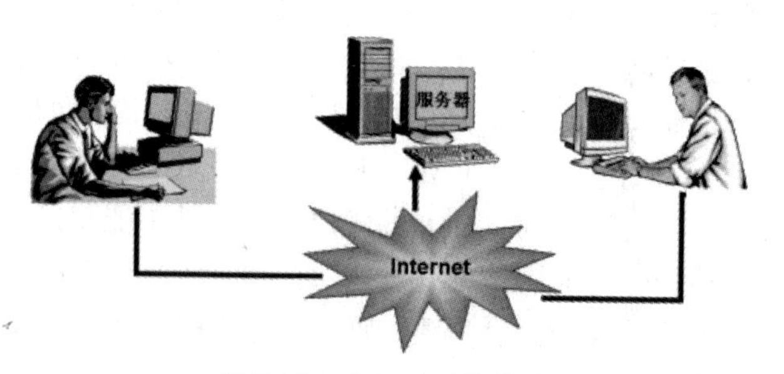


图 7-50　Telnet 工作模式

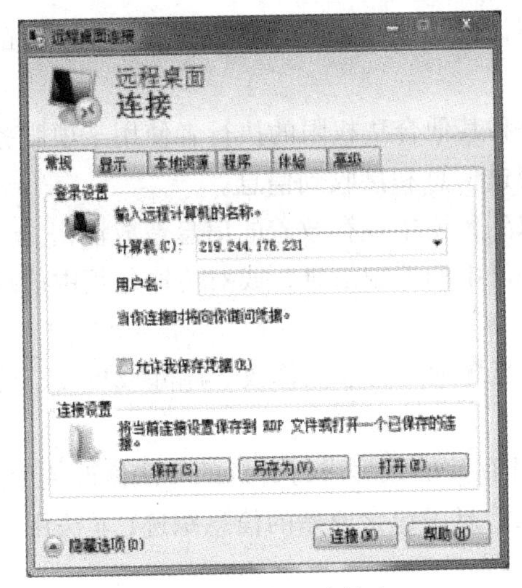


图 7-51　远程桌面连接窗口

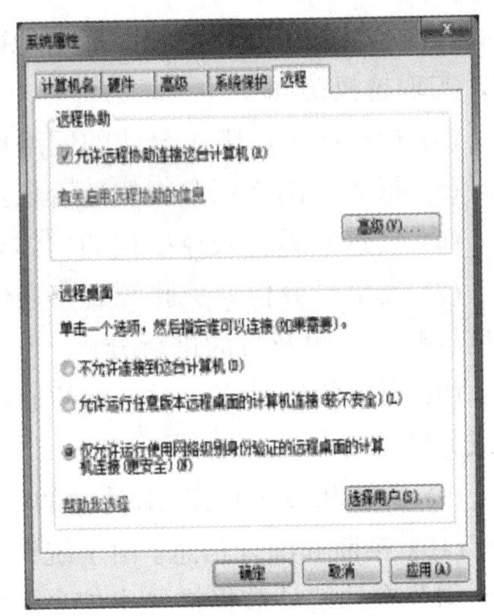


图 7-52　远程桌面设置对话框

# 7.4　计算机网络安全

## 7.4.1　计算机网络安全概述

### 1. 计算机网络安全定义

计算机网络的应用越来越广泛，人们的日常生活、工作、学习等各个方面几乎都会应用到计算机网络。尤其是计算机网络应用到电子商务、电子政务以及企事业单位的管理等领域，对计算机网络的安全要求也越来越高，一些怀有恶意者也利用各种手段对计算机网络的安全造成各种威胁。因此，计算机网络的安全越来越受到人们的关注，成为一个新的研究课题。那么什么是计算机网络安全呢?

计算机网络安全是指网络系统的硬件、软件及其系统中的数据受到保护，不会因偶然或恶意的原因而遭到破坏、更改、泄露，系统能连续、可靠和正常地运行，网络服务不中断。

### 2. 网络安全的威胁

计算机网络面临多种安全威胁，国际标准化组织(ISO)对开放系统互联(OSI)环境定义了以下几种威胁：

(1) 伪装。威胁源成功地假扮成另一个实体，随后滥用这个实体的权力。

(2) 非法连接。威胁源以非法的手段形成合法的身份，在网络实体与网络资源之间建立非法连接。

(3) 非授权访问。威胁源成功地破坏访问控制服务，如修改访问控制文件的内容，实现越权访问。

(4) 拒绝服务。阻止合法的网络用户和其他合法权限的执行者使用某项服务。

(5) 抵赖。网络用户虚假地否认递交过信息和接收到信息。

(6) 信息泄露。未经授权的实体获取到传说中或存放着的信息造成泄密。

(7) 通信量分析。威胁源观察通信协议中的控制信息，或对传输过程中信息的长度、频率、源及目的进行分析。

(8) 无效的信息流。对正确的通信信息序列进行非法修改、删除或重复，使之变成无效信息。

(9) 篡改和破坏数据。对传输的信息和存放的数据进行有意的非法修改或删除。

(10) 推断和演绎信息。由于统计数据信息中包含原始的信息踪迹，非法用户可能利用公布的统计数据推导出信息源的来源。

(11) 非法篡改程序。威胁源破坏操作系统、通信软件或应用程序。

以上所描述的种种威胁大多由人为造成，威胁源可以是用户也可以是程序。除此之外，还有其他一些潜在的威胁，如电磁辐射引起的信息失密、无效的网络管理等。研究网络安全的目的就是尽可能地消除这些威胁。

3. 网络安全的服务

ISO 提供了以下五种可供选择的安全服务。

1) 身份认证

身份认证是访问控制的基础，是针对主动攻击的重要防御措施。身份认证必须做到准确无误地将对方辨别出来，同时还应该提供双向认证，即互相证明自己的身份。网络环境下的身份认证更加复杂，因为验证身份一般通过网络进行而非直接交互，常规验证身份的方式(如指纹)在网络上不适用；另外，大量黑客随时随地都可能尝试向网络渗透，截获合法用户口令，并冒名顶替以合法身份入网，所以需要采用高强度的密码技术来进行身份认证。

2) 访问控制

访问控制的目的是控制不同用户对信息资源的访问权限，是针对越权使用资源的防御措施。

3) 数据保密

数据保密是针对信息泄露的防御措施。数据加密是常用的保证通信安全的手段，但由于计算机技术的发展，传统的加密算法不断地被破译，不得不研究更高强度的加密算法，如目前的 DES 算法、公开密钥算法等。

4) 数据完整性

数据完整性是针对非法篡改信息、文件以及业务流而设置的防范措施。也就是说，网上所传输的数据应防止被修改、删除、插入、替换或重发，从而保护合法用户接收和使用该数据的真实性。

5) 防止否认

接收方要求发送方保证不能否认接收方收到的信息是发送方发出的信息，而非他人冒名、篡改过的信息；发送方也要求接收方不能否认已经收到的信息。防止否认是针对对方进行否认的防范措施，用来证实已经发生过的操作。

### 7.4.2　网络安全防范措施

1. 数据加密技术

随着数字技术、信息技术和网络技术的不断发展，数据加密技术也在不断进步。总体来说，计算机网络的加密问题应包括三个方面：第一，文件、口令存储加密，数据库数据、电子邮件加密等信息加密；第二，数据传输加密，也称为信道加密；第三，密码体制、密钥管理中心。

1) 数据加密标准

数据加密标准(data encryption standard，DES)是由 IBM 公司于 20 世纪 70 年代初开发的，于 1977 年被美国政府采用，作为商业和非保密信息的加密标准被广泛采用。该算法复杂但易于实现。采用 DES 算法加密，通信双方进行通信之前必须事先规定一个密钥，这个规定密钥的过程称为密钥的分发或交换。DES 作为一种高速的对称加密算法，具有重要意义，特别是 DES 和公钥系统结合组成混合密码系统。使 DES 和公钥系统(如 RSA)能够相结合，各自扬长避短，提高了加密系统的安全性和效率。

2) 公开密钥加密算法

公开密钥加密算法采用非对称加密，即加密密钥和解密密钥不同。因此，在采用这种加密技术进行通信时，不仅加密算法本身可以公开，甚至加密密钥都可以公开，而解密密钥由接收方自行保管，增强了数据的保密性。RSA 公钥加密算法是 1977 年由 R.Rivest、A.Shamir 和 L.Adleman 一起提出的，RSA 就是由他们三人的姓氏开头字母组成的。RSA 算法是目前最有影响力的公钥加密算法，它能够抵抗目前为止已知的绝大多数密码攻击，已被 ISO 推荐为公钥解密标准。RSA 算法基于一个很简单的数论事实：将两个大质数相乘很容易，但是想要对其乘积进行因式分解很困难，因此可以将乘积公开作为加密密钥。

2. 防火墙

防火墙是指一个由软件和硬件设备组合而成、在内部网和外部网之间、专用网与公共网之间的界面上构造的一个保护屏障。具体来说，它是设置在不同网络或安全域之间的一系列部件的组合。它可以监测、限制、更改跨越防火墙的数据流，尽可能地对外部屏蔽网络内部的信息、结构和运行状况，以实现对网络安全的保护。

1）防火墙的功能

防火墙能够过滤掉不安全的服务和非法用户，提供监视网络安全和预警的方便端点，并能够控制对特殊站点的访问。

2）防火墙的种类

根据采用的技术不同，可以将防火墙分为三类，即包过滤型、代理型和监测型；根据体系结构，防火墙可分为屏蔽路由器、双穴主机网关、被屏蔽主机网关和被屏蔽子网等，并可以有不同的组合。

3. 数字签名

数字签名，又称公钥数字签名、电子签章，是一种类似写在纸上的普通的物理签名，但是使用了公钥加密领域的技术实现，用于鉴别数字信息的方法。一套数字签名通常定义两种互补的运算，一个用于签名，另一个用于验证。数字签名，就是只有信息的发送者才能产生的、别人无法伪造的一段数字串，这段数字串同时也是对信息的发送者发送信息真实性的一个有效证明。

### 7.4.3 计算机病毒及其防治

1. 计算机病毒的定义

计算机病毒是人为特制的能自我复制并破坏计算机功能的程序。计算机病毒类似于生物学中的病毒，只不过它是一组特殊的程序。简单地说，这种程序是利用操作系统的缺陷，隐藏在计算机系统的数据资源中，利用系统数据资源进行繁殖和生存，影响计算机系统的正常运行，并通过系统数据共享的途径进行传染。《中华人民共和国计算机信息系统安全保护条例》第二十八条对病毒的定义是：“计算机病毒，是指编制或者在计算机程序中插入的破坏计算机功能或者毁坏数据，影响计算机使用，并能自我复制的一组计算机指令或者程序代码。”

2. 计算机病毒的传播途径

1）移动存储设备

移动存储设备包括软盘、硬盘、光盘、磁带等。硬盘是数据的主要存储媒介，因此也是计算机病毒感染的主要目标。

2) 网络

目前大多数病毒都是通过网络进行传播的，破坏面广，破坏性大。

### 3. 计算机病毒的特征

计算机病毒具有以下特征：可触发性、传染性、破坏性、潜伏性、不可预见性、隐蔽性等。其中，破坏性、传染性和隐蔽性是计算机病毒的基本特征。

### 4. 计算机病毒的分类

1) 引导型病毒

引导型病毒是指寄生在磁盘引导区或主引导区的计算机病毒。此种病毒利用了系统在进行引导时不对主引导区的内容正确与否进行判别的缺点，在引导系统过程中侵入系统，驻留内存，监视系统运行，待机传染和破坏。按照引导型病毒在硬盘上的寄生位置又可分为主引导记录病毒和分区引导记录病毒。主引导记录病毒感染硬盘的主引导区，如大麻病毒、2708 病毒、火炬病毒等；分区引导记录病毒感染硬盘的活动分区引导记录，如小球病毒、Girl 病毒等。

2) 文件型病毒

文件型病毒是指能够寄生在文件中的计算机病毒。这类病毒程序能够感染可执行文件或数据文件，例如，1575/1591 病毒、848 病毒感染.COM 和.EXE 等可执行文件，Macro/Concept、Macro/Atoms 等宏病毒感染.DOC 文件。

3) 复合型病毒

复合型病毒是指具有引导型病毒和文件型病毒寄生方式的计算机病毒。当染有此种病毒的磁盘用于引导系统或调用执行染毒文件时，病毒都会被激活。在检测和清除复合型病毒时，必须全面彻底地根治，如果只发现该病毒的一个特性，可把它当做引导型或文件型病毒进行清除。此时，虽然好像是清除了，但还留有隐患，这种经过消毒后的“洁净”系统更具有攻击性。这种病毒扩大了病毒程序的传染途径，它既感染磁盘的引导记录，又感染可执行文件。这种病毒有 Flip 病毒、新世纪病毒、One-half 病毒等。

### 5. 计算机病毒的防治

从广义上，病毒是可知的，只要有数据共享和程序存储，病毒就不可能消失。从狭义上，单一病毒产生的时间又是不可判定的，这就决定了病毒的防治是一种被动的以防为主的局面。因此，应该采取必要的防范措施；尽量不要使用软盘引导系统；避免将各种游戏软件装入计算机系统；避免使用来路不明的程序；不要随意将本系统与外界系统接通，以免计算机病毒乘虚而入；对于系统盘要写保护，启动盘不要装入用户程序和数据；对重要的程序和数据要及时备份；对重要的软件要采取加密措施；不做非法复制操作，以免感染计算机病毒；安装防、杀毒软件，要及时杀毒和查毒；不要轻易下载文件，不要随意打开不明邮件，特别是附件；对计算机网络应采取更加严密的安全防范措施。

# 参考文献

李海燕, 2013. 大学计算机基础 [M]. 北京：清华大学出版社.

李海燕, 周克兰, 吴瑾, 2013.大学计算机基础[M]. 北京：清华大学出版社.

刘冬莉, 2011. 大学计算机基础教程 [M]. 北京：清华大学出版社.

刘冬莉, 徐立辉, 2011. 大学计算机基础教程[M]. 北京：清华大学出版社.

刘侍刚, 2014. 大学计算机基础[M]. 北京：高等教育出版社.

刘侍刚, 郭敏, 郝选文, 等, 2014. 大学计算机基础[M]. 北京：高等教育出版社.

刘侍刚, 郭敏, 毛庆, 等, 2013. 大学计算机应用基础[M]. 西安：西安电子科技大学出版社.

毛莉君, 2012. 大学计算机基础[M]. 北京：科学出版社.

王长友, 2006. 大学计算机基础[M]. 北京：清华大学出版社.

王文东, 2013. 大学计算机基础实验指导与习题集[M]. 西安：西安电子科技大学出版社.

袁建清, 2009. 大学计算机应用基础[M]. 北京：清华大学出版社.